戯れのエロティックな出会いでディープキスをするボノボの子供たち。

臀部の大きな風船のような膨みを見せびらかして、妊娠可能であることを宣伝するボノボの女。この膨らみは、水でいっぱいの外性器。ピンク色をしたこの目立つシグナルは、男を惹きつける。

勃起したペニスを突き出した年下の男を、手で刺激するボノボの大人の男（左）。

3つの別個のボノボの群れに属する野生の女たち(とその子供)の大規模な集まり。コンゴ民主共和国のワンバにあるフィールド研究の現場では、群れの間の平和な交流は、よく行なわれる(写真は横山拓真と古市剛史の厚意により掲載)。

キンシャサ近くのロラ・ヤ・ボノボ・サンクチュアリ初のボノボの群れに君臨したアルファメスのプリンセス・ミミとクロディーヌ・アンドレ。世界で唯一のボノボ・サンクチュアリの創設者アンドレは、多くの孤児を引き取り、彼らが成長すると、首尾良く野生の世界へと戻してきた(写真はクリスティーヌ・ドースイー[Comité OKA-ABE]の厚意により掲載)。

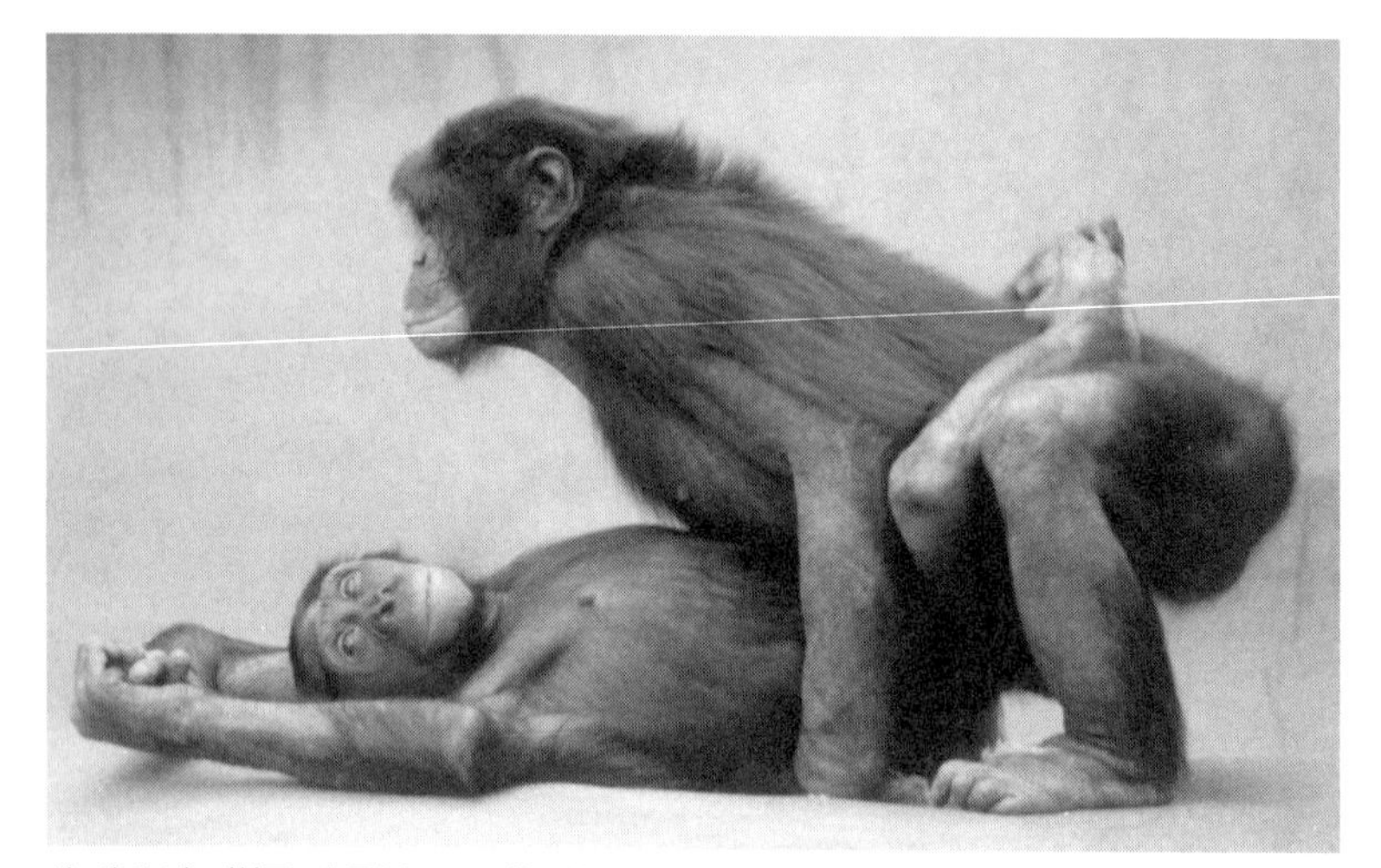

ボノボはしばしば対面で交尾をするので、他の種の場合よりも顔のコミュニケーションが大きな役割を果たす。この写真では大人の男が女の上側になっているが、逆になることもある。

ボノボの母親は、赤ん坊に4〜5年授乳する。

野生のヒヒのメスには、オスの友がいることが多く、そのオスに守ってもらう。攻撃的な新参の若いオス（左）から逃れたメス（右）。彼女は友の背中にしがみついており、そのオスはメスに嫌がらせをするオスを睨みつけている。

霊長類のメスは、新生児に魅了される。他のメスたちに囲まれるベニガオザルの母親（突出した乳首を持つ中央のメス）。若いメスも年老いたメスも、赤ん坊が何か意外なことをする（たとえば、足を口に入れる）たびに、新しい命の驚異を批評するかのように、一斉に唸り声を出す。

チンパンジーの女どうしの友情。一生にわたって続くこともあり、長時間のグルーミングによって育まれる。右側の女はカイフで、ママの親友であり、ローシェの養母。

バーガース動物園でカイフの養子になる前の、チンパンジーの赤ん坊のローシェを抱く私(1979年撮影のこの写真は、デズモンド・モリスの厚意で掲載)。

カイフは哺乳瓶でローシェに授乳するのがとても上手になったので、のちに自分自身の子供たちも同じように授乳して育てた。

レウトは、私がこれまで知っているうちでもとりわけ優れたアルファオスだ。彼の悲劇的な最期は、チンパンジーの男の間の熾烈な地位争いを際立たせてくれる。

男優位の社会においてさえ、アルファメスは強力なリーダーになりうる。威厳のある性格を持ったママは、チンパンジーの群れの中で絶大な権威を享受した。

性的二型とは、両性間の大きさと外見の違いを指す。チンパンジーの大人の男(左)と大人の女(右)。男は女よりも体毛が多く、体重も重いが、チンパンジーの平均的な二型性は、ヒトの場合よりもわずかに大きいだけだ。

2頭のチンパンジーの大人の男が喧嘩をしたあと、樹上高くで一方が和平を申し出ているところ。1頭が喧嘩相手に向かって、手を広げて差し出している。この直後、2頭はキスして抱き合い、それからいっしょに木を下り、地面の上でグルーミングをして完全に和解した。

娘をしっかりと押さえて、熱心に頭をグルーミングするチンパンジーの母親。

チンパンジーの母親と、4歳になる息子の間での、離乳の妥協。授乳を巡って繰り返し争ったあと、息子は母親の乳首以外の部分を吸うことを許された。この段階は数週間しか続かず、その後、息子は関心を失う。

母親はいつでも子供を助けに行く。木から降りるのに苦労している息子に手を差し伸べる女。

女だが男のような体と習性を持った、ジェンダー・ノンコンフォーミングのチンパンジーのドナ。彼女は、しばしば大人の男と並んで体毛をすべて逆立ててディスプレイをした。だが、ドナは非攻撃的で、社会的にうまく溶け込んでいた（写真はヴィクトリア・ホーナーの厚意で掲載）。

[左]チンパンジーの男は、男の子供による向こう見ずな性的冒険は許さない。性皮腫脹した女のあまりに近くにとどまり続けた幼い男を罰する大人の男。彼は、違反者を振り回しながら、足先に嚙みついている。
[右]類人猿は遊びの最中に笑って、善意を示す。彼らの表情は、人間の笑いに似ており、彼らの発する声も、人間の笑い声に似ている。

ウガンダのキバレ国立公園で、チンパンジーの子供たちが呼吸器疾患で母親たちを亡くしたときに、彼らの一部は年長の男に引き取られた。7歳(思春期前)のホランド(右)は、17歳(若い大人)のバックナー(左)が面倒を見て、守ってやった(写真はケヴィン・リーとジョン・ミタニの厚意で掲載)。

類人猿の大人の女は、他の女の子供を借りて、子育ての技能を磨く。ママの娘を抱くアンバー(中央)と、その親友(左)。親友は、男の子供を預かっている。2頭のベビーシッターはともに、まだ若過ぎて自分の子供はいない。

サルとジェンダー

動物から考える人間の〈性差〉

Frans de Waal

Different

Gender Through the Eyes of a Primatologist

Different by Frans de Waal

Japanese translation rights arranged with Frans de Waal
c/o Tessler Literary Agency LLC, New York
through Tuttle-Mori Agency, Inc., Tokyo

すべてを見違えるほど素晴らしいものにしてくれる、
カトリーヌに捧げる

目次

本文中の〔　〕は著者による、〔　〕は訳者による注を示す。

邦訳のない書名は原題を（　）で記す。

行間の（1）は著者による注で、章ごとに番号を振り、原注として巻末に付す。

聖書の引用には日本聖書協会『聖書　聖書協会共同訳』を用い、その他の引用は英文から訳出した。


一部を除く口絵写真、また、本文中のすべてのイラストは著者による。

序

私のキャリアで最も悲しい日は、一本の電話から始まった。研究を行なっていたオランダの王立バーガース動物園で、大好きだったチンパンジーのレウトが二頭のライバルに襲われ、瀕死（ひんし）の状態だという。自転車で駆けつけると、レウトは血だまりの中に座り、精根尽き果てた様子で頭を夜間用ケージの格子にもたせかけていた。いつもは超然としているのに、私が頭をそっと撫（な）でると、なんとも深い溜め息を漏らした。だが、もう手遅れだった。レウトはその日のうちに、手術台の上で息を引き取った。

チンパンジーの男〔本書では著者の意向により、ほとんどの場合、類人猿について「オス」と「メス」の代わりに「男」と「女」という言葉を使う。詳しくは、「訳者あとがき」を参照のこと〕どうしの抗争は、過熱して殺し合いになることがある。そして、それは動物園に限ったことではない。野生の世界でも、その種の権力闘争のときに高位の男が殺されたという事例が、今や一〇件余り報告されている。男たちはトップの座を勝ち取ろうと立ち回り、状況を見ながら同盟を結んでは破棄し、裏切り合い、攻撃を企（たくら）む。そう、企むのだ。なぜなら、レウトへの暴行が起こったのは、三頭の成熟した男がコロニー〔集団。動物園のもののように、飼育環境下の集団を指すことが多い〕の残りのチンパンジーたちから引き離されていた夜間用の区画であり、それは偶然ではなかったからだ。この世界一有名なチンパンジー・コロニーが、その区画の外にある木々の生い茂った大きな島に出ていたなら、違った展開になっていたかもしれない。チンパンジーの女たちは、男のライバルどうしが衝突すれば、ためらうことなく仲裁に入る。ママという名のアルファメス〔最上位の女／メス〕は、男たちが権力を巡る駆け引きを行なうのをやめさせることはできなかったものの、流血沙汰は許さなかった。もしママがあの場に居合わせたなら、味方を呼び集め、割って入っていたに違いない。

レウトのあまりにも早過ぎる死に、私はひどく心を乱された。彼はじつに友好的なチンパンジーであり、そのリーダーシップの下（もと）で、コロニーは仲良く平和に暮らしていたのだ。だが私は、動揺したのに加えて、心底がっかりもした。それまで目撃した闘いは、いつも和解で終わっていたからだ。どの小競り合いのあとにも、ライバルどうしがキスして抱き合い、何の問題もなく不和を解消することができていた。いや、私はそう思っていた。チンパンジーの大人の男は、ほとんどの時間、友達どうしのように振る舞う。グルーミング（毛づくろい）をし合い、喧嘩ごっこに興じる。だが、あの晩の悲惨な出来事は、事態が手に負えなくなりうること、そして、普段は親しそうな男たちも意図的に殺し合いかねないことを、私に教えてくれた。フィールドワーカーたちも、森の中での凶行を、同じような調子で記してきた。そうした凶行は十分計画的なので、「謀殺」という言葉がふさわしく思える。

チンパンジーの男が見せる激しい攻撃性に相当するものは、女の間にも存在する。ただし、女の怒りを引き起こす状況は、まったく違う。どれほど大きな男でも知っているとおり、どの母親も子供に少しでも手出しされれば猛然と怒りだす。何者も恐れず、猛々しくなるので、手のつけようがない。類人猿の母親が子供を守るときの獰猛さときたら、自分の身を守るときよりも凄まじい。母親が子供を守るのは、哺乳類の普遍的な特性なので、冗談の種にされるほどだ。一例を挙げよう。二〇〇八年のアメリカ大統領選挙で副大統領候補だったサラ・ペイリンは、「ママ・グリズリー」を自称した〔グリズリーはハイイログマの別称で、ハイイログマのメスは、我が子をよく守ることで知られている〕。漫画家のゲイリー・ラーソンはそれが話題になったことを念頭に置き、風刺漫画を描いた。ブリーフケースを提げたビジネスマンがエレベーターに乗り込むと、奥に大きなクマと小さなクマが立っている。キャプションには、こうあった。「仕事で頭がいっぱいのコンロイは、エレベーターに足を踏み入れたときに悲劇に見舞われた。グリズリーのメスとその子グマの間に割って入ってしまったのだ」

かつて、タイのジャングルには、林業を手伝わせるために野生のゾウを捕まえていた、「ファンディ」と呼ばれる猟師たちがいた。彼らが何よりも恐れていたのは、長い牙を生やしたオスを罠で捕まえることではなかった。縄で搦め捕られた大きなオスのゾウなど、危険と言ってもたかが知れていたからだ――母親に聞こえる場所で幼い子ゾウを捕まえたときに比べれば。ずいぶんと多くのファンディが、激怒した母親ゾウに命を奪われてきた[1]。

私たちの種では、母親が我が子を守るのは言わずもがななので、ヘブライ語聖書によれば、ソロモン王はそれを拠り所にしたという。ある赤ん坊の母親だと言う人が二人現れたとき、王は剣を持ってこさせた。そして、赤ん坊を真っ二つにさせよう、そうすれば半分ずつ与えられるから、と持ちかけた。女の一人はその提案を受け容れたが、もう一人は異を唱え、赤ん坊を相手の女に与えてほしい、と懇願した。それで王には、どちらが本物の母親かがわかった。イギリスの推理小説作家のアガサ・クリスティーが書いているように、「我が子に対する母親の愛に並ぶものはこの世にまたとない。その愛は、法も情けも知らず、あらゆるものに敢然と立ち向かい、行く手を遮るものはすべて、容赦なく打ち砕く[2]」。

　私たちは、なんとしても我が子を守ろうとする母親を讃美する一方、人間の男の好戦性には眉をひそめる。男は大人も子供も、対立を煽り、虚勢を張り、弱みを隠し、危ない橋を渡ることが多い。そんな男を誰もが好ましく思うわけではない。「伝統的な男らしさのイデオロギー」が男の行動の原動力となっている、と専門家が言うとき、それは非難であって讃辞にはほど遠い。アメリカ心理学会は二〇一八年のある文書で、このイデオロギーを、「反女性性、達成、脆弱な外見を露呈することの忌避、冒険とリスクと暴力」を軸とするもの、と定義した。このイデオロギーから男を救い出そうとする同学会の試みは、「有害な男らしさ」についての議論を再燃させたが、典型的な男の行動を一律に非難することへの反発も招いた[3]。

　男と女の攻撃性のパターンがこれほど違う評価を受ける理由は、簡単に見てとれる。男のパターンだけが社会の中で問題を引き起こすからだ。レウトの死にぞっとした私は、男の競争を無害な気晴らしとして描きたくはない。とはいえ、それがイデオロギーの産物だなどということがあるだろうか？そこには途方もない思い込みがある。私たちは自分自身の行動の主であり計画者である、という思い込みだ。もしこれが正しかったなら、人間の行動は他の種の行動と一線を画することにならざるをえないのではないか？　だが、そんな違いはないに等しい。ほとんどの哺乳類では、オスは地位や縄張りのために奮闘するのに対して、メスは全力で子供を守る。そうした行動を是とするか非とするかにかかわらず、それがどう進化してきたかを見てとるのはわけもない。どちらの性にとっても、それぞれの行動は昔から常に、自分の遺伝子を残すためのカギなのだ。

イデオロギーなど関係ない。

動物と人間の行動における性差は、人間のジェンダーにまつわるほぼすべての議論の核心にあるさまざまな疑問を提起する。男と女の行動の違いは自然のものか、人為的なものか？　両者は本当はどれほど違うのか？　ジェンダーは二つしかないのか、それとも、もっとあるのか？

だが、このテーマに飛び込む前に、私がそれに興味を持っている理由と、自分の立場をはっきりさせておきたい。本書では、霊長類として人間が受け継いだものを説明することで、既存のジェンダー格差を容認するつもりはないし、私は現状が万事問題なしだと考えているわけでもない。現在、男女は平等ではないし、人々の記憶にあるかぎり、ずっとそうだったことは認める。私たちの社会でも、他のほとんどの社会でも、女が割を食う。女は、教育を受ける権利から参政権まで、そして、合法的な妊娠中絶から同一賃金まで、一つひとつ進歩を勝ち取ってこなければならなかった。これらの進歩はけっして些細（ささい）なものではない。最近ようやく確保できた権利もあれば、依然として阻まれている権利もあるし、達成されたものの、新たな攻撃にさらされるようになった権利もある。私はそのすべてがひどく不公平だと思うし、自分はフェミニストだと考えている。

女の生まれながらの能力に対する蔑視は、西洋では古くからのもので、少なくとも二〇〇〇年は時代をさかのぼる。この蔑視に基づいて、ジェンダー不平等はずっと正当化されてきた。たとえば、一九世紀ドイツの哲学者アルトゥール・ショーペンハウアーは、女は生涯を通じて子供のままであり、現在を生きるのに対して、男には先のことを考える能力があると思っていた。やはりドイツの哲学者のゲオルク・ヴィルヘルム・フリードリヒ・ヘーゲルは、「男性は動物に相当し、女性は植物に相当する[4]」と考えた。ヘーゲルがどういうつもりだったのか、私に訊かれても困るが、イギリスの道徳哲学者メアリー・ミッジリーが指摘しているように、女のこととなると、西洋思想の巨人たちは途方もなく馬鹿げた考えを述べてきた。いつもなら意見が分かれるのに、それがいっさい見られなかった。「フロイト、ニーチェ、ルソー、ショーペンハウアーがお互いや、アリストテレス、聖パウロ、聖トマス・アクィナスと心から同意する事柄が多かろうはずもないが、女性に対する彼らの見方はこの上なく近かった[5]」

私が敬愛するチャールズ・ダーウィンさえもが、この風潮を免れなかった。アメリカの女権擁護論者キャロライン・ケナードに宛てた手紙の中で、ダーウィンは女についての意見を述べている。「女性が男性と知性で肩を並べるようになるのには、遺伝の法則に由来する非常な困難があるように、私には思われる[6]」

こうした見解はすべて、話題にされた知性の対比が教育格差でたやすく説明できた時代のものなのだから、いやはや。私はダーウィンの言う「遺伝の法則」に関しては、次のようにしか述べようがない。これまでのキャリアを動物の知能の研究にすべて捧げてきたが、両性間の違いにはまったく気づいたためしがない、と。どちらの性にもずば抜けた才能を持つ個体もいれば、それほどでもない個体もいるが、私のものも含めた何百もの研究で、認知能力の性差はまったく見つかっていない。霊長類のオスとメスの行動の際立った違いはいくらでもあるものの、両者の心的能力は足並みを揃（そろ）えて進化してきたに違いない。私たちの種でも、数学の能力のように、従来は一方の性と結びつけられていた認知能力の領域でさえ、十分なサンプルサイズで調べてみると、違いが見られないことがわかった。[7] 一方の性が心的能力の面でもう一方よりも優れているという考え方そのものが、現代科学ではまったく支持されていない。

続いて片づけてしまうべき問題は、私たちの仲間の霊長類たちに対する型（ステレオタイプ）どおりの見方であり、これはときおり、人間社会の不平等を擁護するために使われる。オスのボスザルがメスたちを「所有」しており、メスは赤ん坊を産み、ボスの命令に従いながら一生を送る、と思われていることが多いが、この見方が広まった大きなきっかけは、一世紀前に行なわれたヒヒの研究だった。のちほど説明するとおり、この研究は大きな問題をいくつも抱えており、そこから怪しげなメタファーが生まれた。[8] 不幸にも、そのメタファーは逆棘（さかとげ）がついた矢のように一般大衆の頭に突き刺さり、以後、それが間違っていることを示す情報がどれほど積み重なっても、抜き取ることができていない。男／オスの優位は自然の秩序であるというこの考え方は、二〇世紀に多くの人気作家によって繰り返し宣伝された。その後、アメリカの精神医学者アーノルド・ルドウィグは、『山の王（*King of the Mountain*）』と題する二〇〇二年の著書で、依然として次のように主張している。

大多数の人間は、集団生活を統治する単一の支配的な男性を必要とするように、社会的、心理的、生物学的にプログラムされている。そして、そのプログラミングは、ほぼすべての類人猿社会の営まれ方と符合している。[9]

この、男／オスのボスによる支配は必然であるという考え方が間違っていることを、読者に気づいてもらうのが、本書での私の目的の一つとなる。この考えの発端となった先ほどの研究は、ヒヒという、私たちとあまり近くない種を対象としていた。私たち人間は、ヒヒのようなサルではなく、類人猿（尾のない大型の霊長類）の小さな科に属している。人間に最も近い大型類人猿を研究すると、もっと微妙な構図が浮かび上がってくる。その中では、男は世間で思われているほど支配権を行使していない。

霊長類のオスが弱者を虐待する場合があることは否定のしようがないものの、オスが攻撃性と体格の優位性を獲得したのは、メスを支配するためではなかったことにも気づくといいだろう。オスは、メスを支配するために生きているわけではない。生態学的な必要性を考えると、メスは完璧な大きさに進化した。メスの体は、採集する食べ物や、移動量、育てる子供の数、避ける捕食者などを考慮すると、最適だ。この理想的な大きさからオスが逸脱するように進化したのは、オスどうしでもっとよく闘えるようになるためだった。[10] オスは競争が激しいほど、堂々とした体格になる。ゴリラのように、いくつかの種では、男／オスは女／メスの二倍も大きい。オスの闘争の主眼は、いっしょに子孫を残してくれる相手に近づくことだから、メスを害したり、食べ物を奪ったりすることは、けっしてオスの目的ではない。実際、ほとんどの霊長類のメスは、たっぷり自主性を享受し、一日中、自分の食べ物を探し回り、仲間とつき合う一方、オスはメスの生活にとって端役にすぎない。典型的な霊長類社会は本質的に、長老格のメスたちが運営する、メスの血縁ネットワークだ。

『ライオン・キング』が封切られたときにも、やはり私たちはオスの支配が必然だという見方を目の当たりにした。この映画では、オスのライオンがボスとして描かれている。ほとんどの人は、王国をそれ以外のかたちで思い描くことができないからだ。シンバ（次の王となることを運命づけられた子ライオン）の母親は、役らしい役は演じない。ところが、たしかにライオンのオスはメスよりも大きくて強いものの、群れの中では中心的な地位は占めない。群れは、本質的にはメスの連帯で成り立っており、狩りも子育ても、その大半をメスたちが行なう。ライオンのオスは群れに数年とどまったあと、新入りのライバルに追い出される。ライオンにかけては世界でも一流の専門家のクレイグ・パッカーは、「メスこそが中心です。群れの要であり、核心です。オスは、やって来ては、また去っていきます」と言っている[11]。

人間を他の種と比較するにあたって、大衆向けのメディアは現実の上っ面だけを取り上げる。ところが、掘り下げてみると、まったく違う現実が明らかになることがある。そこにはかなりの性差が反映されているかもしれないが、それは私たちが予想しているものとはかぎらない。そのうえ、多くの霊長類は私が「ポテンシャル」と呼ぶものを持っている。ポテンシャルとは、稀にしか発揮されない能力や、目につきにくい能力のことを指す。その好例がメスのリーダーシップであり、バーガース動物園で長年アルファメスの座にあったママのことは、前作『ママ、最後の抱擁』で説明したとおりだ。ママは喧嘩の結果で測定したら、トップの男たちよりも序列が低かったとはいえ、社会生活の絶対的な中心だった。最年長の男も、トップの男たちよりは位が低かったが、やはりママに劣らず、中心的な存在だった。これら二頭の高齢のチンパンジーがいっしょになって大きなコロニーをどのように取り仕切っていたかを理解するには、身体的な優位性以上のものに目を向け、誰が重要な社会的決定を下すのかに気づく必要がある。政治的な権力は、身体的優位性と区別しなければならない。人間の社会では、権力と筋力を混同する人はいないし、両者の違いは他の霊長類にも当てはまるのだ。[12]

霊長類のオスの持つ子育ての能力も、ポテンシャルの一種だ。母親が死に、孤児が突然、助けを求めて哀れっぽく鳴きだしたときに、そのポテンシャルが垣間見えることがある。野生の世界では、チンパンジーの大人の男が幼い孤児を養子にし、ときには何年も、優しく面倒を見てやる例が知られている。男は、幼い養子がついてこられるように移動の速度を落とし、その子がはぐれたら捜し、どんな母親にも劣らぬほど一生懸命守ってやる。科学者は典型的な行動に重点を置く傾向があるので、私たちはこうしたポテンシャルについて、いつもじっくり考えるわけではない。それでも、私たちは変化する社会に生きていて、私たちの種にできることの限度が試されているのだから、霊長類のオスの持つ、子育てなどのポテンシャルは人間のジェンダー・ロール〔六三ページの用語一覧を参照のこと〕にも関係がある。したがって、他の霊長類との比較から、自分自身について何が学べるかを見てみるのは、まったくもって道理に適っている。[13]

進化の観点からの説明に疑問を抱き、同じ原則が私たち人間には当てはまらないと思っている人々でさえ、自然淘汰にまつわる、ある基本的真理は認めざるをえないだろう。現在地上に存在する人のうち、生き延びて子孫を残してくれた祖先を持たない人は、一人としていないはずだ。私たちの祖先はみな、子供をもうけて首尾良く育て上げるか、他者に子育てを手伝ってもらうかした。この原則に例外はない。なぜなら、そうすることができなかったら、誰の祖先にもなれないからだ。

彼らの遺伝子は、遺伝子プールに残らない。

現代社会は、権力と特権に見られるジェンダー差を正さなければならない。ただし、女だけではこれは成し遂げられない。男女のジェンダー・ロールは緊密に絡み合っているので、男と女が同時に変わる必要がある。そうした調整の一部は、すでに始まっている。若い世代が、私の世代とはずいぶんと違った物事のやり方をしているのを見かける。たとえば、男は前よりもずっと子育てにかかわっているし、女は男ばかりだった仕事に進出している。この調整をさらに進めるには、男たちにも加わってもらうことだ。だから私は、世の中の悪いことはすべて男のせいにするような、何でもひとくくりにする論調には腹が立つ。男性性の特定の表現を「有害」とするのは、私に言わせればフェミニズムではない。一方の性全体に汚名を着せて何になるというのか？　アメリカの俳優メリル・ストリープに私は賛成だ。彼女はそんなことは無用なのを見てとって、こう述べている。「私たちはあれやこれやを有害な男らしさと呼んで、男たちを傷つけていますけど、女もめちゃくちゃ有害になることがあります。……世の中にいるのは、有害な男とか、有害な女とかではなく、有害な人々です[14]」

日常生活での人間のジェンダー差の起源を知るのはほぼ不可能だ。なにしろ、私たちの文化は男女両方に、たえず圧力をかけているからだ。誰もが歩調を合わせ、男らしさと女らしさの規則に従うことになっている。こうして私たちはジェンダーを生み出し、ジェンダーは生物学的な性に取って代わったのだろうか？　いや、これですべてが説明できるはずがない。他の霊長類は人間のジェンダー規範の対象ではないにもかかわらず、しばしば人間と同じように振る舞うし、人間も彼らと同じように振る舞うことがよくある。彼らの行動も社会規範に従っているのかもしれないが、それらの規範は人間の文化ではなく彼らの文化に由来するはずだ。だから、彼らの行動と人間の行動の類似は、両者が共有する生物学的特質の存在を示唆している可能性のほうが高い。

他の霊長類は人間が我が身を映す鏡であり、そのおかげで、私たちはジェンダーを今までとは違う目で見ることができる。そうはいっても、彼らは人間ではないから、比較対象を提供してくれるのであって、私たちが見習うべき手本ではない。わざわざそう断るのは、事実に基づく説明が規範を示すものと解釈されることがあるからだ。だが、両者は異なる。人は、他の霊長類に関する説明について考えるときに、その霊長類を自分に重ねずにはいられない。自分がよしとするかたちで相手が振る舞えば称讃し、見るのも忌まわしいことをすれば腹を立てる。私は両性の関係が根本的に異なる二種類の類人猿を研究しているので、彼らについて講演しているときには、聴衆がそのような反応を示せばただちに気づく。人々は私の説明を聞くと、私が内容を是認しているかのように反応することがある。チンパンジーについて論じると必ず、私が男の力と残忍さの熱狂的な支持者に違いないと思い込む。人間の男もチンパンジーの男のように振る舞えば素晴らしい、と私が考えているかのようだ！　そして、これまた類人猿のボノボの社会生活を紹介すると、聴衆は私がエロティシズムと女による支配をおおいに好んでいると確信する。実際には、私はボノボとチンパンジーの両方が好きだし、どちらにも同じぐらい心を奪われている。両者は、私たちの異なる面を明るみに出してくれる。人間は、チンパンジーとボノボの特徴を少しずつ備えている一方で、数百万年をかけて独自の特性も進化させてきた。

人々が腹を立てる例を示すために、私がまだ若く、バーガース動物園で研究していたチンパンジーについて、そこで講演していた頃までさかのぼろう。聴衆は、パン職人の組合員から、警察学校の学生、学校の教員や子供まで毎回違った。みな私の話を楽しんでくれたが、ある日、女ばかりの弁護士の一団を迎えたときは事情が違った。彼女たちは私が伝えようとしていた内容にはっきりと不満を示し、私のことを、当時広く使われだしたばかりの言葉を使って、「性差別主義」だと言う。だが、私は人間の行動についてはひと言も口にしていないのに、どうしてそんな結論を引き出すことができるのか？

私が説明したのは、チンパンジーの男と女の違いだった。男は派手なこけ威（おど）しのディスプレイ（誇示行動）を行なうが、これは権力に対する彼らの欲求を示している。彼らは戦略家で、いつも次の一手を考えている。一方、女はグルーミングをしたり、仲間とつき合ったりしてほとんどの時間を過ごす。他のチンパンジーとの良好な関係や家族に焦点を合わせる。私は、コロニーでの最新のベビーブームの写真も誇らしげに見せた。だが、弁護士の一団は、類人猿の赤ん坊に目を細める気分ではなかったようだ。

彼女たちは講演のあと、なぜ私はオスがメスを支配しているのか、それほど自信が持てるのか、と尋ねた。その逆ではないという保証がどこにあるのか？　支配について、私が思い違いをしてはいまいか、と彼女たちは言った。いつもオスが争いに勝つのを見てきたそうだが、実際には、勝ったのはメスだったのだろう、と。それまで何千時間もかけて、来る日も来る日もチンパンジーと過ごしてきた私を、チンパンジーとゴリラの見分けもつかないような人々が正そうとするとは！　私の研究分野には女の専門家も大勢いるが、チンパンジーは男優位という説明以外、聞いたためしがない。ただしそれは、身体的な優越性にしか当てはまらず、ごく限られたものだが、それでも大切だ。チンパンジーの男は女よりも体重があり、ボディビルダーのような体つきをしていて、腕や肩が発達しており、首も太い。ヒョウの牙と見紛うほどの長い犬歯という武器も持っているが、これは女にはない。女は男にとうてい太刀打ちできない。唯一の例外は、女が団結したときだ。

その日の講演に続いてチンパンジーたちの島を案内している間に、弁護士の一団は私の主張を裏づける事例をいくつか自らの目で見て、少し考えを変えた。だが、機嫌は少しも良くならなかった。

後年、ボノボの研究をするようになって、彼らについて講演すると、逆のことが起こった。チンパンジーとボノボはともに類人猿であり、どちらも遺伝的に人間にきわめて近いが、行動は驚くほど違う。チンパンジーの社会は攻撃的で、縄張りがあり、男が序列の上位を占める。ボノボは平和的で、セックスが大好きで、女が優位だ。二種類の類人猿でこれ以上異なりようがあるだろうか？　人間の仲間の類人猿についてもっと知ればジェンダーに関するステレオタイプが強まるに決まっている、という考え方が誤りであることを、ボノボは証明してくれる。ボノボのことを、「争わずに愛を交わす」

霊長類と呼んだ科学者である私は、彼らについて書いた最初の一般向けの小論を、次のような一文で始めた。「女が男との平等化の達成を目指している歴史上の転機に、科学は後れ馳せながらフェミニスト運動への贈り物を見つけ出した」。これは、そうとう昔の一九九五年のことだ。[15]
聴衆はボノボに拍手喝采を送る。ボノボをおおいに気に入り、生物学が暗い印象を与えるときに、ボノボが光を投げてくれるように感じる。小説家のアリス・ウォーカーは、『父の輝くほほえみの光で』（柳沢由実子訳、集英社、二〇〇一）を私たちとボノボとの緊密な近縁関係に捧げたし、「ニューヨーク・タイムズ」紙のコラムニストのモーリーン・ダウドは、政治評論にボノボの平等主義の精神への讃辞を織り込んだことがある。ボノボは、「政治的に正しい霊長類」と呼ばれてきた。男女間の優位性の逆転と、信じ難いほど多様な性生活のためだ。ボノボは、大人の男と女だけではなく、あらゆる組み合わせでセックスをする。私は、ヒッピーのようなこの人間の近縁種についていつも喜んで語るが、進化上の比較は、希望的観測によって歪められてはならないと思う。動物界を見回して、いちばん気に入った種を勝手に選び取るような真似は、けっしてしてはならないのだ。
人間に同じぐらい近い類人猿の近縁種が二つあるのなら、両性間の関係についての考察にとって、両者は等しく重要だ。だから本書は、両者をともに重視する（ただし、科学界ではチンパンジーのほうがずっと以前から知られているし、詳しく研究されてきたが）。サルのように人間とはもっと離れている霊長類には、チンパンジーとボノボに対してほど注意を向けないことにする。

ジェンダー差というテーマは、どうしても感情を掻き立てる。それは、誰もが強固な意見を持っている領域だが、動物に関して、私たちはそういうものには馴染みがない。霊長類学者は是非を判断しないように努める。それがいつもうまくいくわけではないけれど、行動を善や悪に分類することはけっしてない。研究では解釈を行なうし、それは避けられないとはいえ、私たちがオスの行動を指して「不快な」といった言葉を使ったり、特定の種のメスを「意地悪」呼ばわりしたりするのを、耳にすることはないだろう。私たちは、行動をあるがままに受け容れる。動物の研究者の間では、この態度には長い伝統がある。カマキリのオスが交尾中にメスに頭を食べられてしまっても、誰もメスを責めたりしない。同様に、同じ理由から、私たちはサイチョウのオスを非難することもない。オスは泥を運んできて、メスはそれを使って自らを巣の中に閉じ込め、何週間も過ごすのだが。私たちは、なぜ自然はそうなっているのかを考えるだけだ。

霊長類学者は、社会も同じように眺める。行動の望ましさについては気にせず、できるかぎり正確にその行動を記述しようと試みる。それは、イギリスの動物・植物学者でテレビパーソナリティのデイヴィッド・アッテンボローが、私たちの種の求愛儀式のナレーターを務めるという、パロディ動画のようなものだ。カナダの酒場で男子学生たちがビールをがぶ飲みしている場面に、アッテンボローのナレーションが入り、彼の穏やかな声が独特の調子で語る。「メスたちの匂いが濃厚に漂っています」。そして、「どのオスも、自分がどれほど強く、どれほど利口かを見せつけようとしています」。その動画は、「勝者」が女の一人とベッドにいる場面でクライマックスを迎える。そのとき主導権を握っているのは女だ。(16)

これは性差別主義なのだろうか？　それぞれの性に特有の行動にひと言でも触れれば、政治的姿勢を示すことになるとでも信じていないかぎり、そうはならない。私たちが生きている今の時代には、性差がいたるところに見られるかのように、それを徹底して誇大に宣伝する人もいれば、性差が無意味であるような物言いをして、それを拭い去ろうとする人もいる。前者は、空間記憶や善悪の判断、その他何であれ、わずかな差異に出くわすたびに、やたら大げさに騒ぎ立てる。彼らの結論はしばしばメディアによって増幅され、どちらかの性に有利な数パーセントの差異が、黒か白かの違いに変えられてしまう。男性と女性は違う惑星の出身だ、とまで言う著述家さえいる。もう一方の人々は、正反対のことをする。男女の違いについての意見はすべて割り引く。「私たち全員に当てはまるわけではない」とか、「環境の産物だ」とか主張する。彼らのキーワードは「社会化」であり、「男性は競い合うように社会化されている」とか、「女性は他者の面倒を見るように社会化されている」とか言う。彼らは、行動の違いが何に由来するかを知っている、それが断じて生物学的なものではないことはわかっている、と称する。

後者の立場を早くから擁護した人の一人が、アメリカの哲学者ジュディス・バトラーで、彼女はジェンダーは単なる人為的な概念にすぎないと考えている。大きな影響力を持つことになる一九八八年の論文で、彼女は次のように述べた。「ジェンダーは現実のものではないので、ジェンダーにまつわるさまざまな行為がジェンダーという概念を生み出す。そして、これらの行為がなければ、そもそもジェンダーなどまったく存在しない」[17]。これはまた極端な立場であり、私には同意できかねる。彼女がどう言おうと、ジェンダーは有用な概念だと思う。どの文化にも男女のそれぞれに別個の規範や習慣や役割がある。ジェンダーは、言わば学習によって身につけたメッキであり、生物学的な意味での女を社会・文化的な意味での女に、生物学的な意味での男を社会・文化的な意味での男に変える。私たちは問違いなく芯まで社会的な生き物なのだ。私はさらに一歩進めて、ジェンダーの概念は他の霊長類にも当てはまるかもしれない、とさえ主張したい。類人猿は一六歳前後で大人になる。だから、他者から学ぶ時間はたっぷりある。もし、これで彼らのそれぞれの性に特有の行動が変わるのなら、彼らの場合にもジェンダーについて語るべきだろう。

ジェンダーという概念は、トランスジェンダーの男や女のように、生物学的な性と一致しないアイデンティティにまで及ぶ。また、解剖学的な性や染色体の性が分類しにくいときや、本人が自分をどちらか一方の性と見なしていないときなどもある。それでも、大多数の人にとって、ジェンダーと性は一致する。この二つの用語は、意味は違うものの、分かち難い。だから、ジェンダー差の考察には、自動的に性差が取り込まれ、その逆もまた真なのだ。

科学は長い間、性差を無視していたが、状況は変わり始めている。性差を無視するという怠慢が医療に害を及ぼしてきたのがその一因だ。[18] かつて女は、男と同じように診断され、治療されていた――小柄な男であるかのように。「言うなれば、女性は不完全な男性だ」とアリストテレスが述べて以来、医学は男の体を参照基準としてきた。何であれ男性向けに開発された医薬品は、投与量を減らしさえすれば女にも使えると考えられていた。[19]

だが、男女の体は断じて同一ではない。違いの一部は、単に体の構造上のものだ。たとえば、女は自動車事故で男よりも重傷を負いやすい。それは骨密度の差が原因かもしれないし、自動車業界が依然として男の体に基づく人体模型を使って衝突試験を行なっているからかもしれない——男の体は、女の体とは重さの配分が違うというのに。[20] 違いはそれぞれの性特異的な症状（子宮、乳房、前立腺に関連したもの）や、その他の健康上の脆弱性にまで及ぶ。アメリカの国立衛生研究所は二〇一六年、自国の医学者たちに、研究には常に両性を含めるように求めた。「生物学的変数としての性に関する国立衛生研究所の方針」は、マウス、ラット、サル、人間など、脊椎動物を網羅している。多くの疾患は性別による偏りがある。たとえば、女のほうが男よりもアルツハイマー病や紅斑性狼瘡（エリテマトーデス）、多発性硬化症になりやすい。一方、男はパーキンソン病や自閉スペクトラム症になりやすい。全体として、女のほうが男よりも丈夫で長生きする。この違いは、ほとんどの哺乳類で見られる。そして、バトラーの「ジェンダーという概念」とは無関係で、生まれたときの性別次第だ。[21]

　霊長類学者には、性別を軽視する理由がない。私はこれまで霊長類学の学会で一〇〇〇回は講演を聴いたに違いないが、誰かが「ご承知のように、私はずっと森でオランウータンのオスとメスを追ってきましたが、彼らの行動は著しく似通っているのです」などと言うのを耳にしたことは一度もない。ほとんどの霊長類では、行動の性差はあまりに明白なので、そんな発言をする人は笑い物になることだろう。そのうえ、私たちはそうした違いが大好きだ。それで生計を立てているようなものだから。違いがあるからこそ、霊長類の社会生活はこれほど興味を惹く。オスにはオスのもくろみがあり、メスにはメスの狙いがある。そして、両者の相互作用を突き止めるのが私たちの仕事だ。オスとメスの利害が食い違うこともあるが、どちらも相手抜きでは進化のレースを勝ち抜けないので、両者の目指すものは必ずどこかで重なり合う。

だからといって、私の比較から簡単に答えが導かれるわけではない。性差とされるもののうちには、確かめようがないことが判明したものもあるし、現に存在している差でも、思っていたほど単純ではないことが多い。霊長類を背景に人間という種を眺めるにあたって、私は人間の行動についての豊富な文献を活用していく。取捨選択はするし、どちらかというと第三者の立場でそうする。私の一番のバイアスは、人間の自己報告を信用しないことだ。社会科学では人々に質問をして、本人に答えさせる手法がもてはやされるようになったが、私は、まだ実際の行動を試したり観察したりしていた初期の頃に戻ることを好む。たとえば、子供たちが学校の庭でどんなふうに遊ぶかや、運動選手が勝ったり負けたりしたときどう反応するかを調べるほうが好きだ。人々の行動のほうが、本人が自分について言うことよりも、はるかに多くの情報を提供してくれるし、ずっと正直だ！　それに、霊長類の行動とも比較しやすい。[22]

人間のジェンダー関係について考察するにあたり、重要な問題をいくつか対象外とする。霊長類の観察が私の出発点だから、それと関連した人間の行動だけを考えるので、動物には相当するものがない領域は脇に置いておくことにする。たとえば、経済格差や家事労働、教育を受ける機会、服装に関する文化的な決まり事などだ。私の専門知識は、こうした問題を解明する役には立たない。

ジェンダー平等に向けた努力が成功するかどうかは、現実の性差あるいは想像上の性差にまつわる果てしない議論の結果にはかかっていない。平等であるためには、当事者が類似している必要はないからだ。人々は、違っていてもなお、まったく同じ権利と機会を与えられて当然だ。だから、人間と他の霊長類の両方で両性がどう違うかを探究しても、不平等な現状が正当であるということにはけっしてならない。平等性を高める最善の方法は、人間の生物学的特質をうやむやにしようとする代わりに、それについてもっと学ぶことだと、私は心から信じている。実際、こうした議論ができるのも、社会を根本的に変えた、小さな生物学的発明のおかげにほかならないのだ。

排卵（卵巣からの卵子の放出）を妨げる、エストロゲン・プロゲスティン配合錠は、世の中への影響があまりに大きかったので、「錠剤（ピル）」と言っただけで通じる。このような特別扱いを受けている錠剤は他にない。一九六〇年代の経口避妊薬の導入は、重大な転機だった。性行為と生殖との分離を可能にしたからだ。人々は、セックスを控える必要もなしに、もうける子供の数を減らすことも、子供をもうけないことも選択できるようになった。効果的な避妊のおかげで、ウッドストック・フェスティバルから同性愛者の権利運動にまで及ぶ、性の革命が起こった。ピルは、婚前交渉や婚外交渉、その他多くの性行動に関する従来の道徳観に、一挙に疑問を投げかけた。フェミニストは、女による性的快楽の追求を、自立性を高めることの一環と見なし始めた。ジェンダー・ロールの変化も、ピルの導入に元をたどることができる。子育ての大半を女が行なっていた社会では、子供がいなかったり、ほんの数人しかいなかったりすると、女が家庭にとどまる必要性が低下した。一九七〇年代には、ピルに対する道徳的な制限（たとえば、未婚の人の使用禁止）が撤廃されたあと、女は大挙して労働市場に参入するようになった。

私が母の胎内に宿る前にピルが存在していたら、私は今ここでピルについて論じていなかっただろう。両親は子供を大勢持ちたくなかったが、オランダの「カトリックの南部」として知られる地域に暮らしており、そこでは教会が途方もない権勢を振るっていた。そして教会は、どんな種類の家族計画にも反対だった。私の家族の間では語り草になっているのだが、母は六人目の子供を産んでほどなく、家を訪ねてきた司祭に怒りを爆発させた。その司祭は、コーヒーと葉巻でもてなされて心地好さそうに座りながら、こともなげに「次」の話を持ち出した。彼はコーヒーを飲み終える間もなく追い出された。それ以後、我が家の子供の数が増えることはなかった。ピルの普及前から人々の態度はすでに変わり始めていたものの、ピルが登場すると、すべてが手軽になった。その後数十年で、私の故郷では家族の規模が急激に小さくなった。

こうして、人間の生物学的機能に少しばかり手を加えただけで、状況が一変した。ここから、生物学的側面を敵視する必要がないことがわかる。私自身は、味方と見ている。人類がピルを必要としたのは、妊娠を防ぐ最も理に適った代替策が、あまりうまくいかないからだ。私たちは、セックスをするのをあっさりやめたり、あるいは少なくとも断続的に我慢したりすることもできたはずだ。だがそれは、私たちのような好色な類人猿には無理な注文だ。それに、事に及ぶ前にいったん中断して考え、コンドームをつけるよう男に求めるような解決策は、当てにならないことがわかっている。これは、一つにはその場の勢いに流されてしまうからであり、また、妊娠する恐れのまったくない側の性に下駄を預けることになるからだ。ピルはそのすべてを変えた。人間の生物学的特質には、生物学的な答えが必要だったのだ。そして、私たちが気分やメンタルヘルスへのピルの副作用を心配し始めた今となっても、それに変わりはない。

私たちは動物であり、動物のカテゴリーの中では、霊長目に属している。人間は、チンパンジーとボノボの両方とDNAの九六パーセント（正確なパーセンテージは検討中）が共通であるのとちょうど同じように、社会・情動的性質も共通している。どれほど共通しているかははっきりしないが、私たちが思い込まされてきたよりも、隔たりははるかに小さい。多くの学問分野が好んで人間の独自性を強調し、私たちを祭り上げるが、その見方は現代科学とはしだいに相容れなくなってきている。もし人類が海に漂う氷山だとしたら、それらの学問分野は、私たちと他の種との違いという、光を浴びて輝く小さな頂上部分だけにこだわるように求める一方、海面下に隠れた広大な共通領域に目をつぶっているわけだ。それに対して、生物学と医学と神経科学は、氷山全体をしっかり眺めることを選ぶ。人間の脳は比較的大きいにしても、構造と神経の化学的特質の点ではサルの脳とほとんど違わないことを、これらの分野は承知しているからだ。人間の脳はサルの脳と同じ部品から成り、同じように機能する。

ノルウェーの国営テレビのインタビューを受けていたときに、面白いことが起こった。共感能力の進化について論じていると、インタビュアーが、ついでにとでもいうように「カトリーヌは元気ですか？」と尋ねた。私は驚いた。拙著に出てくる類人猿について質問される分には、かまわない。語れる話はいつでもあるので。だが、カトリーヌは私の妻だ。だから、「おかげさまで、元気です」と答え、本筋に戻ることを願った。ところがインタビュアーは、「今、何歳ですか？」と、質問を続ける。「私と同じぐらいの歳ですけれど、それが何か？」と私は応じた。インタビュアーはびっくりした様子で、「えっ、そんなに長生きするんですか、類人猿は？」と言った。そこで、ようやくわかった。

インタビュアーは、カトリーヌが私の研究対象の一頭だと思っていたのだ。

そして、この誤解のもとに、はたと思い当たった。なにしろ私は、この時点での最新作の献辞にこう書いていたからだ――「私の好きな霊長類、カトリーヌに捧ぐ」と。

第1章

おもちゃが私たちについて語ること

男の子と女の子と他の霊長類の遊び方

TOYS ARE US

How Boys, Girls, and Other Primates Play

ある朝、双眼鏡を覗(のぞ)き込んでいると、アンバーが島に歩み出てきた。奇妙に体を折り曲げ、片手と両足で、よたよた歩いている。残る手で、柔らかい箒(ほうき)の穂先の部分を腹に押し当てるようにして抱え込んでいた。生まれたばかりであまりに小さく、あまりに非力で、自分ではしがみつけない赤ん坊を、類人猿の母親が抱えているところにそっくりだ。目の色(琥珀色(アンバー))にちなんで名づけられたこのチンパンジーは、バーガース動物園のコロニーで暮らす青年期の女だった。飼育員の一人が、うっかりその箒を置き忘れたのに違いない。そして、アンバーが柄(え)を引き抜いたのだ。彼女はときどきその穂先をグルーミングし、母親が少し大きくなった子供を運ぶときのように、腰の上に乗せて、手をつきながら歩き回ることもあった。夜にはそれを抱えて、藁（わら）でできた自分の寝床で身を丸めて眠るのだった。彼女はその箒の穂先を何週間も手放さなかった。もう、他の女が産んだ赤ん坊の世話を、母親になったつもりでしなくてもいい。今や自分の赤ん坊が手に入ったのだ。ただし、本物ではなかったが。

類人猿は人形をおもちゃとして与えられると、二通りの反応を示す。もし男の子が人形を手に入れると、引き裂いてしまいかねない。それはおもに、中に何が入っているか見てみたいという好奇心からだが、取り合いが原因のこともある。二頭の男の子が一つの人形を引っ張り合えば、ちぎれてしまいうる。男の手にかかると、人形はめったに長持ちしない。一方、女が人形を手に入れると、すぐに我が子にし、優しく扱う。そして、大事に世話をする。

あるとき、ジョージアという名のチンパンジーの女の子は、何日も持ち歩いていたテディベアを、屋内の区画に持ち込んだ。私は彼女をよく知っていたので、その人形を抱かせてくれるか確かめてみたくなった。そこで、一方の手を広げて懇願するように差し出した。これは、チンパンジー自身が見せる、ものをねだるときの仕草だ。私たちの間には格子があり、ジョージアはためらっていた。彼女はクマのぬいぐるみを遠ざけたまま、私に触れさせない。そこで私は腰を下ろし、クマを持ち去ったりはしないことを示した。すると彼女は、クマを私の方に押しやりはしたものの、脚の一本をしっかり握ったままだった。そして、私にクマを調べたり、クマに話しかけたりさせてくれたが、油断なくこちらを見つめていた。それでも、私が彼女の方にクマを押して戻した頃には、信頼を裏切らないこの行為のおかげで、私たちの間には絆（きずな）が結ばれ、彼女はクマをしっかり抱き締めながらも、私のそばにとどまった。

霊長類についての文献は、人間の飼育下にある類人猿が、与えられた人形の世話をする様子の記述であふれている（ほぼすべてが女だ）。類人猿は、人形を引きずり回したり、背負って運んだり、授乳するように乳首に人形の口をあてがったりする。あるいは、手話をするゴリラのココのように、人形の一つひとつにおやすみのキスをし、それから、それぞれの人形どうしにもキスさせる。[1]

これまた手話のトレーニングを受けた類人猿であるチンパンジーのワショーは、与えられた人形を身代わりにしたことがあった。自分の小さなトレーラーハウスに新しいドアマットが置かれているのに気づいた彼女は、ぞっとしたように飛びのいた。それから人形を手に取り、安全な距離を保ちながら、マットの上に放り投げた。そして、人形に何か起こるだろうかと、数分間、食い入るように様子を見守ったあと、ひったくるようにしてマットから取り上げ、念入りに点検した。人形に害がなかったと判断してようやく、落ちつきを取り戻し、思いきってマットの上を通り抜けた。[2]

人間の子供のおもちゃをサルに与えると、車輪のついた乗り物はおもにオスの子供の手元に、人形はメスの子供の手元に行き着いた。この違いは、オスが人形に関心がないことに起因していた。

親はおもちゃを選ぶことによって男の子と女の子を社会化すると言われている。自分の偏見を彼らに押しつけ、ジェンダー・ロールの型にはめる、と。これは、子供は白紙であり、環境がそれを埋め尽くすという考え方だ。たしかにジェンダーの多くの面は文化によって規定されるものの、すべてが文化で決まるわけではない。おもちゃはこの議論の要だから、考察のまたとない出発点になる。おもちゃ業界は、親に娘や息子が必要とするものを示してくるが、たとえ親が玩具店をまるごと一つ買い上げたとしても、どんなおもちゃを選ぶかを決めるのは、あくまでも子供たちだ。それが遊びの素晴らしいところで、遊ぶ本人次第なのだ。子供たちが何かの場面を再現したり、想像力を働かせたりしながら好きなように楽しむのをただ眺め、大人が彼らを型にはめるのではなく、彼らの好みに沿って大人がおもちゃを選んでいる可能性を排除せずにおくのが最善だ。

アメリカの型破りな心理学者ジュディス・ハリスは、親の影響を、ただの心地好い幻想と見ていた。そして、一九九八年の著書『子育ての大誤解』で、次のように推測している。「たしかに、親は息子にはトラックを、娘には人形を買うが、それにはもっともな理由があるのだろう。おそらく、子供たちがそれを望んでいるのだ[3]」

赤ん坊に見立てた箒と過ごすアンバーを眺めていると、彼女が人形を欲しがっていることは明らかだった。これは、霊長類のメスにはありがちなことなのだろうか? これまで科学者がサルにおもちゃを与えたときには、サルの選択は断じて性別に無関係ではなかった。二〇年前、この種のものとしては初めてカリフォルニア大学ロサンジェルス校で行なわれた実験では、ジェリアン・アレクサンダーとメリッサ・ハインズがサバンナモンキーに、パトカー、ボール、ぬいぐるみの人形、その他いくつかのおもちゃを与えた。たしかにこれは、作為的な状況であり、これらの物がサルにどんな意味を持ちうるかについて、じつに多くの仮定に基づいていた。私は、人間の問題を動物たちに投げかける人間中心的な傾向の実験よりも、動物たちの実際の行動に着想を得た実験のほうが優ると思っている。とはいえ、二人の実験結果を見てみよう。

サルたちは、人間の子供の性別に基づく好みをなぞる反応を見せた。自動車などの乗り物のおもちゃは、オスが扱うことが多く、彼らはそうしたおもちゃを地面の上で動かした。オスたちはボールも好んだ。一方、人形はメスが手に取ることのほうが多く、メスたちは人形を持ち上げてぎゅっと抱き締めたり、股ぐらをしげしげと眺めたりするのだった。後者の動作は、新生児の生殖器に対するサルたちの好奇心と一致する。子を産んだばかりの母親の周りにメスたちが集まり、揃って小さな唸り声を上げたり、唇を打ち合わせて優しい音を立てたりしながら、身もだえする赤ん坊の両脚を拡げ、股間をつついたり、引っ張ったり、匂いを嗅いだりするのは、珍しいことではない。サルはみな、体のこの部分が重要だと考えているようだ。霊長類は、長い間そうしてきた。人間が胎児の性別を発表する「ジェンダー披露」パーティを思いつくよりもはるかに前から。[4]

カリフォルニア大学のその研究では、おもちゃを全部一度に与えたわけではなかったので、サルたちは本当の意味で選ぶことはできなかった。わかるのは、彼らがそれぞれの種類のおもちゃでどれだけ長く遊んだかということぐらいだ。ジョージア州アトランタ近くのヤーキーズ国立霊長類研究センターのフィールド・ステーションで行なわれた、アカゲザルを使った別の研究では、この不備が正された。私はこのセンターで勤務しているので、毎日そのサルたちのそばを通る。彼らは一年を通して、屋外の広いフェンスの囲いの中で暮らしており、そこでやかましく喧嘩したり、集まってグルーミングをしたり、乱暴な遊びをしたりしている。やることはいくらでもあるとはいえ、新しいおもちゃにはすぐに気を惹かれる。エモリー大学の私の同僚キム・ウォレンと、彼が指導している大学院生のジャニス・ハセットは、一三五頭のサルに二種類のおもちゃを同時に与えて、どちらを選ぶかを調べた。与えたのは、人の形をしたものなどの柔らかいぬいぐるみと、自動車などの車輪のついたおもちゃだった。(5)

サルのオスたちは、車輪のついたおもちゃを選んだ。オスのほうが好みが偏っていたのに対して、メスは自動車も含め、すべてのおもちゃが気に入った。オスがぬいぐるみに無関心だったので、そのほとんどがメスの手に渡った。人間の子供もそれに似たパターンを示す。男の子のほうが、おもちゃの好みがはっきりしているのだ。男の子は女性的に見えてしまわないか不安になるが、一方、女の子は男性的に見えることをそれほど心配しないから、というのがありふれた説明だ。だが、サルがジェンダー認識を気にかけるという証拠がないので、人間の男の子が抱くとされるのと同じ不安をサルたちが感じるとは考えづらい。現実はもっと単純で、単に人形はたいていの男の子にも霊長類のオスにも魅力がないのかもしれない。

これらの実験の設定は奇妙だった。なぜならサルたちに、馴染(なじ)みのない人工物を与えたからだ。この欠点は、とくにトラックに当てはまる。プラスティックや金属でできた色鮮やかな乗り物のおもちゃは、彼らの自然界の生息環境にあるものとは似ても似つかない。サルのオスは、ボールや自動車のように、行動を誘う、動かせるものに魅了されたのか？　オスはエネルギーのレベルが高く、体を動かす遊びが好きだ。メスが抱き締めることのできるぬいぐるみで遊んだ理由は、もっと簡単に説明できる。人形には胴体や頭や手足があり、見た目が赤ん坊や動物に似ていたからだ。サルのメスは、死ぬまで赤ん坊を養育しながら過ごすが、オスは違う[6]。

私自身は人形で遊ぶことはまったくなかった。母が私たち兄弟のために、いつもいくつか人形を用意しておいてくれたのだが。私は大きなブルドッグのぬいぐるみが気に入っていたものの、いっしょに寝ることはなかったし、ボクシングの腕を磨いているときには殴り飛ばしもした。私が遊びによく使ったのはクレヨンと紙で、それは、絵を描くのが好きだったからだ。それから、建設機械などの組み立てセットや電動の列車のおもちゃなどだ。だが、圧倒的に興味があったのは、動物だ。いつ、どうして関心を持ったのかはわからないけれど、ごく小さい頃から、カエルやバッタや魚を捕まえていた。幼いコクマルガラス（カラス科の小型の鳥）たちや、巣から落ちたカササギも一羽育てた。土曜日にはたいてい、手製の魚網を持って自転車で水路に行き、サンショウウオやイトヨ、シラスウナギ、オタマジャクシ、タナゴなどを捕ったものだ。全部を生かしておくのが目的だった。けっきょく、家の裏手の物置小屋はミニ動物園と化し、そこには水槽が並び、増える一方のマウス、鳥たち、私になついた猫が一匹、暮らしていた。犬は飼っていなかったものの、仲良くなった近所の大型犬がしょっちゅう身近にいた。動物といっしょにいることも、彼らの匂いも好きだった。それは今も変わらない。

そのような興味は、遊びを通した社会化の尺度の、どのあたりに位置するのだろう？　自動車のおもちゃに似て、動物たちは動くが、人形と同じで世話も必要だ。家族は、私をこの方向に押しやったわけではないし、私がのめり込むのを大目に見てくれたと言うのがせいぜいだから、私は事実上、「自己社会化」していたのだ――自己だけで社会化するというのは、言葉の矛盾のようではあるが。

私は動物たちのことや、初めて手に入れた水槽をどう仕上げるかや、幼いコクマルガラスたちをどこで放すかを夢見たものだ。私は動物愛好者になる道をまっしぐらに進んでいき、それが現在の職業の基礎を固めることになった。動物への愛着心は、ジェンダーで決まる問題ではけっしてない。大人にも子供にも男女を問わず見られるからだ。そしてまた、私は自分の興味が十分男性的かどうか思い悩んだ覚えはまったくない。

ジェンダー平等を公式に促進しているスウェーデンは、かつてあるおもちゃ会社に圧力をかけ、クリスマスのカタログに、バービー・ドリームハウスで遊ぶ男の子たちと、銃やアクションフィギュアを持った女の子たちを登場させた。[7] ところが、スウェーデンの心理学者アンダーズ・ネルソンが、三歳児と五歳児におもちゃを見せてもらうと、カタログとは裏腹の結果が出た。ほとんどどの子も、自分の部屋に平均で、なんと五三二ものおもちゃを持っていたが、一五二部屋で合計何万ものおもちゃを分類したネルソンは、子供たちのコレクションが、他の国々の場合とまったく同じステレオタイプを反映している、と結論した。男の子のほうが道具や乗り物やゲームが多く、女の子のほうが家庭用品や育児用品や衣類のおもちゃが多かった。彼らの好みは、スウェーデン社会の平等精神の影響を受けていなかったのだ。他の国々で行なわれた調査も、親の態度がおもちゃに対する子供の好みにほとんど、あるいはまったく影響しないことを裏づけている。[8]

男の子は何でも銃代わりにし、人形を武器に変えて振り回し、ドールハウスを立体駐車場にし、(キッチンセットとして与えられた)鍋や釜を、「ブルーン！　ブルーン！」と声を出しながら、カーペットの上で自動車のように動かす。男の子の遊びは、とにかくやかましい！　自動車や銃撃の音を真似て大きな声を出すのが大好きで、それは女の子が遊んでいるときには、まず聞かれない種類の声だ。最初に発した言葉が「パパ」でも「ママ」でもなく「トラック」だった子供を、私自身も知っている。彼はその後、誰に教えられたわけでもないのに、祖父母のことを乗っている車のメーカー名で呼ぶようになった。

遊びは無理やり押しつけることはできない。女の子におもちゃの列車を与えたら、そっと揺すって眠りに就かせるふりをしたり、ベビーカーに乗せて毛布を掛け、押して回ったりするかもしれない。ペットの犬の場合と同じだ。犬に新しい高価なおもちゃを買ってかえっても、古靴を噛みしだいたり（古靴ならまだましなほうだ）、私たちがキッチンの床にうっかり落としたコルク栓を追いかけたりすることのほうを好む。

アメリカのサイエンス・ライターのデボラ・ブラムは、子供がやりたい放題に遊ぶ頑固な傾向を心中で嘆いている。

息子のマーカスは、おもちゃの武器をやたらに欲しがる。銃はどうしても我慢がならない母親に、プラスティックのちゃちなピストルの一丁も持たせてもらえないので、粘土からキッチン用品まで、何でも兵器にして埋め合わせてきた。「あいつを歯ブラシで撃て！」と叫びながら、猫を追いかけて家の中を走り回っているのを目で追いつつ、私は思わず頭の中で両手を挙げて降参した。[9]

人間の好みに生物学的な起源があるかどうかを突き止めるには、おもに三つの方法がある。第一が、人間の文化的バイアスのない他の霊長類（つまり、他のすべての霊長類）と自分たちを比べる方法。第二は、多くの人間の文化を眺め、どの好みが普遍的かを確かめる方法。そして第三が、まだ文化に影響を受けているはずもないほど幼いうちに子供を試す方法だ。

私は霊長類を研究してきたから、第一の方法が好きだ。おもちゃの好みに関する前述の実験を考えると、人間の影響を受けていない霊長類でも同じ傾向が見つかるのでは、と思う人がいてもおかしくない。霊長類学者のソーニャ・カレンバーグと人類学者のリチャード・ランガムは、箒の穂先の部分を抱えたアンバーを思い出させるような、野生のチンパンジーたちの行動を報告している。彼らはウガンダのキバレ国立公園での一四年に及ぶフィールドワークの間に、チンパンジーの子供がまるで赤ん坊を抱いているかのように石や木の棒を抱えているところを、数多く記録した。この行動は、男の子よりも女の子で三、四倍多く見られた。子供たちは果物をあさる間、そのお気に入りの石や棒を脇に置いておくこともあるが、やがて必ず抱え上げてから別の場所に移った。その石や棒をしっかり抱き締めて寝床で眠ることもあれば、わざわざ専用の寝床を作ってやることさえあった。女の子たちは、まるで赤ん坊を扱っているかのように、そういう石や棒で優しく遊ぶのに対して、男の子はそれほどの気遣いは見せず、互いに蹴り合うときのように、乱暴に蹴飛ばすこともあった。この行動は、母親の模倣ではなかった。なぜなら母親は、石や棒はけっして持ち歩かなかったからだ。女の子自身も、最初の子を産むと途端に、石や棒を赤ん坊のように扱うのをやめるのだった。[10]

ギニアでは、ひどく具合の悪いチンパンジーの赤ん坊の八歳になる（思春期前の）姉が、ジャングルの中を母親について回っていた。日本の霊長類学者の松沢哲郎は、次のように語っている。驚いたことに、心配した母親が一度、「腕を伸ばして赤ん坊の額に触れた。まるで熱を測っているかのようだった」。赤ん坊が死んだあと、母親は死体を手放さず、群がるハエを払いのけながら、何日も運んで歩いているうちに、その死体はとうとう干からびてミイラ化した。姉は、母親の悲劇的な状況に同情したのだろうか、短い枝を赤ん坊のように背中に乗せたり脇に抱えたりして持ち運ぶようになった。あるとき、それを降ろして、「片手で数回ぽんぽんと叩いた。ちょうど、赤ん坊の背中を優しく叩くように」。松沢は、この女の子の行動を、育児の真似事と解釈した。そして、近くのボッソウという村に住むマノン人を引き合いに出した。村では、娘たちが新生児のいる母親を模倣し、背中に棒人形をくくりつけて歩き回る[11]。

母親が幼児を運ぶように、人形を背中に乗せてサンクチュアリ〔動物を保護目的で集団飼育している場所〕を歩き回るチンパンジー。チンパンジーの女の子供は人形に惹かれる。そして、野生の世界では、木の棒を使って子育ての技能を磨く。

ボッソウの村の観察結果は、人間の好みが生物学的なものかどうかを突き止める第二の方法、すなわち、多様な文化を見てみて、どういうものが普遍的かを確かめる方法と関連している。その好みは人類全体で見つかるだろうか？　あいにく、子供の行動について異文化間で比較できる情報はほとんどない。先進国ではじつに多くの研究がなされているものの、当然ながら、もっと幅広い文化を含める必要がある。多様な文化を網羅した唯一の研究によると、男の子よりも女の子のほうがはるかに強く新生児に惹かれるという。女の子はたいてい、妹や弟の養育を手伝う。母親が注意深く見守るなかで、そうする。一方、男の子は家以外で遊ぶことが多い[12]。

二〇世紀の名高い人類学者マーガレット・ミードが一九四九年に出版した『男性と女性』でさえ、子供の遊びについては意外なほど記述が少ない。ミードは、太平洋のさまざまな島の文化に属する青年期の少女二五人（少年はゼロ）に面接した。おもちゃに関しては、この本では触れられていない。ミードにとって、社会化の情報源は子供の遊びではなく、実生活で男女が担う役割や、彼らが自分たちの関係を説明するのに使う言葉だった。

ミードの研究は、ジェンダーの社会化理論の原点だ。なぜなら、彼女は性別による役割分担がどれほど変化に富んだものになりうるかを実証したからだ。それを受けて、性別の役割はおもに、あるいはすべて文化的なものだという主張が出てきた。ところが私は、『男性と女性』を読み返したあと、これがミードの主旨だとは、もう思えなくなった。彼女は、男あるいは女であることに関して、世界中で当てはまる真実をいくつか論じている。たとえば、女の子はいつも家の近くに留め置かれ、必ず衣服をまとわされているのに対して、同じ年頃の男の子は、裸で過ごすことを許され、好き勝手に歩き回る自由を与えられる。男の子はまた、「他の男性だらけの世界で女性を勝ち取って手元に置いておけるような男性」になるのは、まだずっと先になることを学ぶ。ミードは、男の競争が普遍的であることを強調し、「既知のあらゆる社会で、男性の達成欲求が見てとれる」と述べている。男は、充実感を得たり成功したと感じたりするためには、何かに秀で、他の男や女よりもそれが上手でなくてはならない[13]。

　どの文明も、男には自分の潜在能力を発揮する機会を提供する必要がある。七〇か国を対象とする最近の調査では、この男女の違いが裏づけられた。男は普遍的に、自立と自己高揚と地位に重きを置くのに対して、女は内集団に加えて人々一般の幸福や健康、安全を重視する[14]。

　女は、達成感を得るためには、子供を産むという生物学的な潜在能力を常に持っている。こればかりは、男には真似ができない。母親の仕事は社会にとって不可欠で、じつにやり甲斐があるので、男はそれに匹敵する仕事を果たせないことを悔しがっているに違いない、とミードは考えた。そこで彼女は、ジークムント・フロイトの「ペニス羨望」へのカウンターパンチとして、「子宮羨望」という造語を繰り出した。後年、ミードは文化に肩入れし過ぎたことを悔やんだ。『男性と女性』の一九六二年版の序文には、「もし今日、この本を書いていたなら、人類の祖先から受け継いだ固有の生物学的特質にもっと重点を置くだろう」と記している[15]。

　これを踏まえると、生物学的特質の役割を評価する第三の方法へと、私たちはたどり着く。人間の子供が誕生してからまもない頃、ジェンダーについても、私たちがそれについて抱えている偏見についてもまだ知らないうちに、彼らを調べることができる。動いている自動車と、話している顔の動画を、一歳の子供たちに見せると、男の子は前者のほうを、女の子は後者のほうをよく見た。だが、一歳の赤ん坊でもすでにおもちゃ文化の影響を受けているかもしれないので、その後の研究では、これ以上ないほど幼い子供を対象とした。イギリスの産科病棟で、くたびれ果てた母親の隣に横たわる生後一日の新生児を調べたのだ。赤ん坊たちに、実験者の顔と、それに似た色合いの、顔ではない物のどちらかを見せた。そのときの記録（記録者は新生児の性別を知らされていなかった）から、女の子は顔を、男の子は物をよく見たことがわかり、女の子のほうが生まれたときから社会的志向性が強いことが示唆された(16)。

おもちゃの好みも、非常に早い時期に非常に広く見られるので、おもに西洋文化圏の男の子七八七人と女の子八一三人を網羅する最近の総説論文は、次のように結論している。「提供されたおもちゃの選択肢と数、検査の状況、子供の年齢に関しては、研究ごとに違いがあったにもかかわらず、自分のジェンダーに即して類別されたおもちゃに対する子供たちの好みには、一貫して性差が見つかったことから、この現象が強固なもので、生物学的起源を持つ可能性の高いことが窺える(17)」

だが、色となると、話はまったく別だ。生後一年半の幼児にさまざまな絵を見せると、男の子は車を、女の子は人形をよく見るが、絵の色は何の影響もなかった。子供たちはピンクにも青にも、まったく偏りを見せなかった。幼い子供たちは、私たちの周りじゅうにある色分けの呪縛をまだ免れている。男の子には青、女の子にはピンクという区別は、衣料業界とおもちゃ業界によって作り上げられたのだ。かつて、この二色が逆転していたことさえあった。当初、すべての赤ん坊が白をまとっていた。洗濯や漂白が簡単だったからだ。「アーンショーズ・インファンツ・デパートメント（*Earnshaw's Infants' Department*）」という業界誌の一九一八年の記事は、初めてパステルカラーの衣料を紹介し、「男の子にはピンク、女の子にはブルーというのが、広く受け容れられている原則です」としている。「なぜなら、ピンクのほうがはっきりした強い色で、男の子にふさわしいのに対して、ブルーはもっと繊細で優美であり、女の子にとって、かわいらしいからです」。西洋がこの二色の分類をすっかり逆転させたのは、比較的最近のことにすぎない。もしこの二色が子供たちの気を惹く——そして、女の子が青を拒み、男の子がピンクを拒み、親が子供に「間違った」色の服を着せて「道を誤らせる」ことを心配している——とすれば、それは純粋に文化的な偏りなのだ。[18]

少なくとも、文化が色の好みに影響を与えるという証拠は、おもちゃの好みにかかわる証拠よりも、よほど確かだ。

もっとも、おもちゃや色に的を絞ると、遊びに関して最も劇的な性差を見過ごす危険が出てくる。多種多様な人間の文化と、あらゆる霊長類研究で見られるように、男／オスの子はエネルギーに満ちあふれ、同じ年齢の女／メスの子よりも身体的に乱暴だ。[19] 人間の男の子は女の子よりも、注意欠如多動症（ＡＤＨＤ）と診断される率が三倍にのぼるという事実は、この性差を反映している。[20] 部屋で子供たちだけで自由に遊ばせると、男の子はたいてい、思いきり大騒ぎするが、女の子はそれほど身体的な接触がなく、筋書きに沿った遊びをする傾向にある。[21]

ある研究で科学者たちが、ＡＤＨＤと診断されていないアメリカの典型的な男の子と女の子三七五人に加速度計をつけさせた。加速度計は、体の動きを測定する小型の装置で、腰に装着する。どの子供にも、この装置を一週間つけていてもらうと、あらゆる年齢の男の子が、女の子よりも一貫して身体的に活発であることがわかった。活動量全般では、違いは目立たなかったが、女の子は男の子に比べて、突発的に激しい動きを見せることが、はるかに少なかった。[22] 六八六人のヨーロッパの子供を対象とした類似の研究も、同じ結果になった。[23] 一〇〇か国以上を対象とする総説論文も、男の子のほうが動きが活発なのは普遍的である、と結論している。[24]

私はいつも、類人猿の男の子たちの尽きることのないエネルギーには舌を巻く。彼らは跳ね回り、物に飛び乗ったり、物から飛び降りたり、取っ組み合って、顔中で大笑いしながら地面を転げ回り、互いに激しく攻撃を加えたりする。これは、「ラフ・アンド・タンブル・プレイ」と呼ばれる格闘ごっこで、組んず解れつしながら、押したり、突いたり、はたいたり、手足に嚙みつき合ったりしつつも、その間ずっと笑っている。類人猿は口を開けて笑う表情をし、笑いのようなしゃがれ声を出し、それが意図を明確にする役割を果たす。これは、混乱を避けるために欠かせない。なぜなら、社会的な遊びには喧嘩のような手荒な行為が付き物だからだ。チンパンジーの子供が別のチンパンジーに飛び乗り、笑いながら相手の首筋に歯を立てたら、相手はそれがただの遊びなのがわかる。だが、笑い声を出さずに同じことをしたら、それは攻撃の可能性があり、当然ながら異なる反応が求められる。チンパンジーの笑いは声がとても大きく、伝染するので、ヤーキーズ国立霊長類研究センターのフィールド・ステーションにある私のオフィス（二五頭のチンパンジーを収容する、草の生えた屋外の区画を見渡せる）に笑い声が聞こえてくると、ずいぶんと楽しんでいるように思えて、独り笑いしてしまうことがよくある。

一方、チンパンジーの女の間ではラフ・アンド・タンブル・プレイはずっと少ない。女たちも取っ組み合うが、のんびりとしたもので、力比べのように見えることはめったにない。女は他の遊びを好み、創意工夫に富んだものを思いつくこともある。たとえば、あるとき思春期前の二頭の女の子が、私のオフィスによじ登ってこようとし始めた。二頭はしばらく、毎日この遊びをやっていた。まず、力を合わせて大きなプラスティック製のドラム缶を、オフィスの窓の真下に移動させる。それからその上に乗り、一頭がもう一頭の上に上がる。下の女の子が膝を曲げ伸ばしし、水泳の飛び込み競技の飛び板のように上下に体を揺する。そして、その肩の上に立っているもう一頭が、両手でオフィスの窓に取りつこうとするのだが、ついに成功しなかった。二頭の共同作業は、男たちの模擬戦とは大違いだった。

　類人猿の男の子が熱狂的なまでに乱暴で騒々しく、活力を見せつけることを考えれば、女の子たちが寄りつかないのもうなずける。女の子は、そんなふうに遊びたくないのだ。あらゆる霊長類の遊びがオスとメスで分かれているのは、これが原因であることに疑いはない。一般に、オスはオスと遊び、メスはメスと遊ぶ。メスどうしのほうが波風の立たないかかわり合い方をし、メスはオスに遊びに誘われると尻込みすることが多い[25]。彼らは、私たちの社会で行なわれるようなジェンダー教育などまったくなしでそうする。人間の場合にも、男女別に遊ぶのが通例だ。世界中の子供たちが二つ別個の遊びの領域を生み出す。一方が男の子のもの、もう一方が女の子のものだ[26]。

　キャロル・マーティンとリチャード・ファベスは半年にわたって、アメリカの四歳児六一人が自由に遊ぶ様子を観察し、次のように結論した。

　男の子は、他の男の子と遊べば遊ぶほど、肯定的な情動表現がしだいに多く観察された。したがって、男の子の遊びは乱暴で支配志向のものではあっても、彼らはこの活発な種類の遊びにますます興味を惹かれ、やらずにはいられなくなるようだ。……男の子は別の男の子が乱暴な遊びを始めようとすると、興味を掻き立てられ、相応の反応を見せるのに対して、女の子はそうしないことを示す研究もある。[27]

学校の教師がみな、男の子の乱暴な遊びを好むわけではない。あまりに攻撃的過ぎると感じるからだ。男の子が圧倒的に多く罰せられ、退学処分を受けるのは、これが一因かもしれない。[28]とはいえ、男の子どうしの遊びの大半は、攻撃性とはほとんど関係ない。彼らの表情や笑い、立場の可逆性（最初は一方が上になり、次にもう一方が上になる）、そしてとくに、離れるときの様子から、それが簡単に見てとれる。男の子は取っ組み合ったあと、相手と楽しく遊べたとばかりに、満足そうに別れる。

ラフ・アンド・タンブル・プレイは、人間の男性でも他の種のオスでも絆作りに役立ち、きわめて重要な技能を教えてくれる。ほぼすべての霊長類で、大人のオスはメスよりも身体的に強く、対決をしがちなので、幼い頃に力の入れ加減を学ばなければならない。ゴリラの大人の男は信じられないほど力が強いから、拳で赤ん坊の胸をそっと押しただけで、その子の肺はぺしゃんこになってしまうだろう。それでも、成熟したゴリラの男は赤ん坊と遊ぶし、赤ん坊たちが命を落とすことはない。男はとても優しいので、母ゴリラはただ近くに座って眺めているだけで、心配する気配さえ見せない。

だが、動物たちにはこうした自制が自然にできるなどと考えてはならない。それは習得するものなのだ。大きなオスは長く生きているうちに、自分より弱い相手と遊ぶときは手加減することを学習している。この慎重な振る舞いは、「セルフ・ハンディキャッピング」として知られており、小さな犬と格闘遊びをする大きな犬から、綱につながれたそり犬と遊ぶ北極地方のシロクマ（食べようと思えば、犬を食べることができる）まで、多くの動物で見られる現象だ。[29]

人間では大人の男と女の上半身の強さには一般に大きな差があるので、力が拮抗する男女はほとんどいない。平均的な男の筋力に近いところまでいく女さえほんのわずかだ。[30] したがって、もし男が家庭で自分の身体的な優位性を意識していなかったら、とんでもないことになるだろう。父親は子供を空中に放り上げては受け止めたり、くすぐったり、いっしょに床を転げ回ったりといった、乱暴な遊びをよくする。わざと負けてやることもある。子供たちはキャッキャと笑うので、こういう遊びや、それを通して危うい思いをしたり、力を試されたりするのが大好きなことがわかる。父親と息子がレスリングをするのは、とくにありふれている。だから、子供はしばしば母親と父親をまったく異なる目で見る。そして、動揺したときには母親を、遊びたいときには父親を頼みとする。ある論文は、こう要約している。「母親による子供とのかかわりは世話が主体なのに対して、父親は行動面からは遊び相手と定義される」[31]

子供は父親との荒っぽい遊びを通して、男の強さについて重要極まりない教訓を肌で学びながら、自分の身体的な技能と自信を伸ばす。だがこれは、子供時代あるいは青年時代に数え切れないほど戯れの勝負をして自制を学んだ、抑制の利いた父親が相手でなければうまくいかない。父親や同年代の仲間たちとの格闘遊びは、男の子が社会化するうえで非常に大切な部分なのだ。

私はチンパンジーの男の子たちと喧嘩ごっこをしていて、こうした抑制をどのように習得するのかを、身をもって学んだ。学生だった頃、チンパンジーたちに実施することになっている知能テストをしばしば中断して、休み時間を与えた。あらゆる動物を単なる学習機械と見なしているラットの専門家が考案したこのテストは、とんでもなく繰り返しが多くて退屈で、チンパンジーの知的水準を大幅に下回っていた。私が担当していた二頭のチンパンジーは、しきりに身振りで合図し、いっしょに遊ぼうと催促する。遊びのほうが私にとってもずっと楽しかったが、二頭の力にはとてもかなわないことが、すぐにはっきりした。彼らはまだ思春期にも達しておらず、わずか四歳と五歳だった。それなのに、彼らの背中を思いきり叩いても、それまで私がこれほど面白いことはしたためしがないとでも言うかのように、彼らは笑い続けるだけだった。

だが、二頭が同じように私を叩いたり、両手と、物をつかめる両足でぎゅっと押さえつけるという離れ業を使ったりすると、私はもうどうしようもなく、「痛い！ 痛い！」と、相手のやり過ぎに抗議するしかないのだった。すると彼らはたちまち私を放して、心配そうな顔で正面から私の表情をじっと見つめ、いったいどうしたのか確かめようとする。人間がこんな弱虫だったとは驚いた、とでも言いたげに。私が遊びを再開する用意ができたことを二頭が見てとると、また喧嘩ごっこが始まるのだが、今度は少しばかり控え目になる。チンパンジーどうしでも、やはりこうして遊びを調節し、誰も嫌な思いをしないようにする。ラフ・アンド・タンブル・プレイの目的は、楽しむことであって、苦痛を与えることではないのだ。

このルールに逆らい、相手を圧倒しようとすれば、ひどい目に遭いかねない。私の後任者の身にそれが起こった。二頭のチンパンジーの実験を引き継いだ彼は初日、普段着ではなくスーツにネクタイという恰好でやって来た。自分は犬の扱いがとても上手だから、と言い、チンパンジーのような比較的小さな動物など難なくあしらえる、と自信たっぷりだった。そして、彼はプレイルームで二頭に威張り散らそうとしたに違いない——チンパンジーたちはやられれば必ずやり返すことも、人間の両腕と両脚を合わせても彼らの腕一本にすら力負けすることも知らずに。今でも覚えているが、その学生は両脚にしがみつくチンパンジーを振り払うのに苦労しながら、試験室からよろめき出てきた。上着はずたずたで、両袖がちぎれていた。ネクタイが首を絞める機能を持っていることにチンパンジーたちが気づかなかったのが、不幸中の幸いだった。

人間の女の子や霊長類のメスの遊びは、一般にもっと愛情に満ちており、それはたいてい母性本能の表れとして説明される。だが私は、そのような見方は疑問に思う。なぜなら、「本能」という言葉は、ステレオタイプの行動を意味するからだ。「本能的」な行動は柔軟性を欠くように聞こえ、注意を向ける価値がなさそうに思える。どう見ても、知能を必要としないからだ。「本能」という言葉は、動物行動の研究では人気がなくなった。人間と同じで、あらゆる動物には先天的な傾向があるものの、多くの経験がそれを補足している。これは、飛行（飛び立ったり着地したりすることを学んでいるときには、幼い鳥たちは信じられないほど無様に失敗することがありうる）のような自然な活動にも、狩りや巣作り、そして実際、育児にも同様に当てはまる。何の練習も必要としないという意味では、本能的な行動はほとんどない。

霊長類の間では、無防備な新生児や、その代役である人形や木の棒に対する志向性は、間違いなく生物学的特質の一部であり、オスよりもメスでより典型的だ。これは、たとえば犬についても言える。妊娠した犬や偽妊娠（ぎにんしん）した犬は、家中のぬいぐるみを集めてきて、守ったり、舐（な）めてきれいにしたりすることもある。メスが赤ん坊や子犬の代役に惹かれるのは、二億年に及ぶ哺乳類の進化を考えれば、もっともなことだ。その間、子供の養育はメスにとっては義務、オスにとっては任意だったのだから。

とはいえこれは、女や他の種のメスが生まれながらにして母親としての技能を持っているということではない。新生児は無意識に乳首を探すが、それでも母親は授乳の仕方を学ぶ必要がある。これは、人間にも類人猿にも当てはまる。動物園では、多くの類人猿が子育てに失敗する。経験と手本が不足しているせいだ。授乳に適切な姿勢で赤ん坊を抱かなかったり、赤ん坊が乳首に吸いつくと、身を引いたりする。このような知識不足を補うためには、人間の手本を必要とすることが多い。妊娠した類人猿のいる動物園は、よく女のボランティアを招いて、授乳の仕方を実演してもらう。母性と身体的な類似性のおかげで、類人猿は自ずと人間に自分を重ね合わせる。類人猿は授乳する人間の母親を観察し、自分の赤ん坊が生まれると、人間の動作を一つ残らずなぞる[32]。

霊長類のメスの子は、赤ん坊に心を奪われる。オスよりもはるかに強い関心を示す[33]。女の子たちは、子を産んだばかりのメスを取り囲み、赤ん坊に近づこうとする。母親のグルーミングをし、運が良ければ、赤ん坊を触ったり、いじり回したりさせてもらえる。そこにオスの子が交じっていることはめったにないが、メスは赤ん坊の母親にどこまでもつきまとう。母親に許してもらえれば、赤ん坊と遊んだり、赤ん坊を運んだりできる。これは、やがて自分が子を持ったときの準備になる[34]。たとえばアンバーは、チンパンジー・コロニーの赤ん坊全員に人気のある子守りだった。彼女は赤ん坊を運んだり、くすぐったり、抱いたりし、赤ん坊がむずかると、すぐに母親のもとに戻し、授乳してもらった。おかげで、母親たちはアンバーに乞われれば安心して赤ん坊を預けたが、他の女の子に対しては渡したがらないこともあった。男の子にせがまれたときにはいつも断った。男の子はあまりに手荒で無頓着になりうるので、危険だったのだ。たとえば、男の子は赤ん坊を木の上に連れていってしまいかねない。それは、どの母親にとっても厳禁の行為だ。アンバーは、けっしてそういうことはしなかった。

メスの子は、子育てのトレーニングを経験すると、のちに子供が生まれたら、授乳したり、守ったり、運んだりして育てるのに役立つ。母親業は、霊長類が生涯で直面するうちでも、とりわけ複雑な課題に数えられる。アンバーは、初めて子を産んだとき、端(はな)から完璧な母親ぶりを発揮した。これは類人猿には珍しいが、私たちには意外ではなかった。

もっとも、霊長類のメスの子は、母親にふさわしい行動を練習することにしか興味がないわけではない。人間の場合には、人形は他の目的にも役立ちうる。アメリカの大統領候補だったエリザベス・ウォーレンは、大勢の人形と写っている子供時代の自分の写真をツイッター〔現X〕に投稿し、「私は小学二年生のときから教師になりたかったのです。これは私の人形たちといるところです――よく人形たちを並ばせては、学校ごっこをしました」と書き添えた[35]。

生まれたばかりの妹を優しく抱き締め、キスする女の子。女の子が赤ん坊に惹かれるのは、人類共通だ。

霊長類のメスは、想像力を働かせる遊びをするのが大好きだ。実際、ある類人猿が何かをしているふりをしていることを窺わせる遊びをして、科学界の語り草になった。それまでは、何かをしているふりをするというのは、人間ならではの能力だと考えられていた。類人猿には真似事をする能力があることを示す最初の手掛かりは、すでに見たとおり、命のない物を赤ん坊に見立てる事例だ。だが、今話題にしている事例は、その先まで行っていた。なぜなら、肝心の物が、完全に架空だったからだ。主役は、キャシー・ヘイズという女のフロリダ州の自宅で育てられていた、チンパンジーの子供のヴィキだ。

ヘイズは、一九五一年に出版した回想録に、「なんとも奇妙な空想のプルトイ事件」と題する章を収録した〔「プルトイ」とは、ついている紐(ひも)を引いて動かすおもちゃ〕。ある日ヘイズは、ヴィキが指を一本、トイレの便器の縁に沿って動かしているのに気づいた。最初は、便器に入ったひびを念入りに調べているように見えたが、それなら、なぜそれほど夢中になっているのか？　そのあと、ヘイズは気づいた。ヴィキは綱引きのようなことをしているようで、何か目に見えないものを一生懸命引っ張っていた。そのうち、とうとう、少しばかり力を入れて「それ」を引き寄せた。手を交互に動かしながら手(た)繰(ぐ)り寄せる様子は、以前にプルトイでやったのと、まさに同じだった。ヴィキは目に見えないおもちゃで遊んでいて、それについている目に見えない紐が便器に絡まってしまったかのように、ヘイズには見えた。

その後の日々に、ヴィキはこの遊びをしだいに頻繁にやったので、ヘイズの想像は当たっていたようだ。たとえばヴィキは、腕を一本後ろに伸ばしておもちゃを引っ張っているふりをしていたかと思うと、ときどき振り返り、目に見えない紐を一方の手からもう一方の手に持ち替える仕草をしたりする。一度など、母親代わりのヘイズに向かって苦悩の声を上げた。想像上の紐が引っかかって、外せなくなってしまったのだ。ヴィキはヘイズを見つめながら、紐をぐいぐい引っ張り続ける。そこでヘイズも調子を合わせ、引っかかった紐を注意深く外すふりをしてやると、ヴィキは目に見えないおもちゃを引きずって、たちまちその場を駆け去った。[36]

ヘイズは自分の大胆な解釈が我ながら信じ難く、ただの「当惑した母親」としてこの件を語ったにすぎない、と述べている。霊長類の子供の遊びについて、私たちが知らないことは山とある。学者はいつも、霊長類の子供たちを見過ごしてしまう。人間の子供の遊び行動も、研究がおおいに不足している。子供たちは毎日何時間も夢中になって遊ぶにもかかわらず、心理学者はおおむねそれを無視するし、親は親で、子供の遊びは自分たちが決めているという幻想に浸っている。だから私たちは、おもちゃについて熱心に検討するのだ。一方には、子供たちは独自の興味などほとんど持たないので、ジェンダー別のおもちゃを与えて手助けし、型にはめて、「本物」の女や男に仕上げてやる必要がある、という発想がある。その一方で、逆のジェンダーのおもちゃへと導いて、啓蒙された自由主義者に育つことを可能にしてやるのだ、という考え方もある。だが、どちらのアプローチも傲慢だ。

玩具店で見られる典型的な区別をすべて廃止し、私たち大人の夢や希望に合うかどうかには関係なく、子供たち自身の選択を受け容れるのが最善のやり方だろう。大人は身を引いて、子供たちに好きなように遊ばせればいい。それに、遊びのじつに多くは、おもちゃともジェンダーとも関係がない。私は幼い頃から動物に魅了されたし、子供たちは音楽や読書、キャンプ、貝殻や石といった小さな物の収集などに惹かれるものだ。

唯一の問題は、女の子の服にはいまだにポケットがついていないことだろう!

第2章
ジェンダー
アイデンティティと
自己社会化
GENDER
Identity and Self-Socialization

その朝、私はカプチーノが一杯ほしかっただけだ。一九九一年にアムステルダムで開かれた、ある国際会議でのこと。コンベンション・センターのホールでコーヒーの入ったカップを手にした私は、テレビの画面をふと見上げた途端に、眠気が吹き飛んだ。そこには人間の勃起したペニスを撫でたり舐めたりしている様子が、クローズアップで映っているではないか。ポルノではなく、セックス・セラピーの売り込み広告だった。あたりを見回すと、同じようなエロティックな場面が、他のモニターにも映っていた。一日のこの時間帯には、朝のニュースが観られるとばかり思っていたのに！　レンブラントやアンネ・フランクが暮らしたアムステルダムでの開催は、世界性科学学会にと

って、ごく自然な選択だった。この町には有名な売春街や世界初のセックス博物館があるし、毎年、性的マイノリティのための大規模なプライド・フェスティバルも開かれるのだから。

性科学は私の専門分野ではないものの、ボノボを研究するなら、この分野を詳しく調べないわけにはいかない。逆に、性科学者は人間以外の動物について早急に詳しく知る必要がある。彼らときたら、人間のことしか頭にないからだ――まるで、私たちの種がセックスを発明したかのように。問題の一端は、性科学の勘違いにある。娯楽としてエロティックな活動を楽しむのは人間だけだと、性科学では考えられているのだ。だから、他の動物では、セックスはただただ子孫を残すため、とされている。私がこの学会に来たのは、ボノボについて講演し、性科学者たちにそのような奇妙な考え方が間違っていることに気づいてもらうためだった。ボノボのセックスの大半は、子作りとは無関係だ。彼らは、同性どうしのように、繁殖ができない組み合わせでしばしばセックスをする。年齢が低過ぎて子供ができないときや、一方がすでに妊娠しているときにも。ボノボは、社会的な理由からセックスをする。彼らは快楽の追求者だ。

ボノボの話は、ひとまずこれぐらいにするとして、私がスライド（旧式の映写用35ミリ版）を順番に並べていると、皺くちゃのグレーのスーツを着た高齢の男が、足早にホールに入ってきた。どこにでもいそうな人ではあったが、自信たっぷりで、取り巻きを引き連れていたから、人目を惹いた。人気歌手を取り囲むグルーピーのように、こびへつらう若い男女が一〇人余り、ぴったり彼に寄り添い、どこへでもつき従う。彼らはやかましくその男に話しかけたり、コートを受け取ったり、飲み物を取ってきたりした。まもなく、彼が誰だかわかった。自分の「ファンクラブ」には目もくれないその男は、性科学の創始者の一人、ジョン・マネーだった。彼はその日、「蔓延（まんえん）する反セクシャリティ――自慰（オナニズム）から悪魔崇拝（サタニズム）まで」と題する講演を行なうことになっていた。

ニュージーランド生まれのアメリカの心理学者であるマネーの名声は、一九九一年には頂点に達していた。当時七〇歳の彼は、性的指向や、トランスジェンダーであること、非定型生殖器、性的アイデンティティ、さらにはジェンダーそのものについて、以前よりも知的かつ好意的に語れるような語彙を、世の中に与えた人物だった。マネーが登場する前は、社会が定めた分類に当てはまらない人は、倒錯者や逸脱者などとして切り捨てられるのが慣例だった。そんななか、一九五五年に「ジェンダー」という分類の言葉を導入したのがマネーだ。それまでは、文法上の性の分類にしか使われていなかった用語だ。英語では、「king（王）」と「queen（女王）」や「ram（雄ヒツジ）」と「ewe（雌ヒツジ）」のような単語に、性（ジェンダー）が認められる。名詞の性が冠詞に反映される言語もある。たとえば、フランス語の「le」と「la」や、ドイツ語の「der」と「die」がそうだ。マネーはこの文法上の分類用語を借り、自分にとってジェンダーとは、「本人が男児あるいは男性、女児あるいは女性の立場にあることを明らかにするために言ったり行なったりすることのいっさい」を指すと述べ、ジェンダーを生物学的な性とは区別した。彼は、両者がときどき一致しないことに気づいたからだ。一九六五年には、ジョンズ・ホプキンズ大学に世界初の性自認（ジェンダー・アイデンティティ）クリニックも創設した。マネーが考案した専門用語は、ジェンダーは社会が構築した概念であるとフェミニズムが宣言したときや、トランスジェンダーの人々が世の中に認められたときに、大変な人気を博した[1]。

私はそれ以降、二度とマネーを見かけることがなかったが、後年、彼が学会の会場に姿を現したときには、あのときほどの輝かしさはなかったに違いない。あれほどの業績を残し、著作があれほど広く読まれていたにもかかわらず、彼は評判を落としたからだ。彼の失墜は、生物学的な影響の過小評価が原因だった。マネーは、包茎手術の不手際でペニスの大半を失ったカナダの男の子の性転換にかかわった。彼は、その子の両親を説得し、睾丸（こうがん）も切除させ、女の子として育てさせた。その子は、生まれたときにブルースという名を与えられていたが、ブレンダと改名された。そしてブレンダは、自分のもともとの性別は教えられなかった。

定期的にブレンダに会い、その後の経過を追ったマネーは、紛れもない成功を収めた、と主張した。そして、ジェンダーは純粋に育ちの問題だ、と勝ち誇って宣言した。一定の年齢に達するまでは、男の子を女の子に、女の子を男の子に変えることができる、というのだ。多くの人が彼の言葉を歓迎した。私たちには自分の運命を決めることができると、その言葉は示唆していたからだ。マネーは女性運動のヒーローになった。一九七三年、「タイム」誌は、「従来の男性的行動と女性的行動のパターンは変更可能であるという、女性解放運動家たちの重要な主張への強力な裏付け」を提供したとして、彼の業績を称えた。[2]

ところが、女の子になったはずの例の男の子は、自分の新しいジェンダーに猛烈に反発した。ブレンダは女の子用の服を着せられ、おもちゃとして人形を与えられたが、男の子のような口の利き方や歩き方をし、フリルのついた服を脱ぎ捨て、弟のおもちゃのトラックを横取りした。男の子たちと遊んだり、砦（とりで）を築いたり、雪合戦をしたりしたがった。[3] 万事が無残な失敗に終わり、マネーは要注意人物の烙印（らくいん）を押された。死後二〇年近くが過ぎた今もなお、彼のことを大ぼら吹きのペテン師だと見る向きもある。

ブレンダはペニスがないので、便器に腰を下ろすように教わった。それでも、立ったまま排尿したいという、逆らい難い衝動を覚えた。そのせいで、学校のクラスメイトたちと摩擦が生じた。女の子たちは彼のことを「原始人」と呼び、女子用のトイレから締め出した。男の子たちもやはりトイレから締め出した。彼が女の子の服装をしていたからだ。そこで彼は、裏通りで用を足す羽目になった。

ブレンダは、一四歳のときにようやく真相を知った。長年惨めな思いをしてきた理由を含め、多くの説明がついたので、彼はほっとした。そして、デイヴィッドと名乗り、生まれたときのアイデンティティに戻った。だが悲惨にも、三八歳で自殺を遂げた。

デイヴィッド・ライマー事件として知られる彼の痛ましい物語は、生物学的な影響を無視できると信じている人にとっては、重要な教訓を含んでいる。マネーは、楽観的な見通しを示そうと意気込むあまり、ブレンダが直面した問題の徴候を軽視してしまった。けっきょく、マネーの介入は、彼が示したかったのとは正反対のことを実証する結果となった。手術に続いて何年もエストロゲン治療と熱心な社会化を行なってもなお、男の子が持つ男としてのアイデンティティを覆すのは不可能であることがはっきりしたのだ。その後、生まれと育ちの相互作用についての理解が深まり、その作用は、マネーと彼の誹謗(ひぼう)中傷者のどちらが考えていたよりも複雑であることがわかっている。だが少なくとも、マネーのおかげで私たちは、それについて語る語彙が手に入った。(4)

「ジェンダー」という用語は、このテーマでの会話には不可欠の部分となった。ただし、濫用も起こっている。これは、英語の「sex」という単語では性行為と生物学的な性／性別とを区別できないせいだ。「性行為をする」というときにも、「特定の性／性別である」というときにも、同じ「sex」という単語が使われる。このような紛らわしさは、どの言語にもあるわけではないが、アメリカ英語で「ジェンダー」という単語が、その紛らわしさを解消するために使われ始めた理由の説明にはなる。やがて、「性／性別」のほうがより適切なときにさえ、「ジェンダー」という単語が使われるようになった。たとえば、動物園で来園者は、「あのキリンのジェンダーは？」などと、よく尋ねる。科学雑誌では、「カエルにおける異なるジェンダー・ロールへの適応としての性差」の類（たぐい）の題が目に入ることがある。犬についてのあるウェブサイトには、次のような説明が載っている。「子犬のジェンダーを確認することは重要です。望んでいなかった性別の犬を飼う羽目にはなりたくないでしょうから[5]」

　厳密に言えば、このような使い方は間違っている。もし「ジェンダー」がある個体の性の文化的な側面を指しているのなら、その使用は、文化の規範の影響を受けている場合に限るべきだ。動物の文化が存在するという証拠はあるものの、私なら、キリンやカエルや子犬には、ジェンダーではなく性別を割り振りたい。人間の胎児の「ジェンダー披露」パーティでさえ、そう呼ばれるべきではない。なぜなら、生まれる前の子供は、まだ文化にさらされていないからだ。胎児にはジェンダーはなく、生物学的な性があるだけなのだ。

　とはいえ、ジェンダーという単語の新しい使い方をしないでいるのは難しい。私もときどき、便利だからと、つい使ってしまう。生物学的な性と区別するものとして提唱された用語が、その生物学的な性を意味するようになってしまったのだから、皮肉な話だ。おかげで、ただでさえデリケートなテーマについての議論がなおさら混乱してしまっているのは、明らかだろう。

たいていの場合、「ジェンダー」という言葉は、たとえば以下に挙げた世界保健機関による定義のように、文化によって割り当てられた役割を網羅する。「社会的に構築された、女性、男性、女児、男児の特徴。これには、女性、男性、女児、あるいは男児であることと結びつけられた規範や行動や役割、および相互の関係が含まれる[6]」

ジェンダーとは、言わば、それぞれの性がまとって歩き回る文化的なコートのようなものだ。私たちが女と男に対して見込むものと関連しており、社会によって違うし、時代とともに変化する。ただし、もっと極端な定義もあり、それらはジェンダーを自然とは無関係のものに変えようとする。そのような定義では、ジェンダーは生物学的な性とはまったく別個の、恣意的な構築物となる。言わば、コートが独り歩きするようなもので、そのスタイリングは私たち次第というわけだ。

ジェンダーという概念の第一のバージョンが議論になることはない。日常生活では、社会がジェンダー・ロールを形作り、すべての人に同調圧力をかけている様子は、簡単に見てとれるからだ。一方、第二のもっと極端なジェンダーの概念は、私たちの種の生物学的特質について知られていることと衝突する。ジェンダーは、生物学的特質の範囲に収まらないことは確かだが、無から生み出されるわけではない。ジェンダーの二元性があるのは、人間の大半が二つの性のどちらかに分類できるからにほかならない。だからといって、男女間の権力や権限の不均衡など、ジェンダーに結びつけられている事柄なら何でも受け容れるべきだということではない。ジェンダーを二つだけに限る必要があるとい

人間の性とジェンダーに関連した一般的な用語

用語	定義
性(sex)	ヒトの生物学的性。生殖器の構造と性染色体(女はXX、男はXY)に基づく★。
ジェンダー(gender)	社会の中で文化的に定められた、それぞれの性の役割と立場★★。
ジェンダー・ロール	生まれと育ちの相互作用に起因する、それぞれの性の典型的な行動や態度や社会的機能。
性自認(性同一性、ジェンダー・アイデンティティ)	自分は男である、あるいは、女であるといった、人の内面的な感覚。
トランスジェンダー	性自認が生物学的性と一致しない人のことを指す★★★。
トランスセクシャル	ジェンダー適合のためのホルモン治療と手術の両方あるいは一方を受けた人のことを指す。医学用語。
インターセックス	解剖学的構造と染色体とホルモンプロファイルのすべて、あるいは一部が、男／女のバイナリーに適合しないため、生物学的性が曖昧か中間的である人のことを指す。

★ これは、ヒトの性の医学的定義。生物学では、性は(精子や卵子などの)配偶子の大きさで定義される。メスのほうが大きな配偶子を持っている。

★★ アメリカでは、「ジェンダー」という言葉は、しだいに生物学的性を指して使われるようになっており、それには動物の生物学的性さえ含まれるが、それは本来の意味ではない。

★★★ 性自認と生物学的性が一致しているときには、その人は「シスジェンダー」であると言われる。

うわけでもない。ただ、私たちには生まれつきの、核となる要素がいくつかある。マネーの件から明らかになったように、性自認も、その核となる要素の一つだ。[7]

人と出会ったとき、私たちが真っ先に気づくことの一つは性別だ。性別は、かかわりたい相手に関して、きわめて重要な情報だからだ。髪の毛の部分を取り除いた画像を見せられた人は、写っている人物の性別を一瞬のうちにほぼ一〇〇パーセントの精度で判断できることが、実験からわかっている。[8] 実生活では、服装や髪形、座ったときに脚を開くか組むか、カップを口に運ぶ仕草など、文化的な「メッキ」によって、性別の判断がしやすくなることが多い。私たちはこうした「メッキ」によって、世の中に自分の性別を知らせる。これらのシグナルがどれほど重視されているかを考えれば、シグナルが注意深く観察される理由も説明がつく。女が地面に唾を吐いたり、大きなげっぷをしたりすると淑女にあるまじきことと言われるのに対して、男はそういう振る舞いをしても大目に見られることがよくある。ジェンダー別の慣習というメッキは、あまりに恣意的で、くだらないものにもなりうる。そのうえ、時代を超えて不変とは、とうてい言えない。たとえば、一七世紀フランスの男性貴族は、香水をつけ、ハイヒールを履き、刺繡を施した服をまとい、長髪のかつらをつけて歩き回った。

それに比べると、もっと重大なジェンダー規範もある。男性向けあるいは女性向けとされる教育や仕事がそれだ。そうした規範は、とくに女にとって、選択の幅を狭めるものであるときには、当然ながら非難される。性別の最も重要な表れは、もっと根が深い。たとえば、一般に男は身体的に争いがちだし、多くの女は子供に献身的だ。こうした性別の表れは人間の間で普遍的であるばかりか、他の霊長類とも共通する。メスが子供を養育するのは、哺乳類の特性だ。

人間の傾向は、自然なものと見なされていようがいまいが、どれも文化によって強められたり、弱められたり、修正されたりしうる。たとえば男の攻撃性は、戦時中の国家のように、ある時代にある場所で讃美されることがあるだろう。ところが、別の時代に別の場所では、表立った対立が稀で、殺人はほとんど起こらないほど抑え込まれているかもしれない。(9) それでも、文化に惑わされて、人間の攻撃的な本能は神話だなどと思い込んではならない。生まれか育ちかを巡る議論でごくありふれている誤りは、一方の影響を示す証拠をもう一方の影響を否定する証拠にしてしまうことだ。利他主義や戦争、同性愛、知能の生物学的基盤について書かれた大量の文献から何か一つでも私たちが得た教訓があるとしたら、それは、人間のあらゆる特性が、遺伝子と環境の相互作用を反映しているということだろう。

その好例が言語だ。私たちの母語は、純粋に文化的なものに思えるかもしれない。中国で生まれた赤ん坊は中国語を身につけ、スペインで生まれた赤ん坊はスペイン語を習得する。国際的な養子縁組から、これが遺伝子とは無関係であることがわかっている。中国で生まれた赤ん坊がスペインで育てばスペイン語を覚え、スペインで生まれた赤ん坊が中国で育てば中国語を話すようになる。

とはいえ、人間以外の霊長類の赤ん坊だったら、中国語であろうとスペイン語であろうと、ひと言もしゃべらないだろう。科学の世界では、私たちに近い類人猿に言語を教える試みには事欠かないが、これまでのところ、結果は失望するものばかりだ。人間の言語機能は、唯一無二で生物学的なものだ。それにかかわる遺伝子さえ、いくつかわかっている。私たちの脳は、生まれてから数年のうちに言語情報を吸収するように進化した。つまり、私たちが言葉を話せるのは、生まれと育ちの両方のおかげなのだ。[10]

この組み合わせは、生物学的プロセスには典型的で、「学習素因（learning predisposition）」と呼ばれている。多くの生物が、生涯の特定の段階で特定のことを学習する必要があり、そうするようにプログラムされている。私たちが幼いうちに言語を習得するようにできているのと同じで、ガンの雛は、最初に出くわした動くものを親として覚え込む。いわゆる「刷り込み」だ。相手は、コンラート・ローレンツの場合のように、顎鬚を生やし、パイプをくゆらす動物学者ということもある。雛たちは、この「親」のあとについて歩いたり泳いだりする。だが、それは本来の姿ではない。自然な状況下では、雛たちは母親の後ろを、列を成してよちよち歩いたり水を掻いて進んだりする。そして、母親が属する種（それはまた、自分が属する種でもある）の一員であるというアイデンティティを、死ぬまで持ち続ける。それこそが、刷り込みの肝心な点だ。

人間のジェンダー・ロールは、同じような学習素因の作用を受ける。それらのロール自体は、必ずしも生物学的なものではなく、まして、あらゆる詳細に至るまで生物学的であるなどということは断じてない。文化的に習得されるのだが、その習得の速さと、熱心さと、徹底ぶりには驚かされる。子供たちはジェンダー・ロールを楽々と採用するので、それが生物学的に推進されるプロセスであることが窺われる。ガンの雛が自分の属する種を刷り込まれるのと同じように、人間の子供は、言わば自分のジェンダーを刷り込まれる。子供たちはたいてい、実在の人物であれ架空の人物であれ、自分と同性の大人を好んで見習う。メディアの影響を受け、女の子はおとぎ話に出てくるプリンセスのような恰好をし、男の子は剣を振るってドラゴンを倒す。子供たちは、このような「ごっこ遊び」を心から楽しむ。神経画像検査をすると、自分と同性の人を模倣しているときには、脳の報酬中枢が活性化するが、異性の人を模倣しているときにはそうならないことがわかる。これは必ずしも、脳が反応を取り仕切っていることを意味しない。なぜなら、脳もまた、環境に反応するからだ。だがこれは、進化のおかげで人間の子供たちには、自分の性別に従うと快感を覚えるバイアスが備わっていることは、たしかに示唆している。[11]

初期のある研究では、幼児たちに短い映画を見せた。男と女が、楽器を演奏する、火を起こすといった、単純な活動を行なう様子を撮影したものだ。二人の演者は同時に活動を行なうが、それぞれスクリーンの反対の端に映し出された。すると子供たちは、自分と同性の演者に注目した。女の子のほうが大勢、女を眺め、男の子はおもに男に目を向けた。研究者たちは、自分と同性を好むこの傾向を、次のように解釈した。「男性にふさわしい行動と女性にふさわしい行動に関する社会的な規則を学習して採用することが、子供たちにはしだいに有意義になる[12]」

私たちは社会化を、親が子供に行動の仕方を教える一方通行の道筋だと考えがちだが、自己社会化も、少なくともそれに劣らず重要だ。子供たち自身が、自己社会化の機会を探し求め、実行に移す。自分と同性の人々に惹きつけられれば、自分が見習いたい行動に、否応なく注意を払うことになる。アメリカの人類学者で心理学者のキャロリン・エドワーズは、多様な文化で男の子と女の子を観察した結果に触発されて、自己社会化をこう定義した。「子供たちが自分の発達の方向と結果に影響を与えるプロセスであり、それは選択的な注意や模倣を通して、そしてまた、社会化のカギを握る文脈として機能する特定の活動や特定の様式の交流への選択的な参加を通して行なわれる[13]」

自己社会化は、他の霊長類でも起こる。アフリカの熱帯雨林では、チンパンジーの子供は、シロアリの巣に小枝を差し込んでシロアリを釣り出す方法を母親から学ぶ。チンパンジーの娘たちは、母親のやり方を忠実に模倣するが、息子たちはそうしない。娘も息子も同じぐらいの時間を母親と過ごすものの、シロアリを釣り出して食べる間、娘たちのほうが熱心に母親を見守る。母親も、息子よりも娘たちに進んで自分の道具を使わせる。女の子はこうして、どういうものが適切な道具になるかを学ぶのに対して、男の子は自分を頼みとする。息子たちにとっては、母親の手本はそれほど重要ではないかもしれない。なぜなら、彼らは成長すると、動物性タンパク質のほとんどを、サルなどの大型の獲物を捕らえて摂取するからだ[14]。

同じような学習の偏りは、野生のオランウータンでも起こる。青年期に近い八歳までには、娘たちは母親と同じものを食べるようになるが、息子たちの食生活はそれよりも多様だ。男の子は、大人の男を含めて、もっと幅広い手本に注意を払うので、母親がけっして触れないようなものさえ食べるようになる[15]。

コスタリカの野生のオマキザルは、子供のときにルエヘアの果実から種子を取り出す方法を学ぶ必要がある。この果実には栄養のある種子が詰まっているが、果実を何度も激しく叩くか、あるいは枝にごしごし擦(こす)りつけるかしないと、種子は取り出せない。大人のメスは全員、どちらかの方法を使う。そして、娘たちはそれをなぞる。娘たちは死ぬまで、母親と同じように叩くか擦りつけるかすることになる。それに対して息子たちは、母親の手本の影響は受けない[16]。

人間以外の霊長類を対象にした社会的体制順応の研究によって、彼らは親近感を覚える相手から習慣を身につけることが知られている。観察学習は、絆作りや同一化に導かれて行なわれるのだ[17]。娘たちは母親の食習慣を手本にするだけではなく、乳幼児の育て方も学ぶ。それに比べて、男の子のロールモデルは特定するのが難しい。たいてい、これが父親だと明確に定義できる存在がいないからだ。彼らは自分の父親が誰か知らないので、大人のオス全般を手本とする。たとえば、こういうことだ。野生のサバンナモンキーのメスは、科学者が設置した餌箱を開けようとするときには、うまくいくかどうかに関係なく、手本にしているメスを優先的に真似る。一方、オスたちは、オスもメスも手本にするが、うまく開けられるオスに倣うことがとくに多い[18]。

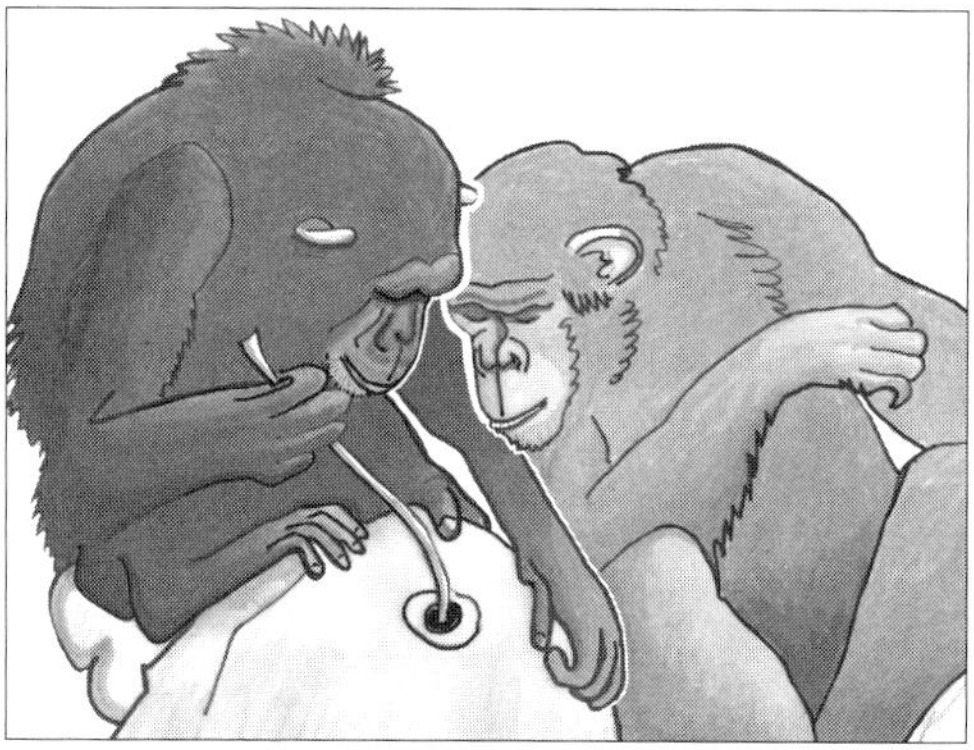

娘たちは、母親をロールモデルに選ぶことで自己社会化する。母親がシロアリを釣り出す様子を注意深く見守るチンパンジーの女の子供(右)。

オスの子は、はるかに年上のオスといっしょに過ごし、グルーミングするのが好きだ。ウガンダのキバレ国立公園では、青年期のチンパンジーの男たちが、高齢の男たちと特別な交友関係を築く。一二〜一六歳の青年期の男は、母親からは独立しているものの、闘いで道を切り拓(ひら)いて大人の男の序列に食い込むところまでは、まだ行っていない。

人間のティーンエイジャーと同じで、彼らも子供と大人の間にいる。彼らのお気に入りの友達は、同年代の仲間を除けば、四〇歳前後の男だ。それらの男は全盛期を過ぎ、パワー・ポリティクス（権力政治）からはおおむね「引退」している。このような老若の取り合わせは絶妙だ。引退した男たちは気楽で危害を及ぼさないから、理想的な手本になる。DNAを解析すると、年長の男は、いっしょに過ごしたがる若い男の実の父親である場合が多いことがわかる。[19]

もっとも、男はそれよりずっと早い段階で同性の手本に魅了されることもある。チンパンジーの幼児は、大人の男によるこけ威しのディスプレイを、じつに念入りに真似るようだ。男はそれぞれ独特のスタイルを持っており、目を見張るようなジャンプを見せたり、手のひらを打ち合わせたり、四方八方に物を放り投げたり、枝をもぎ取ったりするなど、さまざまだ。私が知っていたあるアルファオス〔最上位の男／オス〕には、特定の金属製の扉を何分間も蹴り続けて自分のディスプレイを際立たせる習慣があった。そのやかましい音は、コロニー全体に彼の威勢の良さを告げる役目を果たした。彼が扉を蹴っている間、女たちはいつも幼い子供をそばにとどめ置いた。このような興奮状態にある男は、何をしでかすか知れたものではないからだ。その男が落ち着くと、母親たちは子供を解放するのだった。すると、男の幼児が例の扉の所に行くことがよくあった（女は、けっしてそうしない）。彼は、アルファオスがしていたのとちょうど同じように全身の毛を逆立て、扉を蹴飛ばしたものだ。大きな音こそ立てられなかったとはいえ、意図は理解していたわけだ。

もし人間以外の霊長類が、見よう見真似で学習する心的傾向に促されて同性の手本を見習い、自己社会化を進めるのなら、ジェンダーの概念は、ひょっとすると彼らにも当てはまるかもしれない。両性間の行動の違いの一部は、文化的なものの可能性がある。これまでに紹介したひと握りの研究では不十分なのは承知しているが、「あらゆる種には性があるが、ジェンダーがあるのは人間だけ」という言葉が正しいかどうかは、そろそろ再検討してもよさそうだ。

かつて科学では、人間の柔軟性には際限がないと考えられていた。この考え方は、人類学者の間ではとりわけ人気があった。彼らは伝統的に、文化を重視し、生物学的特質をないがしろにするからだ。一九七〇年代にアシュレー・モンタギューは、私たちの種には生まれつきの傾向は皆無だとし、「人間は本能とは無縁だ」と主張した。断っておくが、その一〇年前に、女は本来、男よりも愛情深いとして女を讃美したのが、ほかならぬこのモンタギューだ。[20] この矛盾は見逃しようがない。人間の心はまっさらで、そこに文化がジェンダー規範を刻みつける、と言っておきながら、両性の間に生まれつきの違いを想定するのは無茶な話だ。女の優越に関してはモンタギューと同意見の人類学者メルヴィン・コナーが、「文化がすべて」をモットーとする自分の学問分野から距離を置いた理由も、これで説明できるかもしれない。

男児と女児は現に異なるし、それは彼らが大人になっても同様だ。これは深遠な生物学的・哲学的見識であり、当初、私はそれを受け容れられなかった――私は若い頃は強硬な文化決定論者だった――ものの、今ではこの見識を喜んで信奉し、擁護している。[21]

とはいえ、私たちは文化と生物学的特質のどちらか一方を選ぶ必要は断じてない。唯一妥当なのが、「相互作用説」の立場をとることだ。相互作用説は、遺伝子と環境の間のダイナミックな相互作用を想定している。遺伝子は、それ自体では舗装道路に落ちた種子のようなもので、自力では何も生み出せない。同様に、環境もそれ自体ではたいした意味を持たない。働きかける対象となる生物が必要だからだ。両者の相互作用はあまりに入り組んでいるので、それぞれがどう貢献しているのかを解き明かすことは、たいてい不可能だ。[22]

スイスの霊長類学者ハンス・クマーは、それが不可能である理由を説明するのに役立つたとえを思いついた。観察された行動が、生まれと育ちのどちらに起因するかを問うのは、遠くから聞こえてくるドラムの音を生み出しているのはドラマーなのかドラムなのかと問うようなものだ、と彼は言った。これは馬鹿げた質問だ。なぜなら、どちらも単独ではまったく音が出せないからだ。さまざまな状況で異なる音が聞こえたときに初めて、その違いはドラマーとドラムのどちらの変化に起因するのかを問うことが理に適う。クマーは、こう結論している。「特性そのものではなく、特性どうしの違いだけが、先天的あるいは後天的だと言うことができる[23]」

この見識を示したクマーは、観察された行動の起源について、一生にわたって考えてきた人物だ。もっとも、相互作用説はあまり人気がない。なぜなら、すっきりした答えが出ないからだ。メディアはしばしば、「この特性は九〇パーセントが遺伝です」という具合に、明確な答えを提供しようとするが、そのような主張はナンセンスだ。ドラマーとドラムがそれぞれどれほど影響しているかを具体的に言うことができないのと同じで、特定の行動に遺伝子と環境がそれぞれどれほど影響しているかも具体的に言うことはできない。もし女の子が母親とそっくりの笑い方をしたり、男の子が父親とそっくりの話し方をしたりしたなら、それはロールモデルを完璧に真似ているからかもしれない。だが、どちらの子供も、親の喉頭と声音（こわね）を受け継いでもいる。対照実験を行なわなければ（行なえば倫理的な問題が発生するだろう）、遺伝子と環境の役割が解明される見込みはほとんどない。[24]

ジェンダー・ロールの起源を知ろうと思えば、誰もが同じような問題に直面する。女の子にはピンク、男の子には青といった、純粋に文化的な区別を除けば、ジェンダー・ロールは生まれと育ちの両方が組み合わさっている。そのため、変えるのが案外難しい。こんなご時世だから、男女による区別のない、いわゆる「ジェンダー・ニュートラル」の子育てを選び、社会の手枷（てかせ）・足枷と自分が見なしているものを取り除こうとする親がいる。彼らは、我が子の性別を明かすことを拒み、子供の祖父母に伝えないことさえある。娘の髪を刈り、息子に髪を伸ばし放題にさせ、好き勝手に服装を選ぶことを許し、バレリーナのようにチュチュを着て学校に行きたがれば、そうさせる。彼らは、社会がジェンダーによるステレオタイプやそれに伴う不平等を押しつけるのに反発して、そうする。

だが、注意してほしい。「ジェンダー不平等」という二語から成る言葉のうち、問題を指し示しているのは一方だけであり、それは「ジェンダー」ではない。異なる人種の人々に、互いに見た目を近づけるよう促して、人種差別と闘うことを提唱する人などいない。それならば、なぜ私たちはジェンダーをなくそうとしたりするのか？　けっきょく、そのような試みは、不平等というもっと深い問題を正すことができない。社会の道徳的欠陥や政治的欠陥を、ジェンダーがあるせいにしているからだ。

多くの人にとって、男であることや女であることは、誇りと喜びの源泉だ。人々は性自認を、単に採用するだけではなく、積極的に受け容れる。それを文化的なものと思っているかどうかは関係ない。歌にあるように、「愛が世の中を動かしている」ことも、忘れてはならない。そして、ロマンティックな愛と性的な魅力は、ほとんどの人にとって、あくまでジェンダーと結びついているものなのではないか？　これは、自分が惹かれている相手が異性だろうと同性だろうと関係ない。したがって、ジェンダーを区別しない「ジェンダーレス」の方針で子育てをしても、あまりためにならないのではないかと思う。思春期に入ったら、どうやってこの世界を生き抜き、他者への感情を処理するのか？　彼らの恋愛もジェンダー・ニュートラルになるのか？　私にはとうてい想像できない。若い世代はそれが可能だと信じているのは知っているが。

ドナはごく幼い頃から、ヤーキーズ国立霊長類研究センターのフィールド・ステーションで私と遊んだ。この小さなチンパンジーの女は、私が通りかかるのを目にすると、いつも駆け寄ってきた。向きを変えて背中をフェンスに押しつけながら、肩越しにこちらを振り返る。私が指を首筋や脇腹に突き立てると、途端にチンパンジー特有のしゃがれた笑い声を上げる。離れた所に座って別の女にグルーミングをしている母親のピオニーは、ほとんど顔を上げようともしない。ピオニーはひどく過保護なのだから、これは私を信頼してくれている証（あかし）に思えた。

ドナはその後、たいていの類人猿がくすぐっても喜ばなくなる歳に達してからでさえ、相変わらず同じように私を誘い続けた。また、群れの大きな男たちとも頻繁に遊んだ。アルファオスは彼女を探し出しては、取っ組み合った。いつも優しいそのアルファオスは、男の子とはよく喧嘩ごっこをしたが、女の子は相手にしなかった。例外がドナで、彼女とは一度に何分も遊ぶことができ、まるで彼女がそれまでで最高の遊び友達であるかのように、くすぐったり笑ったりしたものだ。これが、ドナが同性の仲間とは違っていることを示す、最初の手掛かりだった。

ドナは屈強な大人になり、他の女たちよりも、男のような振る舞いをすることが多かった。頭が大きく、男に典型的な粗削りな目鼻立ちをしており、手足もたくましかった。男のように、どっしりと座ることができた。歳を重ねるにつれ、頻繁に毛を逆立てるようになり、肩幅が広いので、その姿はとても威圧的だった。それでも、生殖器は女のものだった。ただし、十分に膨らむことはけっしてなかったが。チンパンジーの女は、三五日の月経周期の排卵期には、膨れ上がった生殖器を見せびらかす。だが、ドナは違った。生殖器が最大限の大きさまで膨れてつやつやと輝き、妊娠可能であると知らせることは、思春期を過ぎてもなかった。男たちも、彼女にはほとんど関心を示さず、交尾をしようとしなかった。ドナは自慰をすることもなかったので、おそらく強い性的欲求もなかったのだろう。彼女はついに子供を産まなかった。[25]

ドナは他の女たちよりも月経が重く、出血量もずっと多かった。普段は上機嫌で愛想が良く陽気だが、生理中は違った。私たちは、他の女の月経にはほとんど気づかなかったし、気分の変動もあまり目につかなかった。それとは対照的に、ドナは落ち込んで疲れているように見えた。痛みか貧血のせいだったのかもしれない。ドナの口や舌が青ざめるのに気づいた私たちは、鉄分サプリメントを与えた。

奇妙にも、霊長類の行動を研究している人の大半は、ドナの事例から明らかになる種類のジェンダーの多様性については、めったに語らない。他のオスほどオスらしさを示さないオスがいつもいるし、お転婆なメスも必ずいる。そのようなメスは、他のメスよりも荒っぽい取っ組み合いを楽しむし、向こう見ずな遊びも率先して始める。動物の「人格」は人気の高い研究テーマではあるが、科学は性別による役割に関する多様性を依然として無視している。ひょっとしたら、私たちの種の場合と同じかもしれない。とんでもないほど長い間、男女どちらかという「二元性（バイナリー）」の原則の例外は顧みられなかったのだから。ここでも、性とジェンダーを分けて考えるとわかりやすい。シカゴのフィールド自然史博物館に所属するイギリスの生物人類学者ロバート・マーティンが、それをうまく言い表した言葉が、私は好きだ。性に基づく男女間の違いの大半は二つの最頻値（モード）を持つのに対して、ジェンダー間の違いは領域全体（スペクトル）に及ぶ、と彼は書いている。(26)

性は染色体と生殖器によっておおむね定義され、大多数の人間にとってバイナリーだ。デジタルの電子工学では、「バイナリー」は1と0の二種類の数字を使う、二進法を意味する。性別に当てはめたときには、「バイナリー」は、各自が男女のどちらかとして生まれることを意味する。ただし、染色体と生殖器のどちらに関しても、現に例外が発生するので、性のバイナリーは、せいぜいおおまかな区別にすぎない。(27)

ところが、男女間の違いは、白か黒かのようにはっきりしていることは稀だ。むしろ、二モード分布を示す。つまり、モードが二つあり、よく知られたベルカーブが二つ重なり合っている。たとえば、男は女よりも背が高いが、それは統計的な意味でのことにすぎない。平均的な男よりも背が高い女や、平均的な女よりも背が低い男を、私たちの誰もが知っている。それと同じ重なり合いは、行動の特性にも当てはまる。たとえば、男女には、自己主張や優しさを反映する行動に違いがあると言われたときがそうだ。

一方、ジェンダーとなると話はまったく別だ。ジェンダーは、社会の中で文化的に奨励される性別の役割と、各自がその役割を表現したり、それに適合したりする度合いにかかわる。ジェンダーについて使うのに適切な言葉は、「女」や「男」ではなく、「女性的」や「男性的」だ。「女性的」と「男性的」という言葉は、簡単には分類できない、社会的な態度や傾向を表している。「女性的」なものと「男性的」なものは混ざり合っていることが多いので、両方の面が単一の人格の中で現れる。男は男性的であると同時に、女性的な面も持っていることがありうるし、女性的な女も、ときどきいかにも男性的なやり方で自己表現するかもしれない。ジェンダーは、二つの明確なカテゴリーに分類し難く、女性的なものから男性的なものまで、両者のありとあらゆる取り合わせを間に挟みながら、滑らかに展開するスペクトルとして捉えるのが最善だ。

このジェンダーのスペクトルでは、ドナは同性のほとんどのチンパンジーよりも、「男性的」な側に大きく偏っていた。体毛さえもが、それを反映していた。私たちの種と同じで、チンパンジーも男のほうが毛深い。そのおかげで、立毛したときには、実際より体が大きく見える。ドナは並外れて毛が長く、男のように全身の毛を逆立てることができた。そのうえ彼女は、男の世界の一員であるかのように振る舞うことが多かった。男がこけ威しを始めて、やかましいフーティング〔フーフーと鳴く声」のディスプレイで群れを威圧し始めるとすぐに、ドナもそれに加わり、他のチンパンジーたちの脇を駆け抜けていった。そして、体を揺らしたり、肩を怒らせて二足歩行したりした。二本の脚で立ち、両腕をだらんと垂らし、全身の毛を逆立てた彼女は、西部劇のガンマンさながら、股を広げて歩くのだった。突然の土砂降りになると、野生のチンパンジーの「雨踊り（レイン・ダンス）」のように、彼女はそんな歩き方をすることがあった。そんなときは、誰が見ても男にしか見えなかっただろう。

　男のディスプレイが攻撃に発展することはめったにない。たいていはフーティングが、延々と続く雄叫（おたけ）びのような声となってクライマックスを迎えて終わる。ドナの叫び声は男の声よりは高いが、叫ぶこと自体が女としては珍しい。彼女は大人の男の相棒であるかのように振る舞うことで、一時的に優位に立てたのかもしれない。彼女は序列の半ばぐらいに位置しているにすぎなかったのに、興奮状態でディスプレイをしているときには、上位の女たちでさえ彼女の進路から身を引くのだった。

　男たちはといえば、気づいていないかのように振る舞い、ドナに好き勝手にやらせておいた。もし彼女も男だったら、彼らはそうはしなかっただろう。男はライバルがディスプレイをしている間は注視し、挑発したり、反応したりする。だが、ドナは彼らを脅かす存在ではなかった。男たちと競い合うことはなく、攻撃的ではなかった。こけ威しや、肩を怒らせた二足歩行は、誰かを狙った突進のディスプレイや襲撃にエスカレートしないかぎり、攻撃行動のうちに入らない。私のチームは長年にわたり、タワーの上からコロニーを観察して一〇万件を超えるデータを収集してきたが、ドナは研究対象のなかで最も攻撃性が低い個体だった。彼女のグルーミング行動や遊び行動は、他の女たちの行動と変わらなかったが、攻撃行動はあまりとることも受けることもなかった。厄介事にはまったく巻き込まれずに済んでいた。

もっとも、ドナは与しやすいチンパンジーではなかった。序列が上位の母親が睨みを利かせてくれていて、必要なときにはいつも介入したし、ドナも自分で身を守った。あるとき一頭の女が、ドナのフーティングと体の揺らし方が気に入らず、金切り声を上げながら殴りかかった。ドナは反撃に転じ、拳で相手の背中を連打した。普段は優位なこの女は、この虐待に甘んじた。だが、ドナは自己防衛をしたまでだ。理由もなしにそのような振る舞いをすることは、けっしてなかった。

私はドナについて書く前に、彼女をどう思うか、研究チームのメンバーに尋ねてみた。そのうち何人かはゲイかレズビアンであり、この女のチンパンジーをLGBTQの立場から見ていた、と答えた〔性的マイノリティの総称。L＝レズビアン＝女性同性愛者、G＝ゲイ＝男性同性愛者、B＝バイセクシャル＝両性愛者、T＝トランスジェンダー、Q＝クエスチョニング＝性的指向・性自認が定まらない人の頭文字。Qはクィア＝性的マイノリティの在り方を包括的・肯定的に示す意味もある〕。全員が、ドナの例外的な行動に魅了されており、彼女のことを懐かしそうに思い返した。ただし、彼女がレズビアンだと思っている人はいなかった。ドナは、他の女と性的な接触を求めなかったからだ。威張り散らしがちではあっても、群れにしっかり受け容れられていた、と誰もが考えていた。威張るのもまた彼女の性格の一端であり、人間の観察者たちも、他のチンパンジーたちも、気にしている様子はなかった。彼女は成り行き任せの楽天的な態度をとり、誰とも仲良くやっていた。

ドナをトランスジェンダーと呼んでいいかどうかは、私には判断がつかない。動物の場合には、知りようがないからだ。一方の性で生まれながら、もう一方の性であるように感じている人は、「トランスジェンダー」と呼ばれる。[28] 実際にはトランスジェンダーの人は、この説明を逆転させて、自分が感じているアイデンティティを優先することを好む。自分は一方の性で生まれたが、たまたまもう一方の性の体に生まれついてしまった、というのだ。ところが、これはドナには当てはめようがない。なぜなら、彼女が自分の性別をどう認識していたか、知ることができないからだ。他者とのグルーミングの関係や、非攻撃性など、多くの点で彼女は男よりも女のように振る舞った。彼女は、ほぼ「アセクシャル」〔他者に性的に惹かれないこと〕で「ジェンダー・ノンコンフォーミング」〔従来のジェンダー規範に従わないこと、あるいは当てはまらないこと〕の個体とでも呼ぶのが最もふさわしいかもしれない。

私は何十年も類人猿を研究してきたので、行動が男らしいとも女らしいとも分類し難い個体に、かなり多く出くわした。彼らは少数派ではあるものの、ほとんどどの群れにも一頭はいるように思える。たとえば、地位を巡る駆け引きをしない男が必ずいる。彼らは筋骨隆々の巨体をしていても、対決はせず、身を引く。トップに上り詰めることはないが、最下位に沈むこともない。難なく自らを守ることができるからだ。他の男たちからは無視される。政治的な策謀のために味方につけようとしても無駄と、見切りをつけられているためだ。危険を冒す気がない男は、上位者に挑むうえで、何の助けにもならない。女たちも、そのような男にはあまり関心を示さない。男や他の女に嫌な目に遭わされたときに、守ってくれそうもないからだ。そのため、支配欲のない男は、比較的穏やかではあるものの孤立した生活を送ることになる。

あいにく、ノンコンフォーミングの個体がどれほど一般的かは想像もつかない。なぜなら、科学者たちは典型的な行動を探し求めるからだ。科学者は、女と男がどう振る舞うかをはっきりさせたがる。

二モード分布の山の部分を探し求め、谷の部分は無視する。変則的な行動は報告不足のままになる。

私が最後にドナと会ったとき、彼女は大人になりたてだった。「ハロー」と声を掛けると、私と目を合わせ、それからぐいっと首を回して、何か、フェンスのこちら側の草地にある物を見つめた。これは、チンパンジーが手を使わずに物を指し示す仕草だ。その視線をたどると、小枝があった。これに目をつけていたのだ。拾って手渡したら、彼女はたちまち走り去り、広い放飼場で仲間たちがやっていた「クッキング」の輪に加わった。しばらく前から、子供たちは地面に穴を掘り、水を入れる遊びをするようになっていた。彼らは穴の周りに座って、小枝で泥をつつき回す。私たちはそれを「クッキング」と呼んでいた。傍目(はため)には、まるでシチューでも作っているように見えたからだ。子供の一頭がプラスティックのバケツを拾い上げ、水栓の所まで歩いていって水で満たす。それから彼あるいは彼女(男も女もこの遊びをした)は、水を一滴もこぼさないように注意しながら、長い道のりをそろりそろりと戻ってくる。そして、バケツの中身を穴に注ぎ、あらためてかき混ぜ始める。

チンパンジーの子供は、絶えず遊びを発明しては、数週間やり、そのうち誰かが新しい遊びを発明して、それに移る。ドナはこの遊びをするには年齢が高過ぎるように見えたが、みんなといっしょにやるこの娯楽を楽しんだ。子供たちに交じって満足げに座っているがっしりした女。それが私の記憶に残っている彼女の姿だ。

トランスジェンダーの人が存在することを踏まえると、ジェンダーは恣意的な社会的構築物であるという考え方が怪しくなる。ジェンダー・ロールは文化の産物かもしれないが、性自認そのものは、各自の内部から現れ出てくるように思える。[29]

人々に性自認について尋ねると、トランスジェンダーと答える人の数は比較的多い。最新の推定では、成人の〇・六パーセントがトランスジェンダーだそうで、これは、アメリカだけでも一〇〇万〜二〇〇万人に相当する。だが、この数が実際より少ないことは、ほぼ確実だ。[30] トランスジェンダーの人が名乗り出たがらないのはもっともだろう。公共の場から彼らを消し去ろうとした「トイレ法」のことを覚えているだろうか？　現在、同じような取り組みがスポーツに関連して行なわれている。アメリカ社会は、トランスジェンダーの人に配慮し、彼らの権利を認める代わりに、彼らを悪者扱いし、生きづらくさせることに熱を上げているように見える。同性愛に関して、以前私たちが直面したのと同類の、大きな誤りがここでも見られる。それは、トランスジェンダーであることを、治す必要のある障害として、あるいは、まるでライフスタイルにかかわるただの好みであるかのように、正す必要のある選択として描き出すという誤りだ。

だが、トランスジェンダーというのは、固有で体質的なものだ。つまり、社会的に構築されるものの対極に位置する。それは、私たちが何者であるかという、本質に直結する特性だ。トランスジェンダーになる原因は、遺伝子、ホルモン、子宮内での経験、生後まもない頃の経験のどれか、あるいはその組み合わせなのかは、わからない。だが、たいてい人生の早い時期にそうなり、逆転させられないことはわかっている。よく知られている例がイギリスの作家ジャン・モリスで、彼女は著書『苦悩』を、次のような一節で始めている。「三歳、あるいはひょっとすると四歳のときだろうか、自分が間違った体に生まれてしまい、本当は女の子であるはずであることに気づいた。そのときのことは、よく覚えているし、それは人生でいちばん古い記憶でもある[31]」

ジェンダーの社会化は必ず、生殖器の構造を出発点にする。ところが、トランスジェンダーの子供は、自分に押しつけられた期待に憤る。彼らの社会化は、親子が協力してあたる仕事ではなく、強制と反抗の、怒りに満ちた争いと化すことが多い。生まれたときに女の子とされた社会心理学者で作家のデヴォン・プライスは、性的指向を表明する文章を書き、選択の機会の欠如と、自分が属すると感じているジェンダーの人を見習いたいという強い欲求の両方を、以下のように説明している。

周りから女性の規範を押しつけられたが、そうした規範は退けるか、守れないかのどちらかになりがちだった。その後私は、ジェンダー別の規範を満たしそこなう子供にたいていついて回る社会化を受けた。ある程度までは、女の子としてではなくジェンダーの出来そこないとして認識され、社会化された。それでも、頭のどこかではいつも、自分がシスジェンダーの女の子ではないことがわかっていたし、自分にはふさわしくない、あるいは不公平だと思える女性のジェンダー規範の一部は、無意識に退けていた。精神的な苦痛や弱さを表に出すのが、日頃から大嫌いだった。いつも男性を手本として、権威を持って発言したり考えを述べたりしようとした。私は一生を通じて、もっと（型どおりの）男性のようになって、自信を持って堂々とはっきり自己表現したいと願ってきた。[32]

トランスジェンダーの子供に、ありのままの自分を受け容れるよう促す人はいない。少なくとも初めは。それどころか、親や兄弟姉妹、教師、友人は、子供が異性の恰好や習慣を取り入れると、きまって腹を立てる。そして、罰を与え、嘲(あざけ)り、説教をし、いじめ、仲間外れにする。これほど強烈な敵意にさらされても、トランスジェンダーの子供は、あくまで自分が感じているアイデンティティに沿って成長する。ここから、その子のジェンダーを構築するのは環境ではないことがわかる。ジェンダーは、本人が構築するのだ。

トランスジェンダーの子供を調べた今のところ最大規模の研究では、平均年齢が七歳半のトランスジェンダーのアメリカ人少年少女三一七人を対象とした[33]。彼らを、割り当てられた性別に性自認が一致している兄弟姉妹や子供たちと比較した。つまり、トランスジェンダーの男の子（女の生殖器を持って生まれた男の子）をシスジェンダーの男の子（男の生殖器を持って生まれた男の子）と比べ、トランスジェンダーの女の子をシスジェンダーの女の子と比べた。おもちゃの好み（人形かトラックか）や、服装（スカートかズボンか）、好きな遊び相手、成人後に想定しているジェンダーについての情報を集めた。最後の項目について得られた情報は際立っていた。なぜなら、トランスジェンダーの子供は、シスジェンダーの子供たちと同じぐらい、自分の将来のジェンダーについて確信を持っていたからだ。

トランスジェンダーの子供とシスジェンダーの子供は、自認している性別ごとに、ほぼそっくりのかたちで成長した。男の生殖器を持って生まれ、一〇年にわたって男の子として育てられたけれど、自分を女の子だと思っていた子供は、女の子として生まれたシスジェンダーの姉妹とまったく同じように、社会的な態度が女性的で、同じようなおもちゃや髪形を好み、同じような服装をしたがった。女の生殖器を持って生まれたものの、自分は男だと考えている男の子も同様だった。そういう子供は、シスジェンダーの兄弟と同じように男性的になるのだった。研究者たちは、次のように結論した。「生まれたときに割り当てられた性別も、性別に基づく直接的あるいは間接的な社会化や期待（たとえば、男性という性別を割り当てられた子供の男性的な行為を褒め、女性的な行為を咎める）も……子供がのちに自分のジェンダーをどう自認したり表現したりするかの決め手には、必ずしもならない[34]」

「分界条床核」という難しい名前で呼ばれる脳の小さな部位が、性自認にかかわっているらしい。それは、男女間で違うひと握りの脳部位の一つで、男では女のもののおよそ二倍の大きさがある。神経科学者ディック・スワーブの所属するアムステルダムの研究所が、亡くなったトランスジェンダーの人の脳を初めて解剖し、この部位を調べた。すると、トランスジェンダーの女は、生まれついた性別が男だったにもかかわらず、分界条床核が女のものに似ていることがわかった。逆に、あるトランスジェンダーの男は、生まれつきの性別が女だったにもかかわらず、この領域が男のもののように見えた。したがって、生殖器の構造よりも脳のほうが、本人の申告するジェンダーの正確な指標となるらしい。だからといって、性自認の決め手が見つかったというわけではない。科学界でしきりに唱えられる警句にあるとおり、相関関係は因果関係にあらず、なのだ。この脳部位の大きさが性自認を決めるのか、性自認で大きさが決まるのかは、なんとも言い難い[35]。

一つの推論として、妊娠期間中の一時期に、胎児の脳が体とは異なる方向に進むということが考えられる。胎児の生殖器は、妊娠初期の数か月間に男女に分化するのに対して、脳は妊娠後期に男女に分化する。これら二つの過程が切り離されてしまえば、脳と体がそれぞれ別の性になることがありうるだろう[36]。

性自認は、子宮の中でホルモンにさらされることで形作られる可能性がある。誕生後の経験は、ほとんど何の影響もないかもしれない。もしそうだとすれば、祈りや罰と組み合わせながら、どれだけ転向療法を行なっても、トランスジェンダーの人の心を変えられない理由も、これで説明できる。LGBTQの人を「矯正する」、あるいは「治療する」ためのセラピーは、似非科学であると広く受け止められている。そうしたセラピーは、左利きの人を「矯正」しようとする試みと同様、見当違いだ。人間の特性はどれでも変えられるわけではない。転向療法は益よりも害が多く、禁止されるべきだ、とメンタルヘルスの諸団体が警告している。

過半数の人の場合のように、体と一致している性自認も、たいして変わらない。私たちは特定の性自認を持って生まれるか、あるいは、生まれるとすぐに特定の性自認を発達させる。そのアイデンティティは私たちの本質的な部分であり、私たちは自己社会化を通してそれに肉付けをしていく。ほとんどの子供にとって、この性自認は生殖器の性と一致しているのに対して、トランスジェンダーの子供では逆になる。彼らはみな、自分が何者かや自分が何になりたいかを知っており、自分のアイデンティティや気質にふさわしい情報を探し求める。自身もトランスジェンダーであるアメリカの生物学者ジョーン・ラフガーデンは、性自認を認知的なレンズと考えるという発想を示している。

赤ん坊は、生まれたあとに目を開いて周りを見回したとき、誰を手本とし、誰はそこにいるのに気づくだけで済ませるのか？　男の赤ん坊は父親か他の男性を見習うかもしれないし、そうしないかもしれない。女の赤ん坊は母親か他の女性を手本とするかもしれないし、そうしないかもしれない。脳の中にレンズがあって、「指導教師」として誰に注目するかを決めているところを想像してほしい。その場合、トランスジェンダーのアイデンティティとは、異性の指導教師を受け容れることを意味する。[37]

私たちはジョン・マネーから、文化によって吹き込まれるジェンダー・ロールと生物学的な性とを区別することを学んだ。この二分法は、社会の中で変化する男女の立場にまつわる、進行中の議論の核心となっている。とはいえマネーは同時に、ジェンダー・ロールと生物学的な性がけっして完全には切り離されていないことも教えてくれた。本人にはそんなことを言う気はなかったのだろうが。けれどそれこそが、男の子を女の子に変えた、という彼の主張から引き出される教訓だ。現実には、彼は変えることはできなかった。彼はその子を、社会の期待の従順な受け手と見ていたものの、実際に決定権を握っているのは子供本人だ。当の子は、しっかりした性自認を持って生まれており、女の子の服やおもちゃをどれだけ押しつけられようと、男の子として自己社会化するように、そのアイデンティティによって駆り立てられたのだった。

自己社会化は、生まれと育ちのどちらかを選ぶのではなく、両者を組み合わせる。それは自己の内部に由来するが、外の世界を案内役として採用する。自己社会化によって、子供はなりたいものになることができるのだ。

第3章
六人の男の子
オランダで姉妹を持たずに育つ

SIX BOYS
Growing Up Sisterless in the Netherlands

男の子が六人続けて生まれて、私の両親はひどく落胆した。三人目のあとは、次こそ女の子、と待ち焦がれていた。母はそれまでも、娘が生まれた暁には、自分の母親にちなんでフランシスカと名づけるつもりで、その至福の日の到来を待望していた。そこへ私が四男として生まれたので、母はすっかり観念し、同じ聖人に由来するフランスという男の名前をつけた。今振り返れば、それは完璧な選択だった。なぜなら、私はとうの昔に信仰を失ったものの、唯一気兼ねなく讃美できる聖人がアッシジのフランチェスコだからだ。彼は動物たちの守護聖人であり、その聖名祝日にあたる一〇月四日は世界動物の日になっている。

当時、子供の性別は誕生までわからなかった。父は、四人目も男の子を授かる可能性は一〇に一つもないと計算していた。男の子が生まれる確率は、何人続けて子供ができようと、五一パーセントに変わりはないのだが。両親は、最後の最後まで楽観していたに違いない。私を産んだあと、母はすっかりふさぎ込んだ。本人から何度となく聞かされたが、その状態から抜け出せたのは、ただただ私がとんでもなく陽気な子だったからだそうだ。私を抱き上げるたびに、元気づけられたという。母にはこれが、私の意図的な仕業に思えたらしい。まるで私が、意気消沈した母親の下で生き抜くには、いつも微笑み、愛くるしい声を上げるしかないと悟っていたかのように。私自身は、自分が生まれつきの楽天家だと思っている。

私は五人もの兄弟に囲まれて育ったので、男といっしょだと気楽に構えていられる。ひょっとすると、気楽過ぎるかもしれない。男は互いに対して厳しく、絶えずストレスを抱えて生きていかなければならないという奇妙な偏見を、私は持ち合わせていないのだから。ある日、学会のあとで男の研究者仲間数人とくつろいでいたときに、この件が話題に上った。仲間の一人は、男は絶えず試し合い、優位に立とうとしている、とこぼした。少なくとも彼の頭の中では、男は足を引っ張り合うものなので、それにひどく動揺した彼は、言葉に詰まってしまった！　それほどのトラウマを抱えているのが私には信じられなかったが、それから彼は、一人っ子として育った、とつけ加えたので腑に落ちた。そういう背景があったから、それまで彼は男の人間関係のパラドックスを解き明かせずにきたに違いない。表面上、ダイナミックな力関係は本当に存在している。だから、みだりに男を侮辱したり挑発したりするべきではない。とはいえ、それは同時にゲームでもある。試したり侮辱したりするのは、ほんの手始めにすぎない。男たちはほどなく、からかったり冗談を言ったりし始め、いつのまにか緊張がほぐれ、絆さえ生まれる。男はこうしてかかわり合い、誰が注意を払う価値がある人物かを確認する。少なくとも言葉でいくらか小競り合いをしなければ、男どうしは友人にさえなれないのではなかろうか。

三大テノール歌手のプラシド・ドミンゴとホセ・カレーラスとルチアーノ・パヴァロッティを例にとろう。彼らは素晴らしい成功を収めていたので、スタジアムを観客でいっぱいにできるほどだった。彼らの成功の秘訣は、競争と友情の愉快な組み合わせだった。もちろん、彼らの堂々たる美声があってこそ、だが。これら三人の男は、若かった頃は世界各地でグランド・オペラの舞台に立とうとして熾烈(しれつ)な競争を繰り広げていたから、互いに反感を抱いたところで少しもおかしくなかった。そして、いっしょに歌い始めてからも、誰が「キング・オブ・ハイC（高いハ音の王者）」かを巡って、舞台上で依然として火花を散らしたものの、真の友のように冗談も言えば、背中を叩き合いもした。カレーラスがあるインタビューで言っていたように、「いっしょに舞台に上がるたびに競争になった。これは自然なことだ。同時に、私たちはずっと、本当に仲が良かった。まったく、舞台裏でどれほど楽しんだことか！」[1]

争い、そしてうまくつき合っていくということの組み合わせは、子供時代にはあまりにありふれていたので、私の第二の天性となった。もっとも、私たち兄弟の間の関係は、アメリカの作家タラ・ウェストーバーが自分の家族について描いているものほど荒々しくはなかった。

兄たちは、オオカミの群れのようだった。絶えず互いに力を試し合い、誰かが成長期に入って序列を上げることを夢見るたびに、取っ組み合いになった。私が幼かった頃は、そうした乱闘は、電灯や花瓶が割れて母が悲鳴を上げたところで終わったが、大きくなるうちに、もう壊れるものが尽きてきた。母によれば、私が赤ん坊のときにはテレビがあったが、ショーンにやられてタイラーが頭から突っ込んで壊れたとのことだった。[2]

男の子はみなそうであるように、私たちも荒っぽく、怒鳴り合ったり、取っ組み合ったりしたが、命にかかわるようなけがは記憶にない。私たちはサッカーをしたり、卓球で競い合ったり、凍った運河でスケートをしたり、自転車で遠出をしたりした。私は序列を上げられそうになかったので、場を和ませるのが主要戦略だった。喧嘩腰にならず、場面が緊張しているのを感じたら、笑いを誘おうと努めた。学校でも、その後の人生でも、おどけ者になった。そんなふうには見えないかもしれない。写真撮影のときに微笑むのをいつもきまって忘れる、同世代のオランダ人らしい、真面目くさった顔をしているからだ。だが、置かれた状況のどこが面白いかを見つけるのが、これまでずっと私のおはこだった。

その衝動は、不適切なときに湧き上がってくることがある。たとえば、あるとき私は、真剣な学術会議の最中に思わず笑いだした。誰もが咎(とが)めるような目で私を見た。笑いを誘われたのは、ある著名な人類学者が、私たちの祖先はけっしてネアンデルタール人とは交雑しなかった、と請け合ったからだ。これら二種のホミニド〔ヒト科の動物〕は、身体的にはきわめて近かったものの、同じ言語を話さなかったというのが、彼の確信の根拠だった。ところが私の頭にぱっと浮かんだのが、妻と私自身、そして自分が知っている他の国際的なカップルだ。みんな、最初に出会ったときに通じる言葉はほとんど持たず、手と唇と、その他いくつかの体の部分しか使えなかった。その学会から一〇年後、性的関係には言語は不要であることが裏づけられた。ネアンデルタール人のDNAが現生人類のゲノムの中で見つかったのだ。(3)

このように、さまざまな議論の愉快な側面に私が惹かれるのは、六人兄弟のナンバー4だった名残の一つだ。兄弟が大勢いた影響には、食べ物にかかわるものもある。私はたいていの人より早食いで、食べ残すのは好きではない。実家では、みなで囲む食卓の中央に料理の入った鍋が置かれたからだ。せっせと食べ続けないと、腹が満たされないうちに食べ物がすっかりなくなってしまう。食べ残しなどというのは、未知の概念だった。これについては、オオカミの群れになぞらえることができるかもしれない。百寿者の叔母に最近言われたのだが、かつて私の実家を訪ねたとき、みながつがつと貪り食う様子に衝撃を受けたという。いったい何斤のパン、何リットルの牛乳、何キログラムのジャガイモがキッチンのテーブルに運ばれ、たちまちのうちに消えてなくなったのか、途中で数え切れなくなったそうだ。

男の子が特別にエネルギーを必要としていることは、指摘する価値がある。なぜかと言えば、男の子が女の子よりも背が高くなるのは、男の子のほうがディナータイムに優遇されるからにすぎない、とフランスのフェミニストが主張したからだ。ノラ・ブワズーニというその人物は、フェミニズムならぬ『*Faiminisme*』という、捻(ひね)りの利いた題の本を出し(これは、「空腹」を意味するフランス語の「faim」

にかけた言葉遊びだ）、男性のほうが女性よりも大柄だから、人間は哺乳類のなかでは例外的だ、と論じた。この体格の違いは、親が娘たちの分の食料を減らして、それを息子たちに与えているせいだという。これまた、性差についての、生物学など見向きもしない夢想の一例だ。ブワズーニは、哺乳類の生物学的特質を取り違えた（多くの種で、オスのほうが大柄だ）だけでなく、オスの子の旺盛な食欲も過小評価していた。彼女は、私たち兄弟がぐんぐん成長していたときの我が家を訪ねているべきだったのだ。[4]

男の子は育ち盛りの一六歳頃（女の子の場合は一二歳）、同年齢の女の子の一・五倍のカロリーを摂取する。この違いをもたらすのは、テストステロンやエストロゲンのような性ホルモンであり、それらのホルモンは親にはまったく制御できない。思春期前の女の子と男の子では、体脂肪と筋肉の比率は似たり寄ったりだが、青年期にはそれが劇的に変化する。男の子は除脂肪体重（骨と筋肉、内臓などの重さ）が増えるのに対して、女の子は脂肪が増える。[5] その結果、男の子は女の子よりも背が高くなる。当然ながら、成長のパターンが違えば、必要とされる栄養も違ってくる。私の両親はきっと、息子たちがあれほど食べなければ喜んだだろうが、けっきょく母は、父と同じように自分よりも頭一つ分以上背の高い息子たちに囲まれているのを誇らしく思っていた。

人間は男性優位の種だと誰かが主張するたびに、私は母のことを考えずにはいられない。社会全般では、たしかに男性優位なのかもしれないが、実家では母が、背が低かったにもかかわらずボスだった。私たちはときどき母のことを「将軍」と呼んだ。母が息子たち全員を指揮して、パンを切らせたり、ジャガイモの皮を剝かせたり、食器を洗わせたり、買い物に行かせたりしていたからだ。激しい交渉の末に定められた、厳格な作業分担表が壁にピン留めされ、私たちはそれに従った。母の支配は、身体的なかたちから心理的なかたちへとしだいに移り、それが長い生涯の終わりまで続いた。私の場合は一五歳の頃に、この移行が起こった。私の記憶では、父が私たち兄弟に手を上げたことは一度もないが、母は腹を立てると、ときおり頬を平手打ちにした。ある日、キッチンで母と二人きりだったときに、母は私の横っ面を張ろうとした。すでに私の顔のほうが母の顔より高い位置になっていた。私は母の腕をつかみ、空中でじっと押さえていた。私たちはその場で立ったまま大笑いした。なんとも滑稽（こっけい）な膠着（こうちゃく）状態だったからだ。これは、母が私を叩けるような時代が過ぎ去ったことがはっきりした瞬間だった。

どの家庭にも独自のジェンダー構成があり、ジェンダーについての本の著者にとっては、理想的な構成などというものはおそらくないが、性別の比率が七対一の家庭の息子である私は、特別不利な立場にある。女性的なものは何もかも、長い間私には謎めいたままだった。性交はもとより、月経や乳房の発育については、ごく間接的に耳にするだけで、それも、きまって遠回しな表現のヴェールに包まれていたので、つかみどころがなかった。母が女の子供や大人について語るときにいつも言うのは、男の子は敬意を払うべきだ、ということぐらいだった。それから、父の口から出たものだろうと、私たち兄弟が口にしたものだろうと、母は否定的な一般論は許さなかった。

私は普通、自分の私生活についてくどくど語ることはしないが、ジェンダーについて論じるには、

家族の7人の男性に囲まれて立つ母。性別の比率がこれほど男性側に偏った家庭の出身なので、おそらく私はジェンダー問題に興味を掻き立てられたのだろう。

少なくともある程度は背景を示しておく必要がある。私は男子だけの小学校に通ったが、高校に進んだときにさえ、女子はほとんどいなかった。二五人のクラスで、二人だけだった。大学に入ってようやく、大勢の女子と出会うようになった。私は、同世代の人間の大半と同様で、奥手だった。最初のうちは、若い女との接触は、いっしょに学んだり、大音量のポップ・ミュージックを聴きながら実存的な疑問を論じ合ったり（今なら、お粗末な取り合わせだと言うだろう）することに限られており、たまに開かれるダンスパーティでは、身を寄せ合い、体をまさぐり、キスをした。初めて女の友人が勉強をしに私の部屋を訪れたときには、家主の女が少なくとも三度は階段を上ってきてドアをノックし、お茶はいかがですか、と尋ねた。男の友人が訪ねてきたときには、けっしてしないことだった。私が一七歳の頃のことだ。

女の子に関して私が最も感心したのは、彼女たちが男の子よりもはるかに思いやりがあって、優しい点だ。もちろん、身体的には信じられないほど柔らかでおとなしく、それは私にとって初めてであり、嬉しくもあった。そして、彼女たちは、私が兄弟や男の友人相手では経験したことがなかったかたちで、同情してもくれた。大学では、女からの同情は、それこそたっぷり受けた。私たち男子は、もし仲間の学生が試験に落第したり、恋人との関係が破綻したり、アパートの部屋から追い出されたりして落ち込んでいたら、元気づけようとしたり、肩をパンチしたり、解決策を考えたり、冗談で気を紛らせてやったりした。ビールで乾杯して、幸運を祈った。可能なときには応援し、手助けしたが、同情はしなかった。黙って悩みの聞き役に回るという習慣はなかった。

女の子たちは違った。もし私が何かで挫折すると、それを乗り越えさせたり、忘れさせたり、抜け出す道を提案したりしようとする代わりに、共感してくれた。耳を傾け、理解し、落ち着かせるようにそっと触れ、気遣いを示した。私の代わりに腹を立て、私の至らぬ点を馬鹿な教授のせいにしさえした。これはステレオタイプに聞こえるかもしれないが、私が女をよく知るようになって最も印象的だったのがこの点だ。相手を慰める女の反応は、私が男の友人たちを相手に慣れ親しんでいたものとは好対照だった。動物の共感能力（同じような性差が観察できる）に、のちに私が興味を抱くようになったことを考えると、この最初の印象はずっと私の中に残っていたのだろう。

大学での月日が過ぎていくうちに、自分の研究の重要性がしだいに増した。数年目には、高い建物の最上階でチンパンジーたちの研究をする機会を得た。その階では、オフィスや教室の間に、別個に一室があって、そこでチンパンジーの男の子が二頭飼育されていた。今日では、そのような飼育環境は絶対に許されないだろう。私は記憶に関する研究プロジェクトに加えて、最初の性別実験も行なった――冗談半分ではあったが。この実験を思いついたのには、わけがある。この二頭は、女とともに飼育されていないため、人間の女が通りかかるのを見かけると、ペニスを勃起させるので、それが嫌でも目につく。だが、男が通りかかったときには、そうならない。いったいどうやって人間の性別を感知しているのか？　私は仲間の男子学生とともに、スカートをはき、かつらを被って、二頭を騙そうとした。偶然迷い込んだ女性訪問者であるかのように、高い声でおしゃべりをしながら部屋に入って、チンパンジーたちを指差した。ところが、二頭はろくに顔を上げようともしなかった。ペニスの勃起も戸惑いもなく、あんたたち、頭がどうかしたのか、とでも訊きたげに、ただ私たちのスカートを引っ張るだけだった。

なぜ二頭にはわかったのだろう？　匂いを手掛かりにしたとは思いづらい。類人猿の嗅覚は、人間の嗅覚と同じようなものだからで、視覚のほうが優位だ。だが、多くの動物が、いとも簡単に人間の性別を区別する。猫やオウムのように、私たちからは遠くかけ離れた種でさえもだ。女だけ、あるいは男だけを好み、もう一方の性の人間には噛みつくオウムを、私は何羽も知っている。そうした好みが何に由来するのかはわかっていないが、ある一般的な違いが動物界全体に当てはまる。すなわち、男／オスの動きは無愛想で決然としている傾向があるのに対して、女／メスの動きはもっと軽快でしなやかだ。この違いは、私たちの種を含めて、ありとあらゆる種の特徴だ。この区別をつけるには、全身を見る必要さえない。研究者が人々の腕と脚と骨盤に豆電球をつけ、彼らが歩いているところを撮影した。すると、黒い背景に対して小さな白い点がいくつか動いているのを眺めるだけで、歩いている人の性別を判断できることがわかった。どうやら、これだけの情報があれば十分らしい。きっと動物たちも、それと同じ動きの違いを捉えているのだろう[6]。

私はチンパンジーの研究に続いて、コクマルガラスというお気に入りの鳥の研究に進んだ（チンパンジーの研究には、後年戻ることになる）。コクマルガラスは、首が灰色の黒いカラスで、カラス科の小柄な鳥だ。ヨーロッパの都市に数多く生息し、教会の塔や煙突に巣を作る。つがいで飛び回りながら発する、「カー、カー」という金属的な声が、私は大好きだ。私ははなはだロマンティックな人間なので、生涯に及ぶ彼らのつがいの絆に喜びを感じる。もっとも、その絆が見かけほど完璧なものではないことが、科学によって明らかになってはいるが。つがいのオスは律儀に巣を守り、雛たちに食べ物を与えるものの、コクマルガラスの子供は、必ずしもそのオスの子供とはかぎらない。生物学者は、「社会的一夫一婦制」と「遺伝的一夫一婦制」とを区別する。鳥の生活は浮気だらけなので、遺伝的な一夫一婦制は、人間社会でとほぼ同じぐらいの割合でしかない[7]。

つがいになったコクマルガラスは、飛んでいるときも、着地するときも、飛び立とうとしているときにも、鳴き交わす。二羽は、巣に卵があるときや雛がいるとき以外、いつもいっしょに移動する。揃って灰色の頭をひょこひょこさせながら、草むらを機敏に動き回り、ときおり跳ね上がって、飛んでいる昆虫を捕まえる。互いから数メートル以上離れることはめったにない。私たちはコクマルガラスのやかましいコロニーをまるごと一つ調べた。彼らは、大学の建物の一棟に取りつけた、多くの巣箱に入っていた。巣作りをしているときには、オスとメスで明らかな分業をする。つがいのどちらも巣の材料を調達するが、オスは長い枝を、メスは小枝や羽根、近くの馬やヒツジから盗み取った毛など、柔らかい寝床にするものを、それぞれ運んでくる。メスはオスの働きを正すこともある。オスが熱心に枝を持ち込み続けて巣箱が手狭になると、メスは大きな枝をくわえて飛び出し、巣から離れた場所に捨ててくる。

私は大学時代に、フェミニスト運動の組織に加わった。ただし、その頃はまだ、「フェミニスト」という言葉は使われていなかった。当時のキーワードは「解放」だった。私が入った組織は、「Man Vrouw Maatschappij（ＭＶＭ）」という名前で、オランダ語で「男性・女性協会」という意味だ。この全国的な運動は、女の地位を向上させるとともに、男を協力者として味方に引き入れることを目指していた。そして、のちに人気が出てくるデモや抗議行動ではなく、政治的なルートを通じて、この目標の達成を試みていた。私は、知っていた教授の夫人に勧誘されてＭＶＭに加入した。

私は当初、この組織が目指しているものに全面的に賛成だった。社会での新しい役割分担を、男女が手に手を取って奨励し、女がもっと自由と機会を得られるようにする、というものだったからだ。典型的なテーマは、性と生殖に関する権利や、キャリアと仕事、所得格差、政治的代表だった。これらのテーマは、今日も関心を集めている。私は相変わらず、前進するには男を巻き込む必要があると確信している——男はきわめて優秀だからでも、はなはだ有能だからでもなく、権力を握っている者のなかに同調者がいなければ、既成の秩序はびくともしないからだ。公民権運動のときもそうだったし、女性解放運動でも同じだろう。

だが一年後、私はＭＶＭを脱退した。その運動が、男に対してしだいに敵対的になったからだ。男は悪者で、あらゆる問題の根源だという。私たちのディスカッション・グループでは、高まる敵意に男の少数派がときおり対抗しようとして、多くの男が一生懸命働いて家族を養っていることや、すべての子供は父親を必要としており、男はその役割を楽しんでいることを指摘した。だが、そうした主張は、的外れだとして退けられた。男がレイプすることはわかっているのではないか？　妻を殴ることも、と。そのような一般論に、私はがっかりした。女に関して一般論を語ってはならないと、さんざん言われてきたから、なおさらだ。そして、ほとんどが中間層に属するＭＶＭの女たちが、夫について不平を述べたためしがないから、いっそう不可解だった。それらの男は、どうやら問題がないらしい。ぼろくそに言われているのは、それ以外の男だったようだ。

　私は自分の属する性に敵対することを、断固として拒んだ。男に背を向ける男の人類学者の著書も何冊かあった。たとえば、アシュレー・モンタギューの『女はすぐれている』（中山善之訳、平凡社、一九七五）や、メルヴィン・コナーの『けっきょくは女性――セックス、進化、男性優位の終焉（*Women After All: Sex, Evolution, and the End of Male Supremacy*）』だ。後者の著者は、男であることを「先天異常」として、それを「Ｘ染色体欠損症」と呼んでいる。だが私は、自らを鞭打つような趣味はないし、一方の性を高めるためには、もう一方の性を中傷する必要があるとは思わない。ＭＶＭの男メンバーの大半も同じように感じており、大挙してこの組織を脱退したので、けっきょく男は誰一人残らなかった。数年後には、男はもう、加入を認められなかった。この運動を創始した二人の女までもが揃ってＭＶＭを見限ったのも、このときだった。奇妙なことに、この組織はＭＶＭという名称を維持した。一文字目の「Ｍ」はもはや該当しなくなっていたというのに。[8]

　私は面白半分で積極行動主義に束の間手を出したあと、幸運にも、シモーヌ・ド・ボーヴォワールの国出身の若いフェミニスト、カトリーヌに出会った。だが当時私は、この出会いのイデオロギー的な面にはほとんど興味がなかった。カトリーヌは二一歳、私は二二歳で恋に落ちた。今でもいっしょにいるのだから、二人とも強情で横柄であるにもかかわらず、絶妙の取り合わせであることがわかる。

私たちの最大の違いは文化的なものだったかもしれない。オランダ人は冷静で淡々としていることが自慢であるのに対して、フランス人は恋愛、食べ物、政治、家族、その他ほぼすべてに関して情熱的でよくしゃべる。この国民性の対比は、イングマール・ベルイマンの映画とフェデリコ・フェリーニの映画の比較に似ている。私がカトリーヌの熱狂的な自発性と感情の強烈さに慣れていくなか、オランダ人の友人のうちには、彼女に威圧感を覚えて私の身を案じてくれる人もいた。もっとも、カトリーヌとの違いを、女は男よりも情動的だといった、ありふれた一般論のような性差に帰することなど、私には思いもよらなかった。私は自分が情動と直観に動かされていると見ているので、これがジェンダー特有のものとは思い難い。まして、問題とはとうてい思えない。

私たちが情動を持っていることには、それなりの進化上の理由がある。情動は生物の行動を生存に向かって導いてくれるので、あらゆる動物が持っている。すべての動物が、恐れや怒り、嫌悪感、魅了される感覚、愛着（アタッチメント）を必要とする。[9] 情動は、けっしてなくても済ませられる贅沢品ではない。そして、その重要性には性別による違いはあまりない。情動はきわめて合理的で、私たちにとって何がためになるかを、私たちの自慢の推論能力以上によく知っていることが多い。[10] ところが西洋では、推論能力が称えられ、情動が見下される。情動はあまりにも体に近過ぎると見られ、体は人を堕落させるとされている（「肉体は弱い」と聖書にもある）。男のほうが理性的で、情動にあまり影響されないという考え方が、大衆文化や自己啓発書や連続コメディ番組に浸透している。その言説の衝撃を和らげようとして、女は「情動的知能」で優るとされるかもしれない。だがこれは、誠意のない褒め言葉に思える。男との違いを依然として強く主張しており、男にはそんな感情はみな無用と言わんばかりだからだ。情動の不健全な高まりを意味する「ヒステリック」という言葉が、ギリシア語で子宮を意味する単語に由来するのは、偶然ではない。

だからといって、情動に従う程度に男女差があるという科学的な証拠はない。男がひどく情動的な性質を持っていることは、スポーツの重要な試合の最中の男を見れば一目瞭然だ。ストイックなオランダ人男性でさえ、オレンジ色のシャツを着た選手が芝生の上を突進するのを目にした途端に、頭がおかしくなる〔オレンジはオランダのナショナルカラー〕！　男女による違いはおもに、特定の情動の誘因や強さ、情動にまつわる文化的な「表示規則」に関連している。表示規則のおかげで、いつ笑ったり、泣いたり、微笑んだりといったことをするのが適切かがわかる。[11]

表示規則は、女が悲しさや共感など、より感受性の鋭い感情を表し、男が怒りのような、力を強める感情を表すのを許す。連邦最高裁判所陪席判事に指名されたブレット・カヴァノー〔下記の委員会で指名審議中に性暴力を告発された〕が二〇一八年に上院司法委員会でしたように、男が声を荒らげると、その立腹ぶりは正当な憤りとしてもてはやされる場合がある。それとは対照的に、女は言葉を慎むことが多い。なぜなら、怒りをあらわにすると良い印象を与えないことを承知しているからだ。この対比に関して実際に行なわれた実験では、参加者に架空の陪審員として評決を下すよう求めた。審議はチャットルームでショートメッセージを使って行なわれ、ときどき白熱した。怒りに満ちた言葉が、男の名前の人から届くと、その人の意見が増強された。だが、同じ文言が女から届いたように見えたときには、その人の信頼性が損なわれた。[12]

情動的であることに対するバイアスには興味をそそられる。男のものも含め、人間の思考がおおむね直観的で、潜在意識の中で行なわれることは、今でははっきりしているからだ。私たちは、情動的な関係を持っていない事柄については、決定を下すことさえできない。アイルランドの劇作家ジョージ・バーナード・ショーが言っているとおり、「人を考えさせるのは感情であり、思考が感情を抱かせるのではない」。だが、たとえすべてが情動とともに始まるとはいえ、男は合理的という西洋の神話は根強く残っている。[13]

カトリーヌとそのフランス人家族に会い、彼女と夫婦としてアメリカに移住した私は、三つの文化とすっかり馴染みになった。そのそれぞれが、ジェンダー問題に独自のかたちで取り組み、労働市場や性道徳や教育に関して独自のペースで進んできた。どの文化も、各側面の進み具合がまちまちだった。

フランス人を考えてほしい。現代的なフェミニズムの基礎を築いた論文の一つである、ボーヴォワールの『第二の性』（一九四九年刊）は、「人は女性として生まれるのではなく、女性になるのだ」としている。頻繁に引用されるこの一節は、女であることは生物学的な欲求や機能を超越するという意味で解釈される。だがボーヴォワールは、そうした欲求や機能のどれ一つとして否定していない。それらは、彼女の母国では真剣に受け止められているので、働く女には国が手頃な料金の保育や長い産休を提供していた。フランスは世界でも早くから、託児所（クレイシュ）や就学前プログラムや乳幼児の在宅保育の助成金を出してきた。ボーヴォワール自身は女の具体的な欲求を大切にしていたので、避妊と妊娠中絶の権利の獲得に向けた闘いに加わった。[14]

オランダは、保守主義の宗教的少数派が残ってはいるものの、常に自由主義の性的慣習を特徴としてきた。世界で初めて同性婚を法制化したのがこの国だ。また、四歳から始まる性教育のおかげで、ティーンエイジャーの妊娠率や妊娠中絶率が世界でも最低レベルにある。[15] オランダの性教育は、子供たちを怖がらせて禁欲を奨励する代わりに、相互の尊重を育み、セックスの快い、愛情に満ちた面を強調しようとする。[16]

だが、ジェンダーの平等主義精神があるとはいえ、オランダもあらゆる面で進んでいるわけではない。女の経済的自立と、高報酬の仕事を得る機会に関しては、遅れている。たとえば、私はオランダの大学で出会う女性教授があまりに少ないので、いつも驚く。仕事に就いている女の三人に二人がパートタイムでしか働いていない（先進諸国で最も高い割合）。家族の世話をするようにという、社会的な圧力がその一因だ。良き母親であることとフルタイムで働くことは両立しないという考え方が、典型的な罪悪感を生んでいる。[17]

一九八〇年代にアメリカに移った私たちは、進歩と保守主義の珍しい組み合わせに出くわした。この国の性道徳は一九五〇年代で停滞しているように見えたのだが、その一方で、教育と仕事の面では、女の解放が進んでいた。アメリカに入国するとき、私は書類に記入して、自分が共産主義者でも同性愛者でもないと宣言しなければならなかった。この義務がようやく解除されたのは、一九九〇年になってからだった。私たちが身を投じようとしている環境がどれほど保守的かが、これでたちまち明らかになった。たとえば私たちは、結婚に先立つ「プロポーズ」という習慣があることを知った。アメリカの女は、男がひざまずいて高価な指輪を差し出すのを、ときには何年も待つ。それから、その幸運な女はまばゆい宝石を友人たちに見せびらかし、感嘆の声を引き出す。結婚の申し込みは、私の祖父母の時代にはヨーロッパでも標準的だったが、未来の花嫁その人よりもむしろ彼女の親たちに向けたものだった。アメリカ人がそれを、完璧に適切な儀式だと、いや、幸せな儀式だとさえ考えているのはわかるが、その露骨な男女の非対称性に私たちは仰天した。

私たちは、この第二の祖国の過剰な慎み深さと乳首タブーにも、いまだに慣れることができずにいる。乳首を人目にさらすことへの恐れは、「授乳室」というアメリカならではの発明につながった。女が密室で授乳したり搾乳したりするのだ。有給の出産休暇があれば、このような部屋は無用になる。公共の場での授乳に人々が寛容になれば、やはり授乳室は無用になる。だが、人前での授乳は、まるで性行為であるかのように扱われる。乳首の写った写真は非難されるし、ブラジャーの着用は義務的だし、現に「乳首ゲート(ニップル)」事件まで起こった。二〇〇四年のこの事件でジャネット・ジャクソンの胸が〇・五秒ほど露出すると、解説者たちはアメリカの道徳の衰退を嘆いた。ジャクソンの「衣装の不具合」(体の部位に触れるのを避けるために、そう呼ばれた)の動画は、再生回数の新記録を打ち立てた。それがきっかけで、YouTubeが誕生したと言われている。[18]

このこだわりには驚いた。ヨーロッパでは乳房は何の問題にもならないからだ。プライムタイムのテレビ番組でも、主要誌でも、市バスの広告でも、ビーチでは生でも、おおっぴらに目にできる。ブラジャーはおもにサポーター機能のためであって、隠すためではなく、つけていない人も大勢いる。

学校の会議やパーティや公園で赤ん坊がお腹を空かせたら、乳房は日の目を見て、本来の機能を果たす。ただし、家庭の外では、たいてい母親は居合わせた人全員に、事前に許可を得るが。

一九九〇年代のパリでは、乳首を見せるのがタブーでなかったために、ディズニーが従業員に対する厳しい服装規定を引っ提げて参入してきたときに、文化的な衝突が起こった。ディズニーが「適切な下着」の着用を強要すると、街頭での抗議活動を招いた。新聞各紙は、いかにもフランスらしい大げさな表現を使い、「人間の尊厳に対する攻撃」呼ばわりした。[19]

アメリカは性に関しては保守的であるにもかかわらず、女の教育や、労働参加、セクシャルハラスメントからの保護の面では、他の西洋諸国のはるか先を行っている。女の大学教育は早くから実施され、多くの女が学究の世界でキャリアを築いてきた。一部の学問分野では教職員の男女平等が達成されており、人事委員会は男女の別にはもうあまり注意を払わなくてかまわない。ハラスメントに関する規則も、劇的な変化を遂げた。そうした規則では、相手が望まない性的な誘いだけでなく、同一組織内の人間どうし、とくに力関係が対等ではない者どうしでの、双方が合意したデートも対象となる。規則の変化があまりに速かったので、アメリカ訪問中に不意討ちを食らったヨーロッパの著名な政治家も数人いる。彼らは、自国でならおそらく罰を逃れることができたであろう種類の淫(みだ)らな行為の責任を問われた。「#MeToo運動」が起こると、相手が望まない性行為に対する抗議にはなおさら弾みがつき、その影響はヨーロッパにまで及んだ。[20]

アメリカの性道徳は、数十年前なら私がとても予想できなかったかたちで発展している。未婚のカップルの同棲は増加中で、婚外出産は以前よりありふれ、受け容れられるようになっており、同性婚も全国的に合法だ。公の場での授乳に対しても、人々は日に日に寛容になってきている。もし授乳する母親に恥ずかしい思いをさせてレストランから追い出したりしようものなら、翌日には怒れる母親たちの群れが、イートインならぬ「授乳イン」をしに押し寄せることになる。有給の出産休暇（と父親の育児休暇）に賛成する政治的な勢いによって、まもなく授乳室は恐竜と同じ運命をたどるだろう。[21]

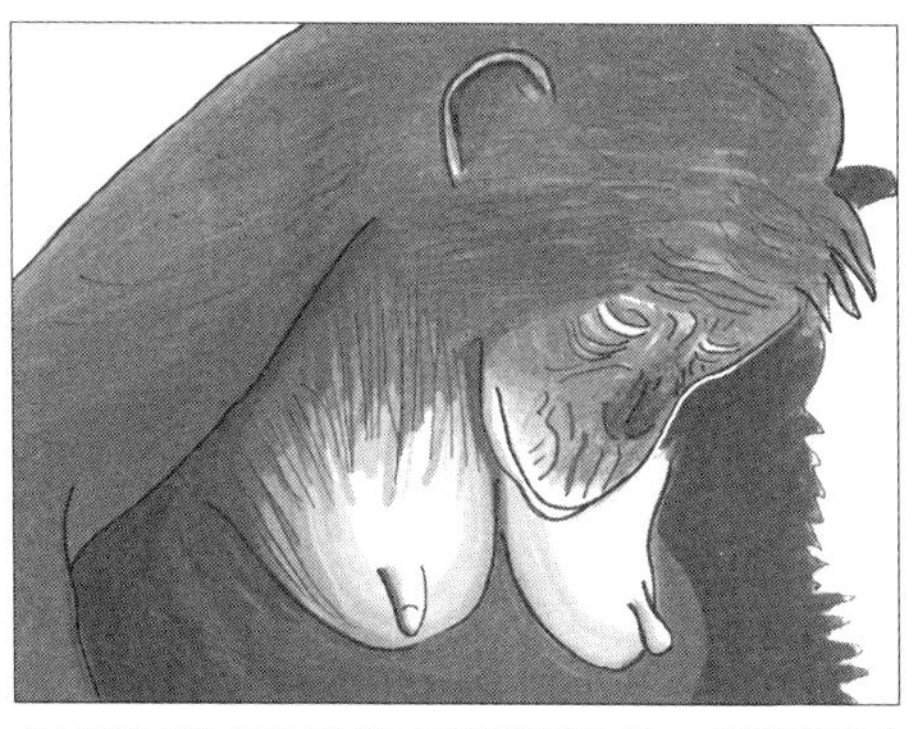

ボノボの乳房は、性的なシグナルの役割を果たさない。授乳期間中は膨らむし、体のなかでそこだけ体毛が少ないので、非常に目立ちうる。

類人猿の乳房は、授乳している母親ではBカップに達することもあるが、次の子供が生まれるまではしぼんでいる。人間の乳房は、常に膨らんだままになっている点で独特だ。私たちは、この哺乳類ならではの器官を性的なものにしたが、それはあらゆる人間社会で典型的なことではなく、他の動物ではまったく見られない。犬には乳房が八つもあるというのに、別の犬の乳房を見て興奮する犬はいない。類人猿の男は、女の臀部（でんぶ）には振り向くけれど、乳房に目を奪われることはない。

乳房は栄養を与えるためのものであり、だから幼いボノボやチンパンジーは乳房にあれほど執着するのだ。彼らは（仲間との喧嘩に負けたり、蜂に刺されたりして）、わずかでも動揺したり苛立ったりしたら、母親に駆け寄り、落ち着くまで乳首を吸い続ける。類人猿は通常、四年間、ときには五年間、授乳するが、群を抜いているのがオランウータンで、彼らは野生の世界では七年から八年、授乳を続ける。どうやら、ホミニドで成長に時間がかかるのは、人間だけではないようだ。野生の類人猿には、子供に与えられる食べ物がほとんどなく、森の果物ぐらいのもので、子供たちは一歳になると果物を食べ始める。もっとも、果物はいつも確実に手に入るわけではないから、どうしても授乳期間が長くなる。[22]

乳房が本来の機能を果たさないとき、私たち人間には哺乳瓶で赤ん坊を育てるという解決策がある。野生の霊長類にはそのような選択肢はないが、飼育下にある類人猿になら、それを教え込むことができる。私はかつて、カイフという名のチンパンジーにそうしたことがある。私たちはバーガース動物園で、彼女に養子を取らせた。カイフは乳の出が悪かったので、それまでに産んだ赤ん坊たちの何頭かを亡くしていた。そのたびにすっかりふさぎ込み、自分の殻に閉じこもり、痛ましい悲鳴を上げ、食欲を失った。私は格子越しに、カイフに哺乳瓶の扱い方と、ローシェという赤ん坊のチンパンジーへの授乳の仕方を練習させた。ただし、ローシェは格子の私の側にいさせた。いちばん大変だったのは、カイフに哺乳瓶の扱い方を覚えさせることではなく(道具を使う類人猿にとって、それは難しくない)、ミルクがローシェのためのもので、カイフ用ではないのをはっきりさせることだった。カイフは赤ん坊のローシェにこの上なく興味を持っていたので、私がしてほしかったことをすべてやり、呑み込みも早かった。ローシェはカイフに渡されてからはずっと、カイフにしがみついていた。そしてカイフは首尾良くローシェを育てた。彼女は日に数回、屋外にある島から建物の中に戻り、自分の赤ん坊に授乳するのだった。

カイフはその後いつまでも、私に感謝していた。私がバーガース動物園を訪れるたびに（ときには数年ぶりのこともあった）、まるで私が長らく音信不通になっていた家族であるかのように歓迎し、私にグルーミングをし、私が立ち去る気配を見せるとべそをかいた。授乳の訓練は、のちに自分が産んだ子供たちを育てるときにも役に立った。

今では私がバーガース動物園を訪ねても、そのコロニーにもともといたチンパンジーはほとんど残っておらず、挨拶してもらえない。ローシェはまだいるし、彼女には娘もできている。だが、ローシェは私が誰か知らない。ローシェ四〇年前に私が腕に抱いていた頃には、まだ赤ん坊だったからだ。そのときの写真を人に見せると、爆笑される。わたしがはるかに若く見えるからだけではなく、髪を長く伸ばしていたからだ。私の世代は、親や大学や政府の権威に激しく反発しており、髪形や着る物で反抗心を示していた。私は夜になると、奔放な外見の理論家たちが階層制の害悪について延々と論じるのに耳を傾ける一方、昼間はチンパンジー・コロニーの攻撃的な権力闘争を観察するのだった。両者が発するメッセージは矛盾していたため、この繰り返しは深刻なジレンマを引き起こした。

けっきょく私は、言葉よりも行動のほうが格段に説得力があることがわかったので、チンパンジーたちに信頼を置くことにした。彼らは自らについて語ることがないから、私は言葉に気を逸らされずに眺めることができるので満足している。権力のこととなると、彼らの関心は明白だ。ある男が何年もアルファの座を占めていても、その地位が若い男たちに脅かされることは避けられない。真っ向からの力勝負になることは稀で、権力闘争はおもに、二、三頭の男が手を組んだ同盟によって決着がつく。挑戦者は全身の毛を逆立てて近づき、アルファオスに物を投げつけて反応を見たり、すぐそばを駆け抜け、相手が飛びのくかどうか確認したりする。アルファが少しでも弱気やためらいを示せば、気取られる。だからアルファオスは、こうした挑発に動じないほど太い神経が必要で、対抗策も講じる必要がある。たとえば、支持してくれる仲間にグルーミングしたりする。こうした緊張関係は、何か月もかけて表面化し、全盛期の男のほぼ全員が持っている、トップに上り詰めたいという途方もない野心があらわになる。

そうした野心を抱くのは男だけではない。コロニーで長年アルファメスの座にあったママというチンパンジーは、他の女たちに対して自分の地位をはっきりと示すのが常だった。そして、言わば党の顔役として振る舞い、王座を目指す自分のお気に入りの男の挑戦者を、彼女たちに揃って支持させた。地位争いのときに「間違った」男を応援する女がいると、ママはその日のうちに相棒のカイフを連れて現れ、さんざん殴りつけるのだった。ママは背信行為は絶対に許さなかった。

私はすっかり魅了されてこのようなドラマを追い続け、何が起こっているのかを理解するために、標準的な生物学者の読書リストの範囲外の作品も読み始めた。そして、五〇〇年前のニッコロ・マキアヴェリの『君主論』という本からインスピレーションを得た。このフィレンツェの哲学者は、当時のボルジア家やメディチ家やローマ教皇たちの間の権力闘争について、洞察力に満ちた赤裸々な説明を提供してくれた。その結果、私は自分の周りで展開する人間の行動についても、新たな視点が得られた。社会に反抗していた私の同輩たちは、あれほど平等について語っておきながら、明確な階層制を見せ、数人の意欲的な若い男がトップを占めていた。学生運動に参加する女も多かったが、新しい秩序を求める訴えの中で、ジェンダーが話題に上ることは稀だった。女は、男性リーダーの断続的なガールフレンドとして権力を振るうことはあっても、自らを頼りにそうすることは、ほとんどなかった。この矛盾からは、狩猟採集社会は平等主義だったかどうかに関する長年の議論が思い起こされる。狩猟採集社会を「平等主義」と呼ぶには、広く行き渡っている、男女間の地位の差を無視せざるをえない。人類学文献のある批評家は、「採集社会が両性から成り立っていたことの、遅きに失した発見」という、皮肉たっぷりの論評をしている。(23)

実際、真の平等主義を見つけるのは難しいし、私たちの学生抗議運動はその好例だ。運動の中心人物は、集会にはいつもきまって遅れて現れ、子分たちを従えて大股で会場に入ってくる。まるで王様が到着したかのようだった。会場のざわめきが、たちまち静まる。彼が演壇に立って煽動(せんどう)を始めるのを私たちが待つ間、彼の取り巻きたちが、言わばウォーミングアップを行なう。つまり、謄写版の使い方といった、それほど重要でないテーマや実際的な問題について議論する。聴衆の中の若者が立ち上がって、私たちの立場が抱える矛盾を指摘したり、特定の決定を批判したりするところを、私は何度か目撃した。発言者が嘲られたり、イデオロギーの純粋さを疑われたりする様子からは、公開討論が許されるのは、確立された秩序を揺るがさない場合に限られることは明白だった。

私たちは全員揃って、平等主義の妄想に囚(とら)われていた。強烈に民主的な物言いをしておきながら、実際にとる行動は、それとは大違いだったのだ。

私はエモリー大学の心理学部に教員として加わるにあたって、この妄想を振り返らざるをえなくなった。これは、私にとって三度目の大きな転機だった。一度目は、学生から科学者になったとき。二度目は、オランダからアメリカに移り住んだとき。そして今度は、生物学者に囲まれている状態から、心理学の世界へと飛び込んだのだ。私は観察可能な行動を自分の出発点とすることに慣れていたが、新たな同僚たちは、人間の被験者に質問紙を渡し、彼らの回答を信頼する人々だった。こうして私は、話し言葉が幅を利かせる環境に身を置くこととなった。

人間の行動について、私はその同僚たちから途方もないほど多くを学んだ。彼らのほとんどが優秀な科学者であり、世間の常識には常に批判的で、データを求め、一般的な先入観に疑問を投げかけた。だが心理学者たちは、自分が属する種を対象とするというハンディキャップを負わされているため、そこから距離をとるのに苦労する。彼らは自分が研究している事柄の真っただ中にいる。だから、文化や道徳や政治の基準で行動を判断しないようにするのが難しい。心理学の教科書が、まるでイデオロギーのパンフレットのように読める理由も、それで説明がつく。人種差別はもってのほかだ、性差別主義は間違っている、攻撃性は排除されるべきだ、階層制は古めかしいといったことが、行間から読み取れる。これは、私には衝撃的だった。必ずしもその逆を信じているからではなく、そのような意見は科学に差し支えるからだ。異なる人種が互いをどう認識するかや、男女がどうかかわり合うかを知りたいと思うことはあっても、彼らの行動が望ましいものかどうかは、別問題だ。科学の役目は行動を裁くことではなく、理解することなのだ。

出版社から心理学の教科書が手元に届くたびに、私は必ず索引を調べて「権力」や「支配」という項目を探した。ほとんどの場合、これらの言葉は掲載されてさえいない。まるで、ホモ・サピエンスの社会的行動には当てはまらないかのようだった。学生が学ぶべきテーマに含まれていたとしても、たいていは権力の濫用や、階層制構造の欠点に関してだった。権力は、注意ではなく軽蔑を向けられて当然の汚らわしい単語として扱われていた。マキアヴェリの評判が芳しくないことも、このバイアスで説明がつく。ほとんどの学者は、彼に触れるときにはこれ見よがしに鼻をつまんでみせる。彼らにしてみれば、不都合な知らせをもたらす使者には、耳を傾けるぐらいなら弾丸を浴びせるほうがましなのだろう。

社会科学が抱いている平等主義の妄想は、私たちがみな、大学に勤務していることを考えれば、なおさら驚くべきだ。大学というのも、一つの巨大な権力構造だからだ。最底辺の学生から、院生、ポスドク（博士号取得後）の研究者、さまざまな階層の講師と教授、さらに副学部長、学部長、学長、総長へと階級が上がっていく。そして、この構造の内部では、誰もが自分の影響力を拡大しながら他者の影響力を抑え込もうと精を出す。このような動きは、まったく隠されてはいない。もっとも、その背後にある動機は、たいてい取り繕われ、学生の必要を満たすためとか、大学にとって最善のことをするためとかいった具合に、何か別のもののように仕立て上げられているが。

私は同僚たちの間の攻撃的な権力闘争の観察から多くを学んできた——彼らの分割支配戦略、仲間集団の形成、会議でライバルが非難されているときに、黙ってうなずくことで行なう同意表明、さらにはあからさまな下剋上（げこくじょう）まで。ある重要な会議で、私の学部でボスザルさながらに振る舞ってきた一人の上席の教授が、自分の子分と見なしていた下位の教員たちの連合によって、支配者の座から引きずり下ろされた。その教員たちは、前もってこのクーデターを企んでいたに違いない。思いがけない展開だった。投票によるこの敗北のあと、あたりを圧するようなその教授の声を、私は二度と耳にすることはなかった。彼は打ちひしがれ、まるでゾンビのように廊下をうろつくのだった。そして、一年もしないうちに退職した。このような展開を、私は以前にも目にしたことがあった。ただし、人間ではなくチンパンジーで、だったが。

両者の類似性は際立っていたので、私が一九八二年に一般向けに書いた最初の本である『チンパンジーの政治学――猿の権力と性』（西田利貞訳、産経新聞出版、二〇〇六、他）は、当時合衆国下院議長だったニュート・ギングリッチの注意を惹いた。彼がこの本を連邦議会議員向けの読書リストに入れたあと、アルファオスというラベルは、首都ワシントンで広く受け容れられるようになった。[24]不幸にも、この言葉の意味は、時が過ぎるうちに狭められてしまった。鼻持ちならない性格の男性指導者を指すようになったのだ。アルファオスとは、誰がボスであるかを絶え間なく全員に思い知らせ続ける威張り屋というわけだ。『アルファオスになる――アルファオスになって、重役室と寝室を支配し、完璧なワルとして生きる方法（*Become the Alpha Male: How to Be an Alpha Male, Dominate in Both the Boardroom and Bedroom, and Live the Life of a Complete Badass*）』のような、ビジネス書のコーナーに並んでいる本のタイトルを見れば、それがよくわかる。[25]ところが、世間が思い描いているアルファオスは、霊長類学者がこの用語で意味するものとは一致しない。アルファオスとは単に最上位の男／オスのことであり、どれほど立派な振る舞いを見せるか、あるいはどれほどおぞましい行動をとるかとは関係ない。同様に、どの群れにもアルファメスがいる。オスでもメスでも、アルファは一頭だけだ。たいていは威張り屋ではなく、群れの団結を保つリーダーだ[26]。

アルファという独特の地位が、私たちの行動実験の一つで、不意に表れたことがあった。チンパンジーが他者の福利を気遣うかどうかを知りたかった私たちは、彼らをペアにして試した。一頭に、食べ物を自分と相手で分ける選択肢と、独占する選択肢を与えた。すると、彼らはいっしょに食べられるほうの選択肢を圧倒的に好んだ。だが、それだけではなかった。最も気前が良いのは、男も女も、最上位のチンパンジーだったのだ。サルを対象とした実験でも同じような結果が出た。なぜアルファは、他の誰よりも向社会的なのか？　それは、ニワトリが先か卵が先かというような、因果関係のはっきりしない問題だ。彼らは他者の助けになるからトップに上り詰めるのか？　それとも、居心地の好い地位に収まっているから、分かち合う気持ちが余計に湧いてくるのか？　理由はともかくこの結果は、社会的優位性というものが、威張り散らす行為の産物には単純化できないことを実証している。実情はそれよりもはるかに複雑で、気前の良さもかかわっているのだ[27]。

一世紀前にニワトリに序列があることがわかって以来、私たちは動物界で社会的序列がどれほどありふれているかを知った。ガチョウの雛を一〇羽、あるいは子犬かサルを一〇頭いっしょにすれば、優位性を巡る争いが起こることは請け合いだ。保育所に乳幼児が預けられた初日にも同じことが起こる。序列争いはあまりにも根源的な衝動なので、消えてなくなれと願っても無駄だ。それでも私たちは、そう願ってしまう。私たちは権力について、他者の心は惹くかもしれないけれど、自分は断じて興味を抱くことはないものとして論じる。心理学の教授を三〇年間務めてきてわかったのだが、真剣そのものの科学者でさえ、すぐ目の前にある行動を頭から締め出してしまう。権力は相変わらず禁断のテーマであり、私たちはこの点で人間が他の種とどれほど類似しているかを、間違っても聞きたがらない。

私たちは、性差についても同じような自己欺瞞に満ちている。私たちはこの世の中に対する希望に夢中になるあまり、自分たちの実際の行動がどのように見えるかを忘れてしまう。男性は火星出身で女性は金星出身、あるいは、女性は感情的で男性は理性的といった類の表現を使って男女差の重要性を誇張する著述家もいる。だが、その反動からかもしれないが、その違いを徹底的に軽視し、ないものとする人もいる。彼らは、既存の違いは表面的で、簡単に取り除けるものであるかのように描き出す。どちらの極端も証拠と合致しないのだが、この問題を取り巻く雑音が多過ぎて、それはなかなか正当に認めづらくなってしまった[28]。

私がテレビで政治討論を観るときにたいていすることを、私たちはする必要があるのかもしれない。私は音を消し、ボディランゲージに集中できるようにする。私にしてみれば、そちらのほうが、候補者の口から発せられる音波よりも信頼できるからだ。私たちは同じように、それぞれの性がどう振る舞うところを目にしたいかを告げる頭の中の声を一時的に黙らせ、彼らが実際にはどのように振る舞うかをただ観察するべきだ。

第4章

間違ったメタファー

霊長類の家父長制社会を誇張する

THE WRONG METAPHOR
Exaggerating Primate Patriarchy

いったいどのような問題が起こりかねないだろうか？

もし一〇〇頭のサルを石造りの山のある放飼場に放ったとしたら？　とくに、もし彼らが、熱心にハーレムを維持する種で、一頭のオスにつき数頭のメスという割合で放つ代わりに、圧倒的多数のオスに、ほんのひと握りのメスという組み合わせで放ったら？

この実験は、一世紀前にロンドンのリージェンツ・パーク動物園〔ロンドン動物園〕のサル山で行なわれた。結果は散々だった。流血の大騒動が起こり、以後、一般大衆はそれに基づいて霊長類の両性間の関係を眺めるようになった。これは二重の意味で不幸なことだった。このときに放たれたサルの種（マントヒヒ）が、人間からはかなり遠縁だっただけでなく、動物園でのその行動は明らかに異常だったからだ。古代エジプトで崇められた、犬のような顔の大型のサルであるマントヒヒは、オスがメスの二倍も大きく、長く鋭い犬歯を持っている。そのうえ、オスは銀白色のふさふさとした体毛を生やすのに対して、メスは全身の毛が茶色のままなので、オスがいっそう目立つ。

オスはそれぞれ、小さな一夫多妻の家族を築こうとする。リージェンツ・パーク動物園のサル山では、彼らはわずかな数のメスを巡って熾烈な闘いを繰り広げ、つがいの相手候補にくつろぐ暇も、食べる時間さえも与えなかった。相手を捕まえると引きずり回し、そうする間に何頭か殺してしまい、死体と交尾した。動物園側はさらにメスを加えたが、この殺戮を止めることはできなかった。全体のおよそ三分の二が死に、争いが収まると、比較的平穏なオスのコミュニティが残された[1]。

このように、私たちと他の霊長類との間のジェンダー比較は、出だしからつまずいた。しかも、その第一歩を踏み出したのが、権力を振りかざして人を叱りつけるのが好きな、傲慢なイギリス貴族のソリー・ズッカーマン男爵だったから、なお悪かった。リージェンツ・パーク動物園の解剖学者だったズッカーマンは、たった一人でジェンダーに関する議論を「マントヒヒ化」してしまった。オスは生まれつき優位で乱暴であり、メスはただ従うしかない、と彼は述べた。メスはオスのためにのみ存在するというのだ。ズッカーマンは一九三二年の著書『サルと類人猿の社会生活（*The Social Life of Monkeys and Apes*）』で、サル山での出来事を、サル社会を、ひいては人間社会をも象徴するものとして提示した。

複数のオスが同じメスと交尾したり、オスがメスを支配したりするのは霊長類では典型的でないことを、ズッカーマンは明らかに知らず、マントヒヒは両性間で体の大きさが極端に違うという事実が念頭になかったので、勝手にマントヒヒを人間に当てはめ、私たちの一夫一婦制という「妥協」を含め、人類の文明の起源を書き綴った。彼は性的関係の重要性を誇張し、次のように書いている。「性的な絆は社会的な関係よりも強固であり、オスの成体はメスとは違い、他のいかなるオスにも支配されることはない[2]」

これに同意する霊長類学者はほとんどいなかった。そして、私が研究を始めた頃には、ズッカーマンはほぼ忘れ去られていた。それでも、彼の著作は一般大衆に長い間、影響を及ぼし続けた。後年、イギリス軍に爆撃について助言を行なったこの好戦的な男の意見は大衆文化に浸透し、私たちはそれを排除できずにいる。彼の説明には抗い難い説得力があったのだ。それとも、ひょっとすると、人々が目にしたいと願っていた自らの姿、あるいは見慣れていた自らの姿と見事に一致していたからかもしれない。自然は鏡の働きをする、と私たちは言うものの、その鏡を使って何か新しいものを目にすることはめったにない。人々は第二次世界大戦の恐ろしさを体験したあと、自分たちが堕落した存在だと信じがちだった。サル山の一件は、

ジェンダーに関する議論への霊長類学の影響は、マントヒヒの事例に基づく推測から始まったので、最初から問題含みだった。独占欲の強いオス（奥）は、周りのメスの2倍ほど体が大きい。銀白色の体毛のせいで、彼はいっそう際立っている。

彼らの陰鬱な自己評価を募らせ、人間はホッブズの説のような、万人の万人に対する闘争に没頭する邪悪な「殺し屋類人猿」であると見なす多数の作家にとって、儲けの種になった。

オーストリアの動物行動学者コンラート・ローレンツは、私たちは自分の攻撃的な本能を制御することができない、と語った。その後ほどなく、イギリスの生物学者リチャード・ドーキンスは、私たちがこの地上に存在するおもな目的は、自分の「利己的な遺伝子」に従うことである、と述べた。私たちの好ましい特性までもが、わざわざ疑わしいものであるかのように言い表された。だから、もし動物と人間が家族を愛するなら、生物学者はそれを「身内贔屓」と呼びたがった。ロンドン動物園で展開したヒヒのドラマは、バウンティ号の叛乱と比べられた（バウンティ号の叛乱とは、一八世紀に海軍輸送船で起こった叛乱で、ある島に上陸した三〇人の男たちが殺し合う結果になった）。また、ウィリアム・ゴールディングの一九五四年の小説『蝿の王』にも反映されている。この作品では、イギリスの男子生徒たちが食人にも近い、やりたい放題の暴力行為へと転落していく。これらをはじめとする本は、私たちの種を卑劣で残酷で道徳的に破綻した生き物として、さも楽しそうに描いた。人間とはこういうものだ、とそれらの著述家は肩をすくめ、もっと気持ちが上向くような展望を示そうとする人は誰であれ、非現実的、あるいは世間知らず、勉強不足などと馬鹿にされる危険を冒すことになった。たとえば、部族間の平和な共存を強調する人類学者は、「平和運動家」とか「超楽天家」などと呼ばれ、さっさと切り捨てられた。私たち全員が内に抱える獣をサル山が暴き出してくれたのだから、それが生み出した考えを誰もが受け容れるべきである、というわけだ。

霊長類との比較がどれほど大きな影響力を持ちうるかには、目を見張らされる。私たちは、人間の行動そのものの分析では飽き足らず、霊長類との比較分析を、自分の祖先が似ていたに違いない種類の動物たちも含むような、より広範な文脈に好んで当てはめる。だが、そこでとどまることとさえせず、文明の役割を剝ぎ取って私たちを情動的なレベルで、さらにはエロティックなレベルでさえ類人猿と結びつけるような寓話(ぐうわ)を、おおいに楽しみさえする。その例には、『キングコング』や『ターザン』、『猿の惑星』、ペーター・ホゥの『女とサル(*Kvinden og aben*)』、その他無数のファンタジー作品がある。私たちは人間と動物の類似から目を逸らすことができない。だからサル山の一件は、はなはだ杜撰(ずさん)な管理と身のほど知らずの過大解釈だったというのが現在の評価であるにもかかわらず、霊長類学の外であれだけ広い共感を得たのだ。

ズッカーマン自身も、学界での争いは望むところだった。霊長類は常習的に殺し合ったりしないとか、オスとメスはたいてい仲良くやるとか、あえて主張する研究者がいれば酷評した。彼は、霊長類は素晴らしい知能と社会的技能を持っていると主張する人々も非難した。彼は、自分だけが真の科学者であり、人間の本性の体裁を取り繕ったりしないのだ、と考えていた。他の学者はみな「擬人主義的」だと、動物行動に関してとっておきの罵り言葉を使った〔「擬人主義」とは、人間以外の生物、無生物、事象などに人間の形態や性質を見出す立場〕。

それにもかかわらず、ズッカーマンは新世代の霊長類学者の登場を止めることはできなかった。一九六二年、ロンドン動物学会で、ジェーン・グドールというイギリスの二〇代の女性が、人類学者ケネス・オークリーの『石器時代の技術』にあえて疑問を呈した。広く評価されていたこの本は、人間を際立たせる決定的な特性を提示するものだった。その特性とは、道具の使用ではなく、道具を作る能力だという。[3] ところがグドールは鋭敏な観察者であり、野生のチンパンジーが木の枝から葉や側枝をむしり取り、シロアリを釣り出せるようにするのを目撃していた。
グドールの講演は好評だったが、学会の秘書官だったズッカーマンだけは別で、彼は憤りでしだいに青ざめた。私が教えを受けたオランダの大学教授ヤン・ファン・ホーフはその学会に出席しており、ズッカーマンが激怒し、次のように言って主催者たちを問い詰めたのを覚えていた。「いったい誰が、この無名のとんでもない小娘を科学の会議に呼んだんだ?」[4]。彼はのちに、ズッカーマン卿というたいそうな名前で「ニューヨーク・レビュー・オブ・ブックス」誌に掲載された独りよがりの文章で、この分野を乗っ取りつつある「魅力的な若い女性たち」を攻撃した。彼は、それらの女が逸話と「空虚な言葉」を使い、卿自身が一度も出くわしたことのない種類の、秩序ある霊長類社会を描き出しているとして非難した。[5]
残念ながらズッカーマンは、グドールが大英帝国勲章デイム・コマンダーを授与される前に亡くなった。

ようするに、この歴史の経緯からは、私たちの分野内部のさまざまな緊張関係が明らかになる。たとえば、飼育下での研究と野生の世界での研究の間や、男の主流派と女性霊長類学者の草分けたちの間、人間の本性の悲観的な見方と楽観的な見方との間の緊張関係だ。ジェンダーの持つ意味合いを考察する前に、過去数十年間に生物学と西洋社会で起こった、全般的な雰囲気の変化について、手短に述べておきたい。私たちは人間の本性に関して、完全に絶望的な見方から、それよりは楽観的な見方へと移行した。

私にとって戦後最大の問題は、当時の最も有名な思想家たちがまったく希望を持てずに悲観していたことだ。人間の境遇についての彼らの否定的な見方に、私は賛同できなかった。私は、霊長類が対立を解消したり、同情し合ったり、協力を求めたりする様子を研究していた。暴力は彼らの初期設定条件ではなかった。ほとんどの時間、彼らは仲良く暮らしていた。私たち自身の種にも、同じことが言える。だから私は、一九七六年にドーキンスが『利己的な遺伝子』で次のように主張したときには衝撃を受けた。「公共の利益のために人々が私利私欲を捨てて惜しみなく協力するような社会を築くことを、あなたが私同様願っているのなら、気をつけたほうがいい。生物学的な性質からは、ほとんど助けは見込めない[6]」

私は正反対のことを言いたい！　私たちは、極度に社会的な生き物としての長い進化の歴史がなかったなら、仲間を気遣うことはありそうにない。だが私たちは互いに注意を払い、必要に応じて手を貸すようにプログラムされている。それ以外に、集団で暮らす意味があるだろうか？　多くの動物が群れを作って暮らす。そしてそれは、助け合いが行なわれる集団生活のほうが、単独での生活よりもはるかに大きな恩恵を与えてくれるからにほかならない。

あるときドーキンスと私は、敬意を払いつつも直接異議を唱え合った。ある寒い一一月の朝、私は彼と一人のカメラマンを案内して、ヤーキーズ国立霊長類研究センターのフィールド・ステーションのタワーに上った。そこからは、私が知り尽くしているチンパンジーたちを見下ろすことができた。

私はピオニーという年老いた女を指差した。関節炎が重かったので、若い女たちが急いで水を運んできてやるところを、私たちはそれまでに目撃していた。彼女たちは、ピオニーに水道栓までのろのろと歩いていかせる代わりに、先回りして口いっぱいに水を含んで戻ってくると、それをピオニーが大きく開いた口の中へ吐き入れてやる。また、彼女のでっぷりした臀部(でんぶ)に手を当てて、ジャングルジムに押し上げてやることもあった。彼女が、グルーミングをしている仲間たちの輪に加われるようにするためだ。手助けしてくれるのは、血縁ではない個体だった。しかも、ピオニーは恩返しできるような状態にはなかったから、彼女たちは何の見返りも期待できなかった。

このような行動は、どう説明すればいいのか？　そして、私たちが日常、ときには赤の他人に対してさえ行なう親切な行為の数々を、どう説明すればいいのか？　ドーキンスは遺伝子に責任を負わせて自説を守ろうとし、遺伝子の「不発」に違いない、と言った。だが、遺伝子は意図を持たないDNAの短い鎖にすぎない。何の目的も頭にないまま、機能を果たす。したがって、利己的にも無私にもなれるはずがない。そして、うっかり目標を達成しそこなうこともありえない。

一九七〇年代と八〇年代には、暗い面に焦点を合わせる傾向があまりにひどくなったので、私は自分の人生を便器の中のカエルになぞらえた。[7]　私はオーストラリアで、便器の中で暮らしている大きなカエルに出くわした。ときおり人間が津波を引き起こしても、吸盤付きの指で貼りついて難を逃れる。そのカエルは、排泄物が便器の中を渦を巻いて流れていっても気にならないようだったが、私は気になってしかたなかった！　書き手が生物学者だろうが、人類学者だろうが、科学ジャーナリストだろうが、人間の境遇についての本が出るたびに、私は言わば便器に必死にしがみついていなければならなかった。その大半が、ホモ・サピエンスという種に対する私の捉え方とはまったく相容れない、冷笑的な見方を提唱していたからだ。

それらの年月に、唯一の慰めを与えてくれたのが、哲学者メアリー・ミッジリーの作品を読むことだった。一八世紀の哲学者デイヴィッド・ヒュームと同じで、ミッジリーは動物に対してはっきりと優しい態度をとり、人間も動物だ、と常に断言した。私たちは、共同体を重視する確固たる価値観を持った超社会的な動物だという。動物は慈悲心など持ち合わせていない、と世間でどれだけ言われていようと、彼女は納得せず、ドーキンスと真っ向から争った[8]。

やがて私は、気づくようになった。人間の本性に信頼を置かないのは、もっぱら男の研究者だったのだ。私の知っている女性研究者では、そういうことはまずなかった。人間を強欲な個人主義者として描く文献は、男によって男のために書かれていた。そのインスピレーションの究極の源泉は、人間が作った宗教であり、それらによれば、私たちは魂に大きな黒い汚点がついた罪人としてこの世に生まれてくるのだという。善良であるのは薄っぺらなベニヤ板であり、それがあくまで利己的な狙いを覆い隠しているのだそうだ。私はそれを、「ベニヤ説」と名づけた[9]。

二一世紀に入る頃、真新しいデータが続々と流れ込んできて、そのような考え方を埋もれさせるのを目にしたときには嬉しかった。人類学者たちは、世界中の人々が公平さの感覚を持っていることを実証した。行動経済学者たちは、人間には信頼し合うような生まれつきの性向があることを発見した。人間の子供も霊長類も、誘われるまでもなく自発的に利他主義を発揮した。そして、神経科学者たちは、私たちの脳が他者の痛みを感じるようにできていることを発見した。霊長類の共感能力を対象とする私の初期の研究には、犬、ゾウ、鳥の研究や、さらには齧歯類の研究さえもが続き、ラットが囚われの身にある仲間を助けることを示す実験も行なわれた[10]。今や、自然界では開かれた競争、いわゆる「生存競争」が優勢であるというのが、はなはだしい誇張だったことがわかっている。

『蝿の王』のような架空の話さえもが非難を浴びた。孤島に置き去りにされた人々の間で暴力が振るわれることはたしかにある。そこに飢えが重なったときには、なおさらだ。だが、もちろんそれが通例であるわけではない。私たちの種は、争いの解決に長けている。心理学の研究からは、子供たちは監督される必要はなく、大人たちが部屋を出ていっても、自分たちの揉め事を苦もなく解決できることが窺われる[11]。

ゴールディングが『蝿の王』で想像したような状況下でさえ、子供たちはそうしてのける。オランダの歴史家ルトガー・ブレグマンは、インターネットで次のようなブログを見つけた。「六人の少年がトンガから漁に出た。巨大な嵐に巻き込まれた少年たちは、船が難破して、ある島に打ち上げられた。そこでこの小さな一団はどうしたか？　彼らはけっして仲たがいしないことを約束した」。ブレグマンは、この出来事に興味をそそられ、オーストラリアのブリスベンまで出かけ、今や六〇代になっていた生存者たちに会った。難破当時は一三～一六歳だった彼らは、岩だらけの小島に取り残されたまま、一年以上過ごした。なんとか火を起こし、菜園を作って腹を満たし、喧嘩を避けた。緊張が高まると、頭を冷やした。彼らの話は、その後の生涯にわたって続くことになる信頼と忠誠と友情の物語だった。そのメッセージは、ゴールディングが私たちに押しつけようとしたものとは正反対だった[12]。

なぜじつに多くの人が今もなお、ゴールディングのぞっとする話を信じているのか？　なぜ彼の本は、人間の本性に関する重大な見識を与えてくれるかのように、中学校で読まれる古典的作品になったのか？　そしてなぜ、サル山での大虐殺についてのズッカーマンの説明が、誤りであることをすでに徹底的に暴かれたのにもかかわらず、「自然界の秩序」として人気のある描写の背後に相変わらず大きな影を落としているのか？　ひょっとするとそれは、私たちが悪い知らせに魅せられるからかもしれないし、アメリカの小説家トニ・モリスンが述べているように、「邪悪さには大ヒット作並みの観客がいる。善良さは舞台裏で鳴りを潜めている。邪悪さは生き生きと語る。善良さは口を閉ざす[13]」からかもしれない。

霊長類は悲惨だというズッカーマンの偽りの物語に、私たちはまんまと引っかかった。その物語は、オスとメスを支配者と被支配者に分けるものだった。支配者はけっきょく何も得られなかったことなど、いっさいおかまいなしだ。これはすべて、人間社会のメタファーの役割を果たした。そして、それを推奨したのが、新しい情報の流れを滞らせる術（すべ）を心得ていた、不愉快な男性だった。半世紀が過ぎても、グドールの心の傷は癒えていなかった。八〇歳の誕生日を迎えた頃に受けたインタビューのときにも、それが明らかになった。「ズッカーマンの名前が出た瞬間、グドールは顔つきがいくぶん険しくなり、早口になった。そして、ズッカーマンのサルの研究を『くず』と呼んで切り捨てた。彼女が誰かの悪口を言ったのは、後にも先にもこの一回限りだった[14]」

ズッカーマンの説を最終的に葬った科学者は、大きな影響力を持ったハンス・クマーだった。彼は、ズッカーマンが取り上げたのと同じマントヒヒを一生にわたって研究した。最初はチューリッヒ動物園で、のちにはマントヒヒの原産地のエチオピアで、研究を続けた。彼は、私が若かったときのヒーローであり、それは彼が、厳密で、独創的で、新しい解釈を進んで受け容れるからだった。私は彼が書いた論文をすべて読み、彼を手本とした。

私は霊長類の行動の研究者として駆け出しだった頃、初めてクマーと直接会った。ケンブリッジ大学での学会の期間中、ディナーで大物教授数人と同じテーブルに着くことを許された。この古い大学にある、広々としたゴシック様式のダイニングホールの一つが会場だった。みなが自己紹介し、私が自分の幸運を密かに喜んでいるときに、奇妙なことが起こった。スピーカーから声が聞こえてきて、何人かの名前を呼び、「ハイテーブル」に着くように告げたのだ。ヨーロッパ大陸の人間である私たちは、「ハイテーブル」という特別のテーブルを常設しておくような発想には馴染みがなかった。誰も頼んでもいない階級区分を導入することになるので、不快な呼びかけに聞こえた。かつて、ハイテーブルには銘々に椅子があったが、他のテーブルはすべてベンチ席だった。そのときも依然としてそうだったかは、記憶にない。クマーもそのテーブルに招かれた人の一人だったが、彼はそれを笑い飛ばし、こちらのテーブルの人といっしょのほうがいい、と言った。その晩、私たちは素晴らしいひとときを過ごした。クマーがごく自然に示す身振りや態度のおかげで、私はいつも彼に親しみを覚えた。

クマーは丹念にデータを収集したが、意外な結果が出ても驚かなかった。自分の説にあまりにもよく合致する結果は疑わしく思う、とよく私たちに語ったものだ。自分の考え方を変えてくれるような発見ほど胸躍るものがあるだろうか？　彼は顎鬚を蓄え、家父長を絵に描いたような人物で、彼が研究している種を踏まえれば、まさにぴったりだった。彼は著著『聖なるヒヒを探して――ある科学者の旅（*In Quest of the Sacred Baboon: A Scientist's Journey*）』の冒頭で、この動物の行動を大げさに捉え過ぎないように警告している。

古代エジプト人はマントヒヒを神聖な存在と見なしていたとはいえ、マントヒヒはけっして聖人ではない。その社会生活は、私たちが動物たちについて勝手に願っているようなのどかなものではない。マントヒヒは家父長制の群れで暮らす。その中で、オスは闘争にかかわる根本的な面の両方を進化させてきた。すなわち、鋭い犬歯と同盟関係のネットワークだ。……私は研究を始めたとき、家父長制の社会を探してはいなかったし、これが家父長制社会であることに気づいてもいなかった。そして当然ながら本書は、男性の優位性のサブリミナル・プロパガンダと見なされるべきではない。動物たちがすることは、人間が何をするべきかを主張する論拠にはならないのだ[15]。

男の優位性についてのこの考えは、ズッカーマンの尊大な物言いに比べると、はるかに含蓄がある。クマーは、ヒヒが「フェミニストの悪夢」であることを十分承知しており、かつて、ある講演でヒヒのことをそう呼んだ。彼は賢明にも、昔ながらの「ハーレム」という用語を、オスが一頭しかいない集団という意味の「ワン・メイル・ユニット（ＯＭＵ）」という表現で置き換えた。彼のフィールド研究は、オスたちが暴力を避けようとすることを示している。彼らはメスたちを集め、他のオスから守るものの、衝突を未然に防ぐために、あれこれ微妙なシグナルを発する。彼らは互いのＯＭＵを徹底的に尊重する。オスとメスがいったん絆を結ぶと、他のオスがそれを侵害することはめったにない。

クマーは野外観察をするかたわら、野生のヒヒを捕まえてテストをし、終わるとまた放してやるのだった。こうして彼は、さまざまなことを発見した。たとえば、メス一頭とオス二頭をケージに入れると、オスたちはメスを巡って争う。だが、そのメスをオス一頭とケージに入れ、もう一頭のオスが隣のケージからその様子を見られるようにしておくと、まったく違う結果になった。メスがそのオスとほんの短い時間いっしょに過ごしただけで、もう一方のオスは、二頭のいるケージに入れられたときに、彼らの絆を尊重した。大柄で、完全な優位にあるオスでさえ、争うことを自制した。そして、ペアから離れた所に座り、地面の小石をいじくるのだった。あるいは、ケージの外の風景を注意深く見渡し、まるで何か信じられないほど興味深いものでも見つけたかのように、どこかに顔を向けるのだった。だが、そのヒヒのオスがいったい何を目にしたのかを、クマーはついに突き止めることができなかった。

これらのヒヒの犬歯という武器はあまりに危険なので、彼らはめったに使いたがらない。クマーは、次のように報告している。一頭のヒヒのオスが通りかかったときに、目の前にピーナッツを放り投げると、必ず拾い上げて食べる。二頭が並んで歩いているときに同じことをすると、彼らはピーナッツに気づかないように振る舞う。ピーナッツがそこにないかのように、二頭とも真っ直ぐ通り過ぎる。ピーナッツひと粒には、争う価値はなかったのだ。クマーは、こんな観察もした。二頭のオスが、それぞれの家族を連れて果樹に登ったとき、木が小さくて果実が全員に行き渡りそうにない場合には、両者は優位性を振りかざそうとすらしない。果実には手も触れないまま、二頭とも家族を従えてさっさと木を下りるのだった。

これほどまでに対立を嫌うことを考えれば、サル山では何が悪かったのかがはっきりする。事前に絆が存在せず、また、オスの間で序列が確立していないまま、オスとメスの両方をサル山に放ったため、通常なら闘争を避ける、絶妙に調整されたメカニズムに不具合が生じたのだ。

クマーは、オスの行動がOMUの根底にある唯一の要因ではないことも発見した。たしかにオスは、メスが遠くまで離れ過ぎると、首に噛みついて罰し、メスはそれ以上痛い目に遭うのを避けるために、オスのそばにとどまる。それでも、メスはただ財産として扱われているわけではない。クマーのチームは、メスの好みも加えて、前述の実験を行ない、それに気づいた。彼らはそれぞれのメスに、別のケージに入った二頭のオスを見せ、メスがどちらのほうが好きかを調べた。オスを次々に入れ替え、メスがそれぞれのオスの近くで過ごす時間を測定した。それから、そのメスをオスの一頭とペアにした。メスが事前にそのオスを気に入っていればいるほど、他のオスは、そのペアの絆に挑みたがらなかった。好みの度合いがずっと低いオスとペアにされたときにだけ、他のオスはそのメスを盗もうとするのだった。クマーは、メスの望みに対するオスの「配慮」について語り、それを、「より平等主義的な社会へと続く道での進化の第一歩」と見ていた。[16]

だが私にはそれが、極端なまでにささやかな一歩に思える。そして、ヒヒのオスたちが本当にそこまで「配慮」しているのかは、はっきりしないままだ。彼らは、自分が保持できない目的物のために闘わないようにしているだけかもしれない。オスたちは、メスの好みを感知しているに違いない。霊長類は、自分の種のボディランゲージを読みとることに非常に長けている。オスたちは、メスが他のオスのほうが好きならば、彼女は機会が巡ってきたときにさっさと逃げ出すに決まっていると踏んでいるのかもしれない。オスは、メスに拒まれたら交尾はできないことが、他の研究からわかっている。

ここには、さらに深い問題がある。私たちはヒヒに、人間のジェンダーに相当するものを探し求めているのだ。ところが、ヒヒはサルであり、一方、私たちは類人猿だ。あなたは自分を何か別のものだと考えているかもしれないが、私たちは遺伝的にはホミニドという小さな科の中心にいる。私たちは、側枝でさえないのだ。ヒト科は、尾の欠如(サルには尾がある)、平たい胸、長い腕、大きな体、並外れた知能を特徴とする。この科には、人間以外にはチンパンジー、ボノボ、ゴリラ、オランウータンがいる。人間を「類人猿」――お望みなら、「二足歩行をする類人猿」でもかまわない――と呼ぶべきではない、真っ当な生物学的理由を示せた人は、これまでのところ誰もいない。私たちの属は、最も近縁のチンパンジーとボノボと合併させるべきだ、とまで言う人もいるほどだ。それなのに、歴史的な理由とうぬぼれから、私たちはヒト属という、自分たち独自の属にこだわっている。だが、他の類人猿とのＤＮＡの類似性を考えると、アメリカの生物地理学者ジャレド・ダイアモンドに言わせれば、私たちを「第三のチンパンジー」に分類するのが、よりふさわしいかもしれないそうだ。(17)

ヒヒは私たちからは遠いが、その研究から、女性（とフェミニストの）霊長類学者の影響が明らかになった。ヒヒは観察するのがとりわけ易しい部類の霊長類だ。そのため、野生の世界で最初に広く注意を集めた。フィールド研究現場からの何百もの報告の対象とされ、ヒヒ研究は科学者のジェンダーが彼らのアプローチにどう影響するかのテストケースになった。

あるとき私は、ケニアでヒヒの群れを徒歩で追った。森の中で霊長類を追いかけるのとは比べ物にならないほど楽だった。樹上生活をする霊長類の場合には、絶えず上を向き、密集した葉を通して透かし見るようにしなければならない。彼らの社会生活は断片的にしか見えない。対決が始まったり危険な状況になったりすると途端に、彼らは姿を消してしまうからだ。何年も費やして、自分の存在に対して森の霊長類に慣れてもらった科学者だけが、多くを目にできる。自分に慣れてもらうのには忍耐が必要で、最初の頃は、それだけの時間をかけるフィールドワーカーはほ

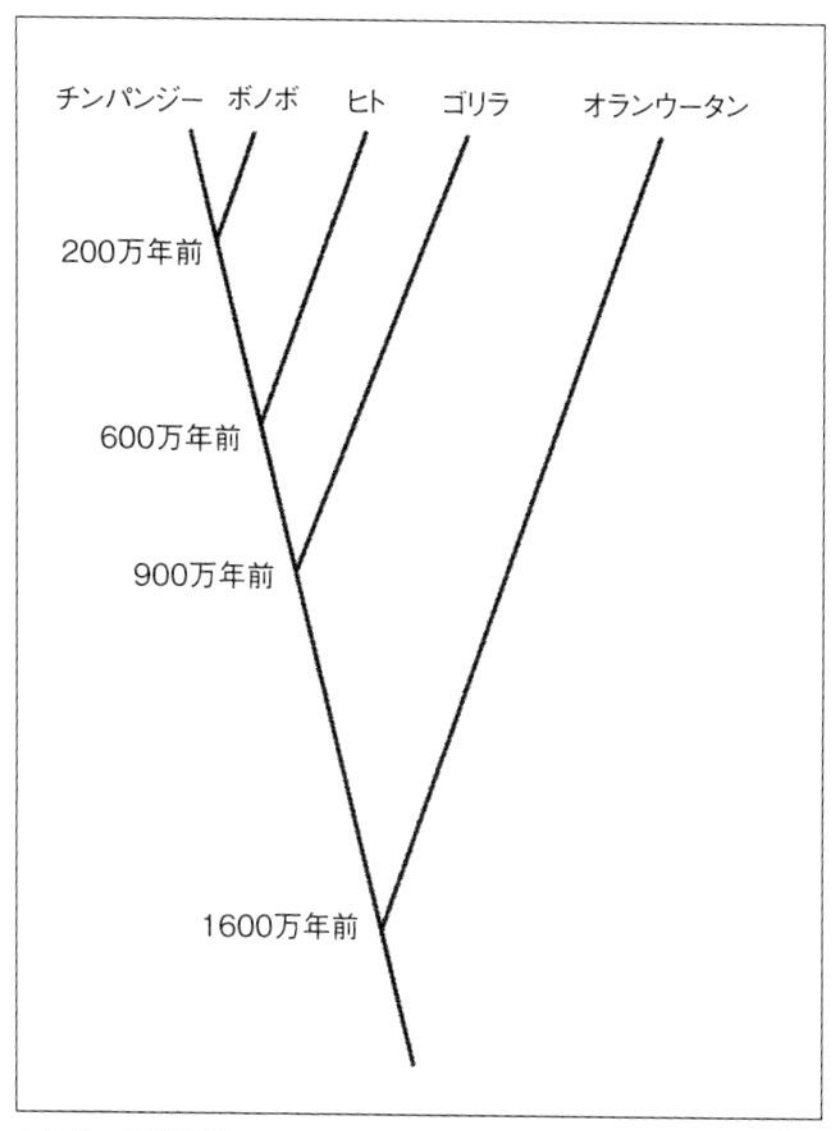

ヒト科の系統樹。DNAに基づき、現存する5種類のホミニド（ヒトと大型類人猿）が何百万年前に分かれたかが示されている。ボノボとチンパンジーが分かれたのは、ヒトが彼らの祖先と分かれたときよりもずっとあとなので、彼らはどちらも私たちに同じぐらい近い。ゴリラはそれよりは少し離れており、オランウータンはさらに離れている。ホミニドはおよそ3000万年前にサル（尾のある類人猿）から分かれた。

とんどいなかった。

だが、ヒヒは開けたサバンナを移動する。常に警戒を怠らない。背の高い草に危険が潜んでいるからだ。とはいえ、双眼鏡とクリップボードを持った人間の周りでも、とくに物おじしたりはしない。彼らはしていることをし続ける。つまり、たいていは草や果物、種子、根、ときにはレイヨウの子を探し回ることだ。肉を好むが、おもに植物を食べる。群れのほとんどが、互いに見える場所にとどまる。喧嘩などの騒ぎの間でさえ、そうする。サバンナでは、そうした出来事が展開するのを簡単に眺めることができる。これは、森の中での状況とは大違いだ。

平原でヒヒを観察することの容易さと都合の良さを別にしても、霊長類学者にはヒヒに的を絞る理由が他にもある。私たちの祖先は森を離れてサバンナに入った。そして、ヒヒは同じ道をたどったため、理想的なモデル種だったのだ。彼らは私たちの祖先と同じ生息地に適応した。霊長類学者がこの生態学的な主張を何度も繰り返したので、他の霊長類を研究しても意味がないように思えるほどだった。この主張は、クマーやズッカーマンの観察したマントヒヒに当てはまるだけではなく、近縁の、メスがオスに「所有」されていないヒヒの種にも当てはまった。それらのヒヒ（アヌビスヒヒ、チャクマヒヒ、キイロヒヒに分かれている）のメスは自律的だ。彼女たちは、血縁に基づいた団結力のある社会を形成し、オスたちからは独立して活動する。息子たちは、思春期になると他の群れに加わる。一方、群れの中で暮らすオスの大人は、別の群れの出身だ。

男による霊長類学の最盛期には、好戦的なオスにだけ重点が置かれた。ほとんど軍国主義的な言葉で説明がなされ、オスたちは統治の機能を果たしていると考えられた。オスの階層制は社会を支える背骨であり、たとえば母親と子供の安全を保証するなど、社会生活のあらゆる面を管理した[18]。メスのヒヒは、子供を背中にまたがらせ、尾を背もたれ代わりにしてやって移動する。科学者たちは、ヒヒの群れの移動が戦闘隊形に似ている、と記した。大勢のメスと子供たちが真ん中で恐ろしそうに身を寄せ合い、恐るべき犬歯を生やして外部の危険をいつでも撃退する態勢を整えたオスたちが周りを取り囲んでいる、と。

ところが、最初に登場した女性霊長類学者たちは、そのような見方はしなかった。彼女たちにしてみれば、ヒヒのメスが社会の核だった。メスの血縁ネットワークは長期にわたって安定しており、互いの赤ん坊に盛んにグルーミングしたり優しい唸り声を掛けたりすることで、それが強化される。

ヒヒを研究した初期の女性霊長類学者のなかに、因習打破主義者のセルマ・ローウェルがいた。私はこのイギリスの霊長類学者のことを、鮮明に覚えている。目を反骨心で輝かせていたからだ。彼女が学会に出席すると、ひと悶着起こることは請け合いだった。なぜなら、男たちが争いと地位をやたらに強調するのに対して、その証拠はろくに見たことがない、とローウェルはあっさり言うからだ。彼女は知的な既成概念破壊者として振る舞った。社会的優位性という概念全体に疑問を突きつけ、活発な議論を巻き起こし、それが文献で何年にもわたって続いた。まとまった食料を霊長類に提供することで（当時、フィールド研究でよく使われた手法）、私たちが彼らに階層制のパターンをとらせているということはありえないだろうか、と彼女はよく問うたものだ。

ローウェル自身はウガンダで、食べ物を置いて惹きつけることはせずに、森のヒヒを研究した。そのヒヒたちは比較的平和で、オスは外部の危険を撃退することはけっしてなかった。「ヒヒのオスは自分の群れを守るとされることが多いが、私はそれを一度も目にしたことがなく、想像するのも難しい。イシャサのヒヒは潜在的な危険に対してはいつも、逃走という反応を示したからで……主要な脅威からは群れ全体が逃げる。長い脚を持ったオスたちを先頭に、いちばん重い赤ん坊を抱えたメスたちが最後になって[19]」

捕食者にヒヒたちがどう反応するかに関する観察は非常に乏しいので、霊長類学者たちがいったいどうやってオスが防御に果たす役割を立証したのか、不思議に思える。人間の想像力の産物だったということがありうるだろうか？　捕食者がかかわる事例をかなり多く集めた研究は一つしかない。アメリカの人類学者カート・バシーは、ボツワナで二〇〇〇時間を費やしてチャクマヒヒを追い、夜は彼らのねぐらの近くにキャンプした。すると、ヒョウは闇の中でしかヒヒを襲う（そして殺す）ことがないのがわかった。日中は、けっしてそうしなかった。オスたちは日中、ヒョウを攻撃するにしても、これほど手強い捕食者に夜襲を受ければ、群れを守れるとは思えない[20]。

バシーは、日中や夕暮れ時にライオンと遭遇する場面も数多く目にした。ライオンは大きいので、ヒヒにおじけづくことはない。大小に関係なくどのヒヒも、ライオンを見るや木に逃げ登り、大きな警告の声を上げる。ライオンの不意討ち攻撃が終わると、オスの大人が枝を盛んに揺らして、敵に向かって吠えることがあるが、これはおもにはったりでしかない。これらの観察は、ローウェルのものと同じで、英雄的な庇護者の役割を裏づけることはできなかった。だが、それにもかかわらず、そのような役割は、この頃までには人類学の教科書できまって紹介されるようになっていた。

ローウェルも、女性霊長類学者として彼女なりの苦労をしていた。一九六一年にT・E・ローウェルという名でロンドン動物学会の学会誌に論文を投稿すると、同学会に招かれて会員に特別講演をすることになった。それについて、以下のような話が伝わっている。会員たちは、ローウェルが会場に入ってきたときに初めて、その論文の著者の性別を知った。会場は気まずい雰囲気に包まれた。会員たちは、講演のあとに晩餐会(ばんさんかい)を計画していたが、女と同じテーブルに着く気になれなかった。信じられないことだが、彼らはローウェルに、カーテンの陰で食べるように頼んだ。彼女は断った。[21]

グドール同様、ローウェルも女性霊長類学者の第一波に属しており、はるかに大きい第二波がまもなくそれに続くことになる。グドールやローウェルらの苦難から二〇年余り過ぎた一九八五年、アメリカの人類学者で霊長類学者のバーバラ・スマッツは、『ヒヒのセックスと友情（*Sex and Friendship in Baboons*）』を書いた。[22] ヒヒに関する、私のお気に入りの本だ。ところが、「友情」という言葉に眉をひそめる人がいた。当時の、自然に対する冷笑的な見方のせいだった。動物には「敵」や「ライバル」がいるといった言い方に異議を唱える人などいたためしがないのに、彼らは本当に友を持つことなどできるのか、という問いが発せられた。友情という言葉は、動物がお互いを気に入り、互いに忠実でありうることを示唆するではないか、と。だが、それこそまさにスマッツが観察したヒヒで記録したことだ。今日では、血縁者や友を持つのはただの贅沢ではないことが知られている。そのおかげで、社会的な動物は死亡リスクが下がる。私たちの場合と同じだ。[23]

マントヒヒのオスがメスに自分の意志を押しつけるのとは違い、サバンナのヒヒにおける両性間の友情は完全に自発的で、互いに惹かれ合う気持ちに基づいている。その関係は性的なものにもなりうるが、プラトニックなことのほうが多い。ヒヒは二日ほど「戯れ」をする（お互いをちらちら盗み見る）

ところから始め、次に一方がもう一方に、眉を吊り上げて親しげに唇を打ち合わせて音を立て、「こちらへおいで」という顔をし、多くの時間をいっしょに過ごす。彼らはいっしょに移動し、並んで食べ物を探し、夜は身を寄せ合って体温を保つ。強制はなく、あるのは好意と信頼だけだ。群れのどのメスにも少なくとも一頭、たいていは二頭、オスの友がいる。そして、オスのほうがメスより少ないから、オスにはしばしば多くの友がいる。長い間、群れで暮らしているオスには、メスの友が五、六頭いるかもしれない。オスよりもずっと小さいメスにとって、強力な庇護者を持つのは大きな利点だ。オスの友たちは、他のメスや、とりわけオスから、メスとその赤ん坊たちを守ってくれる。

私自身も、スマッツが研究したのと同じケニアのエブル・クリフスの群れでそれを見ている。パターンというものは、いったん報告されると、見てとりやすくなるものであり、私が現地を訪れたのは、スマッツの研究から一〇年後のことだった。若い大人のオス（科学者たちはウェリントンと名づけていた）が、ほんの数日前に別の群れから移ってきたばかりだった。彼は生意気で、長く鋭い犬歯を持っており、あくびをしたり脅したりするときに、その犬歯をしばしば見せびらかすので、他のヒヒたちはみな、ひどく神経質になっていた。彼らはウェリントンを木の上へと追い立てることもあったが、彼は必ず地面に戻ってきた。年長のオスたちは、犬歯が磨り減っていたり、折れていたりする。だからしばしば団結して、ウェリントンのような横柄な新参者を抑え込む。ウェリントンが脅すようにメスに近づくと、彼女は悲鳴を上げて、以前から群れにいるオスの所へまっしぐらに逃げていき、両手でしっかりしがみついた。彼女の友であるそのオスは、ウェリントンを睨みつけた。ウェリントンは、手足を伸ばして、なるべく体高が高くなるようにしながら、二頭の周りをぐるぐる回った。ただし、あえてメスに触れようとはしなかった。

メスたちはオスの友を信頼しているので、彼らが子供のそばに寄るのを許す。何百メートルも離れた所まで食べ物を探しに行く間、赤ん坊の世話を友に任せることもある。上の娘たちよりも、子守りを引き受けてくれたオスのほうが、赤ん坊をうまく守ってくれる。最近、遺伝子の研究でわかったのだが、友の半数近くが、仲良くしているメスとの間で子供をもうけたオスだ。[24]

私たちはヒヒに関して、以前とはどれほど違った印象を受けたことか！　メスの間の関係と彼女たちが行なう選択が本質的な要因であり、オスの序列の影響に匹敵することを、女性霊長類学者たちは教えてくれた。メスは、誰と交尾するかについて大きな権限があり、どのオスを群れに迎え入れるかさえも決めることがある。男性霊長類学者たちがオスの競争を重視したのが間違っていたわけではない。ヒヒではそれが明らかに見られるのだから。だがその見方は、実態の半面でしかない。このように、女が霊長類学に参入したおかげで、学究の世界だけでなく、霊長類社会の説明にも、ジェンダーのバランスがもたらされたのだった。

私たちは、科学者の関心がジェンダーに縛られていることに驚くべきではない。物事に対する取り組み方は、学歴やジェンダー、学問分野、文化など、私たちの経歴や背景のあらゆる部分に左右される。そのうえ、生物学者は当然、心理学者とも人類学者とも違ったかたちで動物の行動を眺める。文化に関して、私自身は争い事の解決に魅了されているのだが、それは私がオランダという人口密度の高い小国の出身であることと間違いなく関係している。オランダでは、個人としての成功よりも、意見の一致と寛容が重んじられることが多い。こうして、私たち全員が異なる視点を持ち寄る。

だがそこから、真実は捉え所がなくて現実はどのようにでも解釈できると主張するのは、根本的に間違っている。それは、女性霊長類学者をロマンティックに描く本の中で頻繁に出合う、危険な意見だ。この次々に登場する「美女と野獣」のジャンルの本は、ジャングルに出向く西洋の女を、男よりも勇敢で、動物に優しく、男には夢見ることしかできないほどまで自然と心を通わせる存在として称える。その発端となったのが、一九八九年に刊行されたダナ・ハラウェイの『霊長類のビジョン(*Primate Visions*)』という、霊長類学のポストモダンな分析であり、これは今も人文科学の古典的作品であり続けている。女を尊ぶことは少しも間違っていないのだが、客観的な現実など存在しないかのような書きぶりであれば、疑わしいものとなる。ハラウェイの本は、唯一の現実は私たちが見る気のあるものだけであり、女は男の見る現実とは違う(そして、もっと優れた)現実を見る、と主張している。

ハラウェイの作品は、霊長類学者に(おもに男にだが、女たちにも)不信感を抱かせた。「白人女性は、権力に満ち満ちた歴史的なフィールドで『男性』と『動物』の間を取り持つ」、あるいは、「『ナショナルジオグラフィック』誌の女性科学者は、カメラの目と結婚しているか、類人猿の男との触れ合いの中で自然と結婚している賢い処女だ[25]」といった調子で性的な区別をされるのを好む人などいるだろうか? ほのめかしだらけの、こんな曖昧な文章を、どう読んだらいいのかさえ私にはわからない。ただ、これだけはわかる。もし私が女性霊長類学者だったなら、類人猿の男に性的な欲求を抱いているように描かれることなど、まっぴらごめんだ。ハラウェイは女を持ち上げるつもりだったに違いないが、女たちの科学を犠牲にしてまで性別を強調することで、逆に女の権威を貶めてしまった。このテーマで戦わされた数多くの活発な議論の一つで、私はある霊長類学者が次のように説明するのを耳にした。「私は女性科学者として知られたくはありません！　一科学者として知られたいのです。それに尽きます！」

少なくとも、ハラウェイの本がなんとも痛快な批判を受けたときには、私たちは胸がすく思いだった。アメリカの人類学者マット・カートミルは、この作品を思いきりこき下ろしている。

> この本は矛盾だらけだ。だが、これは批判ではない。なぜなら著者は、矛盾は知的な興奮と活力の証だと考えているからだ。この本は一貫して歴史的証拠を歪め、選り好みしている。だが、これは批判ではない。なぜなら著者は、あらゆる解釈にバイアスがかかっていると考えているからだ。この本は中身のないフランス人インテリ風の散文であふれている。だが、これは批判ではない。なぜなら、著者はその種の散文が好みで、その書き方の教えを受けたからだ。この本は四五〇ページにわたって無意味なものの詰まった暗いクローゼットでやかましくがなり立てた挙句、思いがけなく索引に行き当たって停止する。だが、これまた批判ではない。なぜなら著者は、偏狭な心に対する叱責として、無関係の事柄を無理やりひとまとめにすると愉快で気分がすっきりするように思っているからだ。[26]

ハラウェイの主張が問題なのは、科学者は心地好い「物語」を探してもいなければ、自然との一体感を求めてもいないからだ。私たちの主要な目的は、精査に耐えるような知識を得たり説明を考えたりすることだ。ポストモダンの学者は、誰もがその人なりの真実を持っていると信じているかもしれないが、科学者は、みなが共有し、知ることも検証することも可能な現実が存在すると信じている。シュレーディンガーの猫を除けば、真実は一つしかありえない。たとえ私たちの期待に沿うものでなくても、その真実を見つけるのが私たちの責務であり、だからこそ科学で最も刺激的な言葉は「発見」なのだ。

もし科学という事業が、単に私たちの思い込みの正しさを立証するだけのことだったなら、これほど一生懸命働く必要はきっとないだろう。霊長類を二、三週間観察して、自分が語りたい話を持ち帰るだけで済むのだから。フィールド研究の現場で何年も何年も汗水たらしながら、原始的な状況下で暮らし、マラリアにかかったり、ヘビに咬まれたり、ネコ科の大型動物に襲われたりする危険を冒す必要などなくなる。研究所で分析してもらうために、悪臭を放つ糞便のサンプルでいっぱいの袋をいくつも研究拠点に持ち帰る必要もない。同様に、実験科学者は、対象とする動物の心的能力について特定の事柄を証明するために、独創的なテストや適切な対照実験を考案する必要がなくなる。すでに答えを知っているのなら、そもそもどうして実験などするのか？

過去数年間、動物たちは目を見張るような認知的偉業をやってみせてくれた。そのほとんどが、四半世紀前には知られていなかったか、あるいは想像されてさえいなかった。最も胸躍るのは意表を衝かれる結果だ、というクマーの言葉を思い出してほしい。私たちは何か新しいことを発見した途端、存在していると自分が信じていることと、自信を持ってそれについて言えることとの間の、微妙な領域に入る。誰もが――男も女も――証拠についての同じ規則に従わなければならない。ハラウェイは霊長類学者がデータを「作り出す」ことについてほのめかしているが、これは衝撃的な意見だ。私たちがデータを捏造（ねつぞう）すると言っているのも同然ではないか！　断じて言うが、私たちはそんなことはしない。データは収集するものであって、作り出すものではない。

実際、私たちの分野で最も多く引用される論文は、アメリカの生態学者で霊長類学者のジーン・アルトマンのものであり、その中で彼女は、行動観察の標準的な方法を示している。私たちはまず、各個体を識別して名前をつけることを学ぶ。一〇〇頭から成るヒヒの群れであれば、それには数か月かかるだろう。それから来る日も来る日も彼らを追い、さまざまな状況下での行動を記録する。昔は紙と鉛筆で記録をとっていたが、今日ではデジタル機器を使う。何もかもがコード化され、数えられ、表やグラフにされるので、結論にしっかりした裏付けがあるかどうかを、他の人が自ら判断できる。典型的な雑誌の論文は、数学と統計学を知らない人には読み解くことができない[27]。

私たちのコミュニティの愛すべき先輩格で調停者の役割を果たしたアメリカの霊長類学者、故アリソン・ジョリーは、ハラウェイの説明にも良い所がないか、一生懸命見つけようとした。けっきょく彼女も、野生の霊長類は私たちの偏見が映し出されるのを待っている空白のスクリーンであるという見方に憤慨することになった。ジョリーは著書『ルーシーの遺産（*Lucy's Legacy*）』で、この問題について女性霊長類学者たちがブラジルで開いた会議について語っている。彼女たちは、誰も予想していなかった証拠の発見によって科学は前進するということで、全員意見が一致した。たとえば、類人猿が道具を作ること、ヒヒのオスとメスが友達になれること、ボノボの女たちは男たちを支配することなどの発見だ。そうした発見には、懐疑的な人との闘いが続く。なぜなら、新奇な主張は必ず不信を招くからだ。

フィールド研究を行なう科学者は一人残らず、最もよく知られた発見はサルや類人猿自身によって私たちに無理やり押しつけられた、と主張する。実際、私たちの多くは最初、目にしているものに抗った。それまでの自分の物の見方と矛盾したからだ。もちろん、ジェンダーと資金援助、家庭や国家の背景の組み合わせが、私たちをこの分野に進ませ、変化を受け容れる心を育ててくれたのだが、それでも私たちは新奇なものを目にした。そして当然ながら、それを目にしたとき、その新奇なものこそが有名になった。なぜなら、それには他の人々も驚いたからだ。[28]

いつの日にか誰かが、観察者のジェンダーに対して不相応な注意を払わずに、私たちの学門分野の歴史を書くだろう。今や霊長類学は、真に機会均等な数少ない科学分野の一つだ。[29]私は女性の大波がこの分野の地平を拡げてくれたと信じているが、それで科学のやり方が根本から変わることはなかった。私たちは、許容できる証拠について同じ基本原則に従うし、検証可能なデータと統計分析を求める。

霊長類には二〇〇を超える種がある。だから、初期には注意がこれほどヒヒに集中したのは残念なことだ。ヒヒは、私たちの種とのジェンダーの類似性を探究するのには最適ではない。長年ヒヒを観察してきたシャーリー・ストラムは、その限界に気づいている。彼女がヒヒについて一般向けに書いた最初の本は、依然として『人とヒヒはどこまで同じか』という題だったが〔原書の題は「Almost Human」で、「ほとんど人間」の意〕、今では彼女はヒヒが多くの点で人間とは違うことを強調している。[30]

ヒヒは、父権制社会は自然であり、マッチョな男が社会の核を成すという神話を生み出したものの、それがヒヒにさえ当てはまらないことが今ではわかっているし、この神話は一般化されて他の霊長類にも適用されたが、その大半にも当てはまらないことは、言うまでもない。幸い、科学はこのような歪んだ考え方からすでに抜け出し、人間の本性はもともと意地悪で野蛮で利己的だという、広く受け容れられていた意見も併せて捨て去った。年月が過ぎるうちに、社会性の進化を捉える枠組みも、根本的に変化した。今では私たちは、協力を競争と少なくとも同じぐらい重視する。

この変化を早くから提唱した人の一人であるメアリー・ミッジリーは、時代を先取りしていた。一方、私は板挟みになっていた。最近、イギリスのニューカッスルにある高齢者用入居施設に彼女を訪ねたとき、私たちは過去のものとなった多くの闘いを振り返ってたっぷり笑った。彼女は九八歳だったが、どうしても自分でお茶を淹れて振る舞うと言ってきかなかった。一方、私は彼女の生涯にわたる業績に敬意を表することしかできなかった。

一年後、ミッジリーは亡くなった。

第5章 ボノボの女の連帯

忘れられた類人猿の再考

BONOBO SISTERHOOD
The Forgotten Ape Revisited

広大なサンクチュアリの周りに巡らせた砂の小道を私たちが歩いていると、フェンスの向こう側を、ボノボの男が一頭、ついてきた。毛を逆立てていて、枝を後ろに引きずりながら、私たちの脇を駆け抜けていく。それから戻ってくると、また駆けていく。それをさらに繰り返す。ボノボは自己顕示するときに、物を地面に引きずり、そうすることでディスプレイにやかましい音を加える。この男が枝を使ったディスプレイをしているのは、ロラ・ヤ・ボノボ（コンゴ民主共和国で使われているリンガラ語で「ボノボの楽園」の意）というこのサンクチュアリでの私の案内役が、ここの創設者でベルギー人の環境保護活動家クロディーヌ・アンドレ(1)だからだ。クロディーヌはこのボノボを知っているし、彼も彼女を知っている。ここのボノボのほとんどは、幼かったときにクロディーヌの腕に抱かれたことがあった。それに加えて、私がいた。私は男で、しかも彼にとっては見知らぬ人間なので、ライバルと見なされたのだ。

私たちが次の放飼場に近づくと、別の群れの男が一頭、枝を引きずるディスプレイを始めた。これらの放飼場はみな、草木が生い茂り、広々としているので（最大の放飼場は一六ヘクタールほどある）、どのボノボも、私たちにつきまとう理由はない。彼らには、スペースがたっぷりある。男たちが周辺部を巡回するのは、彼らの縄張り意識を示している。ボノボの群れどうしが野生の世界で出会うと、男は近隣の男たちを追いかける。だが、そのような出会いはたいてい女が主導するし、女は近隣のボノボと交わってグルーミングをしたがるから、男たちの競争がチンパンジーの間で見られるほどの暴力のレベルまでエスカレートすることはけっしてない。チンパンジーは敵を殺すが、男のボノボは相手を引っ掻くことさえめったにない(2)。

枝を使ったその男のディスプレイは、唐突に終わった。隣の放飼場の女が一頭、彼の目に留まったからだ。彼女はボノボに典型的な、嫌でも目につく臀部の性皮腫脹(せいひしゅちょう)を見せながら歩き回っていた（「性皮」とは、類人猿やサルのメスの生殖器を取り巻く皮膚で、色の変化や膨張によって、生殖可能なことを示す）。普通、月経周期に合わせて性皮が膨らんでいる女は、自分の臀部に男たち全員の目が釘付けになっているのに気づかないかのように、無頓着に動き回る。ところが、この女はフェンスの向こうでしばらく立ち止まり、ピンク色の風船を思わせる膨らんだ性皮を、プリンのように震わせた。その間中、男の目をじっと覗き込んでいた。まるで、「これ、どうかしら？」とでも尋ねるように。

ロラ・ヤ・ボノボのボノボたちが、電流の流れるフェンスを勇敢にも乗り越えて放飼場の間を行き来する方法を見つけたのも、無理はない。ある男など、あまりに頻繁に群れから群れへと渡り歩くので、どの群れに所属しているのか、もう誰にもわからなくなってしまった。

ボノボは人類最後の頼みの綱として、フェミニズムの論説にますます頻繁に登場するようになっている。彼らの存在は、男の優位性が私たちには組み込まれていない証拠として受け取られているのだ。私もそう結論してかまわないと思うが、それには一つ条件がついている。私たちにはチンパンジーという、ボノボと同じぐらい近い親類がいて、彼らがボノボとまったく異なることを忘れてはならない。これら二種の類人猿には、それぞれ独特の性質があり、そのため彼らと私たちを直接結びつけるのは難しい。私たち自身とこれら二つの最近縁種の三者を比較して、どんな共通点があり、どこが違うかを調べるのが最善だろう。

ボノボの行動は、私たちが祖先から受け継いできたものについての、世間の考え方に反する。少なくとも、私たちにはかつて広く思われていたよりも大きな柔軟性があることを、彼らの行動は示唆している。あいにく、ボノボを知っている人はほとんどいない。よくても、「ボノボザル」などと呼ぶのがおちだ。実際には、ボノボはサルではなく、私たちと同じ、尾のないホミニドなのだが。だからこそ彼らは、人間の進化に関する議論で特別な地位を占めている。私が最近ロラ・ヤ・ボノボを訪れたときの経験からは、過去二〇年間にこの興味の尽きない類人猿についてわかったことが浮かび上がってくる。

　クロディーヌと私は歩き回りながら、コンゴ民主共和国の首都キンシャサ近くに、このような森林地帯を維持していくことの難しさについて、フランス語で言葉を交わした。侵入してくる人々からこの土地を守るためには、絶えず目を光らせている必要がある。侵入の形跡は簡単に見てとれる。貧弱なインフラしかない巨大都市キンシャサの人口は最低でも一二〇〇万に達している。正確な数は誰も知らない。これほど大きいとはいえ、その騒音はロラ・ヤ・ボノボまではほとんど届かない。この一帯は、野生動物の食用肉取引から救出したおよそ七五頭のボノボを収容する、文字どおりの楽園だ。

　クロディーヌは一九九三年に、キンシャサの動物園とある医学研究所から、飢え死にしそうなボノボを数頭、引き取った。ロラ・ヤ・ボノボが設立される前は、この美しい一帯には、近くのルカヤ川と多くの滝に行くことのできるホテルがあった。元大統領のモブツ・セセ・セコは、週末にここに来てはくつろいだものだ。彼が泳いだプールは、今ではボノボたちのための貯水池になっている。

　クロディーヌは、ボノボたちについて熱を込めて語った。一頭残らず名前を覚えていて、それぞれの悲痛な背景も知っている。ほとんどのボノボは、母親にしがみついているときに、母親が撃たれていっしょに地面に落ちた。ボノボの赤ん坊は、痩せていて食用に売れないし、かわいいペットにできると思われていたので、密猟者たちは生きたまま闇市に連れてきた。母親の隣に鎖でつながれている場合もあった。母親と言っても、その時点ではもう肉の山なのだが。ボノボの赤ん坊は、母親の愛情と適切な栄養を与えられなければ、めったに生き延びられない。それを知らないまま、人々は赤ん坊を買った。ボノボを飼うのは違法なので、孤児たちはたいてい没収され、ロラ・ヤ・ボノボに連れてられた。国際空港で手荷物の中に隠され、密輸出されかかっているところを発見される場合もあった。ロラ・ヤ・ボノボにやって来たときには寄生虫だらけで、栄養失調のために腹が膨らんでいたり、何年も酒場で狭い檻に閉じ込められている間に、タバコを押しつけられてできた火傷の跡が全身に残っていたりする。紐できつく縛られていたせいで、脚や首の肌が赤剝けになっていることも多い。ロラ・ヤ・ボノボでは、彼らは治療を受け、寄生虫を駆除され、保育所で哺乳瓶による授乳を受ける。ここでトラウマから立ち直り、仲間の孤児たちと楽しそうに駆け回る。

どの赤ん坊も、ロラ・ヤ・ボノボにやって来たときに、地元の女が一人割り当てられ、その人が代理の母親（フランス語では「ママン」）になる。この女がつききりで、その特定の孤児の世話にあたり、抱いて運んだり、授乳したり、体をきれいにしたり、楽しませてやったりする。孤児たちが乱暴になり過ぎたり、騒がしくなり過ぎたり、嫌がらせをし合ったりしたら、叱りつけもする。孤児たちは五歳ぐらいまで保育所で過ごしてから、大きな群れのどれかに移される。彼らがママンにどれほど愛着を抱くようになるかは、簡単に実証できる。クロディーヌは、ママンとボノボの赤ん坊の隣に座り、赤ん坊を自分の膝に招き寄せる。赤ん坊は、クロディーヌの体によじのぼったり、髪の毛を引っ張ったり、眼鏡を取ろうとしたり、服の中を覗いたりと、子供がやりがちな行儀の悪いことをやりまくる。だが、クロディーヌが手でそっと合図し、それを見たママンが静かに立ち上がって歩み去ると、赤ん坊はたちまちクロディーヌ相手の遊びに興味を失い、鋭い苦悩の声を上げ、ママンのあとを大急ぎで追う。置いていかれることに恐れをなし、苛立たしそうに唇を尖らせている。

クロディーヌはわずか三歳のとき、コンゴ民主共和国（当時は「ベルギー領コンゴ」と呼ばれていた）にやって来た。父親が公僕として派遣されていたからだ。彼女はカリスマ性と有力な人脈を持ち、断固たる信念の人として、この国でおおいに尊敬されている。だから、外部の人間にはとうてい達成できないことも、やり遂げることができる。彼女が始めたロラ・ヤ・ボノボのプロジェクトの規模に、私はすっかり感服している。今ではプロジェクトは、娘のファニー・ミネーシーとその夫の獣医ラファエル・ビーレの指揮下にある。プロジェクトには、本格的な募金活動と、運営と、緊密な組織が必要とされる。これほど多くのボノボの面倒を見るために、ロラ・ヤ・ボノボは大勢のコンゴ人を雇い、敷地内のメンテナンスや、警備、果物と野菜の栽培、一般人の案内にあたらせている。クロディーヌは、ボノボ全員だけではなく職員全員の名前を知っている。一定の年齢を超えた人は、ファーストネームの前に、男なら「パパ」、女なら「ママ」をつけて、たとえば「パパ・ディディエ」とか「ママ・イヴォンヌ」とか呼ぶのがコンゴの習慣だ。私は「プロフェスール・フランス」と呼ばれる。誰もが明確に規定された職務に就いており、このサンクチュアリと収容されているボノボたちを心から大切に思っている。開設初日から勤務しているパパ・スタニーは、最初に収容されたボノボの一頭であるミミについて私が尋ねると、目に涙を浮かべた。

顔が細長く、耳がやたらに大きい、ミミというこのほっそりした女は、やって来たとき一八歳で、交尾の経験がなかった。彼女は人間の家庭で甘やかされながら飼われ、テレビを観たり、トイレを使ったあとに水を流したり、人間の子供たちと遊んだり、ぱらぱらページをめくりながら雑誌に目を通したり、冷蔵庫から食べ物を取り出して食べたり、手を洗ったり、本物のベッドで寝たりしてきた。だから、ロラ・ヤ・ボノボに落ち着くと、人間たちにあれこれ指図しようとしたのも不思議ではない。

毛むくじゃらの粗野な獣たち（他のボノボたち）といっしょには食べたがらず、あてがわれた果物や野菜を自分だけで食べることを好んだ。彼女は、手を打ち鳴らして食事を注文するのだった。小山の上に専用の小さな居場所があり、他のボノボがみな島で食事を与えられている間、いつもそこで待った。パパ・スタニーが、牛乳の入った大きな瓶を放ってやった。あえてそれを奪おうとするボノボはいなかった。言わばお抱え職員のいるボノボである彼女は、ほどなく「プリンセス・ミミ」と呼ばれるようになった。私は、彼女が女王や女帝になぞらえられるところを聞いたことがある。

ミミは最初の数年、頻繁に脱走を企んだ。ある日彼女は、かつて享受していた贅沢な生活に戻ることを固く決意し、ハンモックと毛布を脇に抱えて、クロディーヌのドアの所に現れた。数日間、クロディーヌに甘やかしてもらってから、他のボノボたちのもとに返された。ところが翌日、彼女はひどく具合が悪くなった。まるで死を目前にしているかのように見え、優しい言葉や愛撫にも反応せず、頭を持ち上げることさえ覚束なかった。治療のために呼ばれた獣医は、入ってくるときにドアを閉めるのを忘れた（患者の容体を考えれば、無理もない）。こうして、新たな脱出の機会が訪れた。ミミはたちまち元気とエネルギーを取り戻し、あっという間に姿を消した！　類人猿は騙しの名手として知られているのだが、それでもみんなはミミにまんまと欺かれたのだった。[3]

私は、ミミが自分の種の仲間たちと初めて出会ったところを収めた記録映像を見た。仲間への紹介は順調に進み、何頭かの女がミミにキスしようとしたり、生殖器を突きつけたりした。ところが、ミミは性的な誘いかけには慣れていなかったから、どう応じればいいのか見当もつかなかった。[4]ボノボは考えうるかぎりの組み合わせでセックスをするが、女どうしの性行為には特別な重みがある。彼女たちの連帯を維持する接着剤の働きをするのだ。いちばんよく見られるパターンが「ＧＧラビング（生殖器の擦り合い）」で、「ホカホカ」とも呼ばれる。一頭の女がもう一頭の女の体に腕と脚を回してしがみつく。二頭は顔を見合わせながら、互いの外陰部を押しつけ、速いリズムで左右に擦り合わせる。ボノボのクリトリスは、目を見張るほど長い。ＧＧラビングの間、女たちは満面の笑みを浮かべながら、大きな金切り声を上げるので、類人猿が性的快楽を知っていることに、疑いの余地はほとんどない。

だが、ミミは他の女たちが何を求めているのか、さっぱりわからなかった。また、どこへ行こうと、どうして男たちが列を成して追いかけてくるのかも理解できなかった。彼らがペニスを勃起させているのは見落としようがなかった。しきりに見せびらかすからだ——彼女の前で股を大きく開いて座って。腹部の黒い毛を背景に突き出ているピンク色の細長いペニスは、紛れもないシグナルだ。ミミはこんなふうに男たちに誘われると、世話をしてくれている人間に、いぶかし気な視線を投げることしかできなかった。男はいったい何が目的であんなことをやらかしているのか、教えてもらえるかのように。

それでも、時が過ぎるうちにミミもセックスを楽しむことを覚えた。ロラ・ヤ・ボノボの初代アルファメスとなったミミは、味方の女たちに囲まれて、群れを強圧的に支配した。あまりに近くを駆け抜けていったりするなど、敬意を欠いた振る舞いをしてミミの気分を害した男は、さんざんに打ちのめされると思って間違いなかった。クロディーヌの好みの言葉を借りれば、群れの中核を成す女たちに「矯正される」のだった。どこのボノボの女も、そのように振る舞う。彼女たちの優位性は、個体ではなく集団によって発揮されるのだ。

ミミの支配は、最初の子を産んだ後に唐突に終わりを告げた。産後まもなく、ミミは亡くなったのだ。彼女の担当飼育員だったパパ・スタニーは、打ちひしがれた。彼女の死は、誰にとってもショックだった。この悲しい出来事が起こったのは、私がロラ・ヤ・ボノボを訪れる一〇年前のことだったが、プリンセス・ミミに対する計り知れない愛情は、相変わらずはっきりと感じられた。

ミミと同じように、最初はセックスを嫌悪した男もいた。マックスというボノボの大(だい)の大人が、ブラザヴィルのサンクチュアリで何年もゴリラたちの間で過ごしたあと、ロラ・ヤ・ボノボにやって来た。彼は「ゴリラ」と呼ばれるようになった。食事の間に、しわがれた唸り声を上げるからだ。ゴリラは野菜を噛んでいる間中、「シンギング」とも「ハミング」とも呼ばれる、太い唸り声を絶えず出し続ける。(5) それに対してボノボは、甲高い声を出す。マックスはゴリラに慣れていたので、彼らのような声を出した。また、女の膨れ上がった性皮に惹かれることもなかった。ゴリラの女は、ボノボの女のような性皮腫脹を見せないからだ。マックスはボノボの女たちに人気があったにもかかわらず、彼女たちの求愛行動を無視した。ミミの死後にアルファメスの座を引き継いだセメンドワは、それでも諦めなかった。彼女はマックスの顔をじっと見つめ、次に彼の萎えたペニスを見遣り、さらに視線を行ったり来たりさせながら、これはどうしたことなのか、突き止めようとした。それから、指で彼の睾丸をくすぐり、効果を試したが、無駄だった。

マックスが正真正銘のボノボになるまでには、長い時間がかかった。

プリンセス・ミミについて考えていると、プリンス・チムという、これまた有名な類人猿のことが頭に浮かんだ。プリンス・チムはチンパンジーだと思われていたが、アメリカの類人猿専門家ロバート・ヤーキーズは、自分の知っている他のどの類人猿ともチムが違っているように感じた。チムは称讃に値する性格の持ち主で、不治の病にかかった連れ合いに格別の気遣いを見せた。一九二五年に、ヤーキーズは次のように書いている。「身体的な完璧さ、油断のなさ、適応力、気質の好ましさに関して、プリンス・チムに肩を並べるような動物には会ったためしがない[6]」。死後に調べてみたところ、チムはボノボであることが判明した。

ボノボが種として認定されたのは、比較的遅かった。一九二九年になってようやく、解剖学的構造に基づいて、チンパンジーと区別された。もともと「ピグミーチンパンジー」と呼ばれていたが、この名称は、体格の差を誇張していた。チンパンジーは、毎日ジムでトレーニングしているかのように見える。頭は大きく、首は太く、肩は幅が広くて筋肉が発達している。一方、ボノボは図書館で時間を過ごしているかのような、知的な顔立ちをしている。上半身はほっそりしており、肩幅は狭く、首は細く、指はピアニストのように優美だ。体重の多くは、細くて長い脚が占める。チンパンジーが両手の拳と両足を地面につけた「ナックルウォーク」をするときには、背中は筋骨隆々の肩から後ろに向かって傾斜する。それとは対照的に、ボノボは腰が高いので、背中が完全に水平になる。ボノボは二本脚で立ち上がったとき、他のどの類人猿よりも背中と腰を真っ直ぐに伸ばすので、気味が悪いほど人間に似て見える。食べ物を運んだり、背丈のある草の上から眺めたりするときには、驚くほど楽々と直立歩行する。あらゆる大型類人猿のうち、ボノボの解剖学的構造は、ルーシーの解剖学的構造に最も近い。ルーシーというのは、私たちの祖先のアウストラロピテクスで、三二〇万年前の、身長一・一メートルほどの女の子だ。[7]

類人猿は四足類と呼ばれることもあるが、ボノボは四手類だ。彼らの手足は、完全に互換性がある。彼らは足を使って物を拾い上げたり、物や赤ん坊を抱いたり、互いに蹴り合ったり、自慰をしたり、触れようとしたりする。[8] 手を開いて差し出すという、ホミニドに共通の、物をねだる仕草は、ボノボの場合、両手がふさがっているときには足が行なうことが多い。ボノボは、木の上で信じられないほど敏捷(びんしょう)に飛び跳ねたり、腕渡りしたり、身を翻したりする。地面のはるか上で、綱渡りをする恐れ知らずの軽業師のように、二本脚で蔓(つる)性植物を渡る。彼らはこれまで森から追いやられたことがなく、したがって、樹上生活を改める必要に迫られたこともない。

ボノボがチンパンジーよりも樹上性が強いことは、森の中で見知らぬ人々に出会ったときにはっきり見てとれる。日本の霊長類学者の黒田末壽(すえひさ)は、ボノボを研究した。ボノボはたいてい、林冠(りんかん)〔枝葉の広がる森林の最上層〕伝いに逃げ、十分な距離を置いてからようやく林床(りんしょう)に降りる。黒田はその後、野生のチンパンジーを見に行って、彼らが木から飛び降り、地上を逃げていくのに面食らう羽目になった。見慣れていたボノボたちとは、大違いだったからだ。チンパンジーが四方八方へ散り散りになる様子に、黒田はショックを受けた。母親と子供たちさえ、別々の方向に逃げることもあった。ボノボは絶対にそんなことはしない。彼らは、いつもいっしょにいる。

ボノボは、おそらく類人猿が進化した、湿地の熱帯多雨林で今もなお暮らしている。そのため、人間を含めたアフリカの全ホミニドの祖先であるもともとの類人猿に、最もよく似ているかもしれない。

この祖先も、ボノボと私たちの特徴である、発育遅滞を示したかもしれない。私たちの種は、ネオテニー（幼形成熟）という特性を持っている。つまり、胎児期や幼児期の特徴が成人期まで持続するということだ。ネオテニーの例には、剝き出しの肌や、膨らんだ頭骨、平たい顔、正面を向いた女性の外陰部などがある。私たちは、子供の遊び心や好奇心も持ち続ける。私たちは、死ぬまで遊んだり、踊ったり、歌ったりし、ノンフィクションを読んだり、社会人向けの講座を取ったりして新しい知識を探究し続ける。ネオテニーは、私たちの種の際立った特徴とされてきた。(9)

ボノボも、それと同じ若返りの薬を飲んだ。彼らも永遠に若さを保つ。(10) 彼らは一生にわたって、尾部にかわいらしい白い体毛の房を生やしている。一方、チンパンジーは離乳するとその房を失う。ボノボの大人は、類人猿の赤ん坊の小さな丸まった頭骨を持っており、はなはだ遊び好きのままだ。ほとんどの霊長類では、大人のオスは大人のメスよりも遊び心があるが、ボノボは違う。ボノボの女たちが、しゃがれた笑い声を上げながらくすぐり合ったり、追いかけ合ったりして浮かれ騒ぐ姿を目にするのは珍しくない。ボノボは他の霊長類ほど眼窩（がんか）の上側が突出しておらず、顔がもっと剝き出しになっている。また、人間と同じで、女の外陰部が正面にあって、クリトリスが突出しているので、交尾やGGラビングをするときには対面がお好みの体位となる。(11)

だが、ボノボの最も子供らしい特性は、甲高い声だ。チンパンジーとボノボは、耳に頼ることでいちばん簡単に区別できる。チンパンジーは「フーフー」と、長く引き伸ばされた声を上げるが、ボノボはそういう声は出さない。大人のボノボは男も女も、ひどく甲高い声を上げるので、サルか幼い類人猿が鳴いているのかと、最初は思ってしまう。ボノボはチンパンジーよりもわずかに小柄でしかないから、この高い声は体の大きさのせいではない。ボノボは喉頭が変化したのだ。彼らの声が子供の声のように聞こえるのは、彼らの社会では威圧の必要が少ないからかもしれない。[12]

ミュンヘンのヘラブルン動物園には一九三〇年代に、アフリカからボノボたちが運ばれてきた。彼らの入った木箱を覆う布の中をまだ見ていなかった園長は、危うく彼らを送り返すところだった。聞こえてくる声が、自分の注文した類人猿のものとは思えなかったのだ。ヘラブルン動物園のボノボたちは、ボノボという種の行動研究論文の第一号に登場した。エドゥアルト・トラッツとハインツ・ヘックは、第二次世界大戦後の一九五四年に研究成果を発表した。二人はボノボとチンパンジーの違いを一覧にまとめた。そこには、ボノボの性行動や穏やかな性質も含まれていた。二人は、彼らの性的な習慣を記述するにあたってはラテン語を使い、チンパンジーが「copula more canum（犬のように交尾する）」のに対して、ボノボは「copula more hominum（人間のように交尾する）」と述べた。二人はヤーキーズの意見を繰り返すように、こう結論した。「ボノボは並外れて感受性の鋭い、穏やかな生き物であり、大人のチンパンジーの悪魔のような『Urkraft［原始的な力］』とはかけ離れている」[13]

悲しいことに、ヘラブルンのボノボたちは、第二次世界大戦中の一九四四年のある晩、連合国側がミュンヘンを爆撃したときに死んだ。凄まじい音にぞっとして、一頭残らず心不全を起こしたのだった。この動物園の類人猿で、これほどの被害を出すものは他になかったという事実が、ボノボの感受性が例外的であることを裏づけている。

私が初めてボノボを見たのは、すでに閉園してしまったオランダのある動物園でのことだった。そこでは「ピグミーチンパンジー」と称される動物が二頭飼われていた。だが彼らは、体形も、物腰も、行動も、チンパンジーとはまったく違うように思えたし、ごく小さいことを意味する「ピグミー」という名称にもそぐわなかった。ボノボはそれほど小柄ではなく、チンパンジーの最小の亜種と同じくらいの大きさがある。当時はボノボについて何一つわかっていないのに等しかったので、このままではいけない、と私は思った。そして、手始めに、「ピグミー」というレッテルを剥がすのがいいだろうと考えた。貧しい人向けのミニチュアのチンパンジーであるかのように、ボノボを貶め、誤解を招く言葉だったからだ。「本物の、大きなほうを研究できるのなら、なぜこんな小さなチンパンジーを研究するのか?」と、私はよく訊かれたものだ。ボノボには独自の名称があってしかるべきだというトラッツとヘックに、私は賛成だった。ボノボという名称の起源は不明だが、一説によると、コンゴ民主共和国のボロボから運ばれてきたときの木箱の綴りが間違っていて、それに由来するのだという。それはともかく、私は雑誌の編集者たちの抵抗や、何ですか、それは、という一般大衆のぽかんとした顔をものともせずに、これらの類人猿をいつも「ボノボ」と呼ぶように心がけた。この新しい名称は、ボノボという種の性質にいかにもふさわしい、愉快な響きのおかげですっかり定着した。

尻を擦り合わせる二頭のボノボの男。このような接触は、女どうしのGGラビングほど一般的ではなく、激しくもない。

今は閉園してしまったそのオランダの動物園でボノボを

見たときに、私は一つの段ボール箱を巡るちょっとした争いを目撃した。男一頭と女一頭が駆け回り、パンチを浴びせ合っていたが、喧嘩は突然終わった。二頭はセックスを始めたのだ！　これはまた、奇妙な展開だった。チンパンジーは、これほど素早く怒りからセックスへと切り替えたりしない。私は、この心変わりは偶然か、それともその理由となるものを見落としていたのか、と思った。だが、あとから振り返れば、私が目にした出来事は、まったく例外ではなかった。

今日、チンパンジーとボノボという、私たちに最も近い二つの種の遺伝的背景について、前よりもよくわかっている。ＤＮＡ分析によると、人間との比較で、これら二種のどちらか一方を依怙贔屓する理由はないそうだ。私たちには、ボノボと共通でチンパンジーとは共有していない遺伝子があるものの、チンパンジーと共通でボノボとは共有していない遺伝子もある。遺伝的には、どちらの類人猿もまったく同じ程度、私たち人間に近い[14]。彼らと私たちの分岐は六〇〇万～八〇〇万年前に起こったが、それは長い時間をかけた、言わば「泥沼離婚劇」だったらしい。私たちの祖先は、独自の道筋を切り拓きつつも、類人猿たちとの逢引きに立ち戻り続けた。人間と類人猿のＤＮＡからは、一〇〇万年に及ぶ交雑の期間があったことが窺われる。今日でもハイイログマとホッキョクグマの間や、オオカミとコヨーテの間で継続的に起こっている交雑と同じようなものだ[15]。

六〇〇万年前に起こったことは、人間の進化の物語にとって重要だ。従来、私たちの類人猿の祖先は、今日のチンパンジーに外見や行動が似ていたと思われてきた。だが、これはただの憶測にすぎない。森林では化石が非常にできにくいので、私たちの祖先のホミニドは、今なお謎に包まれている。ボノボとチンパンジーとヒトという、生き残った三つの種はすべて、六〇〇万年前から進化してきた。

時間の流れの中で、じっと変わらずにいる種はいない。初期の探検家たちが、まずチンパンジーに遭遇したのは歴史の偶然でしかない。そのせいで、科学者は私たちの系統を論じるときに、依然としてチンパンジーに目を向ける。もし探検家たちが先にボノボに出会っていたら、今頃はボノボが私たちの主要なモデルになっていただろう。ジェンダーについての私たちの考え方に、それがどれほど興味深い意味合いを持ちえたかを考えてほしい!

私たちは、有名なネオテニーを含めてボノボとどんなに多くの共通点を持っているかを踏まえると、自分たちがボノボに似た類人猿の子孫だと考えたところで、見当外れではない。なにしろ、ボノボに種という地位を与えたアメリカの解剖学者ハロルド・クーリッジは、プリンス・チムの亡骸(なきがら)を解剖して、この類人猿は「現生のチンパンジーのどれと比べても、チンパンジーとヒトの共通祖先に近いかもしれない」と結論したのだから。最近行なわれた解剖学的な比較も、同様の結論に至った[16]。

私は二〇一九年にロラ・ヤ・ボノボに滞在したおかげで、ボノボについて学び直すことができた。ボノボを直接研究するのは一九八〇年代以来のことだった。当時、日本の霊長類学者の加納隆至(かのうたかよし)による見事なフィールド研究が行なわれていた(彼はその後、一九八六年の著書『最後の類人猿——ピグミーチンパンジーの行動と生態』で、ボノボの社会の概要を初めて提示してくれることになる)。多数の絵文字の意味を学習した、カンジという天才ボノボの言語研究も行なわれていた。そして私自身も、サンディエゴ動物園でボノボのコミュニケーションと性行動を研究していた。だが、この初期の段階で行なわれていたボノボ研究は、これぐらいのものだった[17]。

それ以後、多くのことが起こった。コンゴ民主共和国でのフィールドワークは、政情不安と悲惨な内戦のせいで一〇年にわたって中断したが、今では本格的に再開している。知能を調べる実験など、飼育下のボノボの研究も軌道に乗っている。そして私のチームは、他者の苦悩をなだめる反応を記録して、ボノボの共感能力を探究している。ロラ・ヤ・ボノボでのこの研究は、私の長年の研究協力者である、イギリスのダラム大学教授ザナ・クレイが主導している。私はザナと会って、このプロジェクトについて話し合うとともに、ボノボたちとの旧交を温めるために、このサンクチュアリを訪れていた[18]。

私はなんとも魅力的なボノボたちが前々から大好きだったし、もっと強健な姉妹種であるチンパンジーたちとの比較に飽きることはありえないものの、当初の研究と発見の日々は、断じて生易しいものではなかった。科学の世界は、ボノボとその行動とは折り合いが悪かった。彼らを人間の最近縁種として受け容れたら、私たちの自己像が崩れてしまうからだ。ボノボがどれほど独特かを直接知っている科学者はほんのひと握りしかおらず、ボノボのことを伝えるのに苦労していた。ボノボはあまりにセクシーで、平和的で、女優位なので、すべての人に歓迎してもらえたわけではない。見るからに気分を害する人々もいた。私がボノボのアルファメスの権力について、ドイツの聴衆を相手に講演したときがそうだった。講演のあと、高齢の男性教授が立ち上がり、ほとんど非難するような調子でこう怒鳴った。「なんたるざまだ、そのオスどもは!?」

類人猿は言わば私たちを映す鏡のようなものなので、私たちは類人猿にどのような自分の姿を見る羽目になるか、おおいに気になる。ボノボに関して最も問題となったのは、彼らが非暴力的であることかもしれない。ボノボが殺し合うという確定的な報告はないのに対して、チンパンジーに関しては、その種の事例は山ほどある。チンパンジーの残虐性に別れを告げて、憎しみよりも愛に傾いた近縁種にようやく会えて誰もが喜ぶはずだ、とあなたは思うだろう。だとすれば、あなたはまだ、人類学で支配的な物語を考慮に入れていないのだ。その物語によると、私たちは生まれついての戦士で、自分にとって邪魔な他の祖先の種を一つ残らず殲滅(せんめつ)し、それによって地球を征服したことになっている。私たちはアダムとイヴの子のうち、弟のアベルではなく、彼を殺した兄のカインの子孫というわけだ。[19]

このような見方は、一九二四年に南アフリカで猿人の化石が発見された時点までさかのぼる。アウストラロピテクス・アフリカヌスと名づけられたこの祖先は、獲物を生きたまま呑み込んだり、手足を引きちぎって食べたり、まだ温かい血をすすって渇きを癒やしたりする肉食動物だとされた。古人類学者のレイモンド・ダートは、たった一つの子供の頭骨しか調査対象がなかったにもかかわらず、そのような生々しい描写を捻り出した。証拠が乏しくても、彼は自制が利かず、やりたい放題に想像力を羽ばたかせたのだった。今ではアウストラロピテクス（直立したボノボによく似ていた）は、食物連鎖の頂点からほど遠い地位にあったことがわかっている。それでも、ダートによる身の毛もよだつ記述は、私たちにつきまとい続けてきた。そこから「殺し屋類人猿(キラー・エイプ)」神話が生まれ、その神話によれば私たちは、面白半分に戦争を起こすような、無慈悲な殺人者やレイピストの子孫なのだそうだ。[20] チンパンジーの暴力的な性質がさらに広く知られるようになると、その神話はすっかり定着した。私たちの祖先と類人猿の近縁種の両方が同じような傾向を持つとされたのだから、私たちが流血を好む性質を祖先から受け継いでいることを、誰が疑えるだろう？

こうした考え方に、誰もが納得していた――平和を好むボノボたちが、突如舞台に躍り出てくるまでは。加納隆至によれば、ボノボの群れどうしが森の中で出会っても、喧嘩は起こらないという。彼が指導していた学生たちは、「交ざり合い」とか「融合」とかいった言葉さえ使った。[21]今日では、ボノボが群れどうしで食べ物を分かち合ったり、ときおり近隣の仲間の幼い孤児を養子にしたりすることが知られている。こうしたフィールド研究現場からの報告によって、それまで受け容れられていた人間の起源神話に大きな疑問符がつけられた。ボノボのエロティックで享楽的な面を詳しく説明する私自身の研究が、さらに火に油を注いだ。ボノボは、複数の相手を同時に愛するフラワーチルドレンになった。ボノボほど優しく好色な種が近縁にいるというのは、人間の暮らしは先史時代を通して抑えの効かない暴力の連続だったという思い込みとは一致しなかった。

私たちはカインの子孫だというのが、今もなお支配的な仮説のままだ。たとえば、カナダ系アメリカ人の心理言語学者スティーブン・ピンカーは二〇一一年の著書『暴力の人類史』で、人類は自らの破壊的な本能を制御し続けるために文明を必要としている、と述べた。ピンカーの仮説は私たちの祖先が超攻撃的でなければ成り立たないので、彼はチンパンジーを祖先のモデルに選び、ボノボは「非常に奇妙な霊長類」と呼んで無視した。同様に、イギリス系アメリカ人の人類学者リチャード・ランガムは二〇一九年の著書『善と悪のパラドックス――ヒトの進化と〈自己家畜化〉の歴史』で、人間は意外なほどいっしょに暮らすのが得意だから、私たちは自らを家畜化したに違いない、と結論している。彼も、チンパンジーに似た攻撃的な祖先を出発点とし、ボノボは「独自の道を進んだ[22]」進化上の側枝扱いしている。

私たちの系統樹にボノボが入っていることの不都合さにまつわる第一の問題は、これらの本にはっきり表れている。もし私たちの種がそれほど好戦的ではない祖先に由来するのなら、ピンカーの進化の筋書きも、ランガムの進化の筋書きも無用だ。私たちがボノボのような祖先の子孫なら、事ははるかに単純になる。私たちの種がほどほどの水準の暴力しか振るわないことに、特別な説明は必要ない。ボノボは問題を引き起こす代わりに、答えを提供してくれるかもしれない。

ボノボに関する、第二のデリケートな問題は、彼らのセックスライフだった。一部の人間文化にはタブーがあるので、これが支障になった。イギリスのBBCや日本のNHKなどの著名な国際的放送局による自然ドキュメンタリーは、セックスにかかわる事柄には絶対に触れたがらなかった。これらのドキュメンタリーは、ボノボがグルーミングをしたり、はしゃぎ回ったりしている様子は映し出すが、性的な行為を始めそうな姿勢を取ると、途端に画像を止めるのだった。ナレーターは、ボノボたちはいっしょに楽しいときを過ごしています、などといった曖昧な言葉でお茶を濁す。私はこれを、「中断性交扱い」と名づけた。

科学者たちも戸惑った。まるで成人向け指定の、「くたくたになりそうな」セックスライフを営むこれらの「風変わりな」類人猿は、無視したほうがいい、と書いている科学者がいる。別の科学者は、ボノボによるセックスの頻度の高さに疑問を投げかけようとした。ところが、彼が数えたのは大人の異性間の行為に限られていたので、ボノボの好色な活動のかなりの部分を取りこぼしていた。生殖器を撫でたり擦りつけたりすることの、性的な性質を認めようとしない科学者もいた。「それは本当にセックスなのか?」と、彼らは問うのだった。そして、「極端な愛情」というレッテルを貼ることを選んだ。とんだお笑い種だ! もし私が、人通りの多い道でこの種の「愛情」を示したら、たちまち逮捕されてしまうだろう、と指摘せずにはいられなかった。[23]

あるとき、有名な野生生物写真家のフランス・ランティングから連絡があり、「ナショナルジオグラフィック」誌によるコンゴ民主共和国への取材旅行の間に撮った、何千枚ものボノボの写真を見せてもらった。そのほとんどは、日の目を見なかった。同誌があまりにも生々しいと判断したからだ。この上なく厳しい状況下(写真家にとって、暗い森の中の黒い被写体ほど厄介なものはない)で撮影された彼の珠玉のショットを目にした私は、そこに途方もない機会が潜んでいることに気づいた。アメリカに住む同年輩のオランダ人であるフランスと私は、互いに親近感を覚え、力を合わせて世間の認識を高めることにした。一九九七年刊行の『ヒトに最も近い類人猿ボノボ』という私たちの本に収められた露骨な写真に気分を害した人は、私の知るかぎりではこれまで一人もいない。[24]

ボノボを巡る議論の最後の争点となる第三の問題は、両性間の関係にかかわるものだった。ヒトの進化の筋書きはみな、男性の優越性を当然視していたし、今もそれに変わりはない。私たちの最近縁種に見られる女による支配は、この筋書きを突き崩す。ボノボが型破りの社会秩序を持っていることの最初の手掛かりを私がつかんだのは、サンディエゴ動物園で彼らを研究していたときだ。大人の男のヴァーノンは、もともと大人の女のロレッタと同じ檻に入っており、明らかに彼女を支配していた。ところが、ルイーズという年上の女がそこに加えられると、二頭の女がヴァーノンを支配し始めた。なにヴァーノンは二頭に乞い求めなければ、食べ物を分けてもらえなかった。これは奇妙に思えた。なにしろ、彼はたくましい男で、女たちよりも大きく、男に特有の鋭い犬歯も持っていたからだ。だがその後、動物園でしだいに多くのボノボの群れを知るようになってわかったのだが、女が優位に立つのが普通なのだ。実際、男が率いるボノボのコロニーを、私は一つとして知らない。

フィールドワーカーたちも、ボノボは女優位が普通だと考えていたが、そのような大胆な主張をするのは気が進まなかった。やがて一九九二年に、国際霊長類学会の大会で、飼育下のボノボの研究者と野生のボノボの研究者の両方がデータを発表し、疑いを一掃した。アメリカの人類学者エイミー・パリッシュは、動物園のチンパンジーの小さな群れとボノボの小さな群れでの、食べ物を巡る競争について報告した。支配的な地位にあるチンパンジーの男は、与えられた食べ物をたちまちすべて自分のものとし、好きなだけ時間をかけてそれを食べ、その間女たちは待つ。それとは対照的に、ボノボの群れでは、女たちが先に食べ物の所にやって来る。彼女たちは少しばかりGGラビングをしてから、代わる代わる食べ物を取って、いっしょに食べる。男は何度でも好きなだけ突進のディスプレイができるものの、女たちはその騒ぎをあっさり無視する。[25]

同じ会議で、フィールドワーカーたちもボノボの女の優位性を裏づけた。たとえば、コンゴ民主共和国のワンバの森にサトウキビを置いておくと、ボノボの男たちが先にやって来て、急いで食べた。なぜなら、女が来たら、もう食べられないからだ。そうなったら、できるだけ多くのサトウキビを手足でつかんで逃げ出すしかない。これを優位性のうちに含めるのを疑問視する科学者も何人かいて、男のボノボは食べ物に関して、女に優しいのかもしれない、と述べた。男がただ譲るだけならこの解釈も信じられるかもしれないが、実情は違う。女は積極的に男たちを追い払い、ときには彼らを攻撃することさえある。もしAという個体がBという個体をBの食べ物から追い払うことができるのなら、Aが優位にあるに違いないというのが、地球上のあらゆる動物に当てはめられている標準的な基準だ。フィールドワーカーの一人である加納は、懐疑的な人々に以下のように応じた。「食べ物へのアクセスの優先順位は、優位性の重要な表れです。メスとオスの成体間の、優位性にかかわる相互作用のほとんどと、競争的な事例〔対立〕の事実上すべてが、食べ物の摂取の文脈で起こるので、それ以外の文脈で見られる優位性には、はるかに小さな意味しかないように思います。そのうえ、そうした文脈でも、何の違いもありません[26]」

加納の指導している学生の一人だった古市剛史（ふるいちたけし）は、ワンバの女たちは一頭きりのとき、枝を引きずるディスプレイをする男を避ける場合があることを報告している。そういう状況では、興奮した男が一時的に優位に立つ。だからといって、彼が女を攻撃したり、彼女の食べ物を取り上げたりできるわけではない。女たちはほとんどいつもいっしょにいて、そのときには自信たっぷりに主導権を握っている[27]。

ワンバでの女の優位性は、研究者たちに食べ物を与えられた結果だったと考えることはできるだろうか？　なにしろ、このような人工的な状況は競争を誘発するから。だが、そう考えるのは難しい。競争で序列が変わることはめったになく、元からある序列がいっそう目につきやすくなるだけなのだ。それは、野生のチンパンジーで見ることができる。彼らの間では、フィールドワーカーが設けた給餌場を女が支配することはけっしてない。だから、ワンバでボノボの女が食べ物を支配することからは、ボノボの社会についての手掛かりが得られる。

コンゴ民主共和国のサロンガ国立公園内のルイコタレという森にある、別のフィールド研究の現場では、二〇年にわたって科学者たちが食べ物を与えずに野生のボノボを追い続けている。彼らは最近、森の中で記録された対決と服従の行為に基づいて、それらのボノボの序列をまとめた。この序列の第一～六位の座は、女がしっかりとつかんでいた。[28]

ロラ・ヤ・ボノボでは、ボノボたちは、「ル・カピテーヌ（船長）」とも呼ばれるパパ・スタニーが操る小舟から餌を与えられる。私がその様子の写真を撮るために、彼の後ろに座っていると、ボノボたちは腰まで水に浸かって歩いてきて、陸まで届かなかったパパイヤやオレンジやサツマイモを拾った。ボノボは泳げないので、これは要注意の行動だ。二本の脚で立って湖に入る前に、長い木の枝を拾って深さを確かめるボノボも数頭いた。彼らは、枝で水底を探りながら進んだ。男も女もそうするが、私は、同じことがチンパンジーにも言えるだろうか、と思った。チンパンジーの場合、女のほうが一般に道具を使うのがうまいからだ。

野生の世界でチンパンジーはいつも道具を使うのに、なぜボノボは使わないのかは、長年の謎になっている。一部の人が言うように、心的能力の違いということがありうるだろうか？　だが、ロラ・ヤ・ボノボのボノボたちは巧みに道具を使うので、野生のボノボたちは、食べ物を見つけるのに道具が必要でないだけである可能性のほうが高い。[29]

ザナ・クレイが、リサラというボノボの女を追いかけているときに撮影した事例が、恰好の裏付けになる。リサラは七キログラム近くある大きな石を拾って背中に載せた。それ自体驚くべきことだが、リサラがあとでその石を使うのがザナにはわかっていた。梯子を持って通りを歩いている人を見かけるようなものだ。わけもなしに、そんなものを持ち歩く人などいない。リサラは石を背中に載せ、自分の赤ん坊は腰にしがみつかせた状態で、一五分歩いた。途中、アブラヤシの実を片手いっぱいに拾い上げた。やがて、大きくて平らな岩（この放飼場内でそのような岩は、これ一つしかない）にたどり着くと、背負っていた石と赤ん坊と、つかんでいた実を地面に置いた。それから、ひどく硬い実を平らな岩の上に一つずつ載せては、持ってきた大きな石で叩いて割り始めた。リサラが何の計画もなしに、これほど手間のかかることをしたとは思い難い。使うことができるよりもずっと前、まだ実を手にしてさえいないうちに道具を拾ったのだから、彼女は一種の先見の明を示したわけであり、類人猿にこの能力があることは、今では実験で確認されている。[30]

ボノボたちに餌をやっていると、女のコミュニティの結束の固さがはっきりわかった。彼女たちはグルーミングし合い、セックスをし、私たちが餌を入れたバケツが空になったことを示すと、いっしょに森の中へと去っていく。私はこれを「準姉妹連帯（secondary sisterhood）」と呼んでいる。この結束は、血縁を拠り所にしていないからだ。野生の世界では、男は自分が生まれたコミュニティで一生を送るのに対して、女は思春期に達するとコミュニティを出ていく。そして、血縁者がまったくいない、あるいはほとんどいない、近隣のコミュニティに加わる。そして、それまで知らなかった、そのコミュニティの年長の女たちと絆を結ぶ。ロラ・ヤ・ボノボでも同じことが起こる。そこでは国内のさまざまな場所からやって来た女の孤児たちが、家族のつながりがないにもかかわらず、団結する。

ボノボの女の同盟関係は非常に強固なので、人間の男さえそれに気づくほどだ。飼育下のボノボを研究しようとしたものの、女たちが非協力的で苦労した男性科学者を、私は数人知っている。ボノボの女は、女の実験者や観察者とのほうがうまくいく。エイミー・パリッシュがサンディエゴ動物園のボノボを研究したとき、女たちは彼女を仲間として受け容れた。私に対しては、けっして見せたことのない対応だ。たしかにロレッタは、堀の向こう側からしばしば私に誘いをかけた（生殖器を私の方に向け、股の間からこちらを覗き、片手を振ってみせた）が、これは純粋に性的なものだった。彼女はいつも誘ったし、いつもそうも私が訪ねていったときに、私の姿を見ると、ボノボ社会の女による支配にする。だが、私は男なので、ボノボ社会の女による支配には、けっして参加できなかった。それにひきかえ、かつてエイミーは、堀の向こうから果物を放ってもらったことがあった。ボノボたちは、エイミーが腹を空かせていると思ったに違いない。

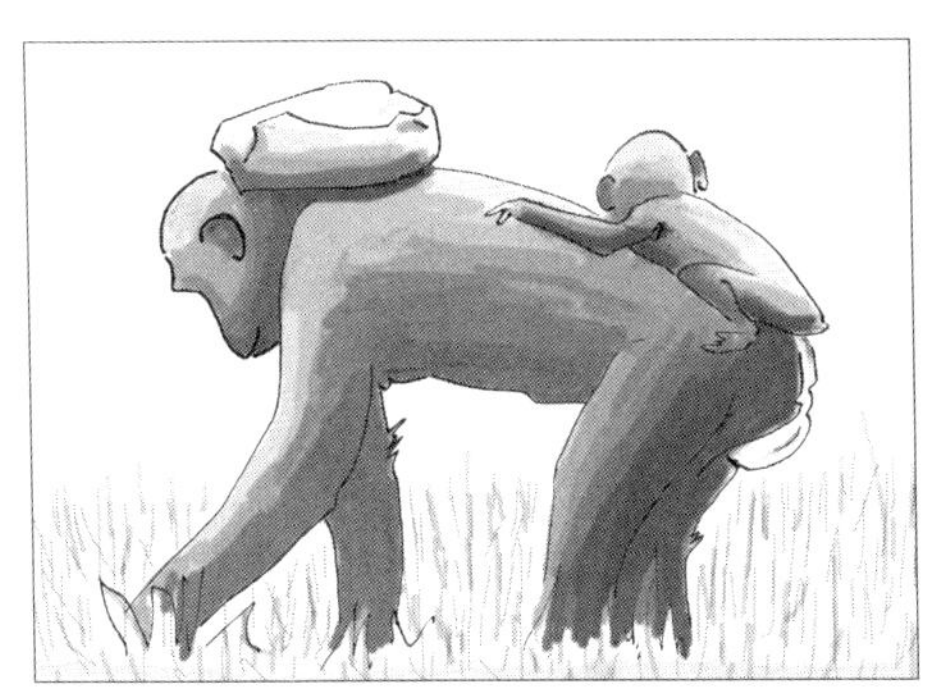

ボノボのリサラが重い石（と赤ん坊）を背負い、実を見つけるつもりの場所へ行くところ。実を集めると、石をハンマー代わりにして、実を割る。あらかじめ道具を拾っておくところからは、計画性が窺える。類人猿がこの能力を持っていることは、しっかりと証明されている。

どの霊長類でも、メスは子供たち絡みで絆を結ぶ。一つには、実際的な理由からそうする。なぜなら、子供たちには遊び仲間が必要だからだ。母親が、同じ年頃の子供を持つ他の母親を探し求めることはよくある。母親どうしがグルーミングしながら見守るなか、子供たちは取っ組み合ったり駆け回ったりする。エイミーは、別の動物園に移された、ボノボの古い友人たちを訪ねたとき、生まれたばかりの自分の息子を彼女たちに引き合わせたかった。ボノボたちは、すぐ彼女に気づいた。最年長の女は、堀の向こうからエイミーの赤ん坊をしばらく眺めていたが、それから屋内に駆け込んだ。そしてたちまち、自分の赤ん坊を抱いて戻ってきて持ち上げ、赤ん坊どうしが顔を見合わせられるようにした。

プリンセス・ミミの場合がそうだったのだが、ボノボの群れの、中心的な女どうしの強力な同盟関係は、必ずしも思いやりに満ちたものではない。女による支配は男による支配ほど過酷ではないに違いない、と広く思われている。ジャーナリストのナタリー・アンジェは、「ニューヨーク・タイムズ」紙でボノボの社会についてかいつまんで述べたとき、女たちの在り方をずいぶんと穏やかなもののように描いた。「その支配はじつに寛容で、不快なものではないので、ボノボの社会を両性間の『共支配』あるいは平等が形をとったものとして眺める研究者もいる[31]」。この記事が書かれた一九九七年にはそう思われていたのかもしれないが、序列には強制が付き物だ。そしてそれは、男だけではなく女にも当てはまる。

アルファメスはたいてい、年齢と性格に基づいてその地位に上る。これらは変えようがない特性なので、アルファメスに挑む女はめったにいない。だから、女の序列は男の序列よりも普通は安定している。だが女たちも、誰が支配権を握っているかを、他の女たちに思い出させてやる必要がときどき出てくる。私はロラ・ヤ・ボノボで、セメンドワが下位の女の足をつかみ、がぶっと噛みついて血が流れるのを目にしたことがある。この女は、セメンドワが目をつけていたパパイヤの実に近づくという無礼を働いたのだった。この犠牲者は悲鳴を上げたが、心配になるほどの傷をボノボが負わせることは稀なのが、せめてもの救いだった。だから、小さな切り傷程度で済んだ。それでもその女は、アルファメスの機嫌を損ねれば痛い目に遭うことを思い知らされた。

上位の女は、食べ物を巡る自分の優先権を尊重しない男や、あまりに近くでディスプレイを行なって挑発する男には、もっと厳しく対処する。男は敏捷なので、逃げおおせることが多いが、捕まると悲惨なことになる。ロラ・ヤ・ボノボでは、ときどき夜間用の飼育舎でそれが起こる。夕方には、群れの全員が就寝用の建物に入る。その中で男が追い詰められると、女たちは指を引きちぎったり、睾丸を狙ったりさえしかねない。だから、男は用心するようになる。ほとんどの男は、女のあとから建物に入り、翌朝は真っ先に出てくる。ただし、女たちと強い絆を持っている男は例外だ。

動物園では、ボノボの男の管理に手を焼いている話を、私はきまって耳にする。女たちが攻撃的なので、男はなかなか溶け込めない。その結果、動物園はほとんどの時間、男を女から引き離しておく。幸い、ボノボの自然な行動について、前よりも正確な情報が伝わってきているおかげで、そうした問題をどう回避すればいいか、今ではわかっている。ボノボの男はお母さん子なので、母親の保護に頼っている。野生の世界では、息子は絶えず母親を視界の中に置く[32]。母親がいると、他の女に攻撃されずに済む。母と息子の組み合わせは、両者に恩恵をもたらす強力なペアとなることがある。息子が他の女たちに魅力的な場合には、なおさらだ。だから動物園では、息子は常に母親といっしょにしておき、別個に他の動物園に移すべきではない。今ではそうした配慮がなされているので、状況はおおいに改善した。

自然界の生息環境では、社会的な緊張は稀かもしれないが、まったくないわけではない。たとえば、コンゴ民主共和国のロマコの森では、こんなことがあった。ボノボの大人の男が、生まれたばかりの赤ん坊を抱いた低位の女を脅すような振る舞いをした。彼女は木の上でバランスを崩しかけたものの、自分の乗っていた枝からその男を押しやり、甲高い叫び声を上げながら追いかけた。一五頭以上のボノボがそれに加勢して、男に激しい攻撃を加えた。この暴力の突発から、ボノボの社会にはより深い面があり、それがいつもは平和の象徴のような外見の下に隠されていることが窺われる。他のフィールド研究も、男による嫌がらせに、女が協調して対抗することを裏づけている。女はこの仲間意識のおかげで、乱暴な男を牽制(けんせい)し続けられる。女たちの結束は、群れの境界さえ越える。森の中で群れどうしが交ざり合うと、違う群れの女たちが団結して、攻撃的な男に立ち向かうことがある。[33]

私はときどき、研究仲間の科学者に、ボノボの男は良い生活を送っていると思うかどうか尋ねる。すると、彼らは戸惑いを隠せない。科学者は普通、このような質問をされることはないからだ。どの生物が良い生活を送っているか、あるいはひどい生活を送っているかについての説はない。だが、動物園の園長と話していると、園にいるボノボの男のことを心配している人が多く、私はそれに慣れっこになった。そして、先ほど紹介したドイツ人教授のように、一部の男は、女に支配されることほど不快な状況は想像もできない。だから私は、研究仲間たちがボノボの男の生活の質をどう評価するか、聞きたいのだ。

飼育下のボノボにとって、男の生活の質はコロニーの大きさと与えられている空間の大きさ次第だ、と研究者たちは私に言う。狭い空間に入れられているコロニーでは、深刻な摩擦が生じ、不運な男が割を食う。オランダのアーペンハウルやフランスのラ・ヴァレ・デ・サンジュのような、木々の生い茂る屋外の広々とした放飼場がある動物園のボノボは、はるかに良い境遇にある。これらのコロニーでは、男たちはとてもうまくやっている。

だが、自然界の生息環境で暮らすボノボはどうなのか？　なにしろボノボの社会が進化したのは、そこなのだから。ここでは、男はほとんど心配する必要がない、と研究仲間たちは言う。群れの中核からの距離を調整することで、厄介な目に遭わずにいられるのだ。万事順調なら、女たちといっしょに過ごすが、緊張が高まると、簡単にその場を逃れることができる。しばらく姿を消しているだけでいい。大方の男は好かれているので、女たちとセックスやグルーミングがたっぷり楽しめる。彼らはコミュニティに溶け込んでいる。

ボノボの男は、一般に長生きする。チンパンジーの男よりも、けがをしたり死んだりする危険が小さい。チンパンジーは群れどうしで殺し合いをするし、ときには群れの中でさえ殺し合う。彼らの地位競争は、信じられないほど張り詰めたものになりうる。彼らが闘うと、それが及ぼす害は、ボノボの場合とは比べ物にならないほど深刻だ。チンパンジーの男が女を攻撃したときには、命にかかわるような結果になることは稀だが、それでもその攻撃は荒々しい虐待だ。だから、男も女も大きなストレスに対処しなければならない。チンパンジーとボノボの両方のフィールド研究に生涯を費やしたあと、古市と妻の橋本千絵は、彼らのような生活はどんなふうに感じられるかに思いを巡らせた。「だから私は『チンパンジーのオスにはなりたくない』と言うし、それに応じて橋本は『チンパンジーのメスにはなりたくない』と言います[34]」

ロラ・ヤ・ボノボは、救出されたボノボのためのサンクチュアリ以上の場所だ。首都キンシャサから多くの訪問者や学校のクラスを迎えて、ボノボや彼らの保護の必要性について教える。動植物がこれほど豊富な国では、環境保護活動のメッセージを発信することがきわめて重要だ。コンゴ民主共和国はフランスの四倍の面積を持つから、広大な熱帯多雨林があり、それを維持しなければならない。クロディーヌは、これまでに何千もの人に話をしてきたし、国営テレビにもたびたび登場する。コンゴの国民にボノボがよく知られているとすれば、それは彼女のおかげだ。

ロラ・ヤ・ボノボは、環境保護活動に積極的にかかわっている。ここは、霊長類を野生の世界に戻すことに成功してきた、数少ないサンクチュアリの一つだ。野生復帰は、けっして楽な仕事ではない。多くの理由から失敗しうるからだ。サンクチュアリから放たれた動物たちは、病気に対する抵抗力が弱い。野生の世界で暮らす、自分と同じ種の動物と競争したら歯が立たない。自然界の食べ物や危険の知識を欠いている。そして、自力で生きていく術を知らない[35]。

だがロラ・ヤ・ボノボでは、ボノボたちには練習場となる自然の熱帯林がある。彼らは毒ヘビなど、遭遇する可能性のある危険について学ぶ。どの植物や果物が食用に適しているかや、どれを食べると具合が悪くなるかを学ぶ。そのうえ、ボノボたちは野生の森に放たれたあとも、もともと住んでいるボノボから敵対的な扱いを受ける危険が小さい。なぜなら、ボノボはほとんどの霊長類ほど、外来の同類を恐れないからだ。

ロラ・ヤ・ボノボはすでに二度、ボノボの群れを自然界の生息環境に帰している。彼らは船や飛行機で一六〇〇キロメートルほど北に運ばれて、保護地域に放たれた。そこは現在、五〇〇平方キロメートル弱の広さの、「エコロ・ヤ・ボノボ（リンガラ語で「ボノボの土地」の意）」と呼ばれる原生林だ。これらの幸運なボノボは、ロラ・ヤ・ボノボの保育所から、野生の世界で生き残る生活へと移行したのだ！　観察者たちが注意深く監視するなか、放たれたボノボたちは自力でやっている。人間の助けを借りずに食べ物を確保し、放たれて以来、五頭の赤ん坊を産み育てている。こうして野生復帰は、これまでのところ大成功を収めている。

クロディーヌと娘のファニー・ミネーシーにとって、これは正真正銘の偉業だ。引退を間近に控えたクロディーヌは、ロラ・ヤ・ボノボと野生復帰プログラムについて、自分なりの見通しを私に説明してくれた。彼女は地元の人々の役割を強調した。環境保護活動は単に動物を対象としたものではない、と彼女は言った。人間になおさら多くかかわるものなのだ。人々が味方についてくれれば、何でも可能になる。だから、コミュニティのプロジェクトがいくつも、エコロを中心にして企画されている。今ではクロディーヌが船で到着するたびに（コンゴ民主共和国では、川が道路代わりだ）、村人たちが晴れ着姿で現れ、岸で歌ったり踊ったりする。

私たちは、サンクチュアリ運動で女が果たす際立った役割についても話し合った。[36] ボノボのための施設は世界でもロラ・ヤ・ボノボだけだが、アフリカにはチンパンジーやゴリラ、ゾウ、サイ、その他の野生動物のサンクチュアリやリハビリテーションセンターが多くある。その事実上すべてが女性によって創設され、運営されている。ちなみにこれは、研究室で使われていたり、ペットとして飼われていたりした霊長類のための、欧米のサンクチュアリにも当てはまる。有名なデイヴィッド・シェルドリック野生動物基金でさえ、男の名前を冠しているのにもかかわらず、女によって創設された。ダフニ・シェルドリックがそのサンクチュアリに、亡き夫の名前をつけたのだ。夫がケニアに大きな国立公園を設立したり、象牙目当ての密猟者と闘ったりするのに忙殺されている間、ダフニは孤児となったゾウの子供を何百頭も引き取って、哺乳瓶で育てた。サンクチュアリにかかわる人に女性が圧倒的に多い事実は、生態学的な関与の面でアメリカの先駆者であるレイチェル・カーソン、そして、ジェーン・グドールからグレタ・トゥーンベリまでの今日の環境保護活動家にも認められる、保護的な役割を反映している。

環境保護活動家のなかには、サンクチュアリ運動を見下す人々もいる。彼らは伐採会社と闘ったり、生態系全体を維持したりといった、もっと大きな目標に取り組むことを好む。そうした目標は重要極まりないが、母親の腕から引き離されて苦悩の鳴き声を上げる幼いボノボに、あっさり背を向けるわけにはいかない。気遣いの心を持った、クロディーヌのような世界各地の人々に、私は心から感謝している。私たちは地球を健全に保つだけでなく、か弱い個々の生き物も保護する必要があるのだ。

その両方ができない理由はない。

第6章

性的なシグナル

生殖器から顔、美しさまで

SEXUAL SIGNALS
From Genitals to Faces to Beauty

マンドリル〔西アフリカに生息するオナガザル科の霊長類〕のオスの顔の派手な色は、下半身の色合いと重なる。顔の中央に赤い筋が入り、その両脇が青くなっている様子は、赤いペニスとその背景の青い臀部の取り合わせによく似ている。オレンジ色のヤギ鬚までもが、陰嚢（いんのう）の下側に生えたオレンジ色の毛の房をなぞっている。

同様に、メスのゲラダヒヒの胸は、臀部に類似していて、鮮やかな赤色をした二つの乳首は、あまりに近接しているので、陰唇のように見える。周囲の剝き出しの肌は、臀部の肌に似ている。私たちは、サルたちのこのように人目を惹くシグナルの機能は何なのかと不思議に思い、自らの体の一部を模倣しているかのような外見に、思わず微笑んでしまう。

だが、ひょっとして同じことが私たちにも当てはまるのではないか？　イギリスの動物行動学者、デズモンド・モリスは一九六七年に著書『裸のサル――動物学的人間像』で、私たちの系統にも下半身から上半身へという、同じようなシグナルの転移があったのではないか、と推論している。私たちの赤い唇は、女の外陰部に似ている。女の乳房は、臀部のような丸みを帯びている。男の団子鼻は萎(な)えたペニスを連想させる。誰もがモリスの推論を面白がったわけではない。評論家たちはこの本を、「好色な当て推量」と酷評した。私はモリスの説を突飛あるいは荒唐無稽と呼ぶことに何の異論もないが、私たちは生殖器の話になると、相変わらずヴィクトリア時代さながら頭に血を上らせる必要が本当にあるのだろうか？　これらの体の部位が、私たちの興味をそそらないわけではない。それどころか、私たちは抗い難いほどそれらに惹かれる！　ニューヨークの金融街にある、解剖学的に忠実な「体当たりする雄牛(チャージング・ブル)」のような銅像を見るといい。あるいは、嫌でも目立つズボンの膨らみで有名な、パリのヴィクトール・ノワールの像を。これらの像のどの部分が艶やかかを見れば、大勢の人間の手が陰部を熱心に撫で回したことが明らかになる。ミケランジェロのダヴィデ像は、見に訪れる人々の頭上高くに位置しているのが幸いしている。

私たちは行動についてなかなか同意できず、ましてや行動の説明にはなおさら手を焼いていることを踏まえると、解剖学的構造は人間の生物学的特質を論じるのに打ってつけの出発点となる。モリスの推論は法外に思えるかもしれないが、だからといって彼の提起した疑問が消えてなくなるわけではない。唇が外側にめくれ、そのせいで周りの肌と好対照を成している霊長類は、なぜ私たちだけなのか？　唇は、他の霊長類では性的なシグナルの役割を果たさない。だとすれば、なぜ女はしばしば口紅で唇を目立たせ、わずかに開いて、思わせぶりに舐めたりするのか？　なぜ霊長類のなかで人間の女だけが、常に乳房が突き出ていて、ブラジャーの助けを借りてそれを持ち上げたり、シリコンを注入したりすることがよくあるのか？　効果的に授乳するためには、乳房はこのような形をしている必要はない。なぜ私たちは、鼻が突き出ているのか？　他の霊長類は、顔にそのような奇妙な「装置」がなくても、何の問題もなく匂いを嗅ぐことができるというのに。進化生物学を研究するモリスにとって、これらはもっともな疑問だ。

「裸」という言葉でさえ淫らと見なされていた時代に、このはなはだデリケートなテーマも、モリスの冗談めかした書きぶりのおかげで、多少は受け容れられやすくなった。とはいえ彼の著書には、重大な含みがいくつかあった。たとえば、彼は誰よりも先に、「タブラ・ラサ」〔何も書き込まれていない状態の書字板〕の見方をあからさまに非難した。この見方によれば、私たちは白紙状態でこの世に生まれ、そこに環境が何なりと好きなことを書き込むのだという。モリスはダーウィン以前にさかのぼるこの考え方を激しく拒絶し、そうすることで、E・O・ウィルソンやスティーヴン・ジェイ・グールド、リチャード・ドーキンスらが、進化について執筆して人気を博する道を拓いた。だが、彼の本が大成功を収めた――『裸のサル』は依然として、世界で最も読まれた一〇〇冊の書物に入っている唯一の生物学書だ――最大の理由は、私たちの種をからかいつつ、その地位をぐらつかせたからだ。おかげで読者は、驚くべき物の見方に接すると同時に、おおいに笑うことができた。

モリスはホモ・サピエンスについて、次のような名言を残している。「大成功を収めているこの並外れた種は、たっぷり時間をかけて自らの崇高な動機を吟味する一方で、同じぐらい多くの時間をかけて自分の根本的な動機を無視している。ヒトはあらゆる霊長類のうちで脳が最も大きいことを誇るが、ペニスも最大であるという事実は隠そうとする(1)」

モリスが先ほどの言葉を書いたのは、ボノボについて多くが知られる前のことだった。ボノボのペニスは長いので、大半の人間のペニスは見劣りがする。人間より小さいボノボの体格に基づいて補正すれば、なおさらだ。ただし、彼らのピンク色のペニスのほうが細い。そして、完全に体内に引っ込めることができる。ピンクという色のせいで、勃起するとやたらに目立つ。とくに、男がそれを上下に揺らしたときには。ペニスを「揺り動かす」能力よりもなお注目に値するのは、ボノボが人間の何倍も大きい睾丸を持っているという事実だ。これは、女が多数のパートナーと交尾するので、男は多くの精子を必要とするからだ。他の男も厖大(ぼうだい)な数の精子を注入するなかで、受精を達成させる見込みを少しでも得たければ、男は卵子に向かって大量の精子を送り込まなければならない。

二〇一五年にようやく『オックスフォード英語辞典』に収録された「マンスプレッディング」(男性が公共交通機関の座席で大きく脚を開いて座ること)という言葉を耳にするたびに、私はどうしても、霊長類のオスたちが生殖器を見せびらかすところを思い浮かべてしまう。女は、マンスプレッディングは場所の取り過ぎだ、と苦情を言う。男のこのような無意識の座り方は、社会化や男の特権に帰せられることが多いが、じつは、霊長類では普遍的に見られる。たとえば、サバンナモンキーのオスの後ろを歩いていると、彼の明るい青色をした睾丸は見逃しようがないが、彼が脚を開いて座っているときにも、睾丸は目立つ。霊長類のオスは、しばしばそのように座る。まるで、自分の性別を誰もが知る必要があるかのように。彼らはメスを誘うときにも、この姿勢をとる。勃起したペニスを見せびらかすことで、やる気と性的能力を知らせるのだ。

脚を開いた姿勢は、優位性を伝えるとともに、威嚇の役割も果たす。リスザルのオスは、勃起したペニスを萎縮した下位者の顔に突きつけることがある。すると、その下位者は逃げ出す。あえて自分の生殖器を誇示するのは、高位のオスだけだ。サルの群れに出くわし、誰もが見えるように一頭のオスが脚を開いて座っていたら、彼が社会的序列の頂点にいると思って間違いない。生殖器が急所であることを考えれば、派手に誇示するには自信がいる。下位のオスたちは、襲われないように気をつけるだけではなく、生殖器を露出しているところを上位のオスに見られないように用心する。彼らは周囲の注意を惹かないようにし、性的な関心を秘密のヴェールに包む[2]。

優位性とペニスの誇示とのつながりは、古代エジプト人にはよく知られていた。彼らは自分たちの聖なるヒヒを、オスが脚を開き、膝に手を置き、ペニスが見えるように座っている姿で表現した。同じようなつながりが私たちの社会でも、ワシントン記念塔からエッフェル塔まで、権力と勝利を表す、巨大な男根（ファルス）シンボルの形で存在している。相手を侮辱するときに使う仕草さえ、ペニスのシグナルに似ている。たとえば中指を立てたり、前腕を突き上げ、上腕を反対の手で押さえたりするのがそれだ。中指を立てる仕草は、古代ギリシア人やローマ人にもすでに知られており、ラテン語で「ディギトゥス・インプディクス（卑猥（ひわい）な指）」と呼ばれていた[3]。

当然ながら、以上の事実があるからといって、男が地下鉄で必要以上の場所をとる口実にはならない。座る場所を探している女はマンスプレッディングに呆れるかもしれないが、他の状況では女がこの姿勢を魅力的に感じているかどうかを確認するための研究が、実際に行なわれた。アメリカの心理学者ターニャ・ヴァーチャルクルクセムスークは、スピードデート〔次々に相手を替えながら一対一で短時間の会話をし、好みの相手を見つけるシステム〕のアプリケーションを使い、「姿勢拡張」が男には有効であることを突き止めた。この研究では、四肢を広げ、胴を伸ばし、いわゆる「パワーポーズ」をとっている男と、身を縮めている男の写真を比較した。空間を広く占める姿勢は、開放性と優位性を伝える。そのおかげで、男はロマンティックなつながりを結びやすかった。女から合格点をもらえた男はほとんどいなかったが、もらえた男はほぼ確実に拡張的な姿勢をとっていた。[4]

男の生殖器に対する関心は、女の性行動を軽んじて男の性行動に的を絞る世間一般の傾向を反映している。女は、受動的な役割をあてがわれているからだ。女は、性行為を求める側ではなく受ける側だと考えられることが多い。とはいえ、生物学の分野においてさえ、この態度は変わりつつある。私は動物の例をあれこれ挙げられるが、ここでは私たちに最も近い種の話にとどめることにしよう。類人猿の女は、セックスに積極的で、さまざまな男と交尾しようとすることが多い。妊娠するには男は一頭で十分なのに、なぜ彼女たちはそうするのか？　なぜ、相手となりうるうちで最高の男を選び、それでやめにしないのか？　デズモンド・モリスは、狩猟民の男を軸とし、女に子育ての役割を担わせるかたちで人間の進化を描いたときに、この疑問には答えなかった。[5]

進化はおもに男の系統を通して起こるという神話が、根強く残っている。人間の先史時代について書かれた本ならどれを開いても目に入るのは、男が戦争をしたり、火を起こしたり、大型動物の狩猟をしたり、小屋を建てたり、女や子供を守ったりする一方、女と子供が外部からの脅威に対して恐ろし気に身を寄せ合っている姿だ。こうした場面もきっと見られただろうが、なぜ男がいつも物語の主人公なのか？　女は、私たちの種の成功に貢献しなかったのか？　これに関して最も法外な主張（候補となる主張は数多くある）をしたのが、アメリカの外科医エドガー・バーマンであり、彼は著書『完璧な男性偏重主義者（*The Compleat Chauvinist*）』で、「私たちオスは三〇億年にわたって最も適応した者として生まれてきた」と自慢している。(6)

この発言のせいで、バーマンは「完璧な」間抜けのように聞こえてしまったと思う。進化上の「適応度（フィットネス）」の概念は、普段この言葉を使って「フィットネス・エクササイズ」などと言うときの、個人の身体能力と混同してはならない。適応度は、誰がいちばん高く跳べるかや、速く走れるかとは関係ない。適応度は生物学では、生存と繁殖におけ る成功の度合いを示す尺度というふうに定義される。より優れた免疫系や視力、上手な偽装、大きな肺、その他あらゆる種類の有益な特性のおかげで、適応度は増す。適応度は個体による次世代への遺伝的貢献によって測定されるので、一方の性の成員全体が、もう一方の性の成員全体より適応度が高いなど

古代エジプト人は、ヒヒを崇拝した。ヒヒは攻撃的で精力的であることが知られていたので、彼らの像ではオスの生殖器が強調されていた。

ということは、論理的にありえない。オスとメスの適応度は不可分だ。有性生殖を行なう生物では、母親と父親はゲノムに対して平等に影響を与える。ある種のオスが低迷すれば、メスも同じ運命をたどる。逆に、メスが低迷すれば、オスも遺伝的遺産を次世代に受け継がせることなど、望むべくもない。一方の性のほうがもう一方よりも適応度が高いというのは、ガレー船で強健な漕ぎ手を全員一方の側に配置し、虚弱な漕ぎ手を全員もう一方の側に配置するようなものだ。そんなことをすれば、船はぐるぐると輪を描くだけだろう。

メスの適応度には、明確な要件がある。たしかに両性とも、食べたり、捕食者の鉤爪を避け続けたりする必要があるが、次世代への貢献の仕方には違いがある。メスたちは、自らの運命に甘んじたりせずに、自分の狙いの実現を目指すことが見込めるだろう。「雌選択」として知られる、メスの積極性に富んだ性行動は、生物学でも有数の、注目の話題になっている。この行動は、「メスの乱交」とも呼ばれることがあるけれど、この呼び名はあまりに強い道徳色を帯びている。しかも、否定的な。私は、「メスの性的冒険主義」、あるいは「メスの性的積極性」と呼びたい。この現象はかつて、とんでもないタブーだった。まるで、貞節で、内気で、好みがうるさいメス以外は存在しえないかのように。メスの性的冒険主義によって、ペニスからクリトリスへ、オスの性的欲求からメスのオーガズムへと焦点が移った。女性のエンパワーメント（権利拡大）が、進化生物学にまで及んだのだった。

かつて、私たちの仲間の霊長類にクリトリスがあることさえ疑われていた時代があった。クリトリスが見つかったときには、ペニスと混同された。一九世紀のある報告書は、「両性具有のオランウータン」に触れているが、そこに添えられた凹版印刷画に描かれていたのは、ペニスのようなクリトリスを持つことが知られているテナガザルだった。イタリアのフィレンツェにある王立物理学・自然史博物館の有名な一八世紀のサルは、両性具有だと考えられていた。来館者を赤面させたと言われるこの「怪物」の身分について、専門家が議論を戦わせた。それもこれも、一部の霊長類のメスは、オスと誤解されかねないほど大きなクリトリスを持っているからだ。[7] これは、中南米の霊長類にとりわけよく当てはまる。たとえば、私たちのオマキザルのコロニーでは、あるときよく目立つ生殖器を持ったオスが生まれ、ランスと名づけられた（「ランス」は男性の名前として使われるが、「槍」という意味もある）。何年ものち、ランスはしだいに奇妙な行動を見せ始めた。ひょっとしたらと思って染色体検査を行なうと、「彼」はメスであることが判明した。

中南米の霊長類では、クモザルのメスも細長いクリトリスを持っていることが知られている。あるとき私は、長年にわたって研究協力しているイタリアのフィリッポ・アウレーリとともに、メキシコのユカタン半島にある森で、双眼鏡で木々を見上げ、クモザルを見つけようとしていた。フィリッポの研究対象であるこのサルは、私たちのはるか上を動き回るから、生殖器を識別するのが難しかった。オスとメスは体格がほぼ同じなので、私はフィリッポに、どうやって性別を見分けているのか尋ねた。彼の答えは、普通予想されるものの逆だった。「生殖器をぶら下げている」のがメスに違いない、と彼は言った。幼いときからそうなのだという。オスのペニスと陰嚢は小さく、体毛の中にすっかり隠れている。この解剖学的な逆転現象が起こった理由は不明だ。メスはときどき、自分や他のメスのぶら下がったクリトリスに触れるが、大きい分だけ快感も強まるのかどうかはわからない。

フィリッポはイギリスのチェスター動物園でクモザルを研究していたとき、子連れの来園者が、父ザルが赤ん坊の世話を見事にこなすことを子供たちに説明するところを、しばしば見かけた。彼らは、生殖器をぶら下げたサルが赤ん坊を背中に乗せて運んでいるのを指差し、この場面についての物語を作り上げて語るのだった。親ならやりがちなことだ。やがて、動物園が用意した説明板を読み、このサルの大きなクリトリスのことを知った時点で、物語は終わりを迎える。そして、この新情報をどうやって取り込むか、知恵を絞る羽目になる。もちろん、取り込む気があれば、の話だが。

チンパンジーとボノボはともに、気安くセックスをする。とりわけ、発情期の女は、そうだ。発情期の女は、臀部にサッカーボール大のピンクのシグナルがついているから、近くにいる男はみな、彼女がやる気満々であることがわかる。膨らんだ会陰部（えいんぶ）の組織と陰唇でクリトリスが隠れる。クリトリスは、人間とチンパンジーのどちらよりもボノボのほうが大きい。ボノボの女は対面の交尾を好む。そして、仰向けに寝て両脚を開いて男を誘うことがよくある。この姿勢だと、外陰部の前側が確実に刺激される。ところが、ボノボの男の進化は、後れをとっているに違いない。彼らは昔ながらの後背位を好む。そのせいで、笑いを誘うような混乱が起こる。男が後ろから始めると、途中で女は素早く向きを変えて、お気に入りの正常位に移る。ボノボの交尾には、体位を巡る交渉のための仕草や発声が先行するのも無理はない。まるで古代インドの性愛書『カーマ・スートラ』を実践するかのようなこの類人猿は、足でつかまって逆さ吊りになった状態など、人間には真似できないようなものまで含めて、ありとあらゆる体位で交尾する。

私は類人猿の生殖器にはすっかり慣れているので、それが奇妙にも醜くも見えない。ただし、邪魔としか思えないことは確かだ。生殖器が膨らんだ類人猿の女は、いつもどおりに座ることができない。腰の片側ともう一方の側の間でぎこちなく体重を移し換え、膨らんだ部分が下敷きにならないようにする。性皮はひどく傷つきやすい。ちょっとしたことで出血するが、治るのも驚くほど早い。このような飾り物を持たずに済んだことに、私たちは感謝するべきだろう。もし私たちもあんなふうに生殖器が膨らむとしたら、きっと椅子は座面の中央に大きな穴があるようなデザインになっていたことは疑いようがない。

ボノボのクリトリスは注目に値する。それは、人間のクリトリスにまつわる盛んな憶測があるからだ。まず私たちを脱線させたのが、精神分析の父であるオーストリアのジークムント・フロイトだ。彼は独力で、「膣(ちつ)オーガズム」として知られる、快感の架空の源泉を人々に信じ込ませた。そう、この現象は、限られた解剖学的知識しかなく、膣を持たない人間によって発明されたのだ。フロイトは膣オーガズムのほうが優れていると考え、クリトリスの快感を子供のものとして退けた。ペニスを挿入される必要がなく、クリトリスで快感を得る女は、悲しいことに幼児の段階から抜け出せておらず、精神科の治療を受ける機が熟している、というのだ。フロイトは途方もない影響力を持っていたので、クリトリスはどうでもいいものとして切り捨てられた。医学の教科書は、クリトリスを実際の大きさより小さく描いたり、すっかり消し去ったりした。

だが、フロイトは間違っていた。子宮と外陰部をつなぐ膣は、それほど敏感ではない。膣は産道の役割を果たし、筋肉の壁を持っているが、そこには神経終末はほとんどない。だから、快感の主要な源泉であるはずがない。誰もが「Gスポット」という言葉を聞いたことがあるが、今のところ解剖学者は誰一人としてその正確な位置を特定できていない。一方、クリトリスは簡単に見つかる。それは外陰部の勃起性の部位で、感覚刺激のために適応した特別な細胞がある。クリトリスの神経は膣壁（ちつへき）の内部まで続いており――解剖学者は「クリトウレスロヴァギナル（クリトリス・尿道・膣）複合体」という言葉を使う――厳密にどこで快感が発生するかを知るのは難しい。きわめて局所的な男のオーガズムとは対照的に、女のオーガズムは拡散している。ペニスの挿入によって快感が高まるかもしれないが、それはおもに、クリトリスとの摩擦のおかげであり、クリトリスこそが女のオーガズムの核にある宝玉なのだ。(8)

フロイトがクリトリスを退けたのは、女が自らの性行動の主導権を握ることへの文化的な懸念を反映していたのかもしれない。ひょっとしたら、女が男に指図したり、自分の快感にとって男を無用化したりしかねないから。ペニスの挿入を強調するのは、女に羽目を外させないためだった。アメリカの歴史家トマス・ラカーは、次のように言っている。

クリトリスの物語は、文化の寓話だ。肉体が、それ自体のおかげではなく、実態とは裏腹に、文明にとって価値のある形に押し込められる寓話だ。生物学の言語は、この物語に修辞的な権威を与えるが、神経と肉におけるより深い現実を描き出すことはない。(9)

多くのフェミニストはクリトリスを、力を与えてくれるものと見ている。アメリカの科学ジャーナリストのナタリー・アンジェはクリトリスをよく調律された鍵盤になぞらえ、耳を傾ける気がある女性なら誰にとっても、神々しいバッハの曲を奏でる、としている。[10] それにもかかわらず、クリトリスの機能を簡単に定義することはできない。女のオーガズムは妊娠に不可欠ではないのだから、どんな利点があるのか？　クリトリスは男の乳首と同様に無用だ、女はセックスがドアをノックしたときに受け容れるかぎり、クリトリスを必要としない、と主張する人もこれまでにいた。女がオーガズムに達するのは、進化の幸運な副産物だ、と。アメリカの哲学者エリザベス・ロイドは、次のように述べている。

男性と女性は、胎芽期の二か月間、解剖学的に同じ構造を持っており、その後、違いが生じる。女性がオーガズムを得るのは、のちに男性がオーガズムを必要とするからであり、男性が乳首を得るのは、のちに女性が乳首を必要とするからであるのと同様だ。[11]

生物学者のスティーヴン・ジェイ・グールドはロイドに同意し、クリトリスはペニスの進化に便乗したと考えた。そして、女のオーガズムを「輝かしい偶然」と呼んだ。[12] グールドも、男の乳首と比較している。男の乳首は女の授乳能力の副産物として進化した。強大なゴリラさえ含め、あらゆる霊長類のオスが、必要でもなければ、けっして使うこともない乳首を備えている、と。だが、ほとんどの生物学者は、名残のような特性の存在は認めるものの、自然な特徴が非適応的だとして退けられたときには、疑問を抱く。私たちは、特性というものは何かの理由で存在しているに違いないという第一印象を抱く。私は、ペニスの包皮や虫垂のように、病院で日常的に切除される人間の体の部位についても同じように感じる。もしこれらの部位が、医学界で信じられているようにほとんど何の役にも立たないのなら、進化がとうの昔に取り除いてしまったのではないか？

虫垂については、考え方が変わった。盲腸から突き出ている虫垂は、動物の別個の科で三〇回以上進化しているから、有用でないはずがない。虫垂は、重症の赤痢にかかったあとに消化管を再稼働させるのを助ける、腸内細菌叢を維持していると考えられている。今や虫垂は、体の中できちんと機能を果たしている部位と見なされているのだ。

私は、クリトリスについても同じような主張をしたい。そもそも、あらゆる哺乳動物に見られる。マウスも持っていれば、ゾウも持っている。第二に、クリトリスは「高価」な臓器だ。オスの乳首とは比べ物にならないほど持ち主の体験に関与しており、敏感だ。それは進化によるエンジニアリングの驚異だ。ロイドもグールドも、自説を述べたときには知らなかったが、クリトリスはシグナルを捉える神経終末を何千も持っており、これはペニスに匹敵する。はなはだ太い神経の束がつながっているので、体と心の両方に重要であることが窺える。ペニスよりもいっそう高密度の感覚細胞を備えているのだから、偶然の産物にはまったく思えない[13]。

クリトリスは、セックスを気持ちの良い、中毒性の行為に変えるために進化した可能性が高い。ここでは、好むものを見つけるまでは探し続けるという、積極性に富んだメスの性行動を前提としている。この前提に立てば、多目的のエロティシズムを特徴とする種でクリトリスが大きい理由も説明できる。これは、人間だけでなくイルカやボノボにも当てはまる。イルカとボノボは両方とも、絆づくりや平和的共存のために、頻繁に生殖器を刺激したり、性的な愛撫をしたり、交尾そのものをしたりする。イルカが自然界で知られているかぎり最大のクリトリスを持っているのは、私には偶然とは思えない。[14] また、ボノボがあれほど目立つクリトリスを持っているのも、ただの巡り合わせとは考えられない。ボノボの女の子は、小さなピンク色の指のように、クリトリスが前に突き出ている。やがて、周りの盛り上がった組織の中に埋没して見えにくくなるが、それでも性的興奮状態のときには二倍の大きさになる。いつもは柔らかくてぐにゃりとしているが、硬くなるのだ。ボノボのクリトリスは刺激に対して反応し、先端と軸の部分の両方が硬くなるので、ペニスの勃起のようだ。男との交尾の間、ボノボの女は、しばしば片手を伸ばして相手の陰嚢や自分自身を刺激する。

女は性交がクライマックスに達したときに心臓の鼓動が速くなるが、それは人間に限った現象ではないことが、サルを使った研究室の実験でわかっている。その瞬間に、サルのメスの子宮も収縮するので、マスターズとジョンソンの研究によるオーガズムの基準を満たす。ボノボやイルカで同じ実験をした人はまだいないが、彼女たちもこの試験に合格することは請け合いだろう。[15]

熱烈なGGラビングをしている最中のボノボの女を目撃した人なら誰もが、すこぶる楽しそうに見えることに同意するだろう。女たちは顔を見つめ合ってクリトリスを夢中で擦り合わせながら、歯を剝いて笑顔を見せ、金切り声を上げげる。ヤーキーズ国立霊長類研究センターのスー・サヴェージ＝ランバウは、録画を詳細に調べ、このような交流がどれほど重要かを示した。性的な接触は、いっしょに始めて、共同で行なう。ボノボの男と女が交尾するときには、男の腰の動きは女の表情と発声に応じて速くなったり遅くなったりする。女が目を逸らしたり、あくびや自らのグルーミングによって退屈を伝えたりすると、完全に動きを止めることもある。それとは対照的に、チンパンジーでは、男が体位を決め、目を合わせるのは、女が肩越しに振り返るときだけだ(16)。

快感が得られるという何よりの証拠は、ボノボの女が頻繁に自慰をすることだ。彼女たちは仰向けになり、遠くを見つめながら、手の指か足の指で外陰部をリズミカルに触る。この余暇活動は、典型的な交尾よりもはるかに長く続くのだが、何か得るものがないのなら、まったく理に適わない。

晴れた日には、私が研究しているチンパンジーたちは、私の姿を目にすると喜ぶ。いや、お目当ては私ではなく、私のサングラスだ。彼らは駆け寄ってきて、サングラスに映った自分を見て変な顔をする。サングラスを外して、もっと近くに差し出すように、身振りで私に頼む。類人猿をはじめとする、ひと握りの種だけが、鏡に映っているのが自分であることを理解する。彼らは口を開けて中を覗き込み、指で歯をいじる。女は向きを変えて、臀部を点検する。とくに、膨らんでいるときにそうする。はなはだ重要な体の部位であるにもかかわらず、ふだんは目にする機会がないからだ。男は、けっして向きを変えることはない。彼らは、自分の臀部にはまったく関心がない。

発情期のボノボやチンパンジーの女は、自分がどんな目印を掲げているか、完全に把握しているような印象を与える。体を反らし、勝ち誇ったように生殖器を高々と突き出して歩き回る。必要以上に頻繁に身を屈めて、物を拾い上げる。自己認識のある動物とは、そういうものだ。彼らは自分が他者にどう見えるか、気づいている。逆に、女は自分が誘惑したくない男たちがいる場所では、生殖器を隠そうとすることがある。たとえば、野生のチンパンジーの女は、子供の頃からいっしょに暮らしてきた年長の男たちとの交尾を避ける。こうした、自分の父親かもしれない男たちからは、叫び声を上げながら引き下がるが、もっと年の若い男たちの求愛は何の問題もなく受け容れる[17]。

私が研究しているチンパンジーのコロニーでは、若いミッシーが、そういうかたちでソッコを嫌うようになった。ミッシーは、生殖器が膨らむたびに、いわゆる「カニ歩き」をするのだった。彼女はすっかり背中を丸め、ときには横方向に歩き、膨らんだ生殖器を両脚の間に隠して、ほとんど見えないようにした。これは、難しい。最初私たちは、彼女が病気になったのか、ひょっとしたら、腕か脚を骨折したのか、と思った。だが、まもなく、彼女がこの奇妙な歩き方をするのは二つの条件が満たされたときだけなのがわかった。すなわち、性皮が腫脹していて、ソッコが近くにいるときだ。ソッコは、ミッシーの父親でもおかしくない年齢で、群れのアルファオスだった。ミッシーは彼に関心を持たれるのを避けたがっているのだ、と私たちは推論した。彼女は、現に関心を持たれたときには、しばしば逃げた。この戦術が失敗に終わると、母親のメイが救いの手を差し伸べた。今にも交尾が起こりそうなときに、メイは苦悩の叫びを上げながら駆け寄り、両手で二頭を引き離すのだった。メイ自身はソッコと交尾するのを嫌がらなかったが、娘となると、話は別だった。メイはミッシーの嫌悪に同調した。

どの類人猿の女も、膨れ上がった生殖器の色や形や大きさが違う。その重要性に私たちが気づいたのは、個体の識別を試みていたときのことだ。それまでのじつに多くの研究が行なったように、顔に的を絞る代わりに、私たちは臀部も含めることにした。まず、タッチスクリーンを使ってチンパンジーたちを訓練し、花や鳥など、写っているものが一致する写真どうしを選ぶようにさせた。それが上手にこなせるようになったところで、私たちはチンパンジーの臀部の写真を一枚見せてから、顔写真を二枚見せた。そのうち一方だけが、臀部の写真のチンパンジーの顔だった。彼らはこれらの写真にも、一致の原則を応用できるだろうか?

チンパンジーたちは、正しい顔写真を尻の写真と苦もなく結びつけることができた。彼らは、自分が直接知っている相手の場合にだけ、そうできた。これは意味深長だ。見知らぬチンパンジーの写真ではうまくいかなかったので、彼らの写真選びが、色や大きさや背景といった、写真そのものにかかわる要因に基づいていないことがわかる。彼らの選択は、仲間のチンパンジーについての詳しい知識を反映していたのだ。チンパンジーは、よく知っている個体の全身の様子を頭に入れている、と私たちは結論した。彼らは仲間をじつによく知っているので、誰かの体の一部を、他のどの部分とも結びつけることができるのだ。私たち人間にしても同じだ。たとえば私たちは、人込みの中で後ろ姿しか見えない友人を見分けることができる。[18]

私たちがこの結果を「顔と尻」という題で発表すると、類人猿にこんなことができるとは面白い、と誰もが思った。私たちは、この研究でイグ・ノーベル賞を受賞した。ノーベル賞のパロディであるこの賞は、「まず人々を笑わせ、それから考えさせる」研究を称えるものだ。オランダの霊長類学者マリスカ・クレットによるその後の研究で、私たちはエロティックになった人間の顔についてのデズモンド・モリスの主張に戻り着いた。クレットはタッチスクリーンを使い、人間とチンパンジーの両方で顔と臀部の識別能力を比較した。すると、人間の参加者が人間の臀部を識別するよりもうまく、チンパンジーは自分の種の臀部を識別できた。これは、進化の間に私たちの祖先が臀部をしだいに重視しなくなり、顔へと焦点を移したからだ、とクレットは考えている[19]。

目を惹く類人猿の生殖器は、性淘汰の産物だ。性淘汰は、自然淘汰とは違う。自然淘汰は、迷彩色や、逃走戦術など、生存を助ける特性を優遇するが、遠くからでも見ることができる派手なシグナルは好まない。生存が唯一の目的だったなら、チンパンジーとボノボの、始末に悪い性皮腫脹のような現象は、絶対に出現しなかっただろう。樹上を動き回ったり、座ったりするのが難しくなるのだから。性皮腫脹は、注意を惹く役割しか果たさない。もっとも、これは交尾相手を見つけるうえでは、けっして些細な役割ではない。だからこそ、チャールズ・ダーウィンは第二の淘汰メカニズムを提唱したのだ。

性淘汰は、生存には役に立たないけれど、交尾相手の候補の気を惹くような特性を優遇する。クジャクのオスの飾り羽や、ニワシドリのオスの飾り立てた巣や、鹿のオスの立派な枝角といった、途方もない装飾品や行動が、その好例だ。これらの特性のせいで、オスはハンディキャップを負わされる一方、目立つことができる。彼らが遺伝子プールに残れるのは、メスが気に入ってくれるからにほかならない。いや、メスは気に入るだけではなく、**強く**要求する。色鮮やかな飾り羽が標準に達していないオスや、意に適う歌を歌ったり踊りを踊ったりできないオスは、メスに関心を向けてもらうことを諦めたほうがいい。ニワシドリのメスは、値段を比べてまわる買い物客のようなもので、あたりの巣をたくさん調べてから、交尾に値するオスのもとに身を落ち着ける。自然界の美のほとんどは、メスの嗜好のおかげで存在している。[20]

大半の動物では、オスが華麗で、メスは迷彩を施した冴えない外見をしているのに対して、私たちの小規模なホミニドのトリオ（ヒト、チンパンジー、ボノボ）は、それを逆転させたようだ。私たちは、美化の役割を男から女へと移した。飾り立て、それによって判定されるのは女だ。当然ながら性淘汰は、どちらの方向でも起こりうるが、向きを逆転させるためには、男は率直な好みを持つ必要がある。実際、類人猿の男は、女の臀部に夢中だ。性皮が腫脹した女のすぐ後ろを、五頭以上の男が追い回す光景を目にすることは、珍しくない。腫脹した性皮は、巨大な磁石のようなものなのだ。驚くまでもないが、先ほどのタッチスクリーンを使った実験では、臀部の目利きは女ではなく男だった。

人間の男も、女の体形や臀部、乳房、顔の虜になっている。これらの部位は、男たちに息を呑ませる力を持っている。だから、裸の女を眺める機会を男に提供する場所のほうが、裸の男を眺める機会を女に提供する場所よりもずっと多い。逆に、男と比べて、女は自分の体を意識し、自分の外見を同性の外見と比較することがはるかに多い[21]。現代社会では、女は自分を美しく見せるために厖大な時間とお金を注ぎ込むので、数十億ドル規模のファッション産業や化粧品産業や形成外科産業が、そのニーズに応じている。あるいは、彼女たちの不安感につけ込んでいる、と一部の人なら言うだろう。

人間の女は類人猿の女と違って、妊娠可能であることを示す身体的なシグナルを持たないが、衣服でそれを埋め合わせている。アメリカの女子学生を対象とした、次のような調査があった。自己申告と尿検査に基づいて判断した月経周期のさまざまな時点で、彼女たちの写真を撮った。それを男と女の判定者に見せ、女子学生たちが「より魅力的に見せようとしている」ように見える写真を選んでもらった。すると、自分の魅力を高める努力の程度が、月経周期に沿って変化することがわかった。排卵のピークの頃、写真に写った女たちは、より高級でお洒落(しゃれ)な服を身につけ、肌を多く露出していた。オーストリアで行なわれた調査でも、同じような傾向が見られた。女は妊娠可能なとき、無意識のうちに外見を良くしたり装飾を増やしたりする、と研究者たちは結論した。[22]

そこから疑問が生まれる。類人猿の女も、自分を飾り立てるだろうか？　私の知るかぎりでは、体系的な研究は行なわれていないが、文献にざっと目を通すだけで、自己装飾がどれほどありふれているかがわかる。チンパンジーが、色鮮やかな羽根から死んだネズミまで、変わったものを拾い上げて頭に載せ、その日は一日中、そのように装飾を施した状態で歩き回るのを、私自身もしばしば目にしてきた。彼らは、蔓性植物や木の枝を体に掛けたり、背中に載せたりすることもよくある。そのようなことをするチンパンジーの大半が、女だ。動物の認知能力研究の草分けであるドイツの心理学者ヴォルフガング・ケーラーは、研究対象のチンパンジーたちが、枝やロープや鎖を身にまとったあとに「小鬼のように尊大あるいは大胆に」なったことを記している。[23] ロバート・ヤーキーズも、チンパンジーの青年期の女が、オレンジやマンゴーのような色鮮やかな果物を押し潰し、肩に載せて自分の体を飾る、と述べている。これは、視覚的なシグナルであるだけでなく、香(かぐわ)しいシグナルでもあったわけだ。[24]

ザンビアのあるチンパンジーのサンクチュアリでは、この種の行動が群れ全体のファッションに発展した。ある女が、草の茎を耳に差し込み、まるで宝石のように耳からぶら下げて、歩き回ったり仲間のグルーミングをしたりした。やがて、他のチンパンジーたちも彼女に倣い、草を耳に差し込む

「ファッション」を採用した。記録されている何百もの事例のうち、九割が女によるものだった。[25]

ドレスアップ・ゲームでの自己認識のレベルには、目を見張らされる。手話の訓練を受けたチンパンジーが暮らすある施設では、二頭の女の子が、間違いなく人間を見習って、鏡で自分の姿を点検しながら眼鏡をかけ、リップグロスを塗った。[26]ドイツの科学者ユルゲン・レットマットとゲルティ・デュッカーは、オスナブリュック動物園のスマというオランウータンの女が、自分のケージの近くに置かれた鏡に、自発的に反応する様子を描写している。

彼女はレタスやキャベツの葉を集めると、一枚ずつ振ってから積み重ねた。やがて一枚の葉を自分の頭に載せ、そのまま鏡の所まで一直線に進んだ。鏡の真正面に座ると、鏡に映る「被り物」をじっと見つめ、手で軽く触れて真っ直ぐにし、拳で押し潰した。そして葉を額に持ってくると、体を上下にひょこひょこ動かし始めた。その後、スマはレタスの葉を手にして格子の所［鏡の置いてある場所］にやって来て、鏡に映る自分の姿が見えると、また頭に載せた。[27]

人間の家庭で育った類人猿（幸い、もうそういう飼育は行なわれなくなった）は、うだるように暑い日にも毛布を持ち歩いたり、帽子や鍋、紙袋、キッチン用品で自らを飾ったりする。[28]こうした例はみな、人間の影響を反映している可能性があることは私も承知しているが、フィールド研究現場での観察結果もいくつかある。装飾品は、死んだヘビや殺されてほどないレイヨウの腸といった、あまりきれいでないもののこともある。野生のボノボのある女は、腸をネックレス代わりに身につけているところを目撃された。同様に、タンザニアのマハレ山塊に住むあるチンパンジーの女の子は、ひと切れのサルの皮を結んでから首にかけ、そのまま歩き回った[29]。

男は、物を使って自分の存在感を高めることがけっしてないわけではないが、それは身を飾り立てるのとは違う。たとえば、あるフィールド研究の現場では、チンパンジーの男が研究者の野営地から空の灯油缶を盗み出し、それを打ち合わせてやかましい音を立てた。こうして他のチンパンジーたちの度肝を抜き、彼はまんまと地位を上げた。野生の世界に暮らす類人猿の男は、こけ威しのディスプレイの最中に、大きな棒切れや枝を振り回すことがある。動物園では、男は空のバケツを叩いたり蹴飛ばしてまわったりすることが多い。彼らの「アクセサリー」の選択は、性的魅力とはあまり関係がなく、地位と威圧にかかわっている。

外見を認識したり、自分を飾り立てることに関心を抱いたりするのは、おもに女の特性のように思える。

チンパンジーの女の子たちは、他のチンパンジーの赤ん坊を連れて散歩したり、同年代の仲間と遊んだりするが、大半の大人は、彼女たちにはほとんど注意を払わない。ところが、九歳か一〇歳で初めてささやかな性皮腫脹を起こした途端、万事が変わる。男たちの目が女を追いかけ始める。臀部のピンク色の性皮は、女が月経周期を経るごとに大きくなっていく。同時に、彼女たちは性的に活発になる。最初は大人の男を交尾に誘うのに苦労し、青年期の男としかうまくいかない。関心を示した若い男はみな、彼女たちの飽くことを知らない性的好奇心に精根尽き果てる。一日中求められ続けた挙句に、男のペニスが萎え始めると、若い女が指でつまんで引っ張る光景は、珍しくない。

若い女は、腫脹が大きくなるにつれ、大人の男たちの興味を強くそそり始める。そのおかげで前より優位に立てることを、女はたちまち悟る。一九三〇年代にヤーキーズは、チンパンジーの「夫婦」関係（「夫婦」というのはヤーキーズの言葉だが、この名称は間違っている。なぜなら、チンパンジーは両性の間の安定した絆を欠いているからだ）に関する実験を行なった。ヤーキーズが男と女の間にピーナッツを落とすと、性皮が腫脹している女のほうが、そのような有利な交換材料を持たない女にはない特権を享受することがわかった。性皮が腫脹している女は、苦もなくピーナッツを獲得できるのだった。ところが、性皮腫脹の期間以外では、男がピーナッツの獲得権を握っていた。女は、妊娠可能であることの表れのおかげで、男の優位性を帳消しにできる、とヤーキーズは結論した。[30]

この研究が発表されると、アメリカの詩人ルース・ハーシュバーガーが愉快なカウンターパンチを食らわせた。彼女は、ヤーキーズのおもな研究対象だったチンパンジーの女のジョージーに架空のインタビューを行なったのだ。ジョージーは、自分がペアを組まされた巨大な男が「自然に優位」に立っていたという記述には同意しなかった。何度も実験をするうちに、彼女はその男と同じぐらいの数のピーナッツを獲得した。自分が成功を収めたのは、女の魅力でたぶらかしたからではなく、妊娠可能なときのほうが勇敢で積極的になれたからにすぎない、とジョージーは推論した。彼女がとくに気分を害されたのが、ヤーキーズが説明の中で使った「売春」という言葉だ。「この、売春という見方が、いちばん頭に来る！」[31]

もっとも、ヤーキーズの実験の結果は、異常なものではない。女の月経周期に伴う地位の変化は、自然界でも起こる。ジェーン・グドールは野生のチンパンジーに関して、「腫脹している状態は、当該のメスにとって、さまざまな特権と間違いなく結びついている」ことを指摘している。彼女は印象的な例を挙げている。たとえば、高齢のフローだ。彼女は、普通はグドールのキャンプで提供されたバナナを巡って競うことはけっしてなかった。ところが、性皮が腫脹したときには、大柄な男たちの間に割り込んで、取り分を確保するのだった。[32]

チンパンジーの男の狩猟者たちは獲物を捕まえると必ず、性皮が腫脹した女に優先的に肉を分け与える。そういう状態の女が近くにいると、男たちは狩りにいっそう精を出す。交尾の機会が手に入るからだ。低位の男がサルを捕まえると、女たちが惹き寄せられ、自分よりも高位の男に見つかるまでは、肉と引き換えに交尾する機会が得られる。ギニアのボッソウでは、男たちは狩猟をする機会はほとんどないが、周囲のパパイヤの農園を襲撃する。この危うい企てのおかげで、彼らは美味しい果実を、妊娠可能な女と分け合うことができる。[33]

同じような取引は、ボノボでも起こるが、相手はおもに未熟な女だ。私はかつて、青年期の女が対面交尾をしながら歯を見せて笑い、金切り声を上げているところを写真に収めたことがある。相手は、オレンジを両手に一つずつ持っていた。女は、ご馳走を目にした途端、生殖器を見せたのだった。その後、彼女はオレンジを一個せしめて歩み去った。若いボノボの女の自信が、性皮の腫脹の大きさ次第で変動するのは、まだ大人の男を一頭も支配していないからだ。これは、ボノボの女がチンパンジーの女と同じように、依然としてセックスと引き換えに恩恵を得る交換取引をしていた過去の名残かもしれない。男の支配を覆したあとは、この戦術は魅力を失ったに違いない。ボノボの大人の女の大半は、男に恩恵を乞い求めたりはしない。彼女たちは、欲しいものをただ要求するだけだ。

類人猿の若い女のセックスアピールが強まるのに似た現象が、私たちの種でも見られる。一〇代の女の子の胸が膨らみ始めたときだ。彼女も男の注意を惹きつけるようになり、胸の谷間の威力を知る。また、類人猿の青年期の女と同じように、感情が激しく揺れ動き、大きな不安感に苛まれる。変化していく体が、権力とセックスと競争の複雑な相互作用を促す。外見のおかげで男に対してかつて享受したことがない種類の影響力を手にする一方、望んでもいない関心を向けられたり、リスクが生まれたりする。チンパンジーのミッシーと同じで、女の子も男の嫌らしい視線から体を隠したいと思うかもしれない。さらにややこしいのだが、他の女の子供や大人の嫉妬も募る。これらはみな、紛れもない女の体のシグナルが花開くことでもたらされる。この文脈で、人間と類人猿のおもな違いは、私たちのシグナルのほとんどが隠されている点だ。なにしろ私たちは、生殖器を人前で露出したりしないから。

いや、これは完全には正しくない。マンスプレッディングは、実物を見せることのない、無意識の生殖器誇示かもしれないが、男が実際に生殖器を露出したという話は、まったく聞かないわけではない。男がどれほど頻繁に、頼まれもしないのに自分の生殖器の写真を送りつけたり、まさかこんな目に遭わされようとは思っていない女たちの前で生殖器を引っ張り出したりするかを、私たちは「#MeToo運動」のおかげで知った。他の霊長類の場合と同じで、この種の露出行為は、誘いであるとともに、いじめや威圧の一形態でもある。女も、公衆の面前で乳房や生殖器を露出したり、少なくとも思わせぶりな動作をしたりすることがある。だが肝心なのは、私たちの顔がシグナル伝達の要になったことだ。

私たちの顔には、それぞれの性に特徴的なシグナルが大量に含まれている。だからこそ私たちは、これほど素早く正確に、顔の性別を分類できる。私たちは、がっしりした顎で男を見分けられる。その顎のせいで顔が角張っており、それに比べると、女の顔はもっと卵形に近い。そのうえ、女の目は相対的に大きく、瞳孔も大きい。長い睫毛が、女の目にさらにアクセントを加える。女の顔の特徴（目と唇）も、周りの皮膚との対比が大きい。女は男よりも皮膚が薄くて柔らかい。[34]

まるでこうした自然な違いでは足りないかのように、私たちはそれらを誇張するので、顔は主要な性別標識と化す。男は顎鬚を生やしたり、髪の毛をすっかり剃り落としたり、ときにはその両方をやったりする。顎鬚のない男は、それでも、無精髭を生やすことを好む場合がある。いかつく、凄みがあると見なされるからだ。それとは対照的に、女は髪を長く伸ばす一方、顔に生えた毛はすべて入念に取り除く。こうした傾向の多くは、文化が決めたもので、ここでの私の説明は、欧米に的を絞っている。欧米では、女の唇の上にわずかに生えている産毛さえも、取り除かなければならない。女はまた、眉毛を抜いたりワックスで脱毛したりし、男の濃い眉毛とは違うように見せる。目は、つけ睫毛やマスカラで強調されることもあり、それによって乳幼児の愛らしい目を真似る。女が唇を赤く塗って、実際より厚みがあるように見せる習慣には、何千年もの歴史がある。それはおそらく、古代エジプト人までさかのぼる。彼女たちは、赭土（赤土）やコチニール色素、蠟、油脂などを使っていた。第二次世界大戦中にリップスティックがあまりに高価になったときには、女たちはビートの赤い汁で唇を染めた。

あの手この手を使って顔貌に文化的な修正を加えることで、各自の性別はたいてい広く伝わる。これはすべて、進化の歴史の一部であり、その歴史の中では、直立歩行のせいで性的なシグナルが体の別の部位へと移動することを余儀なくされた。シグナルは後ろから前へ、下から上へと、受けてしかるべき注意を集められる場所に移ったのだった。

人間の顔は性別標識だ。髪型や化粧といった文化的な指標を取り去ったあとでさえ、私たちは顔の性別を瞬時に識別できる。顔の全体的な形状（角張っているか、卵形か）や、目と唇の相対的な大きさなどに、性別が表れているからだ。

第7章
求愛ゲーム
慎み深い女という神話

THE MATING GAME
The Myth of the Demure Female

人々が自尊心について話しているのを聞くと、いつも真っ先に私の頭をよぎるのは、大きなアカゲザルの群れの、自信たっぷりの老ボス、ミスター・スピクルズの姿だ。

私は、ウィスコンシン州マディソンのヘンリー・ヴィラス動物園で一〇年間アカゲザルを研究した。スピクルズは、すっかり自己実現を果たした種類のオスで、名前は顔一面の赤いそばかすに由来する（「斑点」や「しみ」を意味する「speckle」にかけた命名）。彼は岩だらけの屋外の放飼場を威風堂々と動き回り、しきりにグルーミングしたがるメスたちに囲まれていた。脚を大きく開いて横になり、深紅色の陰嚢を見せびらかし、目をつむって、せっせとシラミを取ってもらうのだった。体は他のどのメスの二倍もありそうに見えたが、そのほとんどは体毛だった。彼はいつも、尾を誇らしげに立てて歩いた。他のオスは、けっしてそうしようとはしなかった。少なくとも、スピクルズのいる所では。ところが、彼の地位はメスたち次第でもあった。群れのアルファメスのオレンジは、猛烈に彼を支持した。アカゲザルを含むマカカ属の社会は、本質的にメスの血縁ネットワークであり、上位の母系一族が支配している。

私が「自己実現」という言葉を使ったのは、一世紀ほど前、この小さな動物園のアカゲザルを、心理学者のアブラハム・マズローが研究したからだ。欲求の段階を説明したのが、このマズローだ。私たちは、基本的な欲求（安全、所属、声望への欲求）がすべて満たされて初めて、自分の潜在能力を完全に発揮する自己実現の段階に到達できる、とマズローは述べた。ビジネス・セミナーでは定番になっているこの説が生まれるきっかけは、上位のサルの漂わせる生意気で自信ありげな雰囲気と、社会的序列の底辺近くの個体が見せる、マズローの言葉を借りれば「こそこそした臆病さ」を観察したことだった。マズローは私たちに注意を向け、サルの自信を人間の自尊心に読み換えた。このような自己評価と自己陶酔の取り合わせは、アメリカ文化で共感を呼び、それが今日まで続いている。[1]

ある個体が支配的であるにもかかわらず、他者に依存することがありうるというパラドックスは、おそらくマズローの頭に浮かばなかったのだろう。ほとんどの心理学者と同じで、彼も個体の特性や性格型の観点から考えていた。ところが、支配は社会的な現象であり、個体の中ではなく個体どうしの関係の中で起こる。従うことを拒む者を率いることはできない。だから、スピクルズが群れを支配しているというふうに見る代わりに、群れが彼の支配を受け容れたのだ、と考えるほうがいい。彼は、オレンジを含め、全員の敬意と支持を勝ち取った。そして、なんとも興味深いのは、オレンジがスピクルズを権力の座にとどまらせている間でさえ、彼女の性的関心は、まったくの別問題だった点だ。発情期には、彼女はもっと若いオスたちに惹かれた。

東南アジアの温帯地域が原産のアカゲザルは、秋に交尾し、春に子供を産む。メスが妊娠可能になると、群れの中での生活が一変する。メスは交尾相手のオスを探し求め、オスの間の競争が激しくなる。オスはしばしば、自分より序列が下の者の交尾を中断させる。ある発情期の間中、私はスピクルズとオレンジとダンディの三角関係から目が離せなかった。スピクルズとオレンジは、しっかりと地位を確立していた。鮮やかな色の体毛にちなんで名づけられたオレンジは、群れの中で最も注目されていた。彼女が歩き回ると、いつも他のメスたちは唇を開いて歯を剝き出し、大きな笑みを見せるのだった。マカカ属のサルは、上位の個体をなだめるために、歯を剝いて笑う。そのような笑いは、明確な服従のメッセージを伝えるので、オレンジは自分の地位を相手に思い知らせる必要がなくなる。スピクルズよりもオレンジのほうが、歯を剝いた笑い顔を向けられることがはるかに多かったが、彼女自身はときおりスピクルズに歯を剝いて笑う（そして、スピクルズはオレンジに対して、けっしてそうしない）ので、公式にはスピクルズのほうがオレンジよりも序列が上だった。[2]

ダンディはハンサムな元気いっぱいのオスで、年齢はスピクルズの半分にも満たなかった。彼は並ぶ者のないスピードと敏捷さで、屋外の広大な放飼場を駆け回り、金網の屋根を逆さで上り下りした。アルファオスのスピクルズには、とうてい真似のできないことだった。スピクルズは体が硬く、動きが緩慢で、すぐに息を切らした。彼はダンディの扱いに手を焼いていた。ダンディはときどきスピクルズの目の前で飛び跳ねたり、スピクルズに威嚇されても一歩も引かなかったりして、彼を挑発した。そういう場面が展開するたびに、オレンジは落ち着き払って二頭に歩み寄り、スピクルズの隣に位置を占めるのだった。ただ彼の脇に控えているだけで十分だった。なぜなら、ダンディはこの対決にまったく勝ち目がないことを承知していたからだ。メスは全員、オレンジに加勢する。アカゲザルの厳格な階層制の中では、アルファメスに逆らうという選択肢は存在しない。

ところが発情期には、オレンジは交尾相手としてはっきりとダンディを求めた。スピクルズはそれを妨げるため、ダンディを追い払おうとする（だが、けっして捕まえることはできなかった）が、オレンジはあっさりとダンディのもとに戻ってきて、いっしょに過ごすのだった。二頭は数日にわたって身を寄せ合い、オレンジがときどきダンディを促してその気にさせた。彼女は臀部をダンディに突き出し、彼が背乗り（マウンティング）できるようにする。この配偶関係が長続きすればするほど、スピクルズは二頭に遠慮するようになった。ときどき彼は自ら進んでその場を去って、しばらく屋内に入り、愛し合う二頭が何の心配もなく交尾できる機会を与えた。当時の日誌を読むと、若い科学者だった私が当惑していたことがわかる。なぜスピクルズはその場を去るのか？　私はあれこれ推論した。彼は「面目を保とう」としているのか？　二頭が交尾するところを目にするのが耐えられないのか？　ひょっとしたら、ストレス管理を行なっているのかもしれない。発情期の終わりには、スピクルズは体重が二割も減っていた。

私たちは、サルの社会生活を類人猿の社会生活に比べて単純なものと見ることが多いが、私はサルの程度の高さをけっして見くびってはならないことを学んだ。先ほどの三角関係では、オレンジが二つの好みのバランスを慎重にとっていた。一つは政治的リーダーシップに関する好み。もう一つは性的欲望に関する好みだ。彼女はこの二つを絶対に取り違えなかった。私は二度、ダンディがオレンジがそばにいるのをいいことに、スピクルズに挑むのを目にした。二度とも、オレンジはただちに若い「恋人」をたしなめた。念のため、ダンディの母親まで攻撃した。まるで、彼の一族全員が分をわきまえるべきであることを強調するかのようだった。

私たちのチームは、スピクルズが他のどのオスよりも頻繁に交尾するのを観察したが、産ませた子供が多かったわけではない。なぜわかるかといえば、この群れは八年にわたって、霊長類学では最初期の父子関係研究の対象だったからだ。霊長類学者は従来、アルファオスは自分の遺伝子を広めるのに成功する個体だと考えていた。だが、そう主張するにあたって、観察された性行動だけを頼りとしていた。あるオスが交尾するのを見かける回数が多いほど、そのオスは多くの子を残す、と考えられていた。ところが、この前提は誤りだったことがわかった。アルファオスは平気で公然とメスにマウンティングするものの、他のオスたちもしばしば、目につかない場所や夜間に事に及ぶのだ。

当時はまだDNAテクノロジーが利用できなかったが、私たちの霊長類センターの科学者たちは、新生児の血液型を、父親の可能性のあるサルの血液型と比較した。すると、オスの序列と、産ませた子供の数との間に、緩やかな相関関係があることがわかった。アルファオスはたしかに平均を上回ったが、私たちが予想していたほどの成功は収めていなかった。ダンディのような将来有望なオスのほうが、多くの子を残すこともあった[3]。

オスの序列だけが求愛ゲームの要因ではない。メスの好みも要因となるのだ。これは、長い間見過ごされていた。一つには、メスの選択はオスの大げさな誇示行動よりも目につきにくいからだ。オレンジに罰せられずに行動できるメスはほとんどいなかった。メスたちの性的な好みがオスの序列と一致していないと、危険を冒すことになるからだった。序列の低いオスとの逢引きには、回避戦術が必要だ。それは、「内密の交尾（スニーク・コピュレーション）」と呼ばれ、茂みの陰で、あるいは、アルファオスが寝ている間に行なわれる。霊長類の群れは、禁じられた性行動であふれている。私は、この筋書きがチンパンジーの間で展開するのをしばしば眺めてきた。

男から数メートルの所で、女がさりげなく草の中に横たわり、腫脹した性皮を彼の方に向ける。彼女は、何の問題もないかのように、肩越しに振り返る。男はそわそわと周りを見回し、上位の男があたりにいないかどうか確認する。性皮が腫脹している女の近くにいること自体が危険なのだ。選ばれた男はゆっくりと立ち上がり、特定の方向にぶらぶらと去っていくが、ときどき止まっては、こっそりとあたりを見回す。数分後、女は違う方向に歩み去る。女は、男がどこに行ったかを正確に知っており、ぐるっと迂回して彼と落ち合う。二頭は目につかない場所で素早く交尾を済ませると、別々の道筋でそこを離れる。好奇心に満ちた数頭のチンパンジーの子供と、人間の観察者以外、誰も気づかない。二頭の策略は見事なまでに協力的なもので、女は声まで潜める。チンパンジーの女は、交尾のクライマックスでたいてい声を出すが、密会のときには、まったく声を漏らさない[4]。

メスの選択の役割が軽視されてきた第二の理由は、文化的なものだ。生物学の分野と社会全般の両方で、動物のメスも人間の女も、生まれつき受け身で内気だとされてきた。いや、それだけではない。メスは、受け身で内気で当然と思われていた。例外があれば、軽視されたり見過ごされたりした。誰が交尾し、誰がしないかは、オスが決めることと見なされた。メスは、簡単には相手を受け容れないふりをし、数頭の求愛者のうちで最も好ましいオスを選ぶことはあるかもしれないが、メスが性的なイニシアティブを持つというのは、以前の生物学の説にはない発想だった。

ダーウィンがもっと幅広い見方をすでに提示していたことを踏まえると、私たちがこれほど長い間このように考えていたのは、嘆かわしい。ダーウィンの見方は、一世紀以上も無視されたり抑え込まれたりしてきた。ダーウィンも、当時のイギリスで一般的だった、女についての否定的な意見を持っていたかもしれない。とくに、知的能力に関しては。それでも彼は、メスが進化に果たす役割に関しては、時代のはるか先を行っていた。彼は、メスの行為主体性を強調した生物学者の第一号だった。他の人がみな、メスはオスの生殖を助ける単なる道具だと見ていたのに対して、ダーウィンは性淘汰の説をまとめ上げた。その説によれば、自然界の鮮やかな色や心地好い鳴き声は、男の行動や装飾や武器に対するメスの好みのおかげだという。メスは、いちばん良いものを持ったオスと交尾することによって、進化の舵取り（かじと）をする。ダーウィンの同時代人たちは、この考え方を嘲笑（あざわら）った。それがメスにきわめて重要な役割を割り振ったからだ。イングランドの生物学者セント・ジョージ・マイヴァートは、「女性の咎むべき気まぐれははなはだしいので、その選択的な行動によって不変の特色は生み出しえない」と確信していた。マイヴァートは事実上、不道徳な説を提唱しているとしてダーウィンを非難していたわけだ。[5]

批判者たちは、女を信頼していなかったのに加えて、「獣」には選択の自由がないと感じていた。鳥のメスや、他のどんな動物も、物事を一つでも決められると考えるのは、明らかに不合理だというのだった。この見方は、二〇世紀に動物の知能全般が低く見られていたせいで、さらに強まった。動物は、本能と単純な学習によって駆動される機械として説明されていた。レバーを押すラットや、刺激に反応して嘴（くちばし）でつつくハトでいっぱいの実験室で、動物たちがいかに愚かかが実証された。彼らが選べるのは、せいぜい何を食べるかぐらいのもので、何についてであれ細やかな選択ができるだろうと思うのは馬鹿げていた。

人類学者たちも、助けにならなかった。彼らは女を、男のゲームにおける、いちばん位の低い駒にすぎないと見ていた。支配的な説は、娘や姉妹を男の財産としていた。彼女たちは、家父長制の集団どうしの同盟関係を強固にするための、「最高の贈り物」として交換された。この態度の象徴的な名残が、依然として結婚式で見られる。花嫁が父親によって新郎に「与えられる」のがそれだ。(6)

求愛ゲームはオスの間で行なわれ、メスはそのゲームの受動的な対象であるという見方は、証拠がないにもかかわらず、相変わらず非常に人気がある。だが、科学はこの見方の欠陥を暴き始めている。その第一弾は、ダーウィンが着想を得たのと同じ動物、つまり鳥に関する研究だった。科学者たちは一九七〇年代にハゴロモガラスの個体数を抑制しようとした。彼らはオスの一部に精管切除を行ない、メスが産む卵が無精卵となることを予想した。ところが、それらのオスの巣から取った卵を温めると、驚くほどの数が孵化（ふか）したので、彼らは肝を潰した。(7) いったい誰が受精させることができたのか？ ひょっとすると、精管を切除されていない近隣のオスが、哀れなメスたちの所に押しかけてきたのか？

当時、メスは受動的であるという考え方がすっかり定着していたので、研究者たちはつがいでない相手との交尾は、不本意なものでしかありえない、と考えた。ところが、鳥類学者たちが調べれば調べるほど、父親が違う卵がたくさん見つかった。しかも、メスは侵入者に襲われた犠牲者であるという考え方が崩れ去った。無線追跡で鳥たちを追うと、真実が浮かび上がった。クロズキンアメリカムシクイを研究していたカナダの鳥類学者ブリジット・スタッチベリーは、メスたちが積極的に第三者を追うのを目にした。彼女たちは巣から離れ、まるで交尾相手の候補に、「ほら、私はこっちにいますよ！」とでも告げるかのように、大きな声で鳴くのだった。[8]

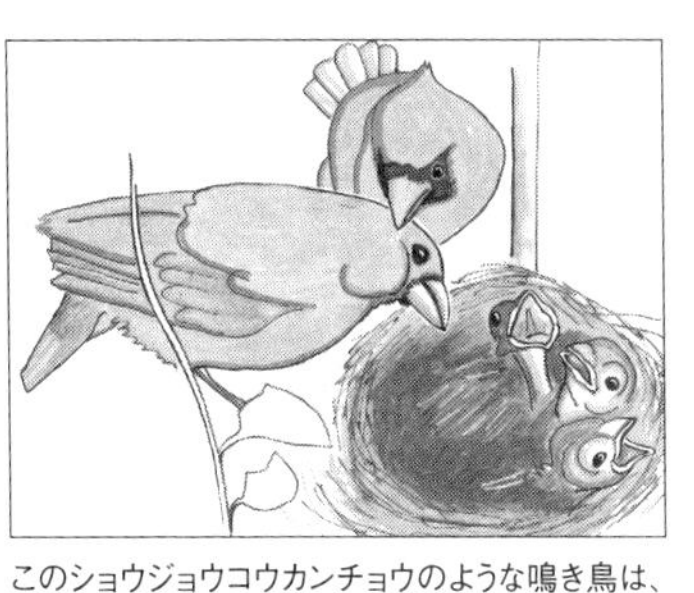

このショウジョウコウカンチョウのような鳴き鳥は、一夫一婦制の鑑としてしばしば称えられる。ところが、複数の父親の卵を孵（かえ）している場合が多いことが、DNA検査によって明らかになっている。メスは、オスと同じぐらい性的に大胆だ。

鳥の一夫一婦制は従来、人類にとって鑑（かがみ）として称えられてきただけに、こうした観察結果はなおさら衝撃的だった。一世紀前、あるイングランドの牧師は、ありふれたヨーロッパカヤクグリのつがいの絆を、非の打ち所のない例として称讃した。もし私たちが、この愛らしい小鳥たちのように振る舞ったなら、誰もがもっと幸せになるだろう、と彼は信徒たちに語った。だが、この牧師は素人博物学者ではあったものの、その見方は現実離れしていた。彼は、ヨーロッパカヤクグリの世界的な専門家であるケンブリッジ大学のニック・デイビスからその後私たちが学んだ事柄を知らなかったのだ。デイビスは、ヨーロッパカヤクグリの「三羽婚」や浮気を数多く記録し、それがオスだけの行為ではないことをはっきりさせた。ヨーロッパカヤクグリのメスも、活発なセックスライフに積極的にかかわっている。もし人々が例のイングランドの牧師の助言に従っていたら、「教区は大混乱に陥っていただろう」とデイビスは推測している。[9]

鳥のメスの性的欲求は、はなはだしく過小評価されているので、それを認めるとたっぷりお金が転がり込んでくる。ヨーロッパでも中国でも人気スポーツである鳩レースは、バルセロナからロンドンへ、あるいは上海から北京へ、という具合に長距離で行なわれる。真っ先に帰り着いた鳩が高額の賞金を勝ち取る。インタビューのときにメスの性欲を挙げたのが、ニュー・キムという鳩のベルギー人所有者だった。この鳩は、中国人の億万長者が二〇〇万ドル近くで買い取った。鼻高々のこの鳩愛好家は、競技者が昔から「やもめ暮らし」というテクニックを鳩のオスに使うことを説明した。レースの数日前、競技者は鳩のオスをつがいの相手から引き離し、帰巣の意欲を高める。ニュー・キムはメスだったが、所有者は彼女にも同じテクニックが有効であることに気づいた。彼はニュー・キムに、つがいの相手と数日間交尾させずにおきながら、相手の姿は見えるようにしておいた。他の鳩よりも速く飛ばさせるには、それが唯一の方法だ、と彼は語った。そうすれば、ニュー・キムはつがいの相手と「浮かれ騒ぐ」ために巣に戻ってきたくて仕方なくなるからだ。[10]

鳥のメスが性的欲求を持っていると認めることで、「ダーウィニアン・フェミニズム」の舞台が整った。「ダーウィニアン・フェミニズム」というのは、アメリカの生物学者パトリシア・ゴワティが一九九七年に造った言葉だ。この呼び名は矛盾しているように聞こえかねない。なぜなら、人間は鳥やミツバチとはかけ離れていると考えているフェミニストが多いからだ。彼らは、進化論の科学と、それが遺伝学を重視する姿勢は、自分たちの理念にはあまり好意的だと思っていない。だが、フェミニストの生物学者を含め、生物の研究者にとって、フェミニズムは生物学とのつながりを免れない。なにしろ、そもそも二つの性がなければ、フェミニズムの出る幕などないのだから。では、なぜ二つの性があるのか？　それは、有性生殖のほうが、その代替手段、すなわちクローン作成よりもうまくいくからだ。もし私たちがクローン作成を行なう種だったら、誰もがそっくりで、同じように自己複製するので、男女の不平等などなくなるだろうが、途方もない代償を払わされるだろう。

有性生殖が、一〇億年以上前に植物と動物の両方で進化したのには、もっともな理由がある。有性生殖はあまりに普遍的なので、それについてわかっていることの大半は、私たち自身の種には由来しない。たとえば、遺伝の法則は、エンドウ豆を栽培していたシレジアの修道士によって発見された。ふた親が繁殖にかかわると、新しい世代が誕生するごとに遺伝子が交ざり合い、子孫は新しい遺伝子の組み合わせを持つことができ、変化する環境や新しい疾患に対応する準備が整う。有性生殖のおかげで、私たちは遺伝的な柔軟性を持つことができる。

有性生殖がなければ、私たちは平等になれても、多くの子孫を残すことはできないだろう。

ダーウィニアン・フェミニズムは、両性間の相互作用が進化を推し進める過程を、より包括的に説明することを目指す。とはいえ、このテーマに関心が向けられて当然である理由は、いつも理解されていたわけではない。ゴワティは一九九〇年代に、ケンタッキー州で開かれた女性学ブログラムのセミナーに参加し、繁殖に対する男女の貢献を比較した。それを聞いて腹を立てた人が、そのあと彼女に詰め寄り、進化の話は的外れだ、と言い張り、ゴワティが述べたことは、女性の性行動に対する男の恐れで一つ残らず説明できる、と主張した。この見方は、それほど突飛ではなかった。なにしろ、フロイトはクリトリスを見下していたし、鳥のメスの性行動はなかなか認められなかったし、ヒトの進化の物語から「精根尽き果てさせる」ボノボを消し去る試みもなされたのだから。社会は、女の性行動を歓迎しない。そして、科学界の男たちは、女の性的衝動を箱に押し込めて鍵をかけ、そのカギを捨てようとした。[11]

ゴワティとその批判者は、ともに正しかった可能性がある。ほとんどの人は、日常的な心理のレベルで考える。だがそれは、進化のアプローチとは大違いだ。進化を理解するためには、今ここで行動を促しているものから一歩下がることが欠かせない。進化生物学者は、動機やイデオロギー、幼少期の躾（しつけ）、経験、文化、ホルモン、感情など、私たちの意思決定にかかわるものを考える代わりに、何百万年の単位で物事を捉える。彼らは長期的に考え、「進化のヴェール」の向こうを覗いて、行動の遺伝的背景を考察しようとする。その行動は、生存と繁殖をどのように促進するのか、という具合に。彼らは、行動者の動機を気にかけたりしないし、行動者が自分の行動の長期的な恩恵をはたして知っているかどうかにも関心がない。[12]

それに関連した例がセックスだ。私たちは二つの理由からセックスをするが、その瞬間に私たちを促すのは一方だけだ。それが、最初の理由である、性的魅力と性欲だ。激しい身体的な変化が起こって私たちは充血し、潤い、性交と呼ばれるアクロバット行為の準備が整う。目的は、衝動を満たし、快感を経験し、社会的緊張を解消し、優しい気持ちを示すことなどだ。これらは好色な動機であり、誰もが馴染みがあり、理解している。

セックスをする二番目の理由は、ヴェールの向こうに隠れている。それが、セックスが存在する理由であり、挿入して突き立てる奇妙な手順を、私たちが他のあれほど多くの種と共有する理由になっている。セックスは、精子と卵子が出合って受精卵を生み出すようにする手段だ。だが、この出合いは私たちの動機に含まれていない。意図的に妊娠を引き起こそうとしているときを除けば、セックスの間、繁殖は私たちの頭にない。だから、セックスのあとに服用する緊急避妊薬（アフターピル）を誰かが発明しなければならなかったのだ。

動物の場合には、進化のヴェールはいっそう厚い。そして、不透明だ。私たちの種以外に、セックスが子孫の誕生につながることを知っている種が一つでもあるという証拠はない。完全に可能性を排除するわけにはいかないが、おそらくセックスと子供の誕生との間は長過ぎて、他の種は両者を結びつけられないだろう。つまり、繁殖という目的は、セックスを促してはいないということだ。私たちは動物の性行動を「繁殖（ブリーディング）」と呼ぶものの、これは動物たちではなく、あくまで私たちの見方にすぎない。彼らにとって、セックスはただのセックスだ。母親は明らかに子供たちを知っている。自分で産んで、授乳したからだが、これは受精についてのどんな知識にも基づいていない。父親にいたっては、さらに無知だ。

これほど理解が限られていることを考えると、まるで動物たちが現に知っているかのように自然ドキュメンタリーで描かれるのは苛立たしい。二頭のシマウマのオスが後ろ脚で立ち上がって、蹴り合ったり噛み合ったりしている場面を見せながら、ナレーターが権威ある口調で次のように言ったりする。「このオスたちは、どちらがメスを受精させるかを巡って争っています」。だが、シマウマのオスたちは、精子や卵子、遺伝子、妊娠の仕組みは知らない。彼らはどちらがメスにマウンティングするかを巡って闘う。それだけのことだ。誰が子孫を残すかは、彼らの知ったことではない。私たち生物学者だけが、そのヴェールの向こうを覗いて、どちらのオスが自分の遺伝子を伝えるかという観点で考えるのだ。

おそらく何千年も前のことだろうが、いつとは知れないある時点で、私たちの祖先は、妊娠にはセックスが必要なことに気づき始めた。だが、両者が厳密にはどうつながっているのかは、先史時代と私たちの歴史の大半を通して、不明瞭であり続けた。

オランダの科学者アントニ・ファン・レーウェンフックは、おおいにためらったあと、罪悪感をたっぷり覚えながら、自分の精液を、彼の新発明である顕微鏡で見てみた。そして、何千もののたうつ「極微動物」を発見した。これは一六七七年の出来事であり、そこから、現在の私たちの知識がどれほど新しいものかがわかる。ダーウィンは、遺伝子のことも、両親の遺伝子の相互作用の仕方も、知らなかった。彼は、卵子と精子は全身から情報を受け取るものと考えた。その情報が混ざり合って次の世代へと受け継がれるのだ、と。近代的な遺伝学が、この「パンゲン説」などにようやく取って代わったのは、エンドウ豆を研究した修道士のグレゴール・メンデルの法則が、一九〇〇年に再発見されてからだった。[13]

もっとも、私たちの仲間の霊長類は、繁殖にかかわるさまざまな面のどれ一つとして知らないということではない。メスたちは実際、妊娠と分娩と授乳を直接経験する。とりわけ、年長のメスはおそらく、妊娠したメスが経る段階をすべて知っているだろう。だが、直接の経験がない個体でさえ、私たちが思っている以上に物知りかもしれない。私は、オマキザルの若いオスのヴィンセントを見ていて、初めてそれをうすうす感じた。彼は、いちばん仲の良いメスのバイアスに歩み寄ると、片耳を意図的に彼女の腹に当てた。一〇秒ぐらいだろうか、そうしていた。その後の日々にも、彼が同じことを数回するのを私は見かけた。その時点で、私はバイアスが妊娠していることは知らなかった（オマキザルの妊娠に気づくのは難しい）が、数週間後、彼女は背中に小さな新生児を乗せていた。ヴィンセントが匂いで妊娠に気づいていた可能性は低い（私たちと同じで、サルはおもに視覚に頼る）が、バイアスと身を寄せ合っているときに、胎児が動くのを感じることができただろう。彼は、胎児の鼓動を聞きたかったのではないか。

メスたちが草を食み続けるなか、熾烈な争いを展開する2頭のシマウマのオス。このような争いは交尾を巡るもので、繁殖とは間接的にしか結びついていない。シマウマは、セックスと繁殖のつながりを知らない。

私は類人猿も、妊娠している女に同じような関心を抱くことに気づいた。類人猿も仲間のお産を助けるので、誰かが妊娠すると、そのあとどうなるのかを知っているようだ。それでもまだ、繁殖の仕組みを把握していることにはならない。霊長類の行動の、進化に基づいた説明を論じているときにはいつも、彼らが知っていることと、私たちが知っていることとの区別がきわめて重要になる。

そして私たちの種も、セックスが赤ん坊と結びついていることを知っているとはいえ、行動の起源のほとんどは、進化のヴェールに包まれたままなのだ。

五世紀の修道士、聖シメオン・スティリテスは、シリアのアレッポの近くにある塔の上で、三七年間過ごしたと言われている。彼の伝記作家は、次のような話を記している。この聖人が本物かどうか疑う人の一人が、売春婦を雇って、彼の貞節を試させた。シメオンは、ひと晩中その誘惑と闘った。売春婦が近づいてくるたびに、彼は自分の指を一本、ロウソクの炎に差し込むのだった。激痛のおかげで、彼は性欲に屈せずに済んだ。彼はなんとか誘惑に抗うことができたが、翌朝には、指が一本も残っていなかったという[14]。

この出所の怪しい話は、性欲を浮き彫りにしようとしている。通例、男の性的欲求は、あまりに強いのでほとんど制御不能であり、明快に視覚に訴えるものによって簡単に引き起こされる、というふうに描かれる。それとは対照的に、女の欲求は流動的で、状況に左右され、周期に縛られている、と言われる[15]。執拗な欲求のおかげで、途方もない数の子供を残す男もいる。モンゴルの征服者チンギス・ハーンから、モロッコのスルタンの「血に飢えた」ムーレイ・イスマイルまで、有名な例には事欠かない。『男性の性的能力のためのチンギス・ハーン・メソッド（*Genghis Khan Method for Male Potency*）』と題するセルフヘルプ本まである。

同じことは、他の動物たちにも当てはまるかもしれない。ゾウガメのディエゴは、たった一頭で自分の種を絶滅から救った。自分が属する種の数少ない残存者だった彼は、繁殖プログラムのために、アメリカの動物園からエクアドルのガラパゴス諸島に移された。ディエゴがたゆむことなく交尾に励んだおかげで、わずか一五頭だったゾウガメは、二〇〇〇頭まで増えた。一〇〇歳を超えた今も、ディエゴは現役だ。

バーガース動物園では、毎朝チンパンジーたちを屋外に放つ前に、私はしばしば夜間用の飼育舎を訪れた。性皮が腫脹した女がコロニーにいると、男たちの目が輝いているのを見ることができた。彼らは夜間、女たちとは隔てられているにもかかわらず、昼間に巡ってくる機会を痛いほど意識して胸を躍らせており、外に出てその女のそばで一日中過ごしたくてうずうずしていた。だから、自分の周りで起こっていることは、ほとんど頭に入ってこなかった。彼らの目の前で私がバナナを振ってみせても、ろくに気づきもしなかった。チンパンジーの男は、このようにセックスで頭がいっぱいの状態のときは、何日間も何も食べずにいられる。彼らにとっては、セックスのほうが食べ物よりも優先順位が高いのだ。一方、女は交尾の最中にさえ、それまで食べていたものをかじり続けることがある。

霊長類のオスの性的なスタミナには、肝を潰しかねない。世界チャンピオンは、あるベニガオザルのオスに違いない。彼は六時間で五九回交尾し、毎回射精した。さすがにこれほど極端ではないが、チンパンジーの男も盛んに交尾する。イギリスの霊長類学者のキャロライン・トゥーティンは、タンザニアの野生の世界でチンパンジーの交尾を一〇〇〇回以上観察した。平均で一時間に一度射精する男がいた。若い男のほうが年長の男よりも射精の回数が多かった。多くの霊長類の種で、メスよりもオスのほうが多く自慰をし、どんなときにもセックスをする用意があるようだ。[16]

私たちの種では、男は七秒に一回セックスについて考える、としばしば言われる。男、それも若い男はとくに、たいていセックスのことを考えているのは確かだが、七秒に一回というのは馬鹿げているように思える。一日に換算したら八〇〇〇回になるのだから！　この数字の出所は、おそらくキンゼイ研究所だろう。この研究所の古い調査では、たいていの男が毎日セックスについて考えるのに対して、大半の女は考えないという結果が出た。

とはいえ、男女がこれほど違っていると言われて、誰もが納得するわけではない。最近の研究は、女の性的欲求が男の性的欲求に匹敵するかもしれないことを示唆しているのだ。では、この違いにはどんな証拠が実際にあるのだろうか？[17]　二〇〇一年にアメリカの三人の心理学者が、この問題についての学術的で包括的な総説論文を発表した。主執筆者のロイ・バウマイスターは、証拠を集める前は彼と共同執筆者たちの意見が分かれていた、としている。キャスリーン・カタニースは、違いはないと予想して、バウマイスターの言葉を借りれば、フェミニズムの「党方針」を堅持した。キャスリーン・ヴォースは態度保留で、バウマイスター自身は、男の欲求のほうが強いのではないかと考えていた。三人は、男女の性的な思考と行動に関するデータを求めて、何百件もの科学的な報告を徹底的に調べにかかった。欲求が強いほど、エロティックな空想が多く、セックスのためにより多くの危険を冒し、より多くのパートナーを探し求め、セックスができないとより大きな苦しみを感じ、より頻繁に自慰をする、というのが彼らの前提だった。性科学者たちは、自慰の頻度を性的衝動の最も純粋な尺度と考えることが多い。自慰は、パートナーが得られるかどうかに左右されず、妊娠や感染症の恐れとも無縁だからだ[18]。

一〇ほどの尺度で、男のほうが例外なく強い欲求を示した。自慰を不可とする文化は、男をはっきりと標的にしている（失明したり、正気を失ったりするという脅迫までなされる！）にもかかわらず、男のほうが女よりも多く自慰をする。また、男性は女性よりも、長い間セックスをせずにいるのを難しく感じると報告する。これは、聖シメオンのように、貞節の神聖な誓いを立てた人々にさえ当てはまる。カトリックの司祭は、修道女よりも頻繁に禁欲の誓いを破る。バウマイスターが自身のブログで楽しげに要約したとおり、「これで決まり。男性のほうが女性よりも好色だ[19]」。

それでもやはり、女の性的欲求について言われていることの多くは、改める必要があるかもしれない。社会の定める道徳基準は男女によってはなはだ異なるので、バウマイスターらが調べたものも含め、人間の研究は額面どおりに受け止めるわけにはいかない。私たちの二重基準は、不特定多数の人とセックスする女に、「ふしだらな女」、「身持ちの悪い女」、「売春婦」、「自堕落な女」といったレッテルを貼る。こうしたレッテルには、強い非難が込められている。それに対して、大勢の女とセックスをする男に貼られる、「女たらし」や「女癖の悪い男」といったレッテルは、ウインクしながらささやかれることが多い。

社会の偏見を回避しようとする研究者にとっての最大の障壁は、社会科学が質問紙に頼っていることだ。セックスのようなデリケートなテーマに関する場合にはとくに、自己報告は真に受けるのが難しい。変質者や蔑（さげす）むべき人間であるような印象を与えたがる人などいないから、特定の種類の行動は、自動的に過少申告される。逆に、過剰に報告される種類の行動もある。データが明らかに怪しい場合もある。たとえば、男のほうが女よりも性的パートナーの数が多いことはよく知られている。そして、その違いは数人ではなく、それよりもはるかに多い。一例を挙げると、あるアメリカの調査では、男が生涯に持つパートナーの数は平均で一二・三人だったのに対して、女の場合は三・三人だった。他の国でも、同じような数字が報告されている。だが、こんなことが、どうしてありうるだろう? 男女の比率が一対一で、人の出入りのない集団では、これは不可能だ。男は、いったいどこでこれほど多くのパートナーを見つけるというのか? 多くの科学者が、この謎を解こうと頭を悩ませてきたが、そのうちで最も創意に富むアプローチは、問題の根源の可能性が高いものに狙いをつけた。すなわち、誠実さの欠如だ[20]。

ミシェル・アレクサンダーとテリ・フィッシャーは、アメリカ中西部の大学で、偽物の嘘発見器に学生をつないで、彼らの性生活について質問した。真実が明るみに出ると錯覚した学生たちは、前の調査とはまったく異なる答えをした。女たちは、もっと自慰をしていることや、もっと多くの性的パートナーがいることを、突如として思い出した。前の調査では、女は依然として男より少ない数を挙げたが、偽の嘘発見器を使った二度目の調査では、そうはならなかった。こうして、報告された性的パートナーの数が男女間で食い違う理由が、今や明らかになった。男はパートナーについて語るのを気にしないのに対して、女はその情報を口外しないのだ[21]。

動物研究でも、これに相当する議論が激しく戦わされてきた。そこでも同じようなバイアスが働いている。だが幸い、それは質問紙に頼っているからではない。

これは、最も根本的な性差にさかのぼる。それは、生物学者が性を定義するときに使う違いだ。私たちの基準は、生物の外見でもなければ、生殖器の形でもなく、「配偶子」という生殖細胞の大きさだ。配偶子には二種類ある。大きいほうは卵子であり、それを生み出す個体がメスとされる。小さくて、運動能力を持っていることが多い配偶子が精子であり、それを生み出す個体がオスとされる。ヒトの場合、卵子は精子の一〇万倍の体積があり、だから科学者は、精子は安く、卵子は高価だと言う。

さらに、哺乳類のメスは長い妊娠期間を送り、子供に授乳するが、オスはそれほど貢献せず、まったく何もしない場合もある。親としての投資におけるこの違いの結果として、子供を最多にする法則は、両性間で異なる。メスにとって、最大の数は、自分の体が成し遂げられることによって限られている。それとは対照的に、オスの場合、体は精子を作るだけでいい。彼にとっての制限要因は、自分が受精させられるメスの数だ。だから、オスはメスよりも、はるかに多くの子を残せる。人間の場合で言えば、一〇〇人の女とセックスする男は、原理上は一〇〇人の子供を持つことができる。一方、女は一〇〇人の男とセックスをしても、一度に産める赤ん坊は、依然として一人であり、二人以上産むことは稀だ。女は、一生のうちに持てる子供の数が限られている。

進化は、子孫の数によって促進される。多ければ多いほど良い。科学者はこれを念頭に置き、前述の性差は乱交型のオスと選り好みするメスを生み出すはずだと考えた。オスは熱心で身持ちが悪く、できるだけ多くのパートナーに受精させようとする。メスは好みがうるさくて抑制的で、確実に最上等の男の子を妊娠しようとする。この進化のルールブックは、「ベイトマンの原理」として知られている。これは、イギリスの遺伝学者で植物学者のアンガス・ベイトマンが一九四八年に定めたもので、彼はそれをショウジョウバエを使った実験で裏づけた。メスのハエは、どれだけの数のオスと出会ったかに関係なく、同じ数の子を残したが、オスはより多くのメスに出会うことで、子供の数を増やした。ベイトマンの原理は依然として、自然界における行動面での性差の金科玉条であり、議論の余地のないものとして、生物学と進化心理学の何百万もの学生に教えられている[22]。

これらの考え方は、しっかり確立され、自明とされているので、進化した人間の行動に関する文献のいたるところに出てくる。ここで、アメリカでも有数の社会生物学者E・O・ウィルソンの言葉を紹介しよう。「オスは、攻撃的で、性急で、気まぐれで、無差別だと得をする。理論上、女は内気で、最高の遺伝子を持つオスが見つかるまで思いとどまるほうが有益だ。……人間はこの生物学の原理を忠実に守る[23]」

とはいえ、両性の求愛ゲームのやり方に関するこの区別は、輝きを失った。とくに、メスについては。ベイトマンの原理のオスの側は、問題になっていない。シマウマのオスが示すような好戦性は、オスがメスを勝ち取る助けになるという、有力な証拠がある。オスは互いに相手を威圧したり、良い地位を得ようと立ち回ったり、相手を押しのけようとしたり、縄張りを確保したりしようとする。ときには殺し合うこともあるが、たいていは勝ち負けの問題にすぎない。当然ながら、注意しなければならないことがある。あらゆるオスがこうであるわけではないし、他の戦略を推し進めるオスもいるが、全体としては、オスはこのようにして自分の遺伝子を広める。勝者の意欲的な気質は、息子たちに受け継がれ、彼らも同じ行動を普及させる。人間の男もこのパターンを免除されてはおらず、有性生殖が誕生して以来ずっと、このパターンは各世代で繰り返されてきた。

ところが、ベイトマンの原理を支えるメスの側の柱は、ぐらつき始め、今にも崩れようとしている。メスは選択的で、貞節で、忠実で、内気だという考え方全体が、私たちの文化の偏見と、ほとんど出来過ぎと言えるほど一致する。たとえば、女は男よりも一夫一婦制に適しているといった、広く支持されている見方に、ぴたりと一致する。この月並みな見方は、多くの人にはあまりに明白に思えたので、批判的に検証する必要が認められなかった。その結果、それについてはオスのパターンほどの情報がない。

ようやく状況が変わったのは、鳥類学者たちが鳥の産む卵の数を数える代わりに、誰が受精させたかを確かめ始めたときだ。鳥類学者たちは、メスがセックスに関して大変なやり手であることを発見し、一夫一婦制はおおむね表面的なものにすぎない、と結論した。遺伝的な一夫一婦制と社会的な一夫一婦制を区別するのが流行したが、ほとんどの鳥が後者しか持たない。こうして、鳥の研究がベイトマンの原理を揺るがせたのに加えて、パトリシア・ゴワティがベイトマンのハエの実験結果を再現できなかったことも、この原理にとっては痛手となった。ゴワティが手法を改善しても、同じ結果が得られず、ベイトマンの研究には大きな問題があると主張した。今ではベイトマンの有名な原理は、もうかつてほど説得力がないように見える。(24)

そして、ここで霊長類の登場となる。なぜなら、彼らの場合にも、メスはどうしてもこのパターンに当てはまらないからだ。

私が部屋の片隅に座って電子メールを読むのに専念しているところを思い浮かべてほしい。突然、一人の女が私に駆け寄る。彼女は、しばらく眉を吊り上げて媚(こび)を売るように視線を投げかけてから、私の胸をつついたり、顔に平手打ちをしたりする。優しくもなければ、さりげなくもない。彼女は私の注意を惹くと、急ぎ足で離れていく。少し行ったところで止まり、肩越しに振り返り、大きく見開いた目で、私が彼女を追って駆けてきているかどうか確かめる。

オマキザルのメスは、こんなふうにしてアルファオスをセックスに誘う。私は数十年にわたって、この小さなサル三〇頭ほどから成るコロニーを研究してきた。私の研究チームは、彼らの求愛行動には、いつも楽しませてもらった。それは、おどけたダンスのようで、典型的な役割が逆転している。彼らは、つついては走り去る求愛行動と交尾を日がな一日繰り返し、とうとうオスが倒れるか、ほとんど倒れそうになる。オスとメスの両方が、交尾のたびに興奮して口笛のような音を出したり、甲高い声を上げたり、金切り声を上げたりする。ところが、オスはときどき冷淡に見えるほど気乗りしない様子を見せる。あるいは、私たちは見方を変え、メスの炎がオスの炎よりも熱く燃え上がると言うべきなのかもしれない。オスはメスの誘いに応じ続けるのに苦労をするのだから[25]。

チンパンジーの男にとって、セックスは食べ物よりも優先するのに対して、オマキザルのオスにとっては、優先順位は逆になる。私は、ブラジルやコスタリカのフィールド研究現場を訪れたときに、同じような場面を目撃した。アメリカの霊長類学者スーザン・ペリーは、以下のように頑強に要求し続ける野生のメスを記述している。

オマキザルのオスは、多くの場合、セックスよりも食べ物に関心があるように見えるし、私たちは、セックスを執拗に求めるメスにアルファオスが平手打ちを食らわせるのを目にしたことさえある。苛立った一頭の青年期のメスは、アルファオスの注意を惹こうと必死になり、自分の誘いに積極的に反応せずに食べ続けていた彼の尾に噛みつき、樹上から追い出した。(26)

オマキザルのメスが内気でも貞節でもないのは確かだが、彼女たちははっきり選り好みするようではある。求愛は、すでに地位の確立したアルファオスにおもに向けられる。彼は、あたりで最高の男だからかもしれない。メスは、自分の群れを率いるのにふさわしいオスを強く好む。自分たちを守ってくれて、過度に攻撃的にならずに秩序を保つことのできるアルファオスを、メスたちは支持する。野生のアルファオスは、周りに自分より若いオスたちがいても、信じられないほど安定した地位を享受し、最長一七年までその座にとどまることがある。私たちのコロニーで、こうしたメスの役割を浮き彫りにする出来事を、私は目にしたことがある。ある日、長年君臨してきたアルファオスが、若い成り上がり者に王座を奪われた。私たちは、争いは目撃しなかったが、その若いオスは、アルファオスを攻撃したか、あるいは、はなはだ強力に自分を守ったかの、どちらかに違いない。アルファオスは何か所も深い裂傷を負い(オスの犬歯が使われたことを示している)、屈服したような振る舞いを見せた。メスたちは、三日にわたって彼にグルーミングし、傷口を舐めてやった。彼は四日目に、メスたちの助けを借り、たっぷり加勢してもらって、地位の奪還を企てた。若いオスには、まったく勝ち目がなかった。

オマキザルは、交尾相手には「最高のオス」という仮説に一致するように見えるが、他の霊長類は、「多くのオス」という仮説に適合する。この仮説を提唱したのは、これまた著名なダーウィニアン・フェミニズムの支持者でアメリカの人類学者サラ・ブラファー・ハーディーであり、彼女はハヌマンラングールを対象としたフィールドワークに着想を得て、メスの交尾について、従来のものに代わる見方を思いついた。ヒンドゥー教のサルの神ハヌマンにちなんで名づけられたこの優美なサルは、インド全土に生息している。彼らは訓練を受けて、アカゲザルが都市に侵入してくるのを防ぐ霊長類の警察官の役を務めることもある。顔は黒く、脅かすように歯ぎしりするハヌマンラングールのオスは、威圧的に見える。アカゲザルの二倍も大きいハヌマンラングールの警察隊は、オフィスビルや菜園、議会の神聖な議場などからアカゲザルを締め出しておくうえで効果を発揮する。

ハヌマンラングールは、一頭の大人のオスが率いる大きな群れで暮らす。メスたちは、このオスと交尾するが、ハーディーの言葉を借りれば、「不倫の誘惑」も密かに行なう。彼女たちは縄張りの外れで、めったやたらに首を振りながら臀部を突き出し、オスに性的な誘いをかける。その仕草は、交尾へと誘う紛れもないシグナルだ。ただし、このような接触には危険が伴わないわけではない。もしメスがそうしているところをアルファオスに見つかれば、追いかけられ、平手打ちにされ、目の届く範囲に連れ戻される。若いメスにとって、このような密通は、自分の父親の可能性もあるアルファオスと交尾するのを避ける手段かもしれない。だが、それだけではない。すべての事例がそれで説明できるわけではないからだ。[27]

ハーディーは、『アーブーのラングール（*The Langurs of Abu*）』で記しているように、新しい方向で考え始めた。メスにとって、交尾には妊娠以外の目的があるのかもしれない。交尾は、我が子の安全を確保するためでもあるかもしれない。オスはこの面で、有益にも有害にもなる。オスは自分が産ませた子に親切にすることを、私たちは明らかに期待する。だが、思い出してほしい。霊長類のオスには、父子関係という考え方はない。自然はそれに代わるものとして、うまくいく単純なルールをオスの頭に植えつけたのかもしれない。それは、「遠からぬ過去にセックスをした相手の子供は寛大に扱い、支援せよ」といったものだ。このルールを守るのにはたいした知能はいらないし、繁殖の仕組みに気づいている必要もない。記憶力が良ければ十分だ。このルールに従うオスは、自分の息子や娘かもしれない子供たちを、自動的に優遇することになる。

ハヌマンラングールの場合、乳幼児の養育はほぼ全面的にメスの役割なので、オスの支援はおもに保護のかたちをとる。たとえば、ハーディーがフィールド研究を行なった時期に次のようなことがあった。一頭のハヌマンラングールの乳児が、近くの町のバザールで電線に触れて死んだ。母親は、この事故を目撃していなかった。群れのアルファオスは、母親がやって来て死体を引き取るまで、三〇分以上その死体の番をし、人間を近寄らせなかった。何日もしてから、母親がしばらく死体を置き去りにしたときに、ハーディーが調べようとすると、アルファオスが突進してきた。ハーディーは、ノートとペンを投げつけ、からくも走って逃げ去った。ハヌマンラングールには多くの捕食者がおり（ヒョウ、タカ、犬、さらにはトラ）、大きなオスたちはメスよりも効果的に、彼らを寄せつけないでいられる。

だが、なおさら重要なのが、先ほどのルールの「寛大に扱う」という部分だ。ハヌマンラングールのオスは、ときどき子供に危害を加える。それも、ほんの少しではない。彼らは群れの支配権を握ると必ず、殺戮に走る。もともとのボスを追い出した外部のオスは、子供たちに重大な脅威を与える。「子殺し」として知られるこの現象は、よく研究されている。一九七九年にインドのバンガロール〔現在のベンガルール〕で開かれた霊長類学会国際会議で、子殺し観察の先駆けの一人である杉山幸丸(ゆきまる)が以前の発見を振り返った。野生のハヌマンラングールのオスが、母親たちの腹にしがみついている乳幼児を引き剝がし、犬歯で刺し貫くのを目にしたと、たまたま出席していた私の前で杉山は説明した。[28]

私がこれまでに聴講したうちで、唯一、拍手喝采を受けなかったのが、この杉山の講演だ。会場は気まずい沈黙に包まれた。司会者は横柄な口調で「病的行動」の好奇心をそそる事例を聞かせていただいた、と述べた。杉山は、「なぜ新しいリーダーのオスは、乳幼児全員を噛むのか？」と問うたのだが、聴衆はまだこの疑問を受け容れる用意ができていなかった。子殺しはあまりに恐ろしいので、人々はそれについて耳にしたがらない。杉山の観察が、ただの偶発的な事例以上のものだとは、誰も思わなかった。彼の画期的な発見が受けた待遇を思うと、私は今でも恥ずかしくなる。今日ではわかっていることを踏まえると、なおさらだ。

ハーディーも同じような事例を報告し、ハヌマンラングールのオスは、乳幼児のいるメスをつけ回すときには、極度に狙いを絞っている、と述べた。サメのように何時間もメスの周りをうろつき、独特の空咳のような声を上げてから攻撃する。それは完全に意図的に見える。こうした観察結果があったにもかかわらず、ハヌマンラングールの子殺しの報告は、何十年にもわたって物議を醸し、会議では怒鳴り合いを引き起こした。念のために言うが、これは有名なライオンの子殺しも含め、動物界の他の例のいっさいが知られるようになるよりもずっと以前の話だ。ハヌマンラングールは、子殺しが記述された最初の種だったのだ。この行動は、ほとんどの科学者にとって理に適わなかった。だから、本当であるはずがない、というわけだ。それでも、徐々に報告が積み重なり、とうとう無視できなくなった。そうした報告は、クマやリス科のプレーリードッグから、イルカやフクロウまで、他のさまざまな種へと拡がった。オスによる子殺しは、今では広く認められている。

このぞっとする行動は、進化の観点からは次のように説明される。新しいオスは、前のオスが残した子を排除することによって、自分の繁殖を促進できるからそうする、というのだ。メスは、授乳している子供がいなくなれば、まもなく再び妊娠可能になる。その結果、新参のオスは、子殺しをしなかった場合よりも早く子供を産ませることができ、そのような行動をとることができないオスよりも優位に立てる。杉山は、この説明に薄々気づいており、ハーディーはそれについてさらに詳しく述べた。ただし彼女は、そうするにあたって、メスの対抗戦略も忘れなかった。オスがどれだけ得をしようと、子殺しは母親にとっては常に衝撃的で有害だ。だからメスたちはそれを防ごうとして当然に思えるが、どうやるのか？

カギは、オスたちが従う、「遠からぬ過去にセックスをした相手の子供は寛大に扱い、支援せよ」という先ほどのルールかもしれない。もしこのルールによって、オスは自分が産ませたかもしれない子供を害するのを思いとどまるのなら、それは新しい母親たちにも道を拓くことになる。彼女たちは、多くのオスと交尾するだけでいいのだ。もし、メスがそれでオスを騙して、自分の子供に親切にしてもらえれば、彼女は害から自分を守ることができる。たとえば、ハヌマンラングールのメスは、群れの外れをうろついてアルファオスの座を狙っているような、将来に危険を及ぼしかねないオスたちとの接触を通して、それを達成できる。他の種でも、メスは多くのオスと交尾することで、同じことをやり遂げるかもしれない。これがハーディーの「多くのオス」仮説の核心だ。

チンパンジーの女は、「多くのオス」戦略を採用しているように見える。性皮が腫脹した女が森の中で姿を現すと、大勢の男が集まってくる。大人の男が数頭、彼女を追い、一日中、次から次へと交替で彼女と交尾する。野生のチンパンジーにとって、性皮が腫脹した女が一度に数頭いれば、このような集まりはかなり大規模なものになりうる。それらはお祭り気分の「性的ジャンボリー」と評されたことがある。このジャンボリーは、たいした競争もなく行なわれる。バーガース動物園では、私は「性的取引」について語った。なぜなら、それは熱心な交渉の雰囲気の中で行なわれたからだ。男たちはお目当ての女の近くに群れ集まり、全員がグルーミングをし合う。長々とグルーミングをしてもらうのと引き換えに、邪魔をすることなく一頭に交尾をさせる。とくに、アルファオスにグルーミングすることが重要だ。交尾には毎回、代償を払う必要があったのだ。[29]

チンパンジーの女が、性皮腫脹の最終段階に入ると、男の間の競争が激しくなる。女は、この段階が最も妊娠しやすい。高位の男は、その場から女を誘い出したり、強制的に連れ出したりして、独占しようとする。とはいえ、いちばん肝心なのは、受胎が唯一の目的だったなら考えられないほど女が頻繁に多くの男と交尾する点だ。野生のチンパンジーの女は、一生のうちに一〇頭以上の男と六〇〇〇回ほど交尾をすると推定されている。それなのに、生まれて生き延びる子供は、全部で五、六頭にすぎない。これは、セックスのやり過ぎに思えるかもしれないし、実際にそうだ――少なくとも、妊娠の観点からは。ところが、もし女が、八か月後に赤ん坊が生まれたときに男たちに手出しされないようにするために、多くの男と性的に親密になろうとしていると仮定すれば、やり過ぎではなくなる。[30]

チンパンジーの男は、子殺しをする。最新の累計によれば、ときには殺した乳幼児を食らうことさえ含む、三〇件以上の事例が、四つの異なる野生の個体群で観察されてきたという。[31] 当然ながら、人間の観察者たちは、この行動に嫌悪感を覚える。ある日本のフィールドワーカーは、やむなく介入せずにはいられなかった。

長谷川(平岩)眞理子は、地面を這い回って乳児を隠すメスを、数頭のオスが取り囲むところを目にした。そのメスは、しきりにパント・グラント(服従を表す発声)をしていた。それにもかかわらず、悪辣なオスたちは代わる代わるメスに襲いかかり、乳児を奪った。それを見た長谷川は、研究者としての立場を一瞬忘れて、木切れを振り回しながら割って入り、母親と乳児を救出するために、オスたちに立ち向かった。[32]

この点、ボノボの女は一枚上手だ。彼女たちは途方もない回数のセックスをするので、それにはその一帯と周りのいくつもの縄張りの男全員までが相手として含まれる。ボノボの女は、活発に、そして熱烈にセックスを求めるので、ほとんど強制的に振る舞う。私が知っているすべての霊長類のうち、ボノボの女は性的に最も積極的だ。これまでのところ、男による子殺しは一度も観察されていない。セックスが浸透し、女の結束が固いボノボの社会は、霊長類の世界でオスによる子殺しに対して最も効果的なメスの対抗戦略をとっている、と私は思う。[33]

なんとも不可思議な話だが、自然界で私たちが非常に讃美することは、しばしば苦しみと結びついている。私たちは、強大な捕食者の姿に感銘を受けるが、彼らがどのようにして暮らしを立てているかは忘れている。夕暮れ時に響き渡るカッコーの鳴き声に聴き入るが、彼らの残酷な托卵（たくらん）には目をつぶる。自然界の邪悪な側面は、たいてい視野に入らない。メスの活発な性行動ほど恰好の例があるだろうか？　それは、オスの残虐行為に対する盾として進化したのかもしれない。もちろん、意識的な戦術としてではないが、メスが複数のオスとセックスを求めるよう努める理由として。彼女たちの直接の動機は、魅力や興奮、冒険、快感だ。ところが、進化のヴェールの陰には、子孫の生存率の長期的な向上が見つかる。

私たちの種も、たいして違わない。女も、妊娠に厳密に必要とされるよりはるかに頻繁に、多くのパートナーとセックスをする。彼女たちの直接の動機は、他の霊長類の場合よりも豊かで多様かもしれないが、それは依然として、女がなぜこのように行動するかという疑問の答えになっていない。進化は、女を性的に控え目で、無関心で、よそよそしく設計することもできただろうが、明らかにそうしなかった。女は、結婚の誓いもろともベイトマンの原理にも、日常的に背いている。

ハーディーは、人間の行動にも同じ進化のロジックを当てはめる。ただし、私たちの場合には、新たな条件が一つ加わっている。私たちは核家族という構成を持っているのだ。人間の男は、類人猿の男よりもずっと深く子供に関与し、養育に力を入れる。人間は両性間の相互依存を強めた。狩猟採集民社会の女が夫を失うと、深刻な事態に陥る。彼女の子たちは、十分に食料を与えられない危険が出てくる。したがって、セックスを通して男を女に結びつけるのは、害を避ける方法であるだけではなく、食べ物と住みかの確保と直結した生存戦術でもあるのだ。

この進化のロジックには、危うい面もある。人間も子殺しとはけっして無縁でないことは、肝に銘じておいたほうがいい。聖書は、赤ん坊が生まれたらすぐ殺すようにファラオが命じたことを記している。そして、これが最も有名なのだが、ヘロデ王は「人を送り……ベツレヘムとその周辺一帯にいる二歳以下の男の子を、一人残らず殺した」(「マタイによる福音書」第二章一六節)。通常、襲撃や戦争のあとには、捕まえられた女の子供たちが殺されることを、人類学の記録が示している。ハーディーはそのような行動の多くの例を、ぞっとするような詳細を含めて記録してきた。ここで、それを紹介することは控える。だが、少なくとも、オスによる子殺しについての議論に、私たちの種を含めるべき理由は十二分にある。

また、私たちは現代社会の中でさえ、子殺しを免れることはできない。たとえば、子供は実の父よりも継父によって虐待されたり殺されたりする危険が著しく高いことは、定説となっている。つまり、人間の男も、子供の母親との性的履歴を考慮に入れていることが窺われる。それに、現代の男はセックスと子供の誕生が結びついていることを知っている。[34]

養育の面に関しては、子供に多数の父親がいる人間社会の例がある。たとえば、南アメリカのマラカイボ盆地にいるバリ人の子供たちには、主要な父親が一人と副次的な父親が数人いることが多い。

母親がセックスをした男性全員の精液が、胎児の成長に寄与すると考えられている。「分割父性」として知られる現象だ。妊娠した女は通常、複数の恋人を作る。出産の日、彼女はこれらの男全員の名前を口にする。お産に立ち会った女は、男たちが暮らす長屋に駆けつけ、一人ひとりに「あなたの子供が生まれましたよ」と告げて、お祝いを言う。副次的な父親たちには、母親と新生児を助ける義務がある。複数の父親がいる子供のほうが、そうでない子供よりも、生き延びて成人になる率が高い[35]。

そうはいっても、ほとんどの文化ではバリ人の場合と違って、女は多くの男と寝ても、同じような恩恵は得られない。現代社会では、私たちはあらゆる手立てを尽くして父子関係を明らかにし、混乱が起こるのを防ぐ。もっとも、私たちの進化の歴史は、常にそこまで家父長制的だったわけではない。今日では母系社会や一夫多妻制社会は稀だが、過去にはもっと広く行き渡っていたかもしれない。私たちの種における女の性的冒険主義は、ほとんどのときに隠されているにせよ、私たちの仲間の類人猿の場合と同じ理由で進化した可能性がある。それは、男の助けを獲得し、敵対行為を防ぐための、無意識の自己防衛戦略なのかもしれない。

メスの性的な好みは、オスが定めた交尾システムから逸脱することが多い。誰が誰と交尾するかという話になると、両性間には明白な利益相反がある。ハーディーが述べたように、「ガチョウのメスに最適の繁殖システムは、ガチョウのオスが好むものとは違って見えることが多いだろう[36]」。

ようするに、オスのほうがメスよりも性的欲求が強く、乱交型であるという神話は、もう捨て去る時が来たのだ。私たちはヴィクトリア女王の時代に、この神話が生物学に浸透するのを許した。当時は、この神話が正常で自然なものとして熱烈に受け容れられていたからだ。私たちは現実を曲げて、道徳基準に合うようにした。この神話の見方は、生物学の教科書で依然として標準的だが、それに対する支持が圧倒的だったことは、これまで一度もない。メスの性行動に関して、この神話とは矛盾する証拠が、私たちの種でも他の種でも積み重なっている。メスの性行動は、オスの性行動に劣らず率先的で積極的なようだ——進化上の理由は異なるとしても。

女のイニシアティブの問題は、伝説的な性的衝動を持ったカメのディエゴとの関連で、再浮上した。彼がいなかったなら、彼の種は今頃絶滅していただろうということが言われていた。だが、その後わかったのだが、ディエゴは繁殖プログラムで生まれた子供の四割の父親でしかなかった。「E5」という、なんとも味気ない名の別のオスが、どうやら重労働をこなしたらしい。父子関係の検査を行なったアメリカの生物学者ジェイムズ・ギブズによれば、ディエゴがあれだけ注目されたのは、彼は「交尾の習性がかなり攻撃的で、活発で、発声を伴うという、目立つ性格」の持ち主だからだという。ギブズは、E5のほうがおとなしかったものの首尾良く子をもうけたことを指摘し、「彼は夜間に交尾するほうがお好みなのかもしれない」とつけ加えた。

私が思うに、カメのメスたちも、何かしら関係しているのではないだろうか。[37]

第8章

暴力

レイプと謀殺と戦争の犬ども

VIOLENCE
Rape, Murder, and the Dogs of War

私は本書をレウトの話で始めた。動物園の獣医師は、襲われたこのチンパンジーに鎮静剤を打ち、手術室に運び込んだ。私が手渡す器具を使いながら、獣医師は何百針も縫った。だが、この必死の措置の最中に、あれほどぞっとするような発見をしようとは、さすがに私たちも心の準備ができていなかった。

レウトの睾丸が二つともなくなっていたのだ！　陰嚢から消えていた。肌に空いた穴は小さく見えたのだが。あとで飼育員たちが、争いのあったケージの床に敷いた藁の中に落ちているのを見つけた。「搾り出されましたね」と、獣医師は淡々と結論を言った。

レウトは失血量が多過ぎて、二度と麻酔から覚めなかった。序列を急激に駆け上った彼に不満を持った二頭の男に立ち向かい、大きな代償を払ったのだった。その二頭は、それまで毎日グルーミングし合い、レウトに対する陰謀を企んでいた。そして、失った権力を取り返した。彼らの衝撃的なやり口に、私は目を開かれた。チンパンジーが権力闘争をどれほど真剣に受け止めているかを、思い知らされた。

チンパンジーの社会生活で仮に性別による偏りが見られる面があるとすれば、それは身体的な暴力だ。男がそうした暴力の圧倒的な源泉となる。これは、人間に関して普遍的に言える（どこの国の殺人統計を調べてもらってもかまわない）し、他のほとんどの霊長類にも同じように当てはまる。霊長類のメスがけっして暴力的にならないわけではないが、メスは被害者になることのほうが多い。オスも被害者になるが、手を下すのはたいていは同性だ。オスの残忍さは、他のオスが標的のときには支配や縄張り意識に関連しており、メスが対象のときには性的関係にかかわっている。

進化の観点から言うと、男／オスの攻撃性の本来の理由は、地位と資源を巡る競争だ。人間の場合のデータが、これを反映している。アメリカの司法省が行なった広範な調査に基づく推定によると、毎年三二〇万人の男と一九〇万人の女が身体的暴行を受けるという[1]。言うまでもないが、そのほとんどは、男が行なう。だから私は、チンパンジーの間の致命的な争いと人間による戦争の惨事の考察から始めることにする。どちらも、大部分は男が男に対して働く暴力だ。

ところが、先ほどの数値が実証しているとおり、男の暴力は男の敵対者だけに向けられているわけでは断じてない。男は女よりも体格や筋力に優るのをいいことにして、女に危害を加える。私たちの社会では、女性殺人（フェミサイド）や配偶者虐待に対する認識や懸念が高まっている。女に対する暴力の大半は、親密なパートナーによるものだ。前述の司法省の調査によれば、男の七・四パーセントに対して女の二二・一パーセントが、一生のうちにそのような暴力を受けるという。

これらの数字が家庭内暴力を過小評価していることに疑いはなく、そうした暴力にはレイプも含まれる。アメリカの女のおよそ六人に一人が、レイプ未遂あるいはレイプの犠牲者だ。のちほどするように、両性間の暴力について知られていることを見直すと、人間という種は際立っている。このような暴力の事例は、他のほとんどの霊長類よりも私たちの間で多く見られる。人間のカップルは、比較的孤立していっしょに暮らす傾向にあることが、その一因かもしれない。私たちの家庭の在り方は、自由に動き回る他の霊長類のライフスタイルとはまったく違い、男による支配と虐待を助長している。

レウトが巻き込まれたような、群れの中での男どうしの競争は、チンパンジーについては記録が充実している。フィールド研究現場でも、同じようなチンパンジーの襲撃が知られている。たいていは、ライバルの陰嚢を引きちぎるというかたちで去勢が行なわれる。だから、レウトの傷は、最初私たちが思ったほど異例のものではなかった。男の攻撃者たちは、相手の男の繁殖能力に究極の打撃を与えることがよくあるのだ。[2]

私はあるとき、タンザニアのタンガニーカ湖の岸にあるマハレ山塊国立公園で過ごした。そこは、同業者で友人の故・西田利貞が一九六〇年代からチンパンジーを追い続けていた場所だ。西田は、チンパンジーの暴力的な性質を科学界がまったく知らなかったときに、研究を始めた。この私たちの近縁種は依然として、ルソーが考えるような「高貴な野蛮人」に少しばかり似た、平和的な果食動物と見なされていた。研究者が森で出会うチンパンジーは、単独か、「パーティ」と呼ばれる、絶えず変化する小さな群れでいることが多かったので、社会的絆とは無縁の自給自足の生活を送っているものと考えられていた。ところが西田は、彼らが明確なコミュニティを形成していることに気づいた。これは、簡単に成し遂げられる発見ではない。彼ら全員が同じコミュニティに所属していることを認識するには、すべての個体を知り、その移動を追い続ける必要があったからだ。

西田の画期的な発見は、西洋の考え方だけでなく、彼の日本人恩師たちの思い込みも覆した。彼らは、類人猿は人間と同じで、核家族を形成するものと確信していたのだ。教えを受けた教授が訪ねてきて、船で到着したとき、西田は彼が陸に上がるのを待ちきれず、まだ湖に浮かんでいる教授に向かって、私たちの最近縁種には核家族で暮らしている気配がまったく見られません、と叫んだ。

西田は、有名なチンパンジーのアルファオス、ントロギに心から敬服しており、彼を「比類なきリーダー」と呼んでいた。ントロギは、一五年という驚異的な長期間にわたって首尾良く権力の座を占め続けた。彼は、分割支配と買収の名手で、自分に忠実な男たちにはサルの肉を惜しみなく分け与える一方、ライバルたちにはくれてやらないことによって、それを達成した。だが、これほどの政治的才覚を持っていたにもかかわらず、この伝説の男はけっきょく失脚し、追放された。そして、木に登ることもままならず、傷を癒しながら、群れの縄張りの周辺部で孤独に生きることを余儀なくされた。

彼が自分のコミュニティに顔を見せたのは、ようやくそこそこ歩けるようになってからだった。そして、社会的な集まりの真ん中に姿を現しては、強さと活力を派手に誇示してみせた。まるで、彼がまだ群れを取り仕切っていた、以前の日々のようだった。だが、そのあと仲間から見えない所まで来ると、途端に足を引きずり、傷を舐める暮らしに戻るのだった。それはまるで、公の場で束の間、平然と演技をすることによって、自分が弱っているなどと競争相手たちにはいっさい思わせないためであるかのようだった。かつてソヴィエト連邦の政府が、指導者たちが衰えゆくのを悟られまいと、あえてテレビに登場させたのと、少しばかり似ている。

ントロギは何度か返り咲きを試みたが果たせず、やがてある日、打ちひしがれて群れに戻った。そして、序列の低位のなかでも最低位に収まることを強いられ、それに甘んじた。二か月後、彼は一団の男に襲われた。体中に深い傷を受けて昏睡状態に陥っているところを、研究者たちが見つけた。その晩、西田と彼の妻が野営地で蘇生させようとしたが、駄目だった。ントロギは翌日の早朝に死んだ[3]。

こうした、群れ内部での闘いよりもなおさらありふれているのが、よそ者に対するチンパンジーの想像を絶する残虐行為だ。チンパンジーは、コミュニティを形成するだけではない。コミュニティ間には強烈な敵意が満ちている。チンパンジーの男たちは、常日頃、縄張りの境界を巡回する。彼らは敵をこっそりと追跡する。不意討ちを食らわせるために、果樹の上で完全に鳴りを潜めている。数頭の男(ときには一〇頭余りにもなる)が、見事な組織的攻撃によって、単独の相手を圧倒する。敵が動けなくなるまで、嚙みつき、徹底的に打ちのめし、手足をねじり上げ、死にかけている相手、あるいは、すでに死んでいるときにはその遺体を置き去りにする。数日後に森の中の、まさにその場所に戻ってきて、自分たちが相手を殺したことを確認するかのように、その遺体を探すこともある。

この種の「戦争」の詳細な報告は、一九七九年にジェーン・グドールによって初めて発表された。彼女は、チンパンジーのコミュニティが別のチンパンジーのコミュニティを組織的に全滅させる様子を記述した。この惨劇の舞台は、マハレ山塊から遠くないゴンベ国立公園だった。これによって、チンパンジーの平和的なイメージが永遠に打ち砕かれた。それは、誰も想像していなかった種類の発見だったので、霊長類学者は自分の偏見を立証するためにだけフィールドに出かけるという、ダナ・ハラウェイの侮辱的な意見が誤りであることは明らかだ。もしハラウェイが正しかったなら、私たちは相変わらず、類人猿を「高貴な野蛮人」と見なしているだろう。グドール自身にとっても、その発見は予想外だったので、「私にとって、非常に陰鬱なときだった。彼らは私たちに似ているが、もっと思いやりがあると考えていたからだ」と彼女は述べている。[4]

確かなデータが手に入るまでには三〇年以上かかった。二〇一四年に「ネイチャー」誌に掲載された総説論文は、アフリカ各地の一八の異なるチンパンジー・コミュニティで観察あるいは推察された、一五二件の致命的な攻撃を挙げている。攻撃者のほぼ全員（九二パーセント）と、犠牲者の大半（七三パーセント）が男で、事例の過半数（六六パーセント）が縄張りを巡るものだった。ただし、つけ加えておくべきことがある。比較的少数のコミュニティが、過半数の事例を引き起こしたのだ。あらゆるチンパンジーの個体群で、暴力の発生率が高いわけではない。[5]

レウトが殺されたのは、グドールの報告の一年後だった。私たちは衝撃を受けた。なぜなら当時、このように危害を加え合うのは、よそ者どうしだけだ、と思っていたからだ。今ではもっとよくわかっている。レウトの一件に、私は大きな影響を受けたし、私のキャリアも同様だった。私はあのとき、あの場で、霊長類がいっしょに暮らすのを可能にしているものの発見に、自分の研究を捧げることに決めた。それは、私に何度となく悪夢を見させた事件への、私なりの情動的な対処法だった。私は、霊長類がどのようにして争いのあとに仲直りしたり、協力したり、共感したり、公平さの感覚さえ見せたりするかについての専門家になった。類人猿が発揮できる攻撃性のレベルに絶望する代わりに、彼らが攻撃的な傾向をどのように克服するかを、関心のおもな対象とした。チンパンジーを含め、霊長類はたいてい仲良くやっている。私は暴力に目をつぶることはけっしてないし、特定の状況下では暴力がどれほどありふれているかも認識しているものの、暴力にはまったく魅力を感じない。いたずらに流血を売り物にする映画やテレビゲームで暴力が讃美されるのには、戸惑ってしまう。

人間の場合にも、暴力には大きな性差がある。人間とチンパンジーの数字は驚くほど似ている。二〇一二年に世界中で発生した五〇万件近い殺人のうち、七九パーセントで男が被害者になっている。犯人が男であることもありふれており、男による殺人の発生率は女によるもののほぼ四倍に達する。[6]しかも、これらの数字には戦争は含まれていない。戦争もまた、男への途方もない偏りを加えることになる。私は第二次世界大戦の直後にヨーロッパで生まれ、その爪痕には馴染みがあるので、戦争は男の特権を大幅に相殺するものだ、と常々思ってきた。いや、勘違いしないでほしい。私は社会における男の地位が失われるのを心配している類の男ではない。私は自分が、生い立ちと性別の両面で、二重に特権を享受してきたと思っている。だが、私は運が良かったのだ。平和な時代にこの世に生まれ、世の中は奇跡的にもその状態を保ってきた。もちろん、完全な平和はなかったが、武力紛争は国際的な場から国内へと移り、それにつれて世界の戦死者数も着実に減ってきた。

男性の特権は常に、社会の上層部で最も顕著だった。下層階級では、男女が同じように搾取され、酷使され、貧窮させられる。もし私が、五〇年早く労働者階級の家庭に生まれていたら、違った人生を歩んでいたはずだ。貧しい少年の前途は暗かった。男に生まれれば、徴兵され、どこかの泥だらけの戦場で、弾丸で蜂の巣にされる可能性が高かった。中世なら、矢や剣や槍で死がもたらされたことだろう。歴史を通して、無数の若い男が、尊厳とは無縁の早死にを運命づけられてきた。

男の子は、この運命に甘んじるべく育てられた。だから私は、今から振り返れば自分のボーイスカウト時代に複雑な思いを抱いている。すべて無邪気な経験に思えたが、私たちは嫌と言うほど敬礼し、訓練で整列し、足を踏み鳴らして行進し、バッジを獲得した。軍隊精神は男の子の人格形成に適していると考えられていたが、同時に、ボーイスカウトの「備えよ常に」というモットーは、戦争とおおいに関係があった。ボーイスカウトは、規律やチームワークや服従を推奨することで、少年たちを事実上、大砲の餌食に仕立て上げていたわけだ。シェイクスピアの「戦争の犬ども」は、いつも餌をくれるようにせがんでいた(「戦争の犬ども」は、シェイクスピアが『ジュリアス・シーザー』で、「戦端を開く」という意味で「戦争の犬どもを解き放つ」という台詞を使ったことに由来する表現)。ピンク・フロイドが歌ったように、犬たちは交渉をしないし、降参もしない。なぜなら、「彼らは奪い、あなた方は与え、彼らが生きられるように、あなた方は死ななければならない」から。[7]

現代の私たちは、男であることの悲しく痛ましい歴史を忘れがちだ。どの男の子も、命という究極の犠牲を払うよう求められることがありえた。それを拒むのは、「男らしくない」ばかりか、刑法上の罪でもあった。そして、権力は常に、年長の男が握っていた。アメリカのフランクリン・ローズヴエルト大統領は、かつてそれを次のように簡潔に言い表した。「戦争とは、若い男が死に、年老いた男が語ることだ」。敵に大虐殺される所へ、女を一〇万人も二〇万人も進撃させる国はないだろう。だが、若い男は、ほとんど価値がないと見なされていた。白い十字架が果てしなく並ぶ墓地が、殺戮の規模を物語っている。高齢の男の冷笑的な（そして、ダーウィン説の）視点に立てば、女は身近な場所で安全に守っておくべき資産であるのに対して、若い男は怪しげな目的で遠方に送り出して死なせてもかまわないことになる。彼らは消耗品なのだ。

戦争はおもに男がやることだから、その標的も男である場合が多い。一九九四年のルワンダでの集団殺害（ジェノサイド）では、フツ人の過激派が男を大人も子供も徹底的に殺害しようとしたので、女たちは自分の服をツチ人の男に貸して、彼らを隠そうとした。ツチ人のある女は、男たちが殺害目的で連れ去られる様子を、次のように説明している。「奴らは、二歳ぐらいから上の男性は、大人も子供も全員連れていきました。自分で歩ける男の子は全部、引っ立てられていきました」。一九九五年に起こった、ボスニア・ヘルツェゴビナのスレブレニツァの虐殺でも、一〇代の少年たちがあからさまに狙われた。八〇〇〇人近くが、公正な裁判もなしに、即決で処刑された。一般に、戦争では女よりもはるかに多くの男が命を奪われる[8]。

私たちにとって、女の殺害は、男の殺害ほど簡単なことではない。ある実験で、アメリカとイギリスの参加者は、女よりも男を犠牲にしたり罰したりすることを選んだ。仮の話として、他の人々の命を救うためなら、近づいてくる列車の前に誰を突き飛ばすか、と訊かれると、参加者は男も女も一〇人に九人の割合で、女よりも男を線路に突き飛ばすことを選んだ。彼らが挙げた理由は、「女性はか弱いし、その行為は道徳的に間違っているので」から、「男性よりも女性や子供を重視するので」まで、さまざまだった。[9]

特定の状況下では、ある程度まで、この先入観のおかげで女は他者を守ることができる。たとえば、二〇二〇年の夏には、オレゴン州ポートランドでの反人権差別デモで何百人もの母親が、人間バリケードを構築した。彼女たちは集結して、市内の抗議活動を抑え込むために出動した連邦の武装治安部隊からデモ参加者たちを守った。黄色いシャツを着た、おもに白人が、抗議者たちの前方で腕を組んで「ママたちの壁」を造り、「連邦は近寄るな！ ママたちが来たぞ！」と一斉に叫んだ。

第二次世界大戦中には、女に危害を加えるのを控える実例が見られた。少年や成人男性を何のためらいもなく殺害したナチスの兵士たちは、多数のユダヤ人の成人女性や少女を殺すように命じられたときに、反抗し始めたのだ。ユダヤ人移送にかかわったアドルフ・アイヒマンさえも、そのようなおぞましい行為は受け容れ難かったようで、そんなことをすれば兵士たちが精神に異常を来すだろう、と考えた。そこで、解決策を見つける必要があった。ここで注意しなければならないのだが、懸念されたのは兵士たちのメンタルヘルスであり、犠牲者の運命ではなかった。そして、理想的な選択肢とされたのが、ガス室だった。なぜなら、犯罪者たちは犠牲者が死ぬのを見ないで済むからだ。この方法は、大きな心理的障壁を取り除く助けになった。このガス室という極悪非道の新機軸がなかったら、ホロコースト（ナチスによるユダヤ人大虐殺）は女や子供や高齢者にまで拡大することができなかったのではないか、と多くの歴史家が推測している。あれほどの規模に達することは絶対になかっただろう。[10]

戦争での性選択的な死亡率は、両性間の関係に長期に及ぶ影響を与えた。一例を挙げよう。ソヴィエト連邦は第二次世界大戦で厖大な数の死者を出した。およそ二六〇〇万人（大半が若い男）が亡くなり、結婚市場は大混乱に陥った。結婚にふさわしい女の数が、男の数を一〇〇〇万人上回ったのだ。その結果、男が戦後の求愛ゲームの主導権を握り、性的に好き勝手に振る舞った。そして、婚外子が大勢生まれた。そのうえ、国は男の法的義務をすべて免除した。未婚の母たちは、子供の出生証明書に父親の名前を記すことさえ許されなかった。[11]

二つの世界大戦がはるか過去のものとなった今、欧米のほとんどの国では、男女比は均衡状態に戻った。徴兵制度の停止は計り知れない安堵感をもたらしたが、意図していなかった結果にもつながった。男の特権が、いっそう明白になったのだ。その特権は、頭上に吊り下げられた恐ろしいダモクレスの剣のように、あらゆる男を脅かしていた徴兵の可能性によって、もう相殺されなくなったからだ。次に起こるかもしれない戦争を心配せずに暮らせるようになった私たちは、一部の男がどれほど良い思いをしているか、前よりはっきり見てとり始めた。こうした変化は、経口避妊薬のおかげで家族の規模が縮小したことと相まって、従来はなかった交渉力を女に与えた。ジェンダーにまつわる今日の新たな議論は、社会におけるこうした人口動態の変動に由来する。

霊長類学者のバーバラ・スマッツは、ゴンベ国立公園でチンパンジーを追っているときに、ゴブリンという名の男に反撃した。彼はスマッツを威嚇して、貴重な雨天用ポンチョを盗み取ろうとしていた。ゴブリンにはそれまで何日も、手出しされ続けていたので、とうとう彼女の堪忍袋の緒が切れたのだ。ポンチョを巡る乱闘の最中に、彼女は本能的に、ゴブリンの鼻に怒りのパンチを見舞った。

私に殴られたゴブリンは、急になよなよして、べそをかく子供のようになり、安心感を得るために、アルファオスのフィガンの所に行った。フィガンは顔を上げもしないで手を伸ばすと、ゴブリンの頭のてっぺんを、何度か軽く叩いた。のちに気づいたのだが、ゴブリンはチンパンジーの大人のメス何頭かを扱うのとまったく同じように、私を扱っていたのだった。(12)

青年期にあったゴブリンは、男が自分の群れの女を威圧して、地位を主張するのに忙しい年齢に差しかかっていた。彼は、スマッツに対しても同じことをしていた。スマッツは彼の挑発に目をつぶろうとしたが、チンパンジーの女たちを観察し、「ゴブリンを無視していたため、私は明確なシグナルを発しそこねていた」ことを学んだ。最善の応答は、やり返すことだった。ゴブリンは、強烈なパンチを食らったあとは、もう二度と彼女を困らせることはなかった。

チンパンジーの男は、別のかたちの嫌がらせもする。それは、セックスともっと直接的な関係を持つものだ。妊娠可能な女をおもな対象とするこの嫌がらせは、粗暴になりうる。ウガンダのキバレ国立公園では、嫌がらせに武器まで加わった。そこの男たちは、長い棍棒（こんぼう）で女たちを叩く。最初に観察されたのが、性皮の腫脹したアウタンバという女への攻撃だった。フィールドワーカーたちが見守るなかで、上位の男のアイモソが右手に木の枝を握って、アウタンバを五回ほど強く叩いた。アイモソは疲れてしばらく休んだあと、また叩き始めた。このときには、アイモソは両手に一本ずつ、合わせて二本の枝を使った。また、アウタンバの頭上の枝からぶら下がって、足先で蹴りもした。とうとう、アウタンバの幼い娘が母親を助けようとやって来て、拳でアイモソの背中を連打したので、彼はようやくやめにした。

その後、アイモソのやり方を真似る男が出てきた。彼の例に倣って、他の男たちも同じことを始めた。彼らはいつも木製の武器を選んだ。研究者たちは、これを自制の表れと見た。男たちは、石を手に取ることもできたはずだが、それでは交尾の相手がけがをしたり死んだりしかねない。それは彼らの目的ではない。男たちの目的は、女に服従を教え込むことだった[13]。

そのような行動は、男の繁殖の助けになるのだろうか？　これは、進化生物学者が典型的な行動の一つひとつについて投げかける疑問だ。女に嫌がらせをするチンパンジーの男のほうが多くの子供を残すという証拠が現に存在するが、このつながりがどのようにして生じたかは、今なお謎のままだ。男が女を手荒に扱った直後に交尾が行なわれることは稀なので、そのつながりは間接的に違いない。攻撃的な男は、女に恐れを植えつけるので、女は肝心のときにおとなしく従うのかもしれないし、ひょっとすると、暴力を振るう男のほうが元気の良い精子を生み出せるのかもしれない。だが、実際のところはわかっていない[14]。

これよりはるかに直接的なかたちの強制が、レイプだろう。「レイプ」という言葉には、人間にかかわるものという含みがあるので、それを避けるために、動物の場合には「強制交尾」と呼ばれる。

アメリカのＦＢＩ（連邦捜査局）は長年、レイプを「強制的で、女性本人の意思に反した、女との性交」と定義してきた。だが、このかなり煮え切らない定義は、レイプされうるのが女性だけであることを示している。二〇一三年以降、ＦＢＩのレイプの定義は、同意なしの、膣あるいは肛門へのペニスの挿入というふうに、具体的になっている。[15] この定義を他の霊長類に当てはめると、私たちが思い描く行動は、オスがメスを拘束し、メスが逃れようとしている間に、ペニスを挿入するというものだろう。ところが、そのように定義すると、強制交尾はほぼ前代未聞になってしまう。男が姉妹や母親と交尾しようとするときに、チンパンジーで数回見られたことがあるだけだ。女はみな、そのような交尾を猛烈に嫌う。ある野生のチンパンジーは、息子による性的な誘いかけを拒んだが、嫌がらせをされ続けて、とうとう服従した。だが、金切り声を上げて抗議しながらであり、息子が射精できる前に飛びのいた。[16] このような家族間の文脈を除けば、強制交尾はチンパンジーの間ではきわめて珍しい。私は飼育下のチンパンジーの交尾は一〇〇〇回以上観察したに違いないが、女の意思に反するセックスは目にしたためしがない。

チンパンジーの女が、男の嫌がらせを無視したりそれに抵抗したりする方法を知っていることは、西田の生涯にわたるフィールドでの観察から明らかだ。「メスがオスの誘いに応じるのを嫌がる様子を示すと、大人のオスはこけ威しをしたり、叩いたり、蹴ったりといった、攻撃行動を見せることがある。ところが、発情期のメスはそのような暴力や介入に断固として抵抗し、屈することはめったにない。メスの拒絶に対して最年長の二頭のオスが暴力に訴えた一二件の事例のうち、交尾につながったものは一つもなかった[17]」

このように、女、とくに妊娠可能な女に対して疑いなく乱暴で虐待的なチンパンジー社会の姿が示されているわけだが、性的強制については疑問が残る。女は性皮が腫脹すると、たいていさまざまな男と問題なく交尾する。月経周期が頂点に達する排卵期にだけ、高位の男が制限を課す。彼らはそのような自由恋愛をきっぱりやめさせ、自分といっしょに「サファリ旅行」に出かけるよう、女を説得しようとする。彼らは、この目的を達するためには、女を威嚇したり罰したりすることがある。私がマハレにいたとき、アルファオスのファナナは、発情期の女一頭とまる二か月も姿を消した。彼はその女を他の男たちから引き離しておいて、独占したのだ。父子鑑定からは、このような配偶関係がしばしば妊娠につながることがわかっている。[18]

マハレのチンパンジーたちは、森の中に散らばって暮らしている。彼らは単独で、あるいは小さな集団で移動するため、密集した木の葉に遮られて、ほとんどの時間、お互いの姿が見えない。だが、いたるところから聞こえてくる音をしっかり把握しているので、他のすべてのチンパンジーがどこにいるかを正確に知っているようだ。チンパンジーは、よく知られている特有の大きなフーティングを頻繁に発するし、各自の声を識別できるので、居場所がわかるのだ。彼らはしばしば移動中に立ち止まって頭を傾け、一マイル〔約一・六キロメートル〕以上離れた場所で発せられたかもしれないような音を聞きとる。[19]

ところが、ファナナがサファリに出かけている間、彼の声はいっさい聞こえなかった。彼と連れ合いは、森の中を完全に沈黙して移動し、食べ物を見つけていたに違いない。そうでなければ、すぐに他のチンパンジーの注意を惹いていただろう。鬱蒼（うっそう）とした森の中で、彼はどうやって数か月にもわたって、女を彼女の意思に反してそばにとどめ続けられたのか？　女は猛烈な金切り声を上げて、サファリに行くことに反対する場合もあるのだから、あの女があれほど長く沈黙を保っているのは、同意を示唆している。あるいは、彼女は危険を招かないように、声を出すのを我慢していたのかもしれない。行動を共にしているペアは、縄張りの境界近くを移動することが多く、そばには近隣の敵対的なチンパンジーたちがいるからだ。

ファナナは、長いサファリ旅行から戻ってくると、大きな声を上げ、じつに見事な突進のディスプレイを行なった。彼は、自分が絶好調で、トップの座に再び就く準備ができていることを、疑いの余地がないほどはっきりさせた。ファナナの留守中、彼に次ぐ地位にあったベータオスが後釜に座っていたが、彼は落ち着かなかった。ファナナが戻ってくると、信じられないほど不安になり、丘をいくつも駆け上ったり駆け下りたりしたので、あとを追っていた私たちは、ついていくのに苦労した。その日の騒ぎに、私はすっかりへとへとになった。

以上の観察は、すべて東アフリカでのものだ。西アフリカでは、チンパンジーの女は、そこまで乱暴に扱われることはない。これは文化の違いのように見える。

私たちがチンパンジーについて耳にする話のほとんどは、東アフリカの亜種と生息地に関連するもので、そこでのチンパンジーのフィールド研究は、一九六〇年代に始まった。東アフリカでは、チンパンジーたちは森に散らばって暮らし、暴力的な縄張り争いは頻繁で激しく、女は権力をほとんど持たない。そこのチンパンジーたちが注目されているのは、不幸なことだ。なぜなら、チンパンジーは常にこのように振る舞うわけではないからだ。私は飼育下にあるチンパンジーを研究しているので、それをじつによく知っている。チンパンジーは、もっと団結力のある協力的な社会を築くだけの、大きなポテンシャルを持っている。西アフリカでのフィールドワークが、それを裏づけている。群れどうしの衝突は皆無ではないが、東アフリカでほど頻繁でも残虐でもない。西アフリカのチンパンジーたちは、この種が持つ凶悪なイメージを裏切る。東アフリカの群れと比べると、どの群れでも、社会的な緊密さが多く見られ、両性間の権力の差は小さい。

東アフリカのチンパンジーとのこの違いを示したのは、スイスの霊長類学者クリストフ・ボッシュだ。彼は何十年にもわたって、西アフリカにあるコートジヴォアールのタイの森でチンパンジーを研究した。ボッシュは自分の研究についての本に、『本物のチンパンジー(*The Real Chimpanzee*)』という挑発的な題をつけ、アフリカの他の場所で研究しているチンパンジーの専門家たちをおおいに苛立たせた。それは、人類学者が、自分は「本物の人間」を研究している唯一の人類学者だ、と主張するようなものだった。だが、チンパンジーには本物の度合いに違いがあることを、たとえ受け容れないとしても、チンパンジーという種の行動についての一般論を扱うときには注意するべきだろう[20]。

西アフリカのチンパンジーのほうが協力のレベルが高いのは、森の中におびただしい数のヒョウがいるからかもしれない。ヒョウに対しては、集団的な自衛が必要だからだ。このチンパンジーの一体感には、群れにおける両性の権力のバランスを変えるという副次的な効果がある。女は、いっしょに多くの時間を過ごすと、共通の利害に基づくブロックを形成する。それが、男の残虐な戦術に歯止めをかける。ボッシュによれば、群れのさまざまな事柄に関して女の発言力が強まるし、強制的な配偶関係や交尾を押しつけられることもなくなるという。そのうえ、もし女があまり好まない男と交尾するときには、しばしば途中でその場を駆け去り、妊娠を防ぐ。タイの森の女たちは、自分の性行動に、そして、ひいては繁殖にもより大きな決定権があるのだ。[21]

　飼育下では、チンパンジーの男が女に圧力をかけようとしても、なおさらうまくいかない。逃げ出す機会がないから、男は女を威圧しやすくなるだろう、とあなたは思うかもしれないが、じつは、逆だ。女の集団的な権力は、野生の世界で見られる権力を上回る。なぜなら、飼育下のコロニーでは、女たちはいつもいっしょにいるからだ。社会生活ははるかに厳しく管理されており、男は不快な行動をとると、ただでは済まされない。交尾を嫌がる女に対して、男が全身の毛を逆立ててこけ威しをするのを、私は何度も目にしたが、そのうちいつも、他の女たちが割って入って、悲鳴を上げている犠牲者を救う。女たちは、しつこい男を追い回し、行儀良く振る舞うように教えるのだった。

　同じパターンは、ボノボにも見られる。ボノボは、女どうしの結束を芸術の域まで高めた。彼女たちは、飼育下でも野生の世界でも、男の暴力を抑え込む。野生の世界では、群れは驚くほど緊密だ。ボノボの女はたいていいっしょに移動し、日暮れには呼びかけ合ってから、木立のずっと上のほうに寝床を作る。彼女たちは、互いの声が聞こえる範囲で寝る。ボノボはチンパンジーよりも一体感が強いので、女への権力の移行がなおさら進んでいる。男による性的な強制は論外だ。

　これらの観察結果は、今から六〇〇万～八〇〇万年前に生きていた、類人猿と私たちの遠い共通祖先にとって、何を意味するのか？　その祖先がレイピストだったかと訊かれたなら、私はノーと答えるだろう。人間の最近縁種の間で強制交尾が極端なまでに稀であることを踏まえれば、共通祖先がレイピストだったと考える理由は皆無だ。では、その祖先は少なくとも、嫌がらせや威圧というかたちの性的強制は知っていただろうか？　それは、彼らの社会の緊密さ次第だっただろう。森の中で散らばって暮らしているチンパンジーでは、そうした行動が起こるという証拠はある。だが、もっと団結力のあるチンパンジーの社会では例外的だし、ボノボの間ではまったく見られない。ほとんどの性行動は、比較的くつろいだ状況で起こる。例の共通祖先の行動として唯一見込まれるのは、男がときおり女を殴打することだ。少なくとも、男の優位性を仮定すれば、そうなる。私たちは、最後の共通祖先がどれほどチンパンジーあるいはボノボに似ていたのかわからないので、この点は依然としてはっきりしない。

あいにく、前述の事柄のどれ一つとして、私たちの種の行動を説明する助けにはならない。人間の間では、ほとんどの人が認めたがらないほど、レイプはありふれている。霊長類の仲間の間でよりも、私たちの間でのほうが、レイプははるかに蔓延している。この章の冒頭で紹介した司法省の大規模な調査によれば、女の一七・六パーセントが、一生のうちのいずれかの時点でレイプされるという[22]。このような高い割合は、人間のカップルが外界から隔てられた住まいでいっしょに時間を過ごす傾向にあることが一因かもしれない。

私たちの近縁の類人猿では、男と女が恒久的に結びつくことはなく、ときどきしか会わない。ほとんどの時間、女は単独で自由に移動し、自分や子供の食べ物を探す。夜は、木の上に寝床を作る。男は、女がどんな暮らしをするかに、ほとんど関心がない。女が妊娠可能な期間を除けば、両性は頻繁に接触する理由がない。まして、虐待的な男が支配権を振るったり、嫉妬したりする理由などまったくない。家族という構造がないので、一方の性をもう一方の性が細かく監視することは、はるかに少ない。そのうえ、彼らの出会いは野外で起こるので、他者が邪魔しうる。

私たちの種は、男の関与を特徴とする家族を進化させた。家族というこの体制は、食料の確保や保護や子育ての面で有利なので、それが私たちの種の成功物語の一部になっている。ところが、この利点は女に途方もない代償を支払わせることになった。男が優位に立って女を支配し、レイプまでするようになったからだ。男女がいっしょに暮らすことで、女にとって潜在的に危険な状況が生まれた。二〇二〇年には、状況の悪化が見られた。ＣＯＶＩＤ－19（新型コロナウイルス感染症）の流行で外出禁止令が出たためだ。いつも以上に家族が閉じこもりがちになると、中国の湖北（フーベイ）省などでは家庭内暴力が三倍に増えた。予備報告は、全世界で家庭内の虐待が増えたことを示している。[23]

他の霊長類では性的強制が稀だとさんざん言われているが、一つだけ大きな例外がある。オランウータンだ。東南アジアに暮らすこの赤毛の霊長類は、チンパンジーやボノボに比べると、遺伝的には私たちからずっと遠い。だから、私たちの祖先にはあまり関係がないが、オランウータンを知っている人なら誰もが、問題の行動を目撃したことがあるだろう。男が女を捕まえて、放さない。オランウータンは、手が四つあるのも同じで、男は信じられないほど力が強い。女が逃げようともがく間にも、無理やりペニスを挿入して、ぐいぐい突く。女は途中で諦め、終わるのを待つ。

この行動は、オランウータンの男が女よりもかなり大きいことに助長されている。オランウータンが単独生活を送ることも、一つの要因だ。彼らは集まって群れを成す代わりに、地面からはるか上の林冠を一頭で移動する。女はたいてい自力で暮らしており、まだ自立できない子供だけを連れている。支援ネットワークがないため、男が優位に立つ。

オランウータンは力ずくで交尾する傾向があまりにも強いので、人間の女を狙う場合さえあることが知られている。ボルネオでオランウータンを何十年も研究したカナダの霊長類学者ビルーテ・ガルディカスの料理人の身に、それが起こった。幼少の頃からガルディカスが育てていたオランウータンが、ある日、ガルディカスが雇っていたダヤク人の料理人につかみかかった。そして、彼女のスカートを剝ぎ取り、「ヒステリックな悲鳴を上げる」彼女にのしかかった。ガルディカスが割って入ろうとしたが、うまくいかなかった。なぜなら、オランウータンの男はどんな人間と比べても何倍もの力があるからだ。けっきょく、彼はまったく傷つけることなくその女を解放した。(24)

だが、オランウータンの男がすべてこのように振る舞うわけではなく、女も必ずセックスを拒むわけではない。すべては男の地位と体格次第だ。強制交尾は、小柄な男に典型的で、そのような男は、顔の両側にある大きな肉厚の頰だこ（フランジ）などの第二次性徴を欠いている。これらの男は、完全に成長した男の縄張りの中に暮らしていることが多く、女が望まなくても交尾する。女は完全に成長した男との交尾を好む。成長した男は、たいてい女の二倍の大きさで、頰だこがあり、日頃から梢で大きな声を発する。その低く長い声は、遠くまで聞こえる。私は森で彼らの下にいるとき、彼らが自分の存在を告げる声の強さに鳥肌が立った。女は、このような堂々たる男とは、しきりに交尾をしたがる。彼女たちは積極的に彼らを探し出し、口で勃起させたり、指を使ってペニスを挿入するのを手伝ったりさえする。オランウータンの専門家であるオランダのカレル・ファン・シャイックは、その手順を次のように説明している。

若いメスが……抗い難いほど魅力的で、大きくて、フランジのある、上位のオスと交尾したければ、相手をその気にさせなければならない。実際、ひと仕事する必要がある。退屈そうなそのオスに近づいて、呑気に構えているオスにまたがり、ペニスを挿入させ、体を激しく上下に動かし、相手に射精させる。[25]

オランウータンは、交尾のときに力に訴えることがよくある。これは、まだ十分に成長していない男によってなされることがほとんどだ。女は、自分の2倍にもなる、もっと大きな男との交尾を好む。

交尾でこのように立場が逆転する理由は、よくわかっていない。女は、子供が生まれたら、男がどれだけの安全を提供できるかに基づいて、相手を拒んだり拒まなかったりしているのではないか、とフィールドワーカーたちは推測している。森の広い範囲を支配している最大級の男たちのほうが、優れた保護者であることに疑問の余地はない。[26]

だが、わかっていることもある。強制交尾が負傷につながることは、あったとしてもごく稀だ。オランウータンの男は、体格で圧倒的に優位に立っているが、交尾を強制しても、見てわかるような傷を与えることはない。嚙みつくのも、ただの威嚇に違いない。一般に、霊長類のオスの攻撃行動は、メスを相手にしたときには抑制される。それは、彼らが選ぶ武器（木か石か）や、チンパンジーの男がめったに女を殺さないという事実から明らかだ。森の中でチンパンジーの男が見知らぬ女に出会ったときでさえ、手出ししないことが多い。彼らの縄張り意識は、他の男に的が絞られているのだ。

ゴリラの場合にも、事情は似ている。ゴリラの男は、霊長類の世界で最も強力な戦闘マシンであり、はるかに小さい大勢の女たちを撃退したり殺したりするだけの身体的な能力を持っている。ところが、心理的には、この利点を思う存分活用することはできない。女と対決するときには、男はおもにこけ威しをしたり、自分の胸を叩いたりする。ゴリラの女たちが団結して吠えながら、巨大な男を追いかけ、叩きさえするところは、大変な見物（みもの）だ。男は、脳内のニューロンによって、両手を背中で縛られているかのようだ。

このような抑制は、完全に理に適っている。もし男の攻撃性の主要な目的が繁殖にあるのなら、女を攻撃して殺してしまうことほど非生産的な行為はないだろうから。

レイプは、厖大な数の女に屈辱と恐怖を味わわせる武器として使われてきた。一九三七年の南京事件での日本軍や、第二次世界大戦末期のドイツにおけるソヴィエト連邦の赤軍、一九九四年に起こったジェノサイドでのルワンダのフツ人などの例がある。レイプには拷問や殺害が続くことが多く、その場合にはジェノサイドのようになるし、妊娠中絶の失敗や、エイズ（後天性免疫不全症候群）のような命にもかかわる疾患にもつながる。さらに歴史をさかのぼると、降伏を拒んだ町を罰する手段として、兵士がレイプや略奪を働いたとされている。たとえば、モンゴルの指導者チンギス・ハーンは、取り囲んだ町に次のような最後通告を送った。「降伏する者は誰でも命を助けるが、抵抗する者は妻子その他の扶養者や使用人もろとも、皆殺しにする」[27]

ところが今日では、女性に対する暴力の最大の源泉は、彼女たちの自宅に住んでいるボーイフレンドや夫や兄弟など、親密なパートナーや家族だ。全世界で、殺人の一三・五パーセントが、「フェミサイド」、すなわち性別に基づくヘイトクライム（憎悪犯罪）だと推定されている。[28] レイプは、この世界的なパターンの一部だが、入手可能な数字の信頼性は盛んに議論されているとはいえ、唯一私たちが目にする機会がない尺度が、犯人の数だ。男五人につき一人なのか？ 犯罪の記録を見ると、レイピストは連続犯罪者であることが窺えるので、一〇人につき一人の可能性もある。あるいは、二〇人に一人かもしれない。どんな要因がレイプを促すかを見極めたければ、これは重要な疑問だ。レイプは私たちの種には典型的なのか、それとも、ごく少数の男に限られた、例外的なパターンなのか？[29]

レイプの発生は、私たちの種におけるジェンダー間の関係の縮図と見なされることがある。スーザン・ブラウンミラーは、一九七五年の著書『レイプ・踏みにじられた意思』に、次のような印象的な一節を記している。

自分の生殖器が恐れを掻き立てる武器の役目を果たしうるという男性の発見は、火の使用や最初の粗削りな石斧と並んで、先史時代の発見のうちで最も重要な部類に入るに違いない。先史時代から現在に至るまで、レイプは重要な機能を果たしてきたと私は考えている。それは、すべての男性がすべての女性に恐れを抱かせておくための、意識的な威圧のプロセスにほかならない。[30]

ブラウンミラーは、「すべての男性」と「すべての女性」と言うことによって、十把ひとからげの一般論を打ち出し、文化や教育の役割の入り込む余地をほとんど残さなかった。彼女はまた、レイプする男としない男の区別もしなかった。どれだけ多くの男がこの行動をとるかは関係ない、なぜならすべての女が絶えずレイプを恐れながら生きており、自分を守るための対策をとることを余儀なくされているからだ、というのが彼女の主張の要だ。

どれだけ多くの男がレイプをするかを知ることは、この行動をなくそうとしたがっている人には重要だ。だが、なくすのは不可能だと思っている人もいる。彼らは、レイプは私たちの種には自然なことだと考えている。レイプは、暴力行為でもなければ、文化的な発明でもなく、適応戦略だ、と彼らは主張する。アメリカの科学者ランディ・ソーンヒルとクレイグ・パーマーは、二〇〇〇年の著書『人はなぜレイプするのか』で、レイプを、私たちの心理の進化における本質的な部分として提示している。二人はレイプを、性的に乗り気でない女性に対処するために、あらかじめプログラムされていた男性向けの解決策と見ている。なぜ「適応」かと言えば、レイプは、それをしなければ達成しそこなうだろう受精を男性がやり遂げるのを助けるからだそうだ。[31]

レイプの蔓延と、レイプのもたらす衝撃的な心の痛手に対する怒りから、ブラウンミラーが男性全員を責める気になったのは、私にも十分理解できる。だが、ソーンヒルとパーマーがレイプを生物学的な問題にしたことには、なかなか承服できない。一つには、私たちの仲間の霊長類たちについてわかっていることがあるからだし、また、私たち自身の種については、証拠が乏しいからだ。また、レイプを「自然」とすると、私たちはただ、それを辛抱するしかないという印象を与えてしまう。著者たちは、そういうつもりはないと請け合うが、説得力があるようにはまったく聞こえなかった。

信じられないような話だが、レイプは適応であるという考え方は、シリアゲムシの研究から生まれた。昆虫のなかには、オスがメスに交尾を強制するのを助ける、身体的な特徴（一種の締め具）を持っている種がある。昆虫から人間へと話を拡げるのは無理があるが、ソーンヒルとパーマーは全力を挙げる。男にはレイプするための解剖学的なツールなどないのは明らかだが、二人は、男の心理的な性質がレイプを促進するかもしれないと推論する。問題は、人間の心理は昆虫の体の部位ほど簡単に解剖できない点にある。ヒトという種は、あまりに緩やかにしかプログラムされていないので、レイプのような非常に具体的な行動は、遺伝によって子孫には伝えられない。

レイプは適応であるという見方の提唱者たちは、カモやオランウータンなど、強制交尾を行なうひと握りの動物を、きまって持ち出す。ところが、進化の論理に基づけば、強制交尾を行なう動物は、なぜこれらしかいないのか、不思議に思う。もしレイプがそれほど優れた受精の方法なら、なぜこれほど珍しいのか？　強制的な性的接触は、自然界に満ちあふれていてしかるべきだが、そうはなっていない。

レイプは、自然淘汰に優遇されるためには、二つの条件を満たす必要がある。第一に、レイプを行なう男は、自身を性犯罪者に仕立てる、特定の遺伝子構造を持っていなければならない。第二に、レイピストは自らの遺伝子を広める必要がある。ところが、そのどちらの条件も、満たされているという証拠がない。そのうえ、もし繁殖が目的なら、男は妊娠可能な年齢層以外の女をレイプするはずがない。恋人や妻は、合意のうえのセックスもするから、やはりレイプするのはおかしいし、男もレイプするべきではない。それなのに、彼らはそうする。たとえば、アメリカの司法省の調査によれば、三三人に一人の男が、生涯にレイプされるという。[32]

これほど杜撰な生物学的説明が幅広い読者層に届く可能性があると思うと、私はぞっとした。だが、現にそうなってしまった。『人はなぜレイプするのか』は、進化心理学という新しい学問分野の重荷になった。それまでその分野はたいてい、臀部やウエストや顔の対称性の魅力についての、無害な推論で知られていたのだが。その本を巡る論争は、ソーンヒルとパーマーの主張を二八人の学者が退ける、反論の書の刊行につながった。生物学者のジョーン・ラフガーデンは、二人の主張を、この邪悪な行動のための、「進化のせいだという言い訳の最新版」と呼んだ。[33]

私は「ニューヨーク・タイムズ」紙に発表したこの本の書評で、別の問題を提起した。部族コミュニティは、内部にレイピストがいたら、どうするだろうか？　私は、小規模集団で暮らしていたヒトの長い先史時代のことを考えていた。[34] キム・ヒルの主導で、アメリカの人類学者たちが、パラグアイのアチェ人について知っていることに基づいて、この疑問を探究した。彼らは、この狩猟採集民の間でのレイプについては聞いたことがなかったが、もし男が女をレイプしたら彼らがどう振る舞うことが見込まれるかを基に、数理モデルを構築した。すると、良い結果にはなりそうになかった。レイピストは友人をすべて失ったり、あるいは、犠牲者の親族によって殺されたりするかもしれず、もしレイプで子供が生まれれば、遺棄されかねなかった。仮にレイプ遺伝子などというものが存在したとしても、たちまち絶えてしまうだろう。[35]

私たちの最近縁種は、レイプ適応の手掛かりは示していないし、私たちの祖先が進化した状況下では、レイプは賢い手立てだったはずがない。今日の巨大な社会では、犯人のリスクは匿名性のおかげで多少は軽減されるが、レイプが起こるからといって、それが自然な行為になるわけではない。

人間社会が男の暴力と性的強制をどのように形作るかや、それにどう対抗できるかについて、最初に推論したのがスマッツだった。彼女はそうするにあたって、霊長類の観察結果に着想を得た。すでに見たとおり、メスのネットワークが強固であるほど、オスによる性的な嫌がらせが抑え込まれる。霊長類のメスは、オスに対して互いに守り合うが、それをうまくやってのけるためには、いっしょに暮らしたり移動したりする必要がある。オランウータンの女は、まったく支援が見込めないので、第一級の支援同盟を持っているボノボの女と比べると、危うい状況にある。

スマッツによれば、男によるハラスメントを防ぐために、女には三つの主要な選択肢があるという。一つは反撃で、それが女の第一の選択肢だ。だが、男は平均すると女より力があるので、これは難しく、危ない。第二の選択肢は、男に適切な保護をしてもらえるようにすることだ。この選択肢は、多くの霊長類も持っている。ボノボの男と女が友情をはぐくむことや、オランウータンの女が森で最強の男に惹きつけられることを考えてほしい。だが、この戦術にも短所がある。もし女が、男の活力と優位性に基づいて配偶者を選ぶと、相手はまさにその特性を彼女に対して発揮する危険がある。強力な保護者は、危険な威張り屋になりかねないから。

女の視点に立つと、理想的なのは、他の男を威圧するほど強いものの、自分の身体的な利点を女に対してけっして濫用しないほど温和な男だ。異性愛（ヘテロセクシャル）の女がこうした特質に惹かれることは、彼女たちが長身の男をはっきりと好むことから明らかだ。女は自分より背の高い男を強く好むので、背の低い男は、交際相手の紹介サービスでは勝ち目がない、と不平を言う。自分が見上げることのできる男に女が惹かれる気持ちは、自分より背の低い女に対する男の欲求を凌（しの）ぐ。配偶者に関する好みについて問われると、女は男よりも、身長の差にこだわる。[36]

さらに、強靭（きょうじん）さも要因となる。鍛え上げてしっかり割れた腹筋を、女は高く評価する傾向がある。映画『ワンス・アポン・ア・タイム・イン・ハリウッド』で、屋根の上で日差しを浴びながら立っているブラッド・ピットがシャツを脱ぎ捨てたとき、観客は息を呑んだという。私たちは、男の能力をその人の胴と腕でたちまち判断する。頭のない、シャツを着ていない男の体の写真を見たら、上半身の強靭さで難なく格付けできるだろう。そのような写真でテストすると、女は筋肉質の胴を好む。一六〇人のアメリカ人女性から成るサンプルは、一人の例外もなく、そのような好みを示した。女は筋肉の過剰なたくましさにはうんざりすることを報告する研究もあるが、それらの研究は、漫画のような線描を使っていた。通常の範囲内では、女は圧倒的に配偶者の候補に健康と強靱さを求める。[37]

不快な男が女を威嚇したときにはいつも、最も効果的な助けは、他の、もっと好ましい男から得られる。このような解決は私たちにとって、とても満足のいくものなので、男のヒーローが苦悩する若い女を救出するという筋書きは、今なお非常に人気の高いフィクションの定番の一つであり続けている。ただし、ヒーローは筋力を必要とする。おとなしい男は、家庭内では安全かもしれないが、積極的に出歩く女は、一歩も引かずに守ってくれる男に同行してもらうことを好む。男は、このような能力で判断されるのを知っているので、それを誇示する。だから男は競技スポーツに惹かれるのかもしれない。世界中で、男は女よりも多くスポーツを観戦し、行なう。そして、女はそれに注意を払う。どんなスポーツをするかという説明を添えられた男の写真を女が評価する実験で、それが実証された。女たちは、ラグビーのような攻撃的なスポーツに参加する男の写真を、同じ男の同じ写真に、バドミントンのようなもっとおとなしいスポーツをするという説明を添えたときよりも好んだ。[38]

女が男による性的嫌がらせを受けるリスクを減らす第三の方法は、女どうしで頼り合うことだ。彼女たちの支援ネットワークは、血縁に基づいている場合もあるかもしれない（女が結婚後も、自分が生まれたコミュニティにとどまる場合）が、ボノボの女の連帯のように、血縁ではない女たちから成ることもありうる。「#MeToo運動」が頭に浮かぶ。「グリーン・ギャング運動」もそうだ。インド北部の小さな村では、女は酔っぱらった夫による頻繁な家庭内暴力にひっそりと耐えていた。ある日、これらの女が団結して、村の通りを歩き回り始めた。揃って緑色のサリーをまとい、毎晩そうした。そして、密造酒の瓶を割り、妻を困らせている男たちに立ち向かい、たちまち侮り難い勢力となった。[39]

スマッツは、血縁者が近くにいること、男に対する女の依存を減らすこと、社会における男の絆を重視する度合いを下げることなど、女を守ると思われる状況について、一連の予測を立てた。男だけのクラブや親睦団体で多くの時間を過ごす男は、女に対する優先順位を下げ、他の男から親族の女を守るのに消極的になる。これらの予測は今のところ、人間の文化に関する実際のデータで検証されていない。それでも、性的な嫌がらせや強制の問題への文化的な取り組み方の、素晴らしい指針となる。[40]

レイプが私たちの遺伝子の中に組み込まれており、男は機会あるごとにレイプをするものだという仮定よりも、スマッツの考え方のほうが、はるかに優れているように私には思える。前者の仮定は、気が滅入るほど運命論的な立場であり、男はもっと真っ当な振る舞いができることを否定するものだ。だから私は、男による嫌がらせやレイプと闘うための第四の選択肢をつけ加えたい。男は大人も子供もそのような行動に惹かれない文化や、友人がそのような行動をとることも認めない文化を生み出すというのが、その選択肢だ。私たちは、嫌がらせやレイプを防ぐために女に何ができるかに的を絞る代わりに、男の子たちに何を教え、どのような手本を提供するかを考える必要がある。

私はむしろ、なぜほとんどの男はレイプをしないのか、と問いたい。好ましい面に焦点を当て、この多数派をどうすれば増やせるのかを考えようではないか。教育が決定的に重要になるだろう。とくに、性差を認める教育が。アメリカのフェミニストのグロリア・スタイネムは、息子たちをもっと娘たちと同じように育てることを勧めたが、それを鵜呑みにするべきではない。[41] 私たちは、生物学的特質が無関係であるかのように振る舞うことはできない。息子は娘ではないのだ。

霊長類と人間の行動に関する本章の説明から学ぶ点があるとすれば、それは、息子たちのほうが成長すると暴力的になる傾向が強いということだろう。彼らは娘たちよりも、体がそうとう強靭になる。どの社会も、問題を引き起こすことにつながりかねない暴力性と強靭さというこれら二つの特質に真正面から取り組み、若い男たちを教化する必要がある。若い男は、もう戦士になることは稀なので、社会は彼らの攻撃的な欲求の建設的なはけ口を見つける必要がなおさら高まっている。この欲求は、素晴らしい成果にも不埒(ふらち)な行動にもつながりうる。その欲求が虐待につながるのではなく強さの源泉となるのを確実にするために、男の子たちは自分の性別にふさわしい情動的な技能と態度を身につけなくてはならない。彼らは、強さには責任が伴うことを学ぶ必要がある。私たちは彼らに、自制心や道義心や女への敬意を育んでもらいたい。

彼らの男らしさにとって、単なる副次的な問題としてではなく、核心的な問題として、そうしてもらいたい。

第9章

アルファオスとアルファメス

優位性と権力との違い

ALPHA (FE)MALES
The Difference between Dominance and Power

ママは、バーガース動物園の大きなチンパンジー・コロニーの要だった。彼女は群れの母親として振る舞った。「ママ」という名前はそれに由来する。ママは四〇年以上にわたってアルファメスとして君臨し、歴代のアルファオスたちに対処してきた。私がこれまで知ったチンパンジーのアルファメスのうちで、ママこそが最高の指導力を持っていた。彼女は、コロニーの序列に占める自分の特権的な地位だけでなく、群れ全体のことも気にかけていた。

ママはあまりに威厳があって敬意を払わざるをえなかったので、私は初めて堀越しに顔の高さで彼女の目を覗き込んだときには、自分が小さく感じられた。彼女は相手に向かって穏やかにうなずく癖があった。相手が目に入ったことを知らせるためだ。それまで私は、自分自身の種以外に、あれほどの知恵と落ち着きを感知したことはなかった。

後年、私がオランダを離れたあと、ママは来園者のなかに私の顔を見つけると毎回、熱狂的に挨拶してくれた。私はいつも、ふらっと訪れたし、何年も間隔を置いて会いに行くこともあった。だが、彼女はいつも飛び上がり、嬉しそうな声を上げながら、遠くから差し招くように片手を伸ばしつつ、私たちを隔てる堀に駆け寄ったものだ。女たちは、まもなく移動するので子供に背中に飛び乗ってほしいときに、よくこの「おいで、おいで」の仕草をする。私も同じ親しげな仕草を彼女に返し、あとで、飼育員がチンパンジーたちのいる島に餌の果物を投げ与えるのを手伝う。高齢で動きが遅く、飛んでくるオレンジを他のチンパンジーほど素早くつかみ取れないママが、餌に十分ありつけるように、私たちは気を配った。

嫉妬も見られた。ママの娘で、もう大人のモニークは、いつも私に忍び寄り、堀の向こうから石を投げつけるのだった。私は痛い目に遭って、この種の行動に目を光らせておかなければならないことを学んでいたからよかったものの、そうでなければ、モニークの投げる石は、私の頭を直撃していたことだろう。石をいくつ空中でキャッチしたか知れない！　モニークは、私がまだバーガース動物園で研究していた頃に生まれたが、私のことは覚えていないので、この見知らぬ人間に母親が注意を向け、旧友のように挨拶するのをひどく嫌った。だから、あいつには何か投げつけてやれ！　というわけだ。狙いをつけて物を投げるのは人間の専売特許とされていたので、これまで私はチンパンジーに何ができるか知ってもらうために、その説の支持者たちに来園を誘ってきた。モニークは、四〇フィート〔約一二メートル〕以上先の的に、完璧に命中させることができた。もっとも、自分のお気に入りの説を試すために進んで的になろうという人は、まだ一人も現れていないが。

ママは群れの中では、総意の代弁者の役割を果たした。アルファオスになりたてだったニッキーにまつわるエピソードが、その好例だ。ニッキーは、コロニーのトップの座を手に入れたものの、彼の手荒な行動に他のチンパンジーたちが抵抗した。アルファオスになりさえすれば、何でも好きなようにできるわけではない。ニッキーのような若輩の場合はなおさらだ。あるとき、不満を抱いたチンパンジーたちが総掛かりで、金切り声を上げたり吠えたりしながらニッキーを追い回した。ニッキーは、それまでの威厳はどこへやらで、木のずっと上まで登って独りぼっちで腰を下ろし、パニックに陥って悲鳴を上げ続けるというざまだった。退路はすべて断たれていた。ニッキーが下りてこようとするたびに、他のチンパンジーたちが上へ追い返した。

その後一五分ほどした頃に、ママがゆっくりとその木に登っていった。ママはニッキーに触れ、キスした。それから木を下り、ニッキーがすぐあとに続いた。今やママがニッキーを引き連れているので、誰も逆らわなかった。ニッキーは依然として見るからに不安そうだったが、敵対者たちと仲直りした。男であれ女であれ、群れの他のチンパンジーには、事態をここまで丸く収めることは、とうていできなかっただろう。

ママが、仲たがいしているチンパンジーどうしを引き合わせたり、彼らがママを頼ったりすることが、何度となく起こった。大の男たちが喧嘩を解決できずに、ママに駆け寄り、それぞれママの長い腕に抱かれて座りながら、まるで子供のように相手に向かって金切り声を上げているところを、私は目撃したことがある。ママは二頭がまた喧嘩を始めないように、押しとどめるのだった。また、男を促して、敵対者に近づかせ、仲直りさせることもあった。彼女の行動は、ダイナミックに変化する周囲の社会的な関係を彼女が的確に理解していることを反映していた。そして、彼女の仲裁は、コミュニティの関心事を反映していた。目前の自己利益を超え、群れの平和と調和を促進するものだった。

　ママはいつも進んで自分の役割を果たしたので、他のチンパンジーたちは彼女を当てにしていた。子供たちの大騒ぎを静められない女たちは、ママの脇腹をそっと突いて起こしたものだ。子供の喧嘩は、母親どうしの対立を招く危険がある。母親は、自動的に我が子の味方をするので、どうしても事態が悪化する。そこで、誰もが認める中立の権威者に登場を願うのが解決策となった。ママが遠くから、怒りに満ちた唸り声を数回上げただけで、子供たちは悪さをやめるのだった。

「アルファオス」という言葉は、一九四〇年代にスイスの動物行動学者ルドルフ・シェンケルによるオオカミの研究までさかのぼる。[1] 彼がこの言葉を造ってまもなく、動物の行動の研究者たちは、最上位のオスを指してそれを使い始めた。最上位のメスは、「アルファメス」となった。オスにもメスにも「アルファ」がいるが、どの群れにも、それぞれ複数いることはけっしてない。

　ママは、大人の男を支配することはなかった。チンパンジーの女が大人の男を支配することは、めったにない。ほとんどの霊長類の序列にかかわるこの単純な真理は、これまでずっと、一部の人の悩みの種だった。もし、社会における女の立場について憂鬱なメッセージしか得られないのなら、霊長類学から学ぶことなどあるのだろうか、と尋ねるフェミニストがいる。一方、保守主義者はこの情報を、「俺の言いなりになれ！」という男の態度を正当化するものとして称讃する。

二〇一三年に、アメリカのラジオパーソナリティのエリック・エリクソンは、フォックス・ビジネスのテレビ番組で、次のように言い放った。「生物学を見てみると、社会や他の動物で、男性やオス、女性やメスの役割がわかる。一般に、男性やオスが支配的な役割を果たす」。彼はそれを、女が家庭の稼ぎ手になるのは自然に対する犯罪である証拠と見なした。女がその地位に昇格したら起こりうる唯一の結果は、社会の崩壊だということで、この番組の男性討論者たちは全員、厳粛に合意した。[2]

女は自分の立場をわきまえるべきであるというメッセージに対する霊長類学の支持は、一九二〇年代にソリー・ズッカーマンがロンドン動物園でヒヒを対象として行なった怪しげな実験にさかのぼる。彼の見方は、オスの残忍さを正当化するばかりか、讃美さえするのを後押しした。一九六〇年代には、ジャーナリストのロバート・アードレイの著書『アフリカ創世記』が大きな影響力を振るい、このメッセージを増幅した。彼は、変化するジェンダー・ロールについて、以下のような敵意（と病的恐怖）に満ちた意見まで述べている。「国籍にかかわらず、解放された女性は、霊長類の系統における七〇〇〇万年の進化の産物だ。……そのような女性は、霊長類の世界にかつて見られなかったほど不幸であり、彼女の最も大切な目的は、夫と息子の心理的な去勢である[3]」

女の幸福に関するアードレイの心配は、誠実なものではない。男のリーダーシップと女のリーダーシップは両立せず、前者は後者よりも自然だ、という仮定を土台としているからだ。だが、両立できるとしたらどうだろう？

人間以外の霊長類におけるメスの権力について、私たちがめったに耳にしないのは、第一に、オスのリーダーシップ以外に目が届かないからだ。オスは派手で、生意気さやディスプレイややかましい喧嘩にばかり注意を惹きつけてしまう。また、オスはメスほど内気ではないので、フィールドワーカーは、先にオスのほうを知るようになる。著名な女性霊長類学者たちも、男の魅力を免れず、カリスマ的な類人猿の男と特別に親密な関係を築いてきた。ジェーン・グドールはデイヴィッド・グレイビアード（チンパンジー）と、ダイアン・フォッシーはディジット（ゴリラ）と、ビルーテ・ガルディカスはスギト（オランウータン）と、という具合に。これらの男は、深い愛情と感嘆の念を込めて描かれているのに対して、女たちは、少なくとも最初のうちは、そこまで注意を向けてもらえなかった。女の行動は地味なので、科学の文献に彼女たちが登場するまでには数十年かかった。

第二に、オスの優位性は暴力と結びつけられており、私たちは暴力に惹かれるからだ。他のものには、なかなか目が向かない。日々のニュース番組を観るとき私たちが示す、このよく知られた偏りは、動物の行動に対しても同じように当てはまる。テレビでは、シロイワヤギよりもサメについての自然番組のほうがはるかに多く放映される。私が自然番組シリーズのプロデューサーたちに、チンパンジーのドキュメンタリーは無数にある一方、ボノボのドキュメンタリーがこれほど少ない理由を訊くと、ボノボは行動が活発ではないから、という答えがいつも返ってくる。チンパンジーを撮影していれば、目を見張るような争いを数回捉えられることは請け合いだ。流血と対決は売り物になる。番組は、血を流し、足を引きずりながらその場を去っていくチンパンジーを映し、ナレーターが険しい声で「ジャングルの掟（おきて）」を視聴者に思い出させることができる。自然番組を放送するネットワークは、この暗いメッセージを好んで視聴者に残す。

だが彼らは、もっと考えさせる筋書きを排除して、自らを窮屈な立場に追い込んでしまった。じつは、ボノボは活発な行動をたっぷり見せる。ただし、おもにエロティックな類の活動だが。そして、放送ネットワークは、これに手を焼いてしまう。そのうえ、ボノボを取り上げれば、男の優位性は必然的なものという考え方を拭い去りかねないから、新たな問題につながる。ジャングルの掟が、女を管理者の地位に就けるなどということが、いったいどうしてありえたのか？　それは、とても説明できそうにない、とプロデューサーたちは私に言う。

同じようなバイアスが、科学の文献の足枷にもなっている。私たちの種の進化の筋書きは、たいてい私たちを、太古の昔から襲撃したり、略奪したり、殺したりしてきた、生まれながらの戦士として描き出す。この身の毛のよだつ先史時代が、私たちの最も大切にしている特性の説明になると考えられている。アメリカの政治学者クインシー・ライトが要約しているように、「好戦的な諸民族の間に文明が興る一方、平和的な狩猟採集民は地の果てに追いやられた」[4]というのだ。

戦争には高度な協力と助け合いが求められることを踏まえると、人間の利他主義までもが軍国主義の派生物と見なされる。文明と、権威に対する服従は、私たちがより効果的に敵に立ち向かえるようになるために進化したと考えられている。人間の解剖学的構造も、同じような観点から見られている。私たちの手は、木の枝をつかんだり果物を摘んだりするために進化した、と思う人もいるかもしれないが、手は握り締めれば拳にできるので、人間の手は武器とするためのものであるというのが、最近発表された説だ[5]。

これらの見方は、ナポレオン・シャグノンやリチャード・ランガムといった人類学者によって、私たちの種の男と近縁種の男に与えられたレッテルに反映されている。シャグノンとランガムはそれぞれを、「獰猛な人々」、「悪魔のようなオスたち」と描写している。[6] 科学は依然として、暴力と戦争を、私たちの種の伝統にとって不可欠な要素と見ている。私たちの先史時代には、そのような行動があったという証拠は乏しいのだが。たとえば、考古学の記録には、一万二〇〇〇年前の農業革命以前に大規模な殺人があったという証拠は皆無だ。そのため、戦争は私たちのＤＮＡに組み込まれているという進化の筋書きは、はなはだ不確かなものとなる。[7]

他の霊長類におけるメスのリーダーについて私たちがほとんど聞くことがない理由の三番目が、最も重要かもしれない。私たちは、他の種での社会的な優位性を、身体的な優位性に狭めてしまうことがよくある。身体的優位性こそが社会的優位性を意味するのであり、それ以外など、どうしてありうるだろうか？　身体的に支配するか、しないかのどちらかしかない。もしママが、どの大人の男も身体的に打ちのめすことができないのなら、そもそもなぜ彼女をアルファメスなどと呼ぶのか？　この過度に単純化された論理を、私たちが動物に当てはめるのは意外だ。自分たちの社会では、けっしてそうはしないのだから。どこかの会社を訪ねたとき、オフィスでいちばん立派な体格をした男が社長に違いないと思い込んで、彼の所に行く人などいない。

他の霊長類についても、同じことが言える。最も大きくて最も力の強いオスが、必ずしも最上位を占めるわけではない。なぜなら、ネットワーク作りや性格、年齢、戦略的な技能、家族のつながりなどがみな、出世の後押しになるからだ。これを性別に当てはめれば、ボノボの女は、自分よりはるかにたくましい男たちがいても、コミュニティで誰よりも上の地位に就くことがありうる。チンパンジーの場合には、いちばん小柄な男がアルファになることさえある。それを成し遂げるには、他者の支援が必要とされる。そこで話が複雑になる。その男は、味方を満足させておき、ライバルと共謀させないようにするとともに、守ったり気前よく食べ物を分け与えたりして女たちの支持を勝ち取る必要がある。フィールド研究からは、小柄なチンパンジーのアルファオスほど、他者のグルーミングに時間をかけることがわかっている。[8]

サルの厳しい序列さえも、人が思うほど単純ではない。アカゲザルの老ボスのミスター・スピクルズが、アルファメスのオレンジの後ろ盾に頼っていたことを覚えているだろうか？[9] それを考えると、この二頭のどちらのほうが強いのか、という疑問が湧く。日本の霊長類学の父である今西錦司（きんじ）は、この学問分野の創成期にすでに、次のように述べている。「サルの社会は強力なオスザルの独裁下にあるように見えるかもしれないが、じつはメスたちが社会の中で絶大な影響力を振るっている」[10]

というわけで、社会的優位性を分解してみよう。この優位性には三つの構成要素がある。戦闘能力と公式の序列と権力だ。霊長類の子供は年がら年中、格闘遊びをするので、自分より誰が強くて誰が弱いかをすぐに知る。誰かを押さえつけようとしたり、誰かの手から逃れようとしたりするときに、嫌でも優劣を感じとるのだ。私たちと同じで、彼らも互いの体格や足取りを見ただけで、身体的な力を正確に把握できるようになる。ボノボの女は、男を支配するには女どうしの同盟が必要なことを、はっきりと自覚している。男たちも、身体的な力の面での自分の厳密な順位を心得ているが、彼らはしばしば同盟関係に頼るので、体格は序列を見極めるうえで、たいして当てにならない。

類人猿の女は、地位を巡って身体的に競い合うことはめったにない。飼育下では、さまざまな所から女を連れてきていっしょにすることがある。すると、彼女たちは驚くほど素早く序列を確立する。一頭が別の女に歩み寄ると、相手は腰を屈めたり、パント・グラントを発したり、脇によけたりして服従し、それで決まりだ。それ以降、前者が後者を支配する。

男は、それとは劇的な対象を成す。私はこれまで、男が既存のコロニーに加えられるところを何度も目撃したが、いつも緊張に満ちていた。男の一頭が、新参者を威圧しようとするか（その場合には、喧嘩につながることもある）、あるいは、対決を数日、場合によっては数週間、先延ばしにする。だが、いずれかの時点で、必ず力が試される。だから、たいていは二〇歳ぐらいの最も精力旺盛な男が、当初はトップの座を奪う。ところが、男たちは互いを知るようになると、政治的な同盟を結び、序列を再調整する。ここで小柄な男や年長の男が競争に加わり、地位を上げる。

一方、女は年齢制であり、歳が物を言う。序列を巡る競争は珍しい。なぜなら、女は森の中を単独で移動し、食べ物を探すので、地位が高くても、たいして得にならないからだ。男のように競争で苦労することには価値がない。たいてい、年長の女の一頭がアルファになる。最盛期の女たちがいても関係ない。彼女たちなら、身体的な喧嘩でわけもなくアルファを打ち負かせるだろうが。

私たちは、チンパンジーを対象に行なった握力の検査から、女の身体的な力を把握している。人間の女は、六〇代に入ってようやく握力が衰え始めるのに対して、チンパンジーの女は、三〇代なかばを過ぎると早くも握力が落ちる。[11] 女はその年齢からしだいに体が弱るが、社会的な序列での自分の位置を苦もなく守り続ける。それどころか、地位が上がることが多い。たとえばママは、五九歳で死ぬまでアルファであり続けた。彼女はほとんど目が見えず、足取りも覚束なかったが、相変わらずたっぷり敬意を享受した。ママが男だったら、とうの昔に地位を失っていたことだろう。野生の世界でも、チンパンジーの女は、年齢が上がるにつれて高い地位に就く。彼女たちはその瞬間をのんびりと待つ。この過程は「待機（キューイング）」と呼ばれてきた。[12]

序列ができると、それを伝えなければならない。社会的な哺乳動物はそれぞれ、服従の儀式を持っている。たとえば、犬は尾を脚の間に入れて、仰向けに転がるし、マカカ属のサルは歯を剝いて大きな笑顔を見せる。チンパンジーやボノボは、独特の唸り声を連発しながら、上位の相手に頭を下げる。チンパンジーのアルファオスは、少しばかり毛を逆立てて歩き回るだけで、誰もが駆け寄ってきて、パント・グラントを発しながら地面にひれ伏す。アルファオスは、腕を他のチンパンジーの上で動かしたり、彼らを跳び越えたり、気にも留めていないかのように、彼らの挨拶をあっさり無視したりして、自分の地位を強調する。ママは男に比べると、そのような服従の仕草を示されることはるかに少なかったが、コロニーの女が全員、彼女に敬意を表す一方、彼女のほうから敬意を表すことはけっしてなかったので、彼女は最上位の女と見なされていた。地位を示すこうした行動は、公式の序列を表している。軍服の記章を見れば、誰が誰より位が上かがわかるのと同じようなものだ。[13]

権力はそれとはまったく違う。権力とは、ある個体が集団のプロセスに及ぼす影響だ。まるで第二の層のように、権力は公式の順位の陰に隠れている。チンパンジーの群れにおける社会的な成り行きは、社会的な絆や同盟関係のネットワークの中で誰が最も中心的な個体かにかかっていることがよくある。若いアルファオスのニッキーに対するコロニーの敵対行為に終止符を打たなければならないと判断したときのママは、ニッキーよりも自分のほうが強いことを示したのだった。

それでもなお、ニッキーは公式のリーダーであり、コミュニティのすべての成員が彼に服従していた。彼に対する敵対行為が起こる数か月前、彼はイェルーンという年上の仲間の助けを借りて、前のアルファオスを打ち負かしていた。イェルーンは、ニッキーといっしょにフーティングをし、ニッキーがアルファの座を狙うのを支援することで、自分に非常に有利な状況を作り出した。ニッキーはアルファになっても、イェルーンを特別扱いせざるをえず、彼が女たちと交尾するのを許した。イェルーンは歳をとり過ぎていたので、自らアルファになるだけの元気もスタミナもなかったが、キングメーカーとして権力と敬意を取り戻した。

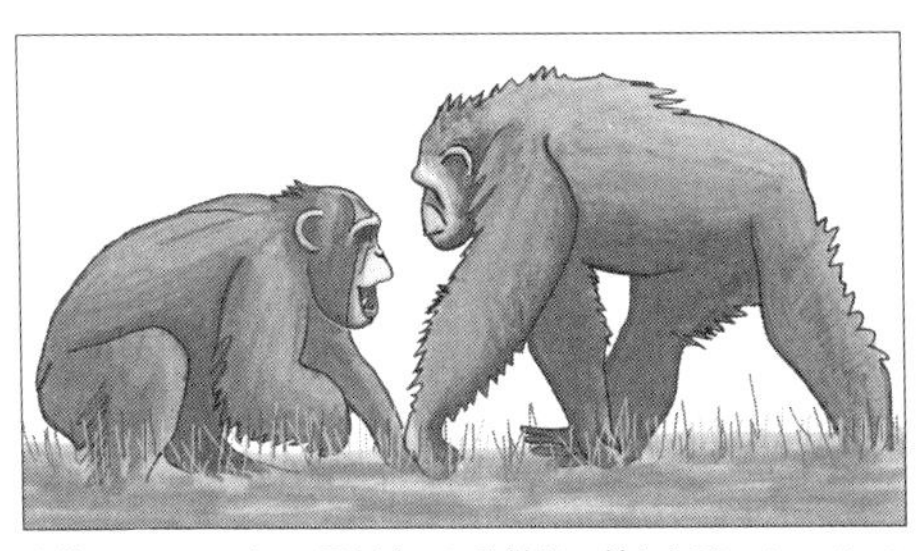

上位のチンパンジーの男（右）にお辞儀をし、首を上下にひょこひょこさせ、パント・グラントを発する下位のチンパンジーの男。この地位の儀式が生み出す体格の対比は、見せかけのものにすぎない。現実には、この2頭の男は、体重がほぼ同じだ。

このような構図は、野生の世界でも知られている。私は、西田利貞からさんざん話を聞かされていたチンパンジーのカルンデに、タンザニアのマハレ山塊で会えたときは嬉しかった。我が目で見てみると、カルンデは思っていたよりも小さかった。高齢になって「縮んだ」と、西田は説明した。カルンデは、自分より若い男たちを競わせることで、チンパンジーのコミュニティで重要な地位を占めるに至った。それらの野心的な男たちはカルンデの支援を求めたが、カルンデは気まぐれにそれに応じ、彼らの誰にとっても自分を不可欠の存在にしたのだった。元アルファオスのカルンデは、こうして一種のカムバックを遂げたが、イェルーン同様、自らはトップの座には就かなかった。その代わり、黒幕として振る舞った。西田と私は、夜に野営地で情報交換し、イェルーンとカルンデの戦術が不気味なまでに似通っているのに驚いた。二頭とも、ワシントンや東京にいる高齢の大物政治家と同じで、全盛期を過ぎていた。だが、やはりそうした政治家と同じで、依然としてまさに政治の真っただ中にいた。[14]

というわけで、私たちが取り上げている社会的な序列では、身体的な力は男には大きなプラスになるものの、女にはそれほどの利点はもたらさず、女の場合には年齢と性格のほうが重要だ。そして、序列は公のシグナルを通して伝えられるが、それは政治的な権力の最もわかりやすい指標ではない。たとえば、バーガース動物園のコロニーは、イェルーンとママという、最年長の男と女が、ともに序列の最上位ではないものの、事実上取り仕切っていた。若いアルファオスはイェルーンに頭が上がらなかったし、ママは女全員を動員できたので、このペアを出し抜ける者はいなかった。

ママはその全盛時代には、男たちの権力闘争に積極的に関与した。ママは誰かしら男の一頭のために女たちの支持を取りつけるので、その男は首尾良くトップに上り詰めると、彼女に借りができる。そして、ママがその男と敵対したら、彼のキャリアは一巻の終わりとなりかねなかった。ママはお気に入りの男のために、言わば党の顔役のように振る舞い、その男のライバルにあえて肩入れするような女がいたら、罰した。ママは、違反行為に関する記憶力が抜群だった。あるときなど、彼女はチンパンジーが全員夜間用の建物に入るまで待ち、それからその日、「間違った」ほうの男に味方した女を追い詰めて痛めつけた。

したがって、チンパンジーは男優位でボノボは女優位だと言うときには、優位でないほうの性には権力がないわけではないことを補足する必要がある。そして、戦闘能力と公式の序列と権力という、地位を決める三つの主要な要因の他に、第四の要因、すなわち「威信」がある。威信は、私たちのように、知識の伝達に依存する種には不可欠だ。私たちは文化的な生き物なので、自分たちのうちで最も経験豊富で熟練した者に、自動的に注意が向かう。私たちは、ヒーローを尊敬し、手本とする。ティーンエイジャーはビヨンセのように踊ろうとし、男はロジャー・フェデラーと同じ腕時計を欲しがる。威信は讃美されることに由来する権力の形態だ。[15]

類人猿もお互いから多くを学ぶので、私たちと同じ傾向を持っていることが見込める。私たちはある研究で、チンパンジーたちに、群れの二頭が特定の行動を実演するところを観察させた。その二頭には、あらかじめその行動を教え込んであった。一頭は、高位の女で、もう一頭は低位の女だった。コロニーの全員がいる前で、二頭の女はプラスティックのトークン（代用通貨）を箱の中に入れるたびに、ご褒美をもらえた。どちらの女も、異なる印のついた、自分専用の箱をあてがわれていた。これら二頭のモデル役はともに誰からも姿がよく見えたし、同じぐらいうまくトークンを箱に入れたにもかかわらず、他のチンパンジーは、まるで一頭だけしか観察しなかったかのようだった。彼らは高位の女を手本にして、大量のトークンを彼女の箱に入れ始め、もう一頭の箱は無視した。[16]

威信は上から押しつけられるわけではなく、下から与えられる。そのため、霊長類の社会に存在すると誰もが見込む身体的な強制よりも、威信は高度なものになる。権力構造についても同じことが言える。権力構造は、戦闘能力とはおおまかにしか一致していない。だから、どちらの性が自然に優位にあるか知っているという人がいたら、それはどういう意味なのか、必ず尋ねるべきだ。

ヤーキーズ国立霊長類研究センターのフィールド・ステーションにいた、チンパンジーのアルファオスのエイモスは、はっとするほどハンサムで、群れの誰からも愛されていた。ハンサムというのは人間の判断を反映しており、チンパンジーたちはそうは思っていなかったかもしれない。だが、愛されていたというのは事実で、エイモスの最後の日々に、それが反論の余地もないまでに実証された。

エイモスが死んだあとにわかったのだが、彼は肝臓がはなはだしく肥大していただけでなく、癌腫(がんしゅ)もいくつかできていた。そこまでの状態になるには何年もかかったに違いないにもかかわらず、もう体がもたなくなるまで、彼は普通に振る舞っていた。弱っていることを少しでも悟られれば、地位を失っていたかもしれない。だから、男はライバルの周りでは弱みを隠し、平然と行動する傾向がある。私たちは、エイモスが夜間用のケージで、毎分六〇回の頻度で荒い息をしているのを見つけた。顔からは汗が噴き出ている。仲間たちは外で日なたに座っているというのに。エイモスは外へ出るのを拒んだ。そこで私たちは、彼を他のチンパンジーたちから遠ざけておいた。他のチンパンジーたちが、彼の様子を確認するために、しきりに屋内に入ってくるので、ケージの扉を少しだけ開け、その向こうに座っているエイモスに仲間が接触できるようにしておいた。

エイモスは、その扉のすぐ脇に移った。女の友達のデイジーが手を伸ばして、エイモスの耳の後ろの柔らかい部分を優しくグルーミングした。それから大量の木毛（もくもう）〔木材を糸状に削ったもの〕を隙間から押し込み始めた。チンパンジーは好んで木毛などを使って寝床を作る。エイモスは、木毛で何をするでもなく、壁に寄りかかっていた。デイジーは何度か手を差し入れて、木毛をエイモスの背と、彼が寄りかかっている壁との間に詰めてやった。病院のベッドで起き上がった人が寄りかかれるように、私たちがクッションを背中にあてがうところとそっくりに見えた。他のチンパンジーたちも、木毛を持ってきた。

翌日、私たちはエイモスを安楽死させた。助かる見込みがなく、さらに苦しむだけなのが確実だったからだ。私たちのうち何人かは、彼が死んだときに泣いた。そして、彼の仲間のチンパンジーたちも、数日間、気味が悪いほど静かだった。彼らは食欲を失った。エイモスは、私がこれまでに知ったアルファオスのうちでも、とりわけ人気があった。

エイモスの地位は、『アルファオス・バイブル（*Alpha Male Bible*）』（二〇二一年）のような、男たちにアルファオスのなり方を指南することを意図して、続々と出版される現代のビジネス書とは相容れない。これらの本は、ボディランゲージの巧みな使い方を教え、男たちに、役員室に収まったり、女性を魅了したりすることを目標に、勝者のように考えることを促す。だが、気前の良さや公平性といった、チンパンジーの優れたアルファオスを際立たせている技能に触れるのを忘れている。その種の本が示すのは、アルファオスの薄っぺらい捉え方であり、それが人気を博するのを拙著『チンパンジーの政治学』がどれほど助けてしまったかを踏まえると、私はなおさら癪に障る。[17]
私の見るところでは、アルファオスにはおもに二種類ある。一つは、前述のビジネス書で称えられている類だ。彼らは、「どちらか一方しか望めないのなら、愛されるよりも恐れられるほうが優る」というマキアヴェリの信条を地で行く威張り屋だ。そのような男は、群れの全員を恐れさせ、忠誠と服従を教え込むことしか頭にない。私たちの種でも、そういう男はよく知られているが、チンパンジーの場合も同じだ。彼らを見ていると不安になる。たとえば、ゴンベ国立公園では、ゴブリンがこの種のアルファオスであり、彼は幼い頃からまったくの卑劣漢のように振る舞った。早朝に何の理由もないのに他のチンパンジーを寝床から蹴り出す。喧嘩を仕掛け、けっしてやめないことで知られていた。かつての保護者で良き指導者だった当時のアルファオスに対しても、そうだ。最後には、この男を王座から引きずり下ろした。彼のお気に入りの戦術は、仲良くすることではなく、身体的に威圧することだった。
やがて、ゴブリンは、年下の挑戦者に思いがけない敗北を喫したあと、当然の報いを受けた。まるでこの機会が訪れるのを待っていたかのように、怒ったチンパンジーたちが集団で彼に襲いかかったのだ。下草の中での大乱闘のあと、ゴブリンは金切り声を上げながら姿を現した。そして、逃げ去った。手首や両手両足、陰嚢にも傷を負っていた。獣医師に抗生物質を投与されていなかったら、彼は感染症でほぼ確実に命を落としていただろう。[18]
もう一種類のアルファオスは、正真正銘のリーダーだ。支配的で、ライバルたちから自分の地位を守りつつも、虐待をすることもなければ、過剰に攻撃的になることもない。弱い者たちを守り、コミュニティの平和を保ち、痛みや苦しみを抱えている者を安心させる。争いに負けた者を他の者がハグする事例を私たちが分析すると、一般に女のほうが男よりも頻繁に他者を慰めることがわかった。唯一の際立った例外が、アルファオスだ。アルファオスは癒しの最高責任者さながらに振る舞い、苦悶する者を他の誰よりもいたわる。争いが起こると、誰もがたちまち彼に目を向け、その争いをどう収めるかを見守る。彼は、揉め事の最終的な仲裁者なのだ[19]。

たとえば、女どうしの仲たがいの収拾がつかなくなり、とうとう取っ組み合いになったとする。大勢のチンパンジーが駆け寄ってきて、喧嘩に加わる。乱闘になり、チンパンジーたちが金切り声を上げて転げ回っているところに、アルファオスが飛び込んで、力ずくでみなを引き離す。他のチンパンジーとは違い、彼はどちらか一方の側につくことはない。だが、喧嘩を続ける者がいれば、殴りつける。あるいは、金切り声を上げる二頭の間に割って入り、全身の毛を逆立て、威厳たっぷりにその場にとどまり、喧嘩を続けたければ彼を押しのけなければならないことを、二頭にはっきり理解させる。アルファオスは、二頭に喧嘩をやめることを求めるかのように、両腕を上げることもある。

「監督者の役割（コントロール・ロール）」として知られるこの建設的な態度は、すべての霊長類が示すわけではない。たとえば、ボノボではまったく見られない。ケニアのセレンゲティでは、アメリカの神経学者で霊長類学者のロバート・M・サポルスキーが、血液中のストレスホルモンを測定してヒヒの不安を調べた。年長のオスたちは角が取れているが、若い大人のオスは、執拗な神経戦を繰り広げる。彼らは、長い尖った犬歯でみんなを怖がらせる。オスの階層制は、意地の悪さと恐れと手当たり次第の暴力で満ちていることを、サポルスキーは疑問の余地のないほどはっきりさせた。アルファオス自身も、一日中、気が抜けないので、ストレスは避けられない。他のオスたちが、彼の地位を虎視眈々と狙っているからだ。アルファオスは、弱い者を助けに行ったり、社会的な調和を育んだりする気配すら示さない。[20]

だが、秩序を保ったり喧嘩をやめさせたりすることは、ゴリラやマントヒヒのように、一頭の大柄なオスが支配する霊長類では典型的だ。オスは日頃から介入して、メスの間の平和を取り戻す。[21] チンパンジーの男は、さらに一歩先まで行き、群れの内部のもっとさまざまな揉め事を管理する。当初、この行動は動物園で最もよく記録されていた。その後、アメリカの人類学者クリストファー・ボームが、人間社会を研究したあとに、ゴンベ国立公園で二年間過ごした。彼は、野生のチンパンジーも他者の争いを止めることを発見した。野生のチンパンジーは、柔軟に離合集散するので、アルファオスがいつも近くにいるとはかぎらない。だから、その場の最高位の男が、仲裁の任を負う。次の例では、ゴンベの群れのベータオスであるサタンが、青年期の二頭の男の対決をやめさせた。

彼は当事者たちに一直線に突進していったが、二頭は夢中で争い、取っ組み合って相手に嚙みつこうとしていたので、効果がなかった。並外れた巨漢のサタンは、まず、幼いフロドを脇へ押しのけた。彼は近くに立っていて、この衝突に加わりかねなかったからだ。それからサタンは、争う二頭の間にたくましい両腕をねじ込んで、文字どおり引き剝がした。まる四秒もかかった。[22]

霊長類は何をするときでも、血縁者や友や味方といっしょにすることを好むが、コントロール・ロールに関しては違う。治安を維持するオスは、争いには加わらない。彼らの偏りのない仲裁は、友や血縁者への加勢ではなく平和の回復を目的としている。そして、万一、当事者の一方を優遇する場合には、その選択は自分の社会的な好みとは必ずしも一致しない。彼らは、オスと闘っているメスとか、大人と闘っている子供といった、弱者を強者から守る。この役割を担うオスだけが、社会の公平なメンバーなのだ[23]。

コミュニティは、仲裁役志望者の権威を自動的に受け容れるわけではない。ニッキーとイェルーンが手を組んでバーガース動物園のコロニーを支配していたとき、揉め事が起こるとニッキーは介入しようとした。ところが、彼が攻撃を受ける羽目になることがよくあった。年長の女たちは、この生意気な新参者が幼かった頃から知っているので、彼が割って入ってきて頭を叩くのを許せなかったのだ。それに、ニッキーは公平にはほど遠かった。誰が喧嘩を始めようと、友に味方した。それとは対照的に、イェルーンの和平の試みは必ず受け容れられた。彼は公平で、力の行使は最小限に抑えた。やがて彼は、コントロール・ロールをニッキーから引き継いだ。喧嘩が起こっても、ニッキーはわざわざ立ち上がろうとさえせず、先輩に解決を任せるのだった。

この事例から、副司令官がコントロール・ロールを果たせることや、誰がその役割を担うかについて、群れの構成員に発言権があることがわかる。誰もが最も効果的な仲裁者を支援する。そのため、男であろうと女であろうと、コントロール・ロールを果たす者は、治安を維持し、弱者を強者から守る、幅広い権限を手にする。私が女も入れたのは、女たちが喧嘩をすると、ママはいつもためらうことなくその役割を果たしたからだ。彼女は非常に尊敬されていたので、そうしても何の問題も起こらなかった。

ママや他の女は、ときどき男たちの武器を「没収」することもあった。二頭のライバルがフーティングをし、体を揺らし、大きな石を集めて戦闘準備をしていると、女が片方に歩み寄って、武器を取り上げる。男は、自分の手から女が石を取るのに逆らわない。だが、いったん対決が始まると、状況があまりに危険になるので、女はもうかかわれなかった。めったにないことだが、流血にエスカレートしたときにだけ、女たちは大挙して止めに入るのだった。

仲裁やとりなしから群れがどれほど恩恵を受けているかは、ブタオザルを対象とした実験で実証されている。ブタオザルの場合も、高位のオスが他者の間の争いを取り締まる。私と、私が指導していた大学院生のジェシカ・フラックは、ヤーキーズ国立霊長類研究センターのフィールド・ステーションの大きな屋外放飼場で、八〇頭を超えるブタオザルの群れを研究していたときに、上位三頭のオスを群れから遠ざけておいた。いつも、一日ずつだけそうした。そういう日には、ブタオザルの社会は、ばらばらになるようだった。遊びが減り、喧嘩が増えた。喧嘩はいつも以上に長引き、乱暴になることが多くなった。上位のオスたちがいないので、そうした小競り合いのあとに和解することはめったになかった。その結果、彼らの間の緊張が、心配なまでに高まった。安定を回復するには、上位のオスたちを群れに戻すしかなかった[24]。

上位の個体が社会の調和にどれほど貢献するかが、この実験によって実証された。彼らは、群れのまとまりを保つために不可欠なのだ。

記念品にする目的で野生動物を狩る、いわゆる「トロフィーハンター」は、狙っている種の最も素晴らしい個体を殺すので、「逆淘汰」をすることになる。逆淘汰は、自然淘汰の反対だ。ハンターたちは、最大級のクマや、たてがみの色が際立って濃いライオンを標的にすることで、遺伝子プールからとくに健康で壮健なオスを取り除く。同じ種類の逆淘汰が、ゾウたちに悲惨な結果をもたらした。ゾウの場合には、象牙の密猟も絡んでいた。多くの個体群で、立派な牙を持ったオスたちは、事実上絶滅した。悲惨な副次的影響の一つとして、オスの子たちが乱暴で危険になったことが挙げられる。

南アフリカのピラネスバーグ国立公園では、ゾウのオスの子が徒党を組んで暴れ回った。動物どうしを闘わせる競技さながら、彼らはシロサイを追い回し、足で踏みつけ、牙で突いて殺した。他の動物たちにも攻撃を繰り返した。公園側は、「ビッグ・ブラザー」プログラムを企画して、この問題を解決した。公園の職員は、クルーガー国立公園からゾウの大人のオスを六頭、空輸してきたのだ。ゾウのオスは、一生を通して成長し続ける。そして、長老たちはしばしば若いオスたちを引き連れて歩き回る。訓練中の戦士のように、若いオスたちは指導役のあとを追い、彼らを観察する。テストステロンの値が五〇倍に上がる、「マスト」という超攻撃的な状態は、若いオスが上位のオスとの接触がある場合には抑え込まれる。若いオスは、自分よりも大きいオスに分をわきまえさせられると、数分のうちにマストの身体的な表れが消えてなくなることがある。ピラネスバーグ国立公園では、威圧的な大人がいるおかげで、ホルモンの値が抑えられ、危険な行動も減ったので、状況ががらっと変わった。「ビッグ・ブラザー」プログラムが始まってからは、ランダムな暴力の兆しが消えた。それまでの数年間、ゾウに殺された絶滅危惧種のシロサイは四〇頭を超えた。だが、年上のオスたちが教化してくれたおかげで、その殺戮に終止符が打たれた[25]。

チンパンジーの社会でも、大人の男は社会化の機能を果たす。男は優れたアルファになるためには、一定の年齢に達し、一定の経歴を持っている必要があることを、動物園は学んだ。思春期を終えたばかりの男や、年長の男がいない所で育った男は、多くの場合、平和と調和をもたらすことができない。彼らは、あまりに激しやすいので、周りに大きなストレスをかける。男の子が成熟して情緒が安定した大人になるためには、お手本となる大人の男に規律を教え込まれ、指導を受けることが欠かせない。

大人の男による躾は、特筆に値する。なぜなら、チンパンジーの子供は生まれてから四年間ほどは、まったく罰せられないからだ。上位の男の背中をトランポリン代わりにしたり、大人の手から食べ物を奪ったり、他の子供を思いきり叩いたりなど、やりたい放題だ。衝突はどれも、たちまち鎮められ、子供が無作法なことをしそうになったら、必ず年長者が気を逸らす。何年も好き勝手にやってきたあと、初めて罰せられたときの子供の衝撃とパニックは、想像に難くない。

適切な服従を示さなかったり、女やその子供を困らせたり、妊娠可能な女に対してできもしない性的行為を試そうとしたりする男の子を、大人の男は最も厳しく叱責する。たいていは、男の大人は男の子を追いかけたり叩いたりするだけだが、ときには傷を負わせることもある。男の子は、一度か二度、痛い目に遭えば、何をしてはならないかを理解する。それ以後は、大人の男がひと睨みするか、一歩前に進むかしただけで、子供は女からぱっと離れるようになる。それはすべて、衝動制御の継続的な教育の一環だ。男の子は限度を学び、慎重に考えてから行動を起こすようになり、上位の男たちに注意を払い続ける。また、年長者について回り、彼らの行動を模倣する。たとえば、コロニーのアルファオスがこけ威しのディスプレイと目を見張るようなジャンプを組み合わせて行なうと、まもなく男の子たちも同じようなジャンプをし始めると思って間違いない。野生の世界の生息地でも、チンパンジーの男の子は、年長の男たちに目を向け、彼らをロールモデルにする。[26]

前述のゾウたちの話がメディアで取り上げられたとき、解説者たちは当然のように人間の家庭に重ね合わせた。アメリカでは、子供の四人に一人が父親不在の家庭で育つ。そのような家庭の子供は、問題行動や薬物濫用、学校中退、自殺が多い。男の子は問題を外面化し、女の子は内面化するという考え方に一致するかたちで、母子家庭の男の子は自分の怒りを外に向け、しばしば暴力的になったり非行に走ったりする。それに対して、女の子は自己評価が低く、鬱に苦しみ、一〇代で妊娠する率が高まる。人間社会の研究では、因果関係が特定しにくいことが有名だが、両親のいる家庭のほうが子供を安定させる効果があることを、データはたしかに示している。[27] 子供は自分と同性のロールモデルが必要なので、父親あるいは父親のような人の存在は絶対不可欠とは言わないまでも、有益だ。たとえば、レズビアンのカップルは、男に子供の生活に入ってきてもらうことがよくある。父親代わりの男を家庭に招いたり、伯父／叔父や男の教師やコーチと接触するように子供を促したりする。[28]

父親が不在だと、世帯収入に影響が出て、それが家族のストレス値も上げる、と長年考えられていたが、ホルモンへの影響も排除できない。年長のゾウのオスが若いオスのマストを抑えるのと同じで、霊長類でもホルモンの抑制が知られている。たとえば、オランウータンの男の子は、大きな男がそばにいるかぎり、第二次性徴（肉厚の頬だこなど）が発現しない。彼らの成長は、年長の男が死ぬか、追い出されるかする日まで、止まっている。スマトラ島のある森で、アルファオスが失脚すると、たちまち二頭の青年期の男が急成長を始めた。動物園でも同じ現象がよく知られており、人間の男に原因をたどれそうなことさえある。こんな話が伝わっている。あるオランウータンの男は、どうしても成長せず、何年も痩せこけていて、未熟に見えた。動物園の獣医師が調べても、健康状態には何の問題も見つけられなかった。ある日、長年、霊長類の飼育員だった人が退職した。すると、数か月のうちに、その若いオランウータンはフランジが立派に発達し、見事なオレンジ色の体毛が生えた。どうやら、単に飼育員が漂わせていた雰囲気のせいで、そのオランウータンの成長が抑え込まれていたらしい。[29]

私たちの種でも、家庭に大人の男がいると、子供のホルモン値に影響が出ることがありうる。父親が不在だと、思春期が早まるようだ。アメリカのある調査では、三〇〇〇人以上のアメリカ人男女に、初潮を迎えた年齢（女）や声が低くなった年齢（男）を尋ねた。すると、父親不在で育つと、男女のどちらでも思春期が早く始まることがわかった。だが、母親が不在の場合には、同じような影響はなかった。夫婦が別居したり離婚したりすると、収入源がなくなったり、引っ越したりといった多くの変化が家庭に起こりうるので、いったいどれが違いをもたらすのかは、見分けるのが難しい。とはいえ、父親が日々そばにいると、ホルモンの面での子供の発達が遅れる可能性はある。[30]

そこからはっきりすることがある。私たちは、霊長類の支配的なオスは誰もが独裁者であるかのように考えて、その役割を忘れたり、否定的に扱ったりするべきではないのだ。たしかに全員を怖がらせるオスもいるが、そうしたオスは一般的ではない。私たちの最近縁種では、私がこれまでに知ったアルファオスの大多数は、彼らの社会のメンバーを執拗に攻撃したり虐待したりすることはなかった。彼らは秩序を保ち、将来有望な若いオスの行動を抑制することで、平和と調和を確実にする。公平なアルファオスは、安全をもたらす（とくに最も弱い者たちに、もたらす）ので、とても人気がある。挑戦者が現れるたびに、アルファオスは絶大な支援を受ける。そして、いずれ必ずその地位を失う日が訪れるのだが、そのときには、社会的序列を何段か下りるだけで、余生を平和に送る。

そして、エイモスのように、愛情と慈しみを受けながら最後の日々を送れる場合もある。

どの霊長類の群れにも、アルファオスとアルファメスが一頭ずついる。どちらかの性のアルファが一頭いて、どちらかの性のベータやガンマ、デルタ……が一頭ずつそれに続くというわけではない。理由は単純で、序列はおおむね性別で分かれているからだ。霊長類の子供や人間の子供が同性の仲間と遊びたがるのと同様に、社会的な序列も、おもにどちらか一方の性の者しか含まない。

メスは、自分が他のメスと相対的にどんな地位にあるかを気にかけ、オスは他のオスと自分の相対的な地位を気にする。競争はおもに同性間で起こり、序列がそれを管理したり阻止したりするのを助ける。オスは、地位や、誰がメスと交尾するかを巡って競い合う。それとは対照的に、メスにとって交尾は食べ物ほど重要ではない。進化の観点に立つと、メスの成功のカギは栄養だ。胎児を育て、赤ん坊に授乳し、子供に食べ物を与えるためには、食べ物を獲得するのに最適の場所へのアクセスが必要になる。類人猿の子供は最短でも一〇年は母親のもとにとどまるので、女は男よりも食べ物に対する需要がはるかに大きい。

両性間には競争する理由がほとんどない。チンパンジーの男（女より上位）もボノボの男（女よりも下位）もともに、他の男におおかたの注意を向け、同性間で社会的序列を上げることに攻撃的なエネルギーを注ぐ。女にとっても、他の女との間で自分の地位を維持することが何よりも肝心だ。男より上位になるか下位になるかには、女はあまり関心がない。なぜなら、女はほとんどの時間、他の女といっしょに移動し、食べ物を探し、つき合うからだ。男と女は別の世界に暮らしており、それぞれ独自の問題を抱えている。

科学は伝統的にメスの世界よりもオスの世界に焦点を当ててきたので、アルファメスのリーダーシップのスタイルについては、驚くほどわずかしかわかっていない。バーガース動物園のママとロラ・ヤ・ボノボ・サンクチュアリのプリンセス・ミミが政治的に抜け目がなく、しっかりと支配権を握っていたことは、すでに述べた。ママにはカイフという忠実な女の盟友がいて、どんな状況下でも常にママの味方をした。そして、ミミはどんなボノボのアルファメスもそうであるように、中心的な女から成る強力な仲間集団を拠り所としていた。コロニーで対決があったあとに事態を改善するのが、ママの十八番（おはこ）だった。高位の男は、争いの最中に割って入ってやめさせるのに対して、ママは喧嘩のあとで行動を起こし、当事者の間を取り持って両者を引き合わせたものだ。

たとえば、男のライバルどうしが和解できないときには、お互いのそばをうろつくことが多い。そんな行き詰まり状態では、どちらも目を合わせるのを注意深く避ける。酒場でひと悶着起こして、怒りに燃えている二人の男性のようなものだ。ママは一方に歩み寄り、グルーミングをしてやったりする。数分後、今度はもう一方の男にゆっくりと近づいていく。すると、最初の男があとについていくことが多い。もしついてこないと、ママは戻っていって腕をぐいっと引っ張り、否応なくついてこさせる。ママを真ん中にして、三頭はしばらくいっしょに座っているが、そのあとママがひょいと腰を上げて近くで控えているうちに、残された二頭の男は互いにグルーミングを始めるのだった。

私は、他のチンパンジーの女（きまって年長で、強い権限を持っている）が同じような任務を成し遂げるのを見てきた。たとえば、エイモスの群れのアルファメスだったエリッカは、私たちの間では「グルーミング・マシン」として知られていた。彼女は四六時中、誰にも彼にもせっせとグルーミングしていたので、とても人気があり、他のチンパンジーは彼女に注意を向けてもらおうとして、列を成した。彼女は次々にグルーミングしてやった。乱闘があったあとは、なおさらだ。霊長類は動きを合わせる傾向があるので、エリッカのグルーミングが伝染し、他のチンパンジーたちも彼女に倣う。こうして、グルーミングし合う集団がいくつもでき上がり、彼女は群れ全体を落ち着かせるのだった。

野生の世界では、アルファメスはいつもそのような中心的な地位を占めるとはかぎらない。研究が充実しているのはおもに東アフリカのさまざまなコミュニティで、そこではチンパンジーたちは森の中で散らばって暮らしている。女たちには、争いに巻き込まれないようにする傾向がある。彼女たちは、男が乱暴になったとしても、守ってくれる他の女がそばにいない。女は、末の子供を腹にぶら下げたり背に乗せたりしていることが多いから、攻撃に弱い。そこで、無用の危険は冒さない。一方、西アフリカでは、チンパンジーの女はよくいっしょに移動する。だから、彼女たちの濃密な社会生活は、飼育下のコロニーの社会生活に似ている。女たちは結束を見せ、一生にわたって友情を維持し、どんなときにも支え合う。高位の女たちは、こうした野生の世界のコミュニティではもっと影響力を持ち、パワー・ポリティクスに参加するのを嫌がらない。

クリストフ・ボッシュは、次のようなチンパンジーの様子を記述している。コートジヴォアールのタイの森で、肉を分け合う輪の中に数頭の女がしばしば無理やり入り込み、男に負けないほどの好位置を占める。それらの女は、アルファオスが確実に肉にありつけるようにした。もし所有権を巡って乱闘が起これば、彼女たちはいつもアルファオスを支援して、彼がひと切れ獲得できるようにするのだった。アルファオスは彼女たちに気前良く分けてくれるので、どちらにとっても、とてもうまみがあった。タイの森では、女たちの友情は何年も続き、一生に及ぶこともあったかもしれない。ある女の親友が行方不明になると、彼女は苦悩して、哀れっぽく鳴きながらその友を探す。女どうしの忠誠は、子供たちにまで及んだ。ママが、親友のカイフが死んだあとに彼女の末娘を引き取ったのと同じように、タイの女たちも、死んだ友が養育していた息子や娘の面倒を見ることが知られている。[31]

類人猿の女は、自分の子供が守られ、十分に栄養を与えられるようにするが、一度に一頭しか子供を産めないので、育てられる子供の数には限りがある。そこで、息子たちを通して自分の「王朝」を拡大させるという手がある。娘たちは、思春期になるとコミュニティを離れるが、息子たちはとどまる。チンパンジーの母親は、息子が男の階層制で序列を上げるのを助けることがあるが、このような出世支援のチャンピオンはボノボだ。ボノボの社会では、女の友情と結束はなおさら頼り甲斐があり、母親たちは強力な盟友となる。ボノボのコミュニティで最悪の争いが起こるのは、女が男の地位競争に絡んだときだ。コンゴ民主共和国のワンバの森でアルファメスだったカメには、大人になった息子が三頭もいて、いちばん上がアルファオスだった。カメは歳をとって体が弱り始めると、子供たちを守るのをためらうようになった。ベータメスの息子がそれに気づいたらしく、カメの息子たちに挑み始めた。ベータメスは息子を支援し、いかにもボノボらしく、恐れることなく息子のためにアルファオスを攻撃した。軋轢がエスカレートして、母親どうしが殴り合い、取っ組み合って地面を転げ回った。やがて、カメが組み伏せられた。彼女はこの屈辱から二度と立ち直れなかった。カメの息子たちは序列が下がり、彼女の死後は、すっかり落ちぶれた。[32]

父子関係のデータを見ると、母親が生きているボノボの男は、大人になる前に母親を失った男と比べて、子供を残す率が三倍もあることがわかる。母親は、息子の求愛行動を保護し、息子がライバルを追い払うのを助けることで、彼らの交尾行動に積極的に介入する。スイスの霊長類学者マーティン・ズルベックは、コンゴ民主共和国のルイコタレの森で、そのような事例を記述している。

その二頭、メスのウマと、若くて低位のオスのアポロが交尾しようとしていた。群れの最上位のオスのカミーロは、二頭の密通に感づき、割って入ろうとした。だが、アポロの母親のハンナが駆け寄ってきて、カミーロを猛然と追い払い、息子と相手が安心して交尾できるようにした。[33]

女が息子の繁殖を後押しするのに最も近い人間の例は、オスマン帝国のハーレムで奴隷の側室たちの間に見られた競争と陰謀だろう。彼女たちのなかには、スルタンの妃に匹敵する地位を獲得した者もいた。彼女たちは、息子を産むと、ハーレムから送り出されてその子を育て、それ以上子供は持たなかった。母親たちは、息子が次のスルタンになれるように、猛烈に働きかけた。その競争に勝った息子は、王座に就くと、きまって腹違いの兄弟全員の殺害を命じた。その兄弟殺しは、自分だけが子供を残すことを保証するためだった[34]。

私たち人間は、ボノボよりも徹底的にやるようだ。

社会的地位と繁殖の結びつきは、現代社会では失われてしまった。それは、私たちが繁栄したことと、効果的な避妊手段が利用可能になったことのおかげだ。ところが、人間の心理は、この昔ながらの結びつきの影響を振り払えずにいる。私たちが持って生まれた傾向は、自分の遺伝子を広めた祖先に由来するため、彼らが社会的に成功するための手段は、私たちの心理に刻みつけられている。霊長類のオスもメスも、また、人間の男も女も、社会的序列を熱心に上げたがる。それが、これまでずっと必勝法だったからだ。

私たちが霊長類の祖先から受け継いできたものは、人間が男と女のリーダーをどう評価するかに、依然として見てとれる。たとえば、私たちは男の体の大きさに注意を払うが、女に対してはそうしない。男の知性や経験や専門知識にも、少なくとも同じ程度の注意を払うだろう、とあなたは思うかもしれないが、私たちはリーダーの身長に執拗なまでに敏感であり続けている。私たちのバイアスは、身体能力がもっと重要だった時代を反映しているのだ。

身長は給料と正の相関があり、政治討論にさえ影響を及ぼす。一八二四年から一九九二年までの四三回のアメリカ大統領選挙では、背の高い候補者のほうが大統領になる率が、ならない率の二倍だった。この利点を考えれば、イタリアのシルヴィオ・ベルルスコーニ元首相やフランスのニコラ・サルコジ元大統領のような背の低い政治家が、写真撮影のときに乗る箱を持って遊説に出たこともうなずける。サルコジは、背の高いモデルの妻を同伴しているときには、厚底の靴を履いていた。

アムステルダム大学の心理学者マルク・ファン・ヴュットは、実験で参加者にビジネススーツを着た男女の写真を見せた。背景に手を加えたせいで、背が高く見える写真もあれば、低く見える写真もあった。参加者たちが、優位性と知能について受けた印象に基づいてリーダーとして好んだのは、背の高い男だった（「この人は、リーダーのように見える」）。一方、女に関しては、身長はほとんど影響がなかった。[35]

もし背が高いと男が就ける地位の見通しが良くなるのだとしたら、女には年齢が同じ効果を発揮するのだろうか？　もしそうなら、私たちが霊長類の近縁種についてわかっていることと合致する。世界にはこれまで、ゴルダ・メイアやインディラ・ガンディー、マーガレット・サッチャー、そして私たち自身の時代の最強の女であるドイツのアンゲラ・メルケル前首相といった、生殖年齢を過ぎた多くの国家指導者が登場してきた。ところが最近では、もっと若い女性指導者も出てきた。ニュージーランドのジャシンダ・アーダーン首相のような、第一級のリーダーは、まだ出産可能年齢だ〔アーダーン首相は二〇二三年一月に辞任〕。

女性リーダーは、COVID－19のパンデミックのときに、とりわけ良い働きをしたとされている。だが、データは最終的なものではないし、人口規模や医療制度やGDPといった交絡変数のせいで、国家間の比較をするのは難しい。だが少なくとも、かなり多くの著名な男性リーダーが惨めに失敗した、とは言うことができる。ジャーナリストのニコラス・クリストフが「ニューヨーク・タイムズ」紙に書いたように、「このウイルスを最もうまく管理したリーダーがすべて女性だったわけではない。だが、対応を誤ったリーダーは全員男性であり、おもに、権威主義的で虚栄心が強く、威張り散らすタイプだった」[36]。一説によると、女性リーダーは、強く、決然とした様子を見せなければならないという圧力をあまり感じないという。彼女たちは謙虚なので、専門家を招いて、その助言に従う。また、影響を受けている人々にもっと同情し、脅威を抑え込むよう民衆に訴えるように見える。それに対して、男性リーダーには、コロナウイルスをまるで個人的な侮辱のように扱い、医学的に有効性が証明されている対策ではなく政治的なレトリックでウイルスより優位に立とうとする者がいた。

ひょっとすると、男のリーダーシップと女のリーダーシップでは、それぞれ強みと弱みが違うのかもしれない。私たちは、霊長類という人類の背景に基づいて、男は公平な仲裁が得意だと思うものだ。霊長類のオスのほうが頻繁に争いに介入してやめさせるのには、二つの理由がある。第一に、オスのほうが威圧的な存在感があるので、ただちに注意を惹くし、誰であれ喧嘩を続けようと望む者には、警告を発する働きをする。そして第二に、近親を考慮に入れる必要がなければ、公平になりやすい。オスは群れの中に子供がいるかもしれないが、彼らは父子関係について曖昧か、あるいはまったく知らない。それに対して、メスには子や孫がいることが多く、合わせると一〇頭以上になる場合もあり、その全員をそれぞれ知っている。メスが血縁者をどれほど猛然と守るかを踏まえると、群れで対決が起こっている最中に中立を保つのはほぼ不可能だ。

だからといって、メスにはコントロール・ロールが果たせないというわけではない。私はある日それを、マディソンにあるウィスコンシン国立霊長類研究センターで学んだ。研究者仲間のヴィクター・ラインハートが、マーゴという名の年老いたメスが支配しているアカゲザルの群れに、注意を促してくれたときだ。マーゴに関して印象的だったのは、彼女の序列ではなく、平和を維持する能力だった。マーゴは大柄だったが、飛び抜けてはいなかった。私は、アルファメスのオレンジに慣れていた。彼女はなんとも大きな母系一族の長老格のメスだったので、治安の維持をミスター・スピクルズに任せていたのは、しごくもっともだった。彼は見事に秩序を保ち、オレンジは娘たちや孫娘たちをメスの序列の上層にとどめておくことができた。マカカ属の長老格のメスなら、誰もがやることだ。だが、マーゴは違った。彼女は群れの最高位を占めていただけでなく、子供がいなかったのだ。

ヴィクターはこの群れを研究し、次のように結論した。他のサルはみな、友や血縁者を助けるために喧嘩に介入したが、マーゴはけっしてそのようなバイアスは見せなかった。彼女は、ミスター・スピクルズ並みにコントロール・ロールをうまくこなせた。そして、心配するべき家族がいないので、彼と同じぐらい公平にもなれた。彼女は、虐げられた者たちを一貫して擁護した。年齢や性別に関係なく、最下層のサルをわざわざ守ってやり、ときには熾烈な攻撃さえするのだった。そうしたサルは、襲撃者を恐れてマーゴの前でうずくまる。するとマーゴは、片手を彼らの上に置き、自分がどちらの側についているのか明確にする。コントロール・ロールを果たしているオスたちとちょうど同じように、マーゴもコミュニティのことを思って行動しているようだった。[37]

こうした観察結果を見ると、それぞれの性に典型的な行動からは、両者の能力の全貌はわからないことが窺える。どちらの性も、稀な状況下で発揮されるポテンシャルを持っている。霊長類のメスは、血縁関係の義務から解放されれば、コントロール・ロールを果たす素晴らしいポテンシャルを持っているかもしれない。このポテンシャルは、現代の人間の職場にもかかわってくる。そこでは、上司が血縁関係に対処しなければならないことはめったにないからだ。実際、私たちは賢くも、仕事で身内を贔屓するのを禁じる規則を取り入れており、そうした規則は、社内に家族の絆の入り込む余地がないようにできている。

霊長類の社会生活と比べると、現代社会は規模が大きく、私たちは両性を一つの枠組みに取り込む傾向がある。これは、私たちの進化史と文化史における、ひときわ新しい展開だ。人類学者が部族社会を「狩猟採集民」社会と呼ぶのは、女が集団で果物や木の実や野菜を採集に行き、男は集団で狩りに行くからにほかならない。女たちは野営地を離れている間、おしゃべりをし、噂話(うわさばなし)をし、いっしょに歌うが、男たちは注意を惹かないように、何時間も黙って歩くことが多い。こうした役割は、しばしば思われるほど別個のものではなかったかもしれない（女の狩人や戦士がいることがわかっている）が、有史時代と先史時代の大半を通して、労働は性別によって分けられていた。女は男の典型的な活動に、私の知ったことではないと肩をすくめ、男は女の典型的な活動に肩をすくめた——どちらも、相手に頼っていたにもかかわらず。工業化の時代に入って初めて、私たちは両者の領域を組み合わせ、物事を一つにまとめ始めた。企業での仕事では、男が女の指図を受けることも、女が男の指図を受けることも必要とされる。私たちは、男女のどちらにも、相手の仕事に敬意を払い、信頼を寄せることを求める。

当初は男が企業環境を自分たちのために整備したので、性別にかかわる議論は、どうやってその環境を女にも心地好いものにするかに焦点を当てることが多い。たとえば、男は女よりも階層制をとりがちであるという通念がある。このような階層的な社会組織を持つ職場は、女には適さない場所なのだろうか？

この考え方は、女は階層的ではないという前提に立っているので、私はそれをおおいに問題視している。ほぼすべての社会的動物では、両性とも序列を確立する。そもそも、英語で序列を意味する「pecking order（つっつく順番）」という言葉は、オスではなくメスの鳥に由来するのだから。ヒヒのメスを、あるいはボノボの女でさえ、観察した人なら誰もが、メスの平等主義という考え方が大間違いであることに、たちまち気づくだろう。女子校や女性刑務所やフェミニストの組織などで、人間の女が長い時間をいっしょに過ごすときにも、同じことが当てはまる。私はたまたま、修道女たちをよく知っているけれど、女子修道院長は反権威主義的であるという印象を受けた、とは言うこと

膝を折ってアルファメス（女王）に会釈する女。私たちは階層制を女よりも男と結びつけがちだが、階層制は男女両方の特徴だ。

ができない。じつは男のほうが女よりも階層的であることを実証するデータはない。ある研究によると、違いは、人々を性別の集団にしたときに男が女よりも素早く序列を決める点だけだという。だが、女も最終的には必ず序列を決める。[38]

人類学者が「平等主義」と呼ぶ小規模な社会でさえ、平等な状態を保つためには、懸命に努力しなければならない。そういう社会にも当然ながら、横柄な人間がいるからだ。集団の他のメンバーは、嘲りや噂話、ときにはもっと厳しい手段を使って、そうした思い上がった人間に自分の分をわきまえさせる。彼らがこうした対策を実行しなければならないという事実が、私たちの種の階層的な傾向がどれほど浸透しているかを物語っている。教育委員会、ガーデニング・クラブ、大学の学部、その他どんな場面であろうと、人が集まって何かを成し遂げようとするときには必ず、序列ができ上がる――その序列の定義が、どれほど曖昧なものであろうと。マネジメントを研究しているアメリカの心理学者ハロルド・レヴィットは、悪しざまに言われる企業の階層制を、死ぬのを拒否する恐竜になぞらえている。「私たちが階層制といかに激しく闘っているかを見れば、階層制にどれほど耐久力があるかが浮き彫りになるばかりだ。今日でさえ、大規模な組織のほぼすべてが、階層的であり続けている」[39]

両性を一つの階層制に取り込もうとする現代社会の試みは、両性のリーダーシップ能力を拠り所としている。他の霊長類の観察から、その能力はどちらの性にも見出せることがわかっている。両性のリーダーシップ能力は、完全に同じではないかもしれないが、違う部分よりも重なり合っている部分のほうが多い。女よりも男のほうがリーダーにはふさわしいと思われることが多いが、そう考える理由はない。男は体格や力で優るからといって、女より優れたリーダーになれるわけではない。体格や力は、相変わらず私たちの判断を無意識のうちに偏らせてはいるが。他の霊長類では、オスもメスも抜け目なく権力を振るうし、メスのリーダーシップを見つけるのも難しくない。メスはまた、オスの序列の形成に絡んでいる。オスがメスの序列の形成にかかわっているのと同じだ。そのうえ、性別に関係なく、多くのアルファは、序列以外にも気を配る。彼らは弱者を守り、揉め事を解決し、苦悩する者を慰め、和解を促し、安定をもたらす。彼らは、コミュニティのために尽くすと同時に、自らの地位と特権を守る。[40]

マキアヴェリのように愛か恐れのどちらかを選ぶ代わりに、ほとんどのアルファはその両方を浸透させる。

第10章

平和の維持

同性どうしの競争と友情と協力

KEEPING THE PEACE

Same-Sex Rivalry, Friendship, and Cooperation

庭仕事をする業者（いつも男）が、芝刈りや造園作業で我が家にやって来ると、妻のカトリーヌと私が目の前に並んで立っているのに、私に話しかける。私と話すほうが気が楽なようだ。私に指示を与えてもらえるものと思っている。庭を大切にしているのは妻であるのに気がつかないのだ。彼女は庭を隅から隅まで知っているが、私はアザレアの茂み同様、ただの飾り物にすぎない。業者たちは、ほどなく誰がボスかを悟る。

カトリーヌは、呆れた顔をする。男は、政治の場でも、自動車の販売代理店でも、金物店でも、その他多くの場所でも、女を無視する。それには、昔ながらの明らかな女嫌い（ミソジニー）や敬意の欠如といったものはもちろん含めて、いくつか説明がある。多くの男は、男の仕事と思っていることについて女が少しでも知っているところは、想像もできないのだ。だが、問題はもっと根深い。すべての男が女嫌いであるわけではないし、彼ら全員が女の専門知識を自動的に退けるわけでもない。男が注意を向ける相手を選ぶのは、女がどうこうというよりも、他の男がそこに居合わせていることと関連している。男のこのような反応を理解するには、もっと根本的なレベルまで掘り下げる必要がある。

人間が誰かの性別を一瞬で見分けられるのは、私たちの進化史を通じて、この情報がきわめて重要だったからだ。私たちはあらゆる動物と同じで、同性に対しては異性に対するのとは違った社会的狙いや性的狙いがある。また、両性に対して抱く恐れも異なる。たとえば、夜に独り歩きしている女は、行く手にいる見知らぬ人の集団が、全員男か、男女が交じっているかを、素早く判断する必要がある。後者のほうが、その女に与える不安感は格段に少ない(1)。

私たちの性判定レーダーは、常時オンになっている。私たちは、この進化上のお荷物なしに、現代社会に適応していると考えたら錯覚になる。私たちの社会的なソフトウェアは、何百万年も前に書かれた。これは、男にとっては、同性の人間に注意し続けることを意味する。オス対オスの争いは、常に私たちを含む霊長類の歴史の一角を占めてきたから、男にこの選択的注意をやめてもらうことは期待できない。これは、信頼に満ち、暴力が少ない環境においてさえ当てはまる。オフィスでも大学でも、陰謀や攻撃的な権力闘争には事欠かない。私は、男たちが罵ったり、怒鳴ったり、ドアを叩きつけるように閉めたり、クーデターを起こしたり、裏切ったりするところを目撃してきた。そのような戦術を使うのは、もちろん男に限ったことではないが、口論があっという間にエスカレートして、押したり突いたりするなどの、身体的接触になるのは男どうしのことが多い。

私のような古株の動物行動学者の心を和ませる、面白い事例があった。ある、カリフォルニアの大学の数学教授が、同僚のオフィスのドアに放尿した一件だ。二人の男性教授の口論が、この大人げない行為にエスカレートしたという。誰かが廊下の床にたまった「液体」を見つけ、それを受けて大学の職員の設置したカメラが、件の教授が放尿するところを捉えたのだった。[2]

身体的な争いに備えるのは、無意識の生存メカニズムだ。そのメカニズムは、危険に関連した好ましくない理由だけではなく、好ましい理由でも男の注意を惹く。なぜなら、対立を避ける最善の方法は、他者とうまくつき合い、友達になることだからだ。私はそれを「オス・マトリックス」と呼ぶことにする。男は、彼らを同性に自動的に同調させるようにする排他的なネットワークの一部だ。ここでは、「マトリックス」という言葉は、生物学で使うのと同じ意味で使う。つまり、何か(たとえば細胞)が埋め込まれている結合組織のことだ。

男が他の男に払う選択的注意は、女に対する侮辱になる。女を排除するからだ。女は無視されたように感じる。私は選択的注意を擁護しているわけではないが、望ましくないものだからといって、それが何に由来するのかや、他の霊長類の行動と比べてどうなのかを理解しないでいいとも思わない。ある現象を、是認しなくても研究することは可能だ。それに、オス・マトリックスに匹敵する「メス・マトリックス」がないわけでもない。女は自分の身体的な力を比べ合ったりはしないにしても、他の面で身体的な比較をする。当然ながら、競争は一方の性だけに限ったものではないし、女も互いに注意を払う。

すべての霊長類で、オスはオスと、メスはメスと競い合うことが圧倒的に多い。それは私たちにも同じように当てはまる。日々の競争的な考えや場面を記録するように大学生に依頼したら、男女ともに同様の結果が得られた。男も女も、学業成績や欲しいものの獲得といった、同じような事柄について、同じ程度まで、同性間で競争するのだ。だが、女子学生は仲間の容姿を嫉妬することが多いのに対して、男子学生は運動能力を比べることが多かった。容姿も運動能力も、配偶者争奪戦では重要で、その争奪戦は彼らの年齢でピークに達する。(3)

放尿による「マーキング」をした先ほどの教授の例からわかるように、それぞれの性別内の競争は、化学感覚によるコミュニケーションにまでつながる。私たちはほとんどそれを自覚していないが、ある並外れたビジネスマンは、その価値を信じていた。東京への長い飛行機の旅の途中、私は隣に座っていたそのビジネスマンに、なぜわざわざ商談に出向くのか尋ねた。バーチャル・ミーティングではだめなのか、と。彼は笑って、相手側の匂いを嗅ぎたいのだ、と言った。「同じ部屋にいて、彼らが汗をかくのを見て、匂いを嗅いで、顔を間近で見てみたい」のだそうだ。

私たちは他人の体臭に敏感で、積極的に匂いを嗅ごうとする。科学者たちが、握手をしたあとの人々の様子をこっそり撮影すると、握手をした手がしばしば鼻先に行くことがわかった。彼らは、手が鼻先にとどまる時間を計り、一部の実験参加者の鼻付近で、空気がどう流れるかまで考慮に入れた。男性も女性も、同性の人と握手したあと、少し時間をかけて自分の手の匂いを嗅ぐことがわかった。男性も女性も同じようにそうした。男が男と握手したときと、女が女と握手したときだ。ところが、異性間の握手のあとには、そのような匂いの確認は起こらない。人は、無意識に見える仕草（髪を整えたり、顎を掻いたり）で手を顔に近づけ、相手の匂いの痕跡を嗅ぎとるのだった。人は嗅覚サンプリングをして、潜在的なライバルの自信や敵意のレベルを評価することができる。人間は、ラットや犬と同じで、予想にたがわず、こうした機会に匂いを嗅ぎ合うのだが、おおむね無意識にそうしている[4]。

競争には、両性の間で根本的な類似性がある。それにもかかわらず、心理学者は女の競争は軽視する一方、男の競争は誇張するのが常だ。男は相手より一歩先んじることに熱を上げる、と言われるのに対して、女は共感的で互いに支え合う、というふうに見られる。心理学の教科書は、相変わらず女のほうが協調的だとし、女の社交性と、親密なつながりへの欲求を、男の階層制や、距離と自主性を求める傾向と対比する。心理学者は、女の友情の深さに驚嘆する一方で、男の友情は哀れみかねないほどだ。リディア・デンワースは著書『友情（*Friendship*）』で、こう要約している。「女性は交友関係に秀でており、男性は下手であるという確固たる見方が、ここ数十年間に現れた[5]」

すぐ目の前に、正反対の証拠があるというのに、本格的な科学者たちがこのような比較を鵜呑みにするのだから腹立たしい。私たちは毎日、男が大人も子供もたむろして、あれこれいっしょにやり、ゲームに興じ、助け合い、互いの冗談にくすくす笑ったりするのを目にすることができる。男は、同性といっしょに過ごすのをおおいに楽しむ。もし男どうしがいっしょにいると、ストレスと競争しか生まれないのだとしたら、どうしてこんなことがありうるだろう？　幼い男の子は、幼い女の子と同じように、同性の遊び仲間に満足していることを報告するし、男は女とまったく同じように、同性との生涯にわたる友情を楽しむ。[6] 会社生活や政治の場での「オールドボーイズ・ネットワーク」がしきりに話題に上るのは、男が仲間に便宜を図るのが大好きだからだ。彼らは互恵性を信じている。

女は男よりも親密さを求め、友人と情報を交換する。一方、男は女よりも行動志向で、個人的なことは詳しく語らない傾向がある。そのため、女どうしの交友関係は「フェイス・トゥー・フェイス（向かい合ってのもの）」、男どうしの交友関係は「サイド・バイ・サイド（隣り合ってのもの）」と呼ばれてきた。男たちは物事をいっしょにするのが好きで、仲良しの集団のような、より大きな枠組みで集まることが多い。男も女も、同性といっしょにいることに喜びを感じるし、それぞれ自分たちの交友関係を、異性たちの交遊関係のようにはしたがらない。女の友人どうしは、いっしょにもっと快挙を達成することは望まないし、男の友人どうしは、内密の打ち明け話を待ち受けていたりはしない。[7]

では、女は男よりも交友関係に秀でているという、偽りの男女の区分がどうしてできてしまったのか？　その区分は、観察される行動によって支持されていないのにもかかわらず、何十年にもわたって存在し続けてきた。女のほうが男よりも社会性が高いとするのが、フェミニズムの作家マリリン・フレンチが一九八五年に刊行した大著『権力を超えて（*Beyond Power*）』の中心テーマだった。フレンチは、家父長制社会に取って代わられる前の人類の架空の先史時代について語り、次のように推量する。「母親を中心とする世界は、友情と愛によって束ねられたコミュニティという、分かち合いの世界だった。それは、家庭と人々に情緒的な中心を置く世界であり、そのすべてが幸せにつながった」[8]

この一節を読むと、自分が女の権利の擁護団体に在籍していた短い期間を振り返らずにはいられなかった。それは、異性について世間知らずの若い男だった私にとって、目を開かれる経験だった。女はいつも友情と愛で結ばれているわけではないことを、私は教わった。彼女たちは、アメリカの自由思想のフェミニストであるフィリス・チェスラーが二〇〇一年に著書『女性に対する女性の非情（*Woman's Inhumanity to Woman*）』で詳述することになるやり方で、頻繁に攻撃し合った。チェスラーは、女が互いに向け合う噂話や嫉妬、辱め、排斥を記録した。これらが注目されなかったのは、女が自分たちのこうした面を否定するように教えられているからだ。チェスラーは、何百回もの面接を行なったが、ほとんどの女が他の女の行為の犠牲になったことを記憶していながら、自分が他者に同じような行動をとったことはないと主張するという結果が出た。当然ながら、これは論理的にありえない。(9)

この状況は、一九六〇年代の学生の抗議運動で私が気づいた平等主義のまやかしと似ていなくもない。この運動には、リーダー、支持者、その配下という明確な階層制があり、したがって、断じて平等主義ではなかったが、誰もが何の屈託もなく平等主義であるふりをしていた。これと同様に、女たちも、互いにかなり意地悪な行動をとりうるにもかかわらず、自分は善良な女であるという自己欺瞞に浸ることができる。私たち人間は、自分自身の行動については、都合良く健忘症になる場合があるのだ。

奇妙な話だが、性別に関して正反対の見方をする学問分野もある。人類学は伝統的に、人間社会を男性間の取り決めとして描いてきた。従来の人類学では、世界各地のフィールド研究現場から、男の絆や男だけの住まい、男の成人儀式、男の親睦組織、大型動物の狩猟、戦争などの報告がなされた。女はただの財産で、近隣の部族間での嫁のやりとりに打ってつけだった。ある批判的な論文が述べているように、「人類学はこれまで常に、男性が男性について男性に語るものだった」。「男性の絆」という言葉は、ライオネル・タイガーの一九六九年の著書『男性社会』で有名になった。彼は男の仲間意識を、集団での防衛や狩猟のために進化した傾向と見ていた。今日でも依然として、人間社会の協力的な性質や道徳的な性質は、集団間の争いに必要な、男の高度な結束のおかげであるとされることがよくある。[10]

この見方にも、問題がある。男の協力だけではなく男の支配の重要性も強調しているからだ。現代の女が政治の世界で台頭している事実にタイガーが不安を覚えているのも、これで説明がつくかもしれない。「万一、女性が大挙して政治の世界に参入したなら、革命的で、ことによると危険な社会変化が起こり、無数の重大な影響を及ぼしかねない[11]」

私はタイガーのような心配はしないし、現代の人類学がもう男性中心主義ではなくなったのを喜ばしく思っている。霊長類学と同じで、人類学にも女がどっと入ってきており、彼女たちがこの学問分野の展望を変えた。だが人類学は、男の協力が普遍的であることを強調したのは間違っていなかった。その普遍性は私たちの種の顕著な特徴であり、そのために私たちは動物界で際立っている。動物のメスがいっしょに食べ物を探し回り、協力して子供を守り、その他の理由でも連携するところは頻繁に見られる。ゾウの群れや、狩りをするライオンのメスの群れを考えるといい。それにひきかえ、オスの協力は実現しにくい。オスはしばしば互いから距離を置くし、顔を合わせるのは戦うときだけだ。ライオンやイルカやチンパンジーといった、注目に値する例外はあるものの、協力の正真正銘のチャンピオンは人間の男だ。男は、じつに簡単にチームを組む。四六時中いっしょに仕事をし、大型動物の狩りや戦争のときには、仲間に命を預けさえする。男のチームワークは、人間社会の特徴なのだ。

とはいえ、協力に関しては、男女のどちらか一方を強調する必要はない。過去五〇年間の研究と、何百もの経済ゲーム実験と何千人もの参加者を網羅する、最近のあるメタ分析〔「分析の分析」の意味で、複数の研究結果を系統的・総合的・定量的に評価し、全体的に見られるパターンを探すもの〕によると、男女の間には、協力性に実質的な違いは見つからなかったという。[12] あらゆる人間は、性別にかかわらず、生まれながらのチームプレイヤーと呼んで差し支えないのだ。したがって私は、男の連帯についての人類学の見方と、女の連帯についての心理学の見方を合体させることを提案する。どちらもはっきり見てとれるし、強力だ。

混乱の一因は、競争的で階層的であるという男の評判にある。こうした傾向を否定している人は誰もいないが、その傾向のせいで男が仲良くやれないと考えたら間違いになる。まるで男には、絶えず地位のために立ち回っているライバルか、死ぬまで敬愛し合う友人かのどちらか一方という選択肢しかないかのようだ。ところが、ここが男の面白さなのだが、彼らはその両方であることがよくある。彼らは両者の間を滑らかに行き来する。まったく平気で、同時に友人とライバルでいられる。そのうえ、彼らの階層制は、協力を妨げるどころか、促進する。私は、六人兄弟の家庭に育ったので、この動的な人間関係を直接知っている。

ちょっとした例を挙げよう。ネットフリックスの二〇一八年のある番組は、アメリカのコメディアンのスティーヴ・マーティンとカナダのコメディアンのマーティン・ショートが同時に舞台に立ち、互いに相手をこき下ろす場面から始まった。二人は、なんとも創造的な侮辱を投げつけられるたびに、いかにも楽しそうに笑い飛ばし、何十年も友達であることを強調した。こんな冗談を言い合う二人に、私たちは親しみを覚える。なぜなら、非性的な、男性間の親密な友情、いわゆる「ブロマンス」は、多少棘を含んでいたほうが真実味があるからだ。友人以外、安心してからかえる相手などいるだろうか？　矛盾しているように思えるかもしれないが、男は社会的に緊密であると同時にずけずけ物を言う関係が、快適そのものなのだ。[13]

それは人間の男が、チンパンジーの男と共有する矛盾だ。

サルを眺めていると、オス・マトリックスが働いているのを簡単に見てとることができる。マカカ属のサルの典型的な群れでは、オスの大人のほうがメスの大人よりも少ない。そして、オスがメスに注意を向けてもらえておおいに楽しんでいる。オスたちは、メスによる丹念なグルーミングを堪能する。体をあちらへ、こちらへ、と向け、腋（わき）の下や脚の間、そしてとくに、自分では届かない、肩や背中の部分などのありとあらゆる箇所に、メスの手が届くようにする。このようにたっぷり注意を向けてもらっているときには、よくペニスを勃起させるが、メスは平然と無視する。

ところが、やかましい喧嘩が始まったり警戒の声が上がったりして、少しでも緊張した雰囲気が漂うとたちまち、オスたちは耳をそばだて、お互いの様子を確認する。アルファオスはどこか？　その仲間たちはどこか？　どのオスも、他のオスたちの動静を素早くつかみたがる。それは、身の安全を守るためであり、また、必要なら自分の地位を主張するためでもある。これは、オス・マトリックスが稼働しているのだ。そんなときには、メスは目に入らなくなる。誰が喧嘩に加わっていたのか？

誰が警戒の声を上げたのか？　ハゲワシとワシの区別もつかない、ただの間抜けな子供か？　それとも、大人のオスのうちの一頭か？　そして、なぜオスが一頭、見当たらないのか？　ひょっとしたら、そいつはメスとこっそりどこかに消えたのか？　サルのオスは、こうした情報をすべてひと目で把握し、万事問題なしとわかったらようやく落ち着く。それからまた、メスとの時間を楽しむ。

チンパンジーの場合には、男は女といっしょに過ごすだけではなく、むしろ好んで男どうしで過ごす。彼らのオス・マトリックスのほうが緊密なのは、彼らが直面する危険が大きい一方で、お互いの絆が強いからだ。このマトリックスは、私たちがヤーキーズ国立霊長類研究センターのフィールド・ステーションで行なう認知能力のテストへの参加にさえ影響を与える。男には私たちを相手にしている時間がないので、女たちのデータのほうが多い、と私はいつも冗談を言う。男たちは、権力争いとセックスで忙し過ぎるのだ。私たちはそれぞれのチンパンジーを名前で呼んで、小さな建物に入ってもらう。中には、割れないガラス窓があって、彼らと私たちとを隔てている。その建物で、彼らはコンピューター画面に向かったり、食べ物を分かち合う技能や、道具を使う技能を発揮したりする。参加は任意だが、テストは短時間で済み、空調の効いた場所でご馳走をもらえるので、たいていのチンパンジーは入ってきたがる。

例外は大人の男で、彼らは自分の仲間たちをあとに残したがらない。第一に、もし性皮が腫脹した女がいたら、自分の不在をいいことに、他の男たちがその女と交尾するのが目に見えているからだ。彼らはなんとしてもその可能性をなくしたがる。第二に、そういう女がいなくても、友たちをあとに残せば、好ましくない影響が出かねない。他の男たちがいっしょに遊んだりグルーミングしたりし、そうすることで、私たちと時間を過ごしている男を排除する絆を結ぶだろう。チンパンジーの男は、仲間がすることのいっさいに、自分も加わりたがる。私たちの検査施設に入る男は誰もが、絶えずドアの下から覗いて、外で何が起こっているかを確認する。あるいは、フーティングしたりドアを叩いたりして、自分がまだ生きていて元気であることを全員に知らせる。そのせいで、テストが台無しになり、男を放してやる羽目になることがしばしばある。すると、男は外に走り出て、目を見張るようなこけ威しのディスプレイをし、自分が戻ったことを全員に確実に知らしめる。

オス・マトリックスは、「性的二型」によって強化される。性的二型とは、オスとメスの大きさや外見の違いだ。チンパンジーの男は、女より大きく、体重が重く、体毛が多い。体毛を逆立てる「立毛」は、それ自体が言語であり、男の間で緊張を伝える。別の男が食べ物や女に近づいたり、盟友にちょっかいを出したりといった、何か確立された秩序に反する行為をしていることに、男の一頭が気づいたとする。するとその男は、体毛をすべて逆立て、ゆっくりしたリズムで上半身を左右に揺すり、幅広い肩に注意を惹きつける。駄目押しに、二本の脚で立ち上がり、木の枝を拾い上げることもある。他のチンパンジーが引き下がり、危機を回避するように、こうして警告のシグナルを発する。たいてい、それでうまくいく。そして、その男はそれ以上、事を荒立てるまでもなく、自分の意図を明確に示すことができる。

私たちの種の性的二型の程度も、チンパンジーと似たり寄ったりだ。私たちは、男の肩幅に特別の注意を払う。だから、スーツには肩パッドが入っている。だが、私たちのもののような二足歩行の種では、最大の性差は身長であり、そのせいで大人の男は人込みの中で目立つ。私は身長が一九〇センチメートルほどあるので、たいていのアメリカ人男性よりも背が高く、平均的な女よりは三〇センチメートル以上長身だ。この身長のせいで、人の輪に加わるたびに、私の知覚に影響が出る。私はたちまち、自分と目の高さが同じ男に注意を惹かれる。人といっしょに歩くときおそらく誰もが、同じ歩幅で同じような速度で歩く人と並んで歩くといちばん気楽なのと同様、自分と同じ背丈の人と話しているほうが、身体的にくつろげる。接触する相手に対する好みが、もし体格によって無意識のうちに偏るのなら、それによってオス・マトリックスはますます強まるだけだろう。

人々は、男を身長で判断するが、女に対してはそうしないことを、多くの研究が実証している。このバイアスはもちろん、私たちの種だけのものではない。だから、動物のオスは自分の大きさや身体能力を伝える特別のシグナルを持っている。男のゴリラが胸を叩く音は、その胸回りの手掛かりとなる。ザトウクジラが海面から躍り上がって着水すると、どれだけの海水がその体で押しのけられるのかがわかる。ゾウのオスは「ボーイ・クラブ」を結成し、あまり対決せずに交われるように序列を定める。いちばん年上で大きいオスに楯突く者はいない。そのオスは、妊娠可能なメスたちの周りでは、頭を高く上げ、その場を支配する。[14]

動物界のいたるところで、オスは肩を怒らせたり、ひれや翼を広げたり、体毛を逆立てたり、羽根を膨らませたりして、体を大きく見せる。裏庭で猫のオスどうしが睨み合うところを見るといい。両者は相手に触れずに、ゆっくりと背中を山なりにして、体を膨らませる。マカカ属のサルの群れを支配するオスは、尾をいつも立て、偉そうに歩く。それで自分の序列を示しているのだ。オスはしばしば、鉤爪や枝角や犬歯といった武器を見せびらかす。人間の男も同じだ。頭を上に向けるか下に向けるかさえ、その男がどれほど支配的かという印象に影響する。腹を立てた男たちは拳を上げ、胸を突き出し、胸筋を誇示する。映画では、こんな場面がよくある。座っている男が立っている男に侮辱される。すると座っていた男が立ち上がって相手を見下ろし、「俺のことを間抜けと言ったのか?」と尋ねる。これでたちまち立場が逆転する。私たちはみな、男の体格をじつによく認識している。身構えたり威圧したりしないような男の体格さえも、だ。私は多くの男と同じで、マッチョな行動にはうんざりするが、だからといって、それを考慮に入れないわけではない。どんな男も、そういう行動に対抗したり、それを和らげたり、鎮めたりする方法を学ぶ[15]。

男の子は、声変わりしたあと、すぐに筋力がついてくるので、自分の体に起こっている変化をろくに把握できない。その変化は、あまりに速いので、数か月前には考えられなかった力技がこなせるようになる。こんな面白いことがあった。大学時代、私よりも背が高い友人がいた。ある日私たちは、話しながら教室に入った。そして、いっしょに腰を下ろしたときに愕然(がくぜん)となった。友人の手に、ドアノブが握られたままだったのだ。もちろん、ドアノブなど普段から持ち歩くような人ではない。二人して、入ってきたドアを見ると、ノブがなくなっていた。友人は、気づきもしないうちにノブを引き抜いてしまったに違いない。男の子は、こうして自分の身体的な力に気づく。

男女差は緩やかで両者は重なり合っているというのが一般原則だが、生まれつきの体の強さは、その紛れもない例外だ。あるアメリカの報告書によれば、男の三人に二人以上が、五〇キログラムを床から直接持ち上げられるが、同じことができる女は一パーセントしかいないという。あるドイツの調査では、若者の握力を調べた。すると、女の九〇パーセントが男の九五パーセントを下回った。これは、トレーニングの有無で説明できるのだろうか？　そうではなさそうだ。他のほとんどの女よりもかなり強靭な、一流の女性運動選手でさえ、男には後れをとったからだ。この調査で最も強靭な女性運動選手は、トレーニングをしていない男の平均的な強さにしか達しなかった。[16]

強さの差は、男どうしの交流の本質的な部分であり、いつでも背景で作用していて、ときには前面にも出てくる。霊長類のオスは、筋力を使った行動を意図的に見せる。たとえば、木を揺すったり、物を投げ飛ばしたり、中空の木を叩いて大きな音を出したりする。どれもこれも、他の全員に自分の活力と強さを警告するためだ。私は一度、野生のチンパンジーのアルファオスが途方もないディスプレイをするのを見たことがある。彼は大きな岩をいくつも地面から引き剝がし、川床に落とした。岩は大きな音を立てて転がり落ちていった。彼は、軽々やっているように見せたが、岩はとても大きかったので、他の男たちが懸命にやってみても、アルファオスと同じようにはできなかった。彼らはきっと、このディスプレイの意味するところを理解したに違いない。

オス・マトリックスは、老齢まで持続し、それから質が変化する。ウガンダのキバレ国立公園からの二〇年分のデータを解析したアレクサンドラ・ロサティと共同研究者たちは、野生のチンパンジーの間で「オールドボーイズ・ネットワーク」を発見した。チンパンジーの男たちは、晩年（四〇歳前後）になると、自分が結ぶ関係を、緊張を伴わない好ましいものだけに、徐々に絞っていく。彼らは、グルーミングし合う相手をしだいに選り好みするようになり、お互いに好ましく思っている、ほんの一握りの友達だけに集中する。偽りの友達には関心を失ったのだ。残った友達の一部は兄弟だが、ほとんどは血縁者ではない。[17]

同じような選択性は、私たちの社会でも見られる。高齢の男は、友達の数はしだいに少なくなり、その一人ひとりと過ごす時間はしだいに多くなる。狭まっていく社交の輪は、人間の無常観のせいにされてきた。自分の人生が終わりに差しかかっているのに気づいた男は、より有意義な交際相手に注意を移し、不愉快なことに時間を浪費しない。とはいえ、この説明もまた、人間に関連した事柄での認知能力の役割を過大評価している。高齢の霊長類のオスでまったく同じ傾向が見つかった以上、私たちは考え直す必要がある。私たちの知るかぎりでは、高齢の霊長類は、死が迫っていることに気づいていないからだ。

私のお気に入りは、人間の男もチンパンジーの男も、歳をとってテストステロン値が下がるとともに角が取れる、という説明だ。若くて競争心に満ちているときには、彼らは政治的な価値に基づいて交友関係を結ぶ。一方、歳をとってからは、そのような価値は二の次になり、仲間を利用価値で判断するのをやめる。全盛期を過ぎた男たちは、純粋に楽しんだりくつろいだりするために集まる。若い男には、夢に見るしかない贅沢だ。

男の絆と競争、女の絆と競争という、私たちの種において同性間で高度に発達した四種類の傾向のうち、いちばんわかっていないのが、最後の傾向だ。かつて女の競争は軽視されたり否定されたりしたので、人類学者で霊長類学者のサラ・ブラファー・ハーディーは、「メスの間の競争は、よく研究されている霊長類の種のどれでも記録されているが、例外が一つだけある。私たち自身の種だ」とこぼしている。[18]

自然界では、食べ物を巡るメスの競争は広く見られる。それは第一に、メスは十分な栄養がなければ子供を育てられないという単純な理由からだ。メスの競争の第二の理由は、私たちの祖先の男が、家族に貢献を始めたときに生じた。私たちの系統で一夫一婦制と父親による養育が始まると、女たちは手に入るうちで最高のパートナーを求めて競争しだした。その結果、嫉妬と配偶者争奪戦が、男の大人と子供同様、女の大人と子供の特徴にもなっている。ただし、両性がこの闘いで使う武器は違うが。[19]

優しくて平和的な女という錯覚は、崩れつつある。たとえば今では、児童や生徒の間のいじめは、男の子だけの問題ではないことが認識されている。心理学者キルスティ・ラゲルスペッツが率いるフィンランドのチームが校庭での喧嘩の数を数えると、男の子よりも女の子の間で観察された事例のほうが少なかった。だが、その日の終わりに子供たちに喧嘩について尋ねると、意外な結果になった。男女とも、同じ数を報告したのだ。これは、女の子の対立は、その大半が傍目にはわからないということだ。男の子の身体的な仲たがいとは違い、女の子は嘘の噂を広めたり、「私に話しかけないで」という対応をしたりといった、間接的な攻撃や操作を行なう。こうした戦術は、デジタル・メディアの到来とともに激化するだけだった。[20]

過去二〇年間に、『女の子どうしって、ややこしい!』や『女の子って、どうして傷つけあうの?』といった題の本が登場した。これらの本は、女の子が友達や人気を巡る熾烈な競争の中で互いに向ける、無視や辛辣な言葉や軽蔑的なメモ書きといった仕打ちについて、詳しく書いている。[21] カナダの作家マーガレット・アトウッドは、女の子の間の責め苦を、男の子の間のもっと単刀直入な競争と、小説の中で対比している。『キャッツ・アイ』の主人公は、ある時点で次のように不平を言う。

兄さんに打ち明けて、助けを求めようかと思った。けれど、いったい何と言えばいいのか？　殴られて目の周りが痣になっているわけではないし、叩かれて鼻血が出たこともない。コーデリアは、けっして手出しはしないから。相手が男の子で、追い回されたり、からかわれたりしているのなら、兄さんにも手の打ちようがあるだろう。でも、私はそんなふうに男の子たちに苦しめられているわけではない。女の子や、その遠回しなやり方、ひそひそ話に対しては、兄さんもお手上げだろう。[22]

私がここで関心を持っているのは、男の子と比べて女の子の間で対立がどれほど蔓延しているかではなく、対立をどう管理するかだ。もし男の子も女の子も、ほとんどの時間を同性と過ごし、同性と絆を結ぶのなら、男女ともに、競争に対する効果的な対処法を持っているに違いない。ただし、女の子のほうが深刻な影響を受けるようだ。なぜなら、彼女たちの不和のほうが長引くからだ。腹を立てた状態がどれだけ続くかをラゲルスペッツに訊かれると、男の子たちは何時間という単位で考えたのに対して、女の子たちは、一分か死ぬまでかのどちらの場合もありうると考えていた！[23]

男の子は群れる動物であり、忠誠と結束を重視する。一方、女の子は一対一の交友関係を次々に築く。そうした交友関係は、男の子の間の交友関係よりも親密で個人的だが、脆くもある。女の子の交友関係のほうが持続期間が短く、終わるときに痛みと辛辣さを伴いうることが、さまざまな調査でわかっている。社会的排除は、女の子の典型的な戦術だ。男の子はひっきりなしに仲たがいするが、それで交友関係が途切れることはめったにない。やっているゲームさえ中断することは稀だ。男の子はルールについて議論するのを、ほとんどゲームそのものと同じぐらい楽しむ。それとは対照的に、女の子の間では、仲たがいが起こるとゲームが終わりになる傾向がある。[24]

人間の大人が、競争によって交友関係が破綻するのをどうやって防いでいるのかに関する情報は、なかなか見つからない。わかっているのは、女が競争によって深く悩み、なかなか立ち直れないことぐらいだ。たとえば、テニスコート上であれ、実験室で行なわれるゲームの間であれ、同性間の争いのあと、女は男よりもハグや握手をすることが少ない。女のほうが、敵対者から距離を置く。一方、「悪気はない」とか「個人攻撃ではない」というのが、勝負や白熱した応酬のあとでの男の決まり文句だ。[25]

だからといって、女が男より社交的ではない、あるいは、協力的ではないということにはならない。緊密な対人関係の便益と対立のコストとの間で、女は男とは異なるバランスを保つというだけのことかもしれない。男は女ほど互いに親密にならないので、対立が起こっても損害を食い止められるのに対して、女の場合には対立は高くつく。この違いについての私の見方は、チンパンジーが対立をどう管理するかの研究に着想を得ているので、先にチンパンジーの観察結果を説明してから、人間の性差に戻ることにしよう。

序章で触れたバーガース動物園での流血の惨事のあと、私は自分の研究を仲直りに捧げることに決めた。仲直りがうまくいかなかったためにもたらされた悲劇的な結果を目の当たりにした私は、その数年前に発見していた和解という行動について、もっと学びたかったのだ。

　和解は直観に反する現象であり、敵対し合っていた二頭を再び結びつける。チンパンジーは、敵対したら互いになるべく距離をとりそうなものだが、正反対のことをする。敵対し合った者どうしが、積極的に相手を探し求める。私はこれまで、何千回も和解を目撃してきたが、最初の頃は驚いた。男のライバルどうしが、対決の直後に二足歩行で互いに歩み寄った。二頭とも全身の毛を逆立てていたので、実際より大きく見えた。二頭の男は睨み合い、じつに険しい表情をしたため、まもなく敵対行為が再発するに違いない、と私は思った。ところが、彼らはそのあとキスして抱き合い、相手に負わせた傷を時間をかけて舐め合った。[26]

対立のあと、口へのキスで和解するチンパンジーの女（右）とアルファオス。

　和解（喧嘩からほどなくして、敵対した者どうしが友好的に仲直りすること）の定義は明白であり、フィールド研究現場でも簡単に当てはめられる。ただし、この行動の背後にある情動を特定するのは難しい。少なくとも、敵対心や恐れのような負の情動が克服され、キスのような好ましいかかわり合いへの移行が起こる。これだけでも、すでに十分目覚ましいことだ。チンパンジーはこの逆転を、じつに素早く行なう。まるで、頭の中でスイッチを敵対から友好へパチンと切り替えるかのようだ。人間も、この情動のスイッチを切り替える名人だ。私たちは、いっしょに目的を達成する必要があるものの、対立が起こりがちな環境で、毎日そうした切り替えをしている。私たちは、悪感情を抑え込んだり、水に流したりする必要がある。そして、悪感情が爆発してしまったときにはいつも、あとで関係を修復しなければならない。私たちは、敵対行動から関係正常化への移行を、赦しとして経験する。この情動は人間特有のものと褒めちぎられることがあり、宗教的なものとさえ喧伝されたりもする(「誰かがあなたの右の頬を打つなら、左の頬をも向けなさい」)が、社会的な動物のすべてにとって自然なものなのかもしれない。

霊長類学者が野生のチンパンジーでこの現象を確認するまでに二〇年かかった。和解は自然界では飼育下でほどありふれてはいないが、やはり同じように見えるし、同じように効果を発揮する。私たちは何百回という動物研究を行なったあと、それがどれほど普及しているかに気づいた。ラットやイルカからオオカミやゾウまで、ありとあらゆる社会的な哺乳動物で知られているのだ。ただし、和解の仕方はそれぞれ違う。グルーミングしたり優しい唸り声を上げたりする種もあれば、生殖器を擦り合わせる種もある。実際、喧嘩のあとの和解はあまりにも普遍的であり、その恩恵も明白そのものなので、私たちは今日、喧嘩のあとに仲直りしない社会的な哺乳動物が見つかったら驚くだろう。彼らがどうやって群れの結束を保っているのか、と首を捻ることになる。[27]

チンパンジーの男は、女よりも進んで和解する。バーガース動物園では、男どうしの喧嘩は、四七パーセントが和解するが、女どうしの場合には、一八パーセントしか和解しない。この二つの数字は、対立の頻度に合わせて補正してある（男のほうが頻度が高い）。両性間の衝突は、両者の間に収まる。男は緊張をはっきりと示す。性的な魅力のある女に誘いをかけるといった、自分の気に食わないことを仲間がしたので腹が立ったときには、何か不本意なことが起こっているというシグナルをただちに発する。相手が譲らないと、対決になりうる。だが、たいていは、両者はたちまち和解する。これはライバルの間でさえも起こる。男は日和見主義で、連携の形成と解消を繰り返す。つまり、最大のライバルでさえ将来の盟友になりうるし、盟友が最大のライバルにもなりうる。彼らはあらゆる選択肢を残しておく[28]。

チンパンジーの男は、笑いに似た表情や、笑いのようなしゃがれた喘ぎで屈託のない喜びを示して、ライバルの警戒心を解くことがある。私たちと同じで、彼らもそのような行動を使って緊張を和らげる。典型的な場面を挙げよう。三頭の大人の男が堂々たる突進のディスプレイを行なう。彼らは手でぶら下がって枝から枝へと移動したり、物を投げ飛ばしたり、大きな音の出るものを叩いたりする。このような一触即発の状況で、彼らは互いの度胸を試す。だが、その場から去るときには、一頭が別の一頭の背後に忍び寄って、はっきり聞きとれるような笑い声を上げながら、片方の脚を引っ張ったりする。引っ張られたほうは抵抗し、相手の手を振りほどこうとするが、今や彼も笑っている。そこへ三頭目も加わり、いくらもしないうちに、三頭の大きな男が馬鹿騒ぎを始め、脇腹を殴り合いながらも、すっかりくつろぐ。

このような場面は、女の間では想像できない。彼女たちは、表立った対立をすることははるかに少ないが、いったん対立が起こると、男のものよりも熾烈に見える。そうした対立は男の対立ほど身体的ではないし、危険でもないが、精神的な負担が大きいかもしれない。なぜ対決になったのかは、はっきりしないままのことが多い。二頭のチンパンジーの女が出会い、万事順調に見えたのに、突然金切り声を浴びせ合ったりする。観察している私には、何がきっかけなのか、さっぱりわからない。あまりに唐突なので、ひょっとすると何日も、あるいは何週間も、何かが水面下でくすぶっていて、それが爆発したとき私がたまたま居合わせたのではないか、と推論している。この種の爆発は、男の間では珍しい。男たちは体毛を逆立てることで、敵意や不和を簡単に公然と示すからだ。そして、物事にはいつも何らかのかたちで決着がつけられる。仮に攻撃行動が飛び出しても、少なくとも怒りが発散されてすっきりする。

違いは他にもある。女どうしの激しい喧嘩のときには、双方が歯を剝き、金切り声を上げる。やかましい、耳をつんざくようなこの発声には、苦情から抗議まで多くのニュアンスがあるが、必ず恐れと苦悩が表れている。人間が泣くのに相当するものの、涙は流れない。争っている女の両方が歯を剝いて金切り声を上げているのを目にすると、男の場合と比べて奇妙に思える。男では、そのような仕草や発声は敗者のシグナルだ。優位に立っている男は、自分を大きく見せ、唇は固く閉じたままにする。一方、相手は恐れのあまり、金切り声を上げ、敵の行く手から身を引こうとする。ところが、女の喧嘩ではこの非対称性が見られない。どちらが勝ったのかわからないことが多く、喧嘩で序列が少しでも変わることは稀だ。女の対決は地位を巡るものではなく、二頭とも苦しみ、悲鳴を上げる。

女の対立の五回に四回が和解しないままに終わることを踏まえると、チンパンジーの女は男よりも深く影響を受け、不和を乗り越える意欲が低い、と言ってよさそうだ。野生の世界でも、女は喧嘩のあとにめったに仲直りしない。女たちは離れていきがちだ。それが手軽な解決策になる。ただし、女は和解することができないわけではない。動物園の比較的密集したコロニーのように、距離を置くのが難しいときには、女の和解がよく起こることもありうる。チンパンジーの女は現に和解をするのだが、それは、そうせざるをえないときに限られる。[29]

一方、チンパンジーの男にとって、距離を置くことは、野生の世界でも選択肢に入らない。彼らはいっしょになって近隣の群れから縄張りを守るので、どんな状況下でも団結している必要がある。政治的な同盟やチームでの狩りなど、共通の関心事は他にもある。一般に、和解は社会的関係の重要性と結びついている。「価値ある関係仮説」として知られるこの考え方は、繰り返し検証され、霊長類でも他の動物でも成立することがわかっている。したがって和解は、緊張関係が長引くと失うものが多い者どうしで、最も典型的に見られる。チンパンジーの男は女よりも互いに頼り合うので、彼らにとって関係の修復は最優先事項なのだ。[30]

そうはいうものの、チンパンジーの女はみな、自分の家族に尽くすし、忠実な友達も二、三頭いる。彼女たちはこうした関係を守る必要があり、おもに対立を避けることでそうする。私は以下のような「和平／平和維持仮説」を提唱している。男はいったん対立が発生すると、仲直りするのが得意なのに対して、女は対立を抑え込むことで平和を維持するのが得意である、という仮説だ。男は喧嘩と仲直りを楽々と繰り返すので、ためらうことなく対決する。たいてい、たいしたことではない。一方、女にとって対立は心を乱されるものであり、なかったことにするのはほぼ不可能だ。ダメージが大き過ぎるから、対立を避けるために先手を打つようになる。自分に近しい相手だけではなく、ライバルとも良好な関係を保つように気を配る。些細なことで喧嘩を始める必要はない。だが、喧嘩が避けられないと、女は行き着く所まで行ってしまう。

私はバーガース動物園で、ママとカイフが、まるで時間が止まったかのようにグルーミングしているところをよく見かけた。二頭は四〇年近くこの上ない友であり続けた。彼女たちのつながりを断てるものなど何もなかった。男の権力闘争が起こっている間、ママが競争者のうちの一頭を贔屓し、カイフが別の一頭を推したときのことを私は覚えている。二頭は、相手の苦渋の選択にまるで気づかないように振る舞ったので、私は舌を巻いた。政治的な混乱の最中には、ママは遠回りをして、カイフと顔を合わせるのを避けた。カイフは敵方についていたからだ。アルファメスとしてのママの地位には誰も文句のつけようがなく、ママは自分のリーダーシップに従わない女に対して激高することを考えると、カイフを大目に見るこの姿勢は、驚くべき例外だった。この二頭の間には、ほんのわずかの仲たがいすら、私は目にしなかった。

人間の女の協力の才能に関して、チンパンジーよりももっとふさわしい霊長類の比較対象はボノボかもしれない。ボノボの女は、連帯して男の過剰な暴力を抑え込む。女どうしの絆は、彼女たちにとって決定的に重要だ。だから、彼女たちは多くの時間をグルーミングに費やす。これは、喧嘩のあとの和解にも反映されている。ボノボの場合、両性のうちのどちらか一方が融和性で優ることはなく、女どうしの対立のあとにも仲直りがよく見られる。女は、しばしば激しい性的接触によって、素早く円滑に仲直りする。二頭の女が今、金切り声を上げて殴り合っていたかと思えば、次の瞬間にはGGラビングを始め、それですっかり片がつく。この切り替えは、喧嘩の最中に起こりうるので、両者の敵意が本当はどれほど深いものだったのか、首をかしげたくなる。チンパンジーの女が抱くような恨みは、ボノボではおおむね見られない[31]。

対立を管理する必要性は、関係の価値によって決まる。だから、男が絆を結ぶ類人猿と、母親中心の類人猿とでは、対立の扱い方が両性で違う。もし融和的な傾向は生物学的な進化によって形作られるのなら、文化的な進化に開かれているさらなる可能性を考えてほしい。私たちは、男の絆と女の絆のバランスがとれている唯一のホミニドであるうえに、最も文化的に柔軟なのだ。

「和平／平和維持仮説」は、私たちにも当てはまるかもしれない。なにしろ、私たちの対立管理スタイルは、男が絆で結ばれた類人猿のスタイルに似ているので。人間とチンパンジーの両方で、男のほうが好戦的だが、事を丸く収めるのも素早いようだ。そして、どちらの種でも女は対立を嫌う。女は敵意に深く影響され、それを水に流すのに苦労する。女のほうが男よりも、波風の立った人間関係について長く頻繁に思いを巡らせることがわかっている[32]。

職場での対立について、多くの女が男よりも強い不安感と不快感を覚えるようだ。女が調和を保とうと努力するのは、このせいに違いない。その調和が、たとえ表面的なものにすぎなくても、だ。女は、対立が起こりそうな相手には近寄らないし、意見の食い違いを引き起こすのが目に見えている状況は避け、どんな問題が生じても、たいしたことではないように扱う。そして、それが不可能な場合には、批判を社交辞令にくるみ、毒気を抜くのが次善策となる。もっとも、それがいつも簡単にできるわけではない。対立を回避すると、情動的なエネルギーを消耗する。だから、特定の状況や人を避けられない緊張した環境では、男よりも女のほうが燃え尽きたり鬱になったりしやすいことが知られている。[33]

女が平和維持に長けているに違いないことは、彼女たちが享受する交友関係と協同して行なう事業から明らかだ。幼児を抱えた母親のグループ、食事を準備する組織、読書クラブ、合唱団などが例として挙げられる。しだいに多くの企業も、女に経営を任せたり、おもに女を雇ったり、その両方を行なったりしている。女の協力は、私たちの種では長い歴史を持つ。狩猟採集民の部族では、女は小さな集団を作ってサバンナや森で果物や木の実を集めに出た。子供もいっしょに育てた。新生児の脳が大人の脳の三分の一しかない種では、集団で子育てを行なうことの重要性は、いくら強調しても足りない。人間の子供は、並外れて脆弱で、何から何までしてもらう必要がある。赤ん坊は早くから、多くの異なる人に抱かれたり背負われたりし、乳や食べ物を与えられ、遊んでもらうので、ハーディーは私たちのことを「協力的な繁殖者(ブリーダー)」と見なした。この点で、私たちは仲間の類人猿たちと根本的に違う。類人猿の母親は、乳幼児をはるかに長く手元に置くからだ。私たちの種は昔からずっと、子育てに対する共同体の社会的責任を認めてきた。そしてその責任は、女の大人や子供と男の大人の、多世代にわたるネットワークが負うことを求められる。[34]

私にとって、女の協力が目に見えるかたちで見事に表れた例は、二〇一九年のサッカー女子ワールドカップの決勝戦だ。アメリカとオランダが対戦したので、どちらも応援したい気持ちで観戦した。アメリカが順当に優勝したが、両チームのチームスピリットが私には最も印象的だった。これらの強豪チームが舞台裏でどんなふうに機能しているのかを学び、女の争いの管理をもっとよく理解したいものだ。サッカーでは、誰がゴールを決めるかだけではなく、誰がアシストするかも大切だ。チームがゴール前でどれだけうまくボールをパスするかに、チームプレイを重視している度合いが表れる。得点する機会を選手たちが与え合うためには、気前の良さと結束が求められる。それを、決勝に進出した両チームは最高のレベルで実証した。

病院のように、一部の職場環境では、女が過半数を占める。私は一度だけ人間の行動を調査したことがあり、舞台は病院の手術室だった。手術室は、高度な連携が求められる、プレッシャーに満ちた状況だ。拙著『チンパンジーの政治学』を読んだ麻酔科医を通して、手術室と縁ができた。その医師は、手術室で起こっていることは『チンパンジーの政治学』に書かれていることとびっくりするほど似ているように思えた、と述べた。男たちが地位を求めて競い合い、揺るぎない序列があり、怒りの爆発も含む、人間の社会的やりとりの縮図になっているそうだ。手術室では命がかかっているのだから、対立はおおいに問題がある。ある衝撃的な推定によれば、医療過誤によってアメリカだけでも毎年約一〇万人が、助かる命を落とすという。手術室のチームは、この問題に深くかかわっており、彼らの機能不全の表れは、いたるところに見られる。

たとえば、あるアメリカの病院では、外科医が助手に手渡された手術器具に激しい不満を抱き、器具を助手の手に叩きつけたので、助手は指を骨折してしまった。医師は、「アンガー・マネジメント（怒りの予防・制御）」の講習を受けるよう求められた。[35] 別の病院では、職員を冒瀆（ぼうとく）する言葉を叫んだりするなど、職業倫理にもとる行為で、ある外科医が停職になった。さらに別の病院は、外科部門を一時的に閉鎖せざるをえなくなった。「専制君主」のような医長のせいで部門の空気が恐怖に凍りつき、職員たちが辞めていったからだ。無礼で傲慢な外科医についての苦情はありふれており、気懸かりな出来事が世界中で起こっている。病院側が責任を追及されるのを心配するのも当然だ。

私たちの大きな大学病院の管理部門の上層部は、私のチームに手術室内で起こっていることを記録する許可を与えてくれた。それ以前の調査は、おもにアンケート形式であり、あとから病院職員に手術の模様に関して尋ねるものだった。この方法は研究者には便利だが、誤った回答が必ず出てくる。発生した対立について誰に訊いても、きまって誰か別の人のせいにする。公平な説明が返ってくることは、まず望めない。私は、霊長類を研究するのと同じやり方で手術室の人々を研究するべきだと感じた。つまり、観察するのだ。

撮影は許されなかったし、観察していることを声に出したら、職員の気を逸らしてしまう。だから調査の日は毎朝、病院での経験を何年も積み重ねてきた医療人類学者のローラ・ジョーンズが、あらかじめ割り当てられた手術室に入った。彼女は隅の小さな腰掛にひっそりと座り、記録をとった。厖大な数の行動にコードを割り振っておいたので、観察したやりとりを一つ残らずタブレットに入力できた。こうしてローラは最終的に、二〇〇回の外科的処置の間に起こった六〇〇〇回以上の社会的なやりとりを記録した。(36)

医療チームは手術のためにいたのだが、比較的狭い部屋で八時間以上過ごすこともあり、さまざまな行動を見せた。彼らの社会的なやりとりのほとんどは、取り組んでいる医療処置とは何の関係もなかった。手術室には（外科医が選んだ）音楽が流れ、チームのメンバーは噂話をしたり、なれなれしく戯れ合ったり、冗談を言って笑ったり、スポーツや政治について議論したり、ニュースを教え合ったり、ペットの写真を見せたり、踊ったり、歌ったり、苛立ったり、腹を立てたりした。幸い、患者は自分の周りで抑えようもなくあふれ出る人間の社会性に、まったく気づいていなかった！　医療処置のおよそ三回に一回の割合で対立が起こることに、ローラは気づいたが、そのうち深刻なもの（器具を投げつけたり、感情を爆発させたりといったもの）は二パーセントだけだった。

非難の大半は序列に沿うもので、担当の外科医から麻酔科医、外回り看護師、器械出し看護師へと順に向けられる。非難が上に向かうことは、まずない。手術室の厳密な階層制についての苦情を聞いたことがあるが、代案は想像もつかない。私は、民主主義的な医療チームが重要な決定を一つひとつ時間をかけて議論するような手術を受けたいとは思わない。素早い行動をとるためには、階層化されたチームが必要とされる。外科医が手術室のアルファだ。万事がうまくいったときに称讃され、問題が起こったときに非難されるのが、この人物なのだ。

性別に関しては、手術室では男であれ女であれ同じように序列がはっきりしているように見える。たとえば、女の外科医と男の外科医の間に、行動の違いは見つけられなかった。私たちは、女のリーダーシップのスタイルと男のリーダーシップのスタイルについての文献を読んでいたので、男のほうが権威主義的なのに対して、女のほうが協力的で愛想が良いだろうと予想していた。外科医たちも自らをそう評価するかもしれないし、他の人も彼らをそう評価するかもしれないが、観察できる行動に基づけば、すべての外科医が同じように振る舞った。女の外科医も男の外科医も、同じようにその場を取り仕切り、同じような行動を見せた。

私たちが手術室での人間関係を調べると、霊長類の行動の場合と同じように、性別が対立や協力に影響を及ぼすことがわかった。

ところが、手術室の男女構成によって違いが出てきた。友好的なやりとりや協力に関しては、男が過半数のチームのほうが女が過半数のチームよりも良くなかった。これは、男が集まると荒々しく騒々しい行動をとるせいだったのかもしれない。なおさら興味深いのは、手術室のアルファと残りの人々との男女別の相互作用だった。女でいっぱいの手術室で男の外科医が執刀しているときには、男の外科医が男に囲まれているときよりも高いレベルの協力が測定された。逆に、男でいっぱいの手術室で女の外科医が執刀しているときには、女の外科医が女に囲まれているときよりも協力が多く見られた。アルファの性別が、手術室の大半の人員の性別と一致しているときには、対立の数が二倍になった。外科医が手術室での人間関係の在り方を決めるので、これは霊長類学者なら誰もが予想しただろう。アルファの地位は、同性の人々の間ではいつも最も大きな意味を持つ。アルファは、自分の地位を強調する必要を感じる。とくに、同性のメンバーに対してはそうで、だから、彼らにはより厳しくなるのかもしれない。また、オス・マトリックスに似たメス・マトリックスが女の注意を方向づけていることが窺える。拙著を読んだ先ほどの麻酔科医は正しかった。手術室は、本当にサル山に似ている。

生産的な男女混合のチームワークを実現するには、文化が平等を保証しなければならない。男は職場で女に敬意を払う必要があるし、社会は外科医のような専門職のキャリアで平等な機会を提供しなくてはいけない。ここまでたどり着くのにどれほど長い時間がかかったか、また、そうした保証が相変わらずどれほど脆弱かは承知しているが、男の外科医が部屋いっぱいの女性看護師を支配する時代は過ぎ去った。同性間の協力には長い進化の歴史があるとはいえ、男女混合のチームは見事に機能する。

男女間の人間関係についての話では、もう一つだけ考えなければならない性的二型の特性がある。それは声だ。私たちは言葉を使う種であり、声はおおいに重要だ。ただし、ここで問題にしているのは、どう言うかや、どれほど大きな声で言うかや、どのような声色で言うかであり、言うことの中身ではない。

私たちは声にじつに敏感なので、声で個人を識別できる。同じことができる動物は他にもいる。チンパンジーがどれほど長く声を記憶しているかを私が思い知ったのは、ある日、テキサス州の霊長類施設を訪ねたときだった。私を迎えてくれた人々は、この施設にロリータが収容されていることを教えてくれた。ロリータは、一〇年以上前に私が知っていたチンパンジーで、それ以来、会っていなかった。彼女に会いに行ったとき、私はマスクをしていた。私は彼女が他のチンパンジーたちと過ごす場所に歩み寄ったが、彼女は私が誰だかわからなかった。私の目だけしか見えなかったからだ。だから、まったく反応を見せなかった。だが、私の声を聞いた途端、状況は一変した。私はオランダ語で、こんにちは、と言っただけなのだが、ロリータは熱心に挨拶の唸り声を上げながら駆け寄ってきたのだ。

　私は、多くの男のような低い轟（とどろ）くような声は出さない。自然に話すと、かなり細く、高い声になる。だが、たいした苦労もなく低い声も出せるし、大きく鮮明な声で話すこともできる。自然は男の喉頭を長くすることによって、この利点を与えた。人々は声の高さに敏感であり、ドアの向こうで犬が吠えていたら、それがシーズーかセントバーナードか、すぐにわかる。大きい犬ほど喉頭が長いので、吠える声も太く大きい。「自然」がこの利点を男に与えた、と言ったのは、男の声はこれほど低く太い必要がないからだ。喉頭は思春期の男の子ではテストステロンのせいで降下するが、女の子ではそうならない。この降下によって、男の子は声変わりし、体の強さの増大を伝える。だが、男の喉頭は女の喉頭よりも六〇パーセントも長いのに対して、身長は七パーセントしか高くないので、過剰なまでに長いことになる。人間の男の声は、体格だけに基づいて予測したときよりもはなはだしく低い。(37)

　女は、低い声の威圧的な効果を借りようとするかもしれないが、そのような声を自然に持っているひと握りの人を除けば、緊張しているように聞こえてしまいかねない。それが起こったのが、今やすっかり面目を失ってしまった血液検査ベンチャー企業セラノス社の元CEO、エリザベス・ホームズだ。彼女の奇妙な声は、インターネット上でさんざん話題にされた。「ワシントン・ポスト」紙が、「太くて、喉の奥から絞り出したようなバリトンで、波乗りしているような抑揚で、季節性アレルギーの気があり、少しばかりロボットを思わせる」と評した彼女の声は、女としては馬鹿らしく思えるほど低かった。彼女がシリコンヴァレーの投資家たちからお金を騙し取る詐欺師であることが暴かれたあと〔ホームズは詐欺罪に問われ、セラノス社は解散〕、あの低い声は彼女が売り込んだ製品同様、偽物だ、と多くの人が思うようになった。彼女は、私が知るかぎりでは最もひどい濁声（だみごえ）を出す元国務長官のヘンリー・キッシンジャーをはじめ、自分を取り巻く年長の男性名士たちと肩を並べるほどの年齢と経験があるような印象を与えるために、そんな発声を身につけたのかもしれない。同僚たちによると、ホームズは自分が取り入れた声でいつも話し続けることはできなかったという。お酒が出るパーティでは、うっかり甲高い声で突然話しだすことがあったようだ。そして、その声のほうが自然に聞こえたそうだ[38]。

両性が社会からどう扱われるのが典型的かを、直接経験して知っている人が、ひとカテゴリーだけいる。トランスジェンダーの人々だ。その多くが、自認する性別とは違う性別で何年も生きてきた。彼らのトランジション〔自認する性別への移行〕には、たいてい衣服や髪形の変更だけではなく、体や声の変化も伴う。その結果、彼らは、両方の性の立場を知ることになる。非公式で自伝的な話として記録されている彼らの経験は、社会におけるそれぞれの性の地位にまつわる最悪のステレオタイプを裏づけている。それは、男であること、あるいは女であることの利点のトレードオフのようなものだ。一方、トランスジェンダーの男は、前よりも敬意を払われるが、配慮は受けられなくなる。トランスジェンダーの女は、以前の人生でよりも配慮を受けるものの、前ほど敬意を払われなくなる。

トランジションのあと、ジェンダー規範に従うようになったトランス女性（トランスジェンダーの女）は、男だったときに比べて、もっと優しく親切に扱われる。人々は公共空間で彼女たちに微笑み、ドアを開けたまま押さえておいてくれ、飛行機ではスーツケースを持ち上げて、頭上の荷物入れに載せてくれる。苦しんでいたり困っていたりするように見えると、居合わせた人が心配してくれる。霊長類の昔ながらの融和のシグナルである微笑みが、前より頻繁に、前より気軽に彼女たちに向けられる。とはいえ、優しい扱いの増加には代償が伴う。それは、女は脆弱で従属的であるという見方を反映しており、男ほど真剣に受け止めてもらえないことを意味する。会議では発言を無視され、地下鉄では肘で押しのけられる。彼女たちに向かって歩道を歩いてくる男は、道を譲ってもらえて当然と思っている。勇敢なトランス女性が、迫ってくる男に譲歩することを拒み、この関係性を試したときには、多くの衝突が起こった。[39]

トランス男性（トランスジェンダーの男）は、正反対の結果を報告する。彼らは突然、女としてかつて慣れ親しんでいた好意や微笑みや礼儀の対象ではなくなる。彼らは、自分の身は自分で守れる自律的な人間として扱われる。誰も彼らの幸福や健康を気遣ってくれないので、自分の立場を悟る。自分でやっていけ、ということなのだ。あるトランス男性は、男として初めて家を離れたときに、それを思い知らされた。「女性が私の目の前でデパートに入っていったとき、ドアをそのまま閉まるにまかせたので、そのドアに真正面から突っ込んでしまいました」[40]

その反面、男として見られると、たちまち権威も備わる。トランス男性は、過失が軽視され、成功が増幅される世界に入る。突然、彼の意見が重みを持つ。トーマス・ページ・マクビーは、かつて顎鬚を生やしておらず、男女双方の特徴を備えた体をしていたので、仕事仲間たちは当惑し、重要なクライアントが混乱するといけないから、近づかないように、と言うほどだった。だが、トランジションのあと、それがすっかり変わった。

テストステロンのおかげで、声が低くなった。本当に低くなった。あまりに低いので、やかましい酒場や騒々しい会議では、ほとんど聞きとれない。……だが、私が話すと、人々はただ耳を傾けるだけではない。身を乗り出して聴く。私の口元か自分の手をじっと見つめる。まるで、私の力強い言葉以外に気を逸らされるのを防ぐかのように。[41]

マクビーは、自分の発するひと言ひとことに誰もが聴き入っているのに初めて気づいたとき、驚きのあまり、最後まで言い終えることができなかった。ところが、人々は彼が続けるのを辛抱強く待った。彼が女だったら、彼らは口を挟んだかもしれないが、男は待ってもらえる。それだけではない。男は自分の声を利用して、女の頭越しに、互いに大きな声で呼びかける。女の声は聞こえていないようで、発言の途中で遮る。

これがまったく公平でないことは、言うまでもない。賢いことでさえないから、なお悪い。意見が、それを言い表す声の音色によって優先順位を決められてしまうのなら、まっとうな意思決定などできるだろうか？　私たちの種のような賢い種にとっては、馬鹿げた基準だ。したがって、もう一度言わせてほしい。これまで述べてきたことの一つとして、このような態度を裏書きしてはいない。むしろそれは、霊長類の性的二型がどれほど深く私たちの潜在意識に根づいているかを、浮き彫りにしてくれる。

科学者たちは、声の高さを実験で変えることによって、その影響を調べてきた。コンピューターで合成した男の声をティーンエイジャーに聞かせると、低い声は高い地位にあることを伝えているように認識された。低い声の男は、争いに勝ちそうに思われ（身体的優位性）、もっと威信がある、尊敬されている、傾聴に値する、とも認識された（権威）。あるオランダの研究では、身体的に健康な男を多くの女が好むのと同じように、声が低い男ほど若い女は魅力を感じることがわかった。これはおそらく、男が果たす保護の役割と関係しているのだろう。声は、体格の指標としては、すこぶる当てにならないが。声は、男の体の大きさや胸毛の量といった身体的な特性と、緩やかにしか関連していない。男の声が進化によって太くなったのは、優位性のシグナルとしてだったのかもしれない。そして、このシグナルには男も女も鋭い耳を発達させた。[42]

私は大学教授として「ジェンダータイマー（話している時間を男女別に測定する、スマートフォン用アプリケーション）」を使ったことはないが、もし長年使っていたら、教授会で女の話す時間が着実に増えていることを突き止められただろう。一つには、女性教員が増えているからだが、やりとりのルールが変わったせいもある。もし、暗黙の男女バイアスについて知っている、あるいは知っているべき集団があるとすれば、それは、心理学の教授たちだ。彼らのほとんどが、このバイアスに賛同しておらず、それが会話に与える影響に対抗しようとする。今日では、もし女が男の同僚に遮られれば、「待った！　私はまだ話し終えていません」などとやり返す可能性が高い。

それでも、公式の場では男が話している間、女は黙っている場合が多いことが、調査からわかっている。たとえば、学術的なセミナーのあと、男は女の二・五倍質問する。質疑応答での両性間のバランスは、聴衆に女のほうが多かったり、真っ先に女が質問したりしたときには、多少改善する。[43]それでも、男が女の発言を踏みにじるのは、日常的な光景だ。二〇二〇年のアメリカ大統領選挙で、副大統領候補のカマラ・ハリスとマイク・ペンスのテレビ討論のとき、ペンスはハリスをしきりに遮り、低い声でだらだら話しだしたが、ハリスは見事に冷静さを保ち、「私の発言中です」と何度も繰り返した。ペンスは、女性司会者も遮った。彼女は、どうしてもペンスを抑えることができなかった。

私たちの文明は、知性や教育や経験を重視するのに、そうした特質とは無関係の、粗野な身体的な要因に私たちは相変わらず騙されるのだから、現実とは不思議なものだ。私たちは、自然界の秩序を支えていると自分が信じている荒々しい力を見下し、「力は正義なり」という考え方を過去のものにしたことを誇るのにもかかわらず、身長や筋力や声における私たちの種の性的二型に、あくまで敏感であり続けている。この状況を好転させるには、ジェンダータイマーを導入したり、新しい討論のルールをいくつか定めたりするだけでは足りない。これらのバイアスの進化的な起源をしっかりと認識することが、適切な出発点となるだろう。だが、私たちの仲間の霊長類がたっぷり手掛かりを与えてくれるとはいえ、私たちの種が行動を改変する潜在能力についても考えるべきだ。男と女が対等の立場で協力するような社会を築きたいのなら、そのような改変がただちに必要とされるだろう。

第11章

養育

母親による子育てと父親による子育て

NURTURANCE

Maternal and Paternal Care of the Young

有能な科学者なら誰もが、予想外の事態を大歓迎する。そこに新たな発見が潜んでいるからだ。SF作家のアイザック・アシモフは、かつてこう述べた。「科学において耳にすると最も胸躍る言葉、つまり新しい発見の先触れといえば、『わかった!(ユリイカ)』ではなくて『変だぞ』である」

かつてウィスコンシン国立霊長類研究センターの所長を務めた、ホルモンと行動の研究の先駆者ロバート・ゴイは、あるとき、面白い話を聞かせてくれた。良き友で指導役だったボブ(ロバート)は、まるでこれから小さな秘密を明かすかのように、目を輝かせて私を見た。「アカゲザルの赤ん坊を、アカゲザルの大人のオスとメスが一頭ずついるケージに入れたら、どうなると思う?」と彼は尋ね、それから自分の質問に自分で答えた。もし大人が二頭とも幼児には慣れているものの、どちらもその幼児はそれまで見たことがなかったら、触れたがらないだろう。けれど、ぎこちない雰囲気の最初の数分が過ぎると、反応を示すのは、きまってメスだ。彼女は唇を打ち合わせて音を立てながら、幼児を抱き上げ、腹に乗せる。相手を安心させる仕草だ。オスは幼児のほうを、ちらっと見さえしない。もちろん、幼児は目に入ったし、声も聞こえたけれど、まるでその子がいないかのように振る舞う。メスは、赤ん坊に心地好さそうに抱きつかれて長く座っていればいるほど、眠たくなる。霊長類は、幼児を抱いてやっていると、幸せを感じて心が温まる「温情効果」を受ける。

ここまでは、いいだろう。だが、ボブは次の質問を発した。赤ん坊のサルを、大人のオス一頭だけといっしょにしたらどうなるか？　彼は次のように言った。オスは最初、同じような不快さとためらいを示し、隅に引っ込みさえするかもしれない。ところが、ほとんどのオスはけっきょく、メスがしたのとまったく同じことをする。赤ん坊を抱き上げ、適切な体勢で腹の上に乗せる。すると赤ん坊は、そこですぐに落ち着く。オスたちも、唇を打ち合わせて音をたてながら、赤ん坊を優しく抱き、完璧な父親役を演じる。

言い換えると、オスが幼児にどう反応するかは、母親でさえなくても、その場にメスがいるかどうかにかかっているのだ。アカゲザルのオスは、支配的な立場にあるにもかかわらず、子供に関してはメスを尊重する。ボブが言いたかったのは、オスは赤ん坊を気遣わないとか、本質的に気が利かないとかいうことではなく、子育てはメスの仕事であって、オスは干渉しないものだ、ということだ。そのうえ、オスは慎重になることを学んでいる。彼らは、幼児を怖がらせたり害したりしたら、メスと面倒なことになるのを承知している。オスは、喉を鳴らしたり声を上げたりする幼児と一対一になったときにだけ、適切な行動をとり、安心させる。

ほとんどの霊長類で、オスとメスでは子供の養育にかける時間の長さが劇的に違う。メスは赤ん坊の養育に専心するが、オスはそうしないというのが、私たちの普通の解釈だ。生物学の用語を使えば、メスは子供の成長と健康に投資するのに対して、オスは一度限りの遺伝的関与をするだけだ。そのように見えることが多いが、この白と黒のコントラストの陰に、どちらかと言えば灰色がかった傾向が見つかるとしたらどうだろう？　実生活で明確な役割分担が見られるからといって、オスには子育てのポテンシャルがないことにはならない、とボブは言っていたのだ。

これは、私たちが「母性本能」を探究するときに、心に留めておく必要がある。母性本能という言葉は、その字面からして、メスにかかわるものだからだ。この言葉を支持することはたっぷり言えるが、議論するべきことも多い。あいにく、「本能」について語ると、母親による養育は、あらかじめプログラムされたロボットの行動のように聞こえてしまう。まるで、どのメスも自分の新生児をどう扱えばいいのかをただちに理解し、自動的にそれを実行するかのようだ。これは、このあと説明するように、ひどい誤解を招く。一方、母親の役割が生物学的特質と結びついていることは、否定のしようがない。

哺乳類は、進化の歴史の中で比較的最近になって現れた。今からおよそ二億年前に、素晴らしい繁殖の新方式を備えて、爬虫（はちゅう）類と鳥類の系統から分かれた。子供は母親の胎内で安全に育ち、生まれ出てくるが、著しく脆弱だ。暖かさと保護と液状の栄養をただちに必要とする。血を分けた子の、誕生後の必要を満たすことが現実的に望める唯一の候補は、少なくとも当初は母親だ。卵を産んで、それが孵（かえ）る前に歩み去ったり泳ぎ去ったりする無数の動物たちとは違い、哺乳類の母親は、子供がこの世に誕生したときに、いつもその場にいる。父親もいる場合があるが、その保証はない。子供が面倒を見てもらえるようにするためには、進化は母親を選ぶしかなかった。メスは授乳の道具とともに、子供を、追加の手足ででもあるかのように、自分のただの延長と考える脳も与えられた。カナダ系アメリカ人の神経哲学者パトリシア・S・チャーチランドに言わせると、次のようになる。

> 哺乳類の脳の進化では、私自身の範囲が拡張して、私の赤ん坊まで含むようになった。成熟したラットのメスは、自分の食べ物や暖かさや安全を気遣うのとちょうど同じように、自分の赤ん坊の食べ物や暖かさや安全を気遣う。新しい哺乳類の遺伝子は、赤ん坊が母親から引き離されると不快感と不安を覚える脳を作り上げた。一方、哺乳類の脳は、赤ん坊がそばにいて暖かくて安全だと、落ち着き、心地好く感じた(1)。

子供への授乳は、あらゆる哺乳動物の特徴だ。授乳は、ホルモンと脳内の化学成分によって調節される、太古からの情動的なつながりを育む。このつながりは、哺乳類のすべての種に共通する。

哺乳類の母親は通常、子宮や胎盤、乳腺、乳首、ホルモンに加えて、共感と絆作りのために設計された脳を備えている。もっとも、母親の養育の傾向は、いつもただちに現れるわけではない。初産の母親の場合は、とくにそうだ。その傾向は、少しずつ、相反する感情を伴って現れ、やがて匂いの手掛かりや、空腹を訴える泣き声や、授乳によって強まりうる。ほとんどの魚類と爬虫類は、そうしたものをいっさい必要としないし、新生児を食べ物と見ることさえある。それに対して、もし哺乳類の母親が、出産した日から授乳しなければ、子供は死んでしまう。私たちはみな、胎内で子供を育てて産み、栄養のある身体分泌物を生み出し、健全な成長と発達のために、必要に応じて、進んで子供を舐めたり、マッサージしたり、抱いたり、優しく揺すったり、触ったりしてくれた母親たちの子孫なのだ。

　めったに舐められなかったラットの子供は、緊張していて神経質だが、頻繁に舐められたラットの子供は、もっとよく社会化され、好奇心旺盛に育つ。同様に、親あるいはその代理に触れられることも抱かれることもなく育った人間の子供も、深刻な情動障害を起こす。世界はこの悲劇的な結末を、ニコラエ・チャウシェスクが支配していたルーマニアで目撃した。この国の孤児院は、接触の剝奪の惨憺(さんたん)たる結果のせいで、「魂の殺戮所」として知られるようになった。

　母親が子供と絆を結ぶ様子は、恋に落ちるところになぞらえられてきた。だが、これは進化の順序の取り違えだから、逆にしたほうがいい。母性愛が恋愛より先に登場した。マウスからクジラまで、あらゆる形と大きさの哺乳動物のメスは、厖大な年月にわたって、自分ではほとんど何もできない赤ん坊を産んできた。エストロゲンとプロラクチンとオキシトシンというホルモンの組み合わせの影響下にある妊娠中のメスの体は、新しい命の誕生に備える。これらのホルモンは、脳の情動中枢である扁桃体(へんとうたい)を拡張し、養育と保護と授乳を促す。「抱擁ホルモン」という呼び名でも知られるオキシトシンは、卓越した母性ホルモンだ。陣痛を誘発するのを助け、母乳を与えているときに分泌され、情動的な絆作りを助長する。

この一連の身体的な変化はみな大昔からのものなので、非常に視覚的な私たちの種でも、相変わらず匂いがカギを握っている。子供の匂いは、母親の脳への直通の経路を持っており、まるで麻薬のように脳内で快楽中枢を活性化させる。女は自分の赤ん坊の匂いに、思わず酔いしれる。赤ん坊の便も気にならない。どの赤ん坊のものかを知らせずに、便で汚れたおむつを母親に嗅がせると、我が子のおむつのほうが、他の赤ん坊のおむつほど臭く感じない[2]。

他のあらゆる社会的絆は、この古くからの脳内の化学作用を土台にしている。それは、養育している父親や、私たちの種のような一部の種の一夫一婦制を含め、両方の性に対して効果を発揮する。若者が恋に落ちると、二人は母子のつながりを再現する。彼らはバラ色の眼鏡を通して互いを眺め、「ベイビー」、「ドール」、「スイートピー」といった、親愛の情を込めた呼び方をし、耳に心地好い高い声で「赤ちゃん言葉」を使い、自分では食べられないかのように、互いに相手に物を食べさせる。この幸せいっぱいの段階には、恋する二人のどちらの血液と脳も、オキシトシン値が高くなる[3]。

母親の愛着は、あらゆる絆の母だ。

もし社会性が、幼い子供に対する母親の愛と養育に負うところがこれほど多いのなら、それに敬意を払うべきだろう。ところが進化生物学者は、哺乳類の繁殖の仕方を、当たり前のように捉える傾向がある。そのような繁殖はもちろん欠かせないが、呼吸や移動にしても同じことだ。騒ぎ立てる必要はない、という理屈だ。

とはいうものの、哺乳類の母親による養育がいたるところに見られ、不可欠であるからこそ、社会的知能の進化にとって、それが坩堝（るつぼ）の働きをしてきたのかもしれない。一つには、母親は子供の欲求に気づいたり、子供に何ができて何ができないかを知ったりしたほうが、仕事をうまくこなせる。母親は、子供の小さな歩みや跳躍の一つひとつに通じていて、子供の視点に立つことができる必要がある。自分を頼りとしている子供と林冠を移動する、オランウータンの母親を例にとろう。オランウータンはまったく地面に下りることなく、木から木へと移動する達人だ。ところが、木と木の間には隙間があるので、長い腕を持つ大人のほうが子供よりも移動するのがずっと易しい。幼いオランウータンは、しばしば行き詰まり、母親を呼ぶ羽目になる。母親は必ず、哀れっぽく鳴く子供の所に戻ってくる。彼女はまず、自分のいる木を子供が立ち往生している木に向かって揺すり、それから二本の木を結ぶようにぶら下がり、自分の体を架け橋にする。一方の木を片手でつかみ、もう一方の木を片足でつかみ、二本を引き寄せておき、その間に子供は彼女の体を伝って渡る。彼女は情動的にかかわり（類人猿の母親は、子供が哀れっぽく鳴くと、しばしば自分も同じように鳴く）、子供の能力にふさわしい解決策を考え出す。

他者の視点に立つというのは、従来、人間ならではの能力とされてきたが、今では類人猿と、カラス科の鳥のような、脳の大きい他のいくつかの種でもしっかりと記録されている。最近のある調査からは、類人猿は自分の現実認識が他者の現実認識と違うかもしれないことさえ把握している事実が明らかになっている。[4] 類人猿は「対象に合わせた援助」、すなわち、他者の苦境を理解し、それに基づいて助ける能力も持っていることが知られている。橋渡しするオランウータンはその一例だが、実験による証拠もある。日本の霊長類研究所で、霊長類学者の山本真也は、隣り合わせの二つの区画にチンパンジーを一頭ずつ入れた。一頭は、七種類の道具を選ぶことができ、もう一頭は、ご馳走あるいはジュースを手に入れるために、特定の道具を必要としていた。一頭目は、まずもう一頭の状況を窓越しに眺めてから、いちばんふさわしい道具を選んで手渡してやらなければならない。一頭目は、何の見返りももらえなかったというのに、チンパンジーたちはこの課題を見事にやり遂げ、他者の具体的な必要性を把握する能力と、他者を助ける意欲を持っていることを実証した。[5]

コンゴ民主共和国のグアルゴ三角地帯では、チンパンジーの母親たちがこの能力を毎日実証している。彼女たちはシロアリを釣り出しているとき、子供にねだられると、道具を手渡したり、自分の手から取らせたりする。ランダムに枝や茎を選んでも、そのどれもがシロアリを釣り出すのに合った形と長さであるわけではない。母親たちが選ぶ道具が最善だ。だから、母親は子供に自力で見つけさせるかわりに、教えているのだ。母親は、子供の要求を見越して、シロアリ釣りをする場所に道具を余分に持ってくる。ものを教えるというのもまた、他者の立場に立って眺めるという、視点取得の一形式であり、それは、能力のある者が他者の能力の不足を理解する必要があるからだ。[6]

視点取得をまったく異なる角度から捉える逸話を、ここでつけ加えておこう。私はヤーキーズ国立霊長類研究センターのフィールド・ステーションで、認知能力のテストのスターだったロリータというチンパンジーの女と特別な絆を育んだ。ある日、ロリータが赤ん坊を産んだので、私はその子をよく見てみたかった。だが、それはとても難しい。生まれたばかりのチンパンジーは母親の黒っぽいお腹に貼りついた小さな黒っぽい塊でしかないからだ。私は、ジャングルジムの上で他のチンパンジーたちと群れ集まってグルーミングをしていたロリータを呼んだ。そして、彼女が目の前に座るとすぐに、赤ん坊を指差した。すると、彼女は私を見ながら、右手で赤ん坊の右手を、左手で赤ん坊の左手を取った。何でもないことに思えるかもしれないが、赤ん坊はロリータと向き合うように腹にしがみついているので、ロリータは腕を交差させなければならなかった。ちょうど、人がTシャツを脱ごうとして、腕を交差させ、裾をつかむような動作だ。それからロリータは赤ん坊をゆっくりと宙に持ち上げた。赤ん坊は体軸に沿って半回転し、前の部分が私の方を向いた。母親の手で宙吊りになった赤ん坊は今や、母親ではなく私と向き合っていた。ロリータは、私が赤ん坊の背面よりも前面に興味を示すのを察していたことを、この優雅な動作で実証したのだった。

つまり、他者の立場に立つという、社会的知能における巨大な飛躍は、母子関係から始まった可能性がおおいにあるということだ。これは、社会性と協力全般の進化にも当てはまる。たとえば、科学者たちは母親が子供をどう扱うかを考えていたら、いわゆる「利他主義の謎」をあれほど論じなくても済んだだろう、と私は確信している。利他主義が「謎」なのは、動物には他者を気にする理由がない、と私たちが思い込んでいるからにほかならない。利己主義こそが競争に勝つカギだから、動物が他者のことなど心配するはずがないではないか、という理屈だ。だが、ほとんどの動物は、そんな理屈は無視する。彼らは他者に捕食者の存在を警告し、空腹の者と食べ物を分かち合い、足を引きずっている仲間のために速度を落とし、攻撃者から互いの身を守る。類人猿は、溺れている仲間を救うために冷水に飛び込んだり、仲間の一頭を襲ったヒョウなどの恐ろしい捕食者を追い払いさえしたりすることが知られている。その後、配偶者の傷を舐めてやったり、傷口に惹き寄せられるハエを手で追い払ったりしてやる。他者へのこのような気遣いは、どう説明すればいいというのか？[7]

母親による養育は、利他主義の最も目覚ましいかたちであるとともに、最もありふれたかたちでもあるというのに、長い間この議論から注意深く除外されていた。子供のために犠牲を払うのは、それほど不思議ではないので、それを議論に含めても話が混乱するばかりだ、と感じられていたからだ。その結果、私たちは、利他主義がはるか昔に子供の養育を起源とすることをけっして認めず、動物が見せる親切な行動という奇妙な現象について堂々巡りを続ける羽目になった。養育という起源は、きわめて重要であり、それは、あらゆる哺乳動物の救出行動、とくに、痛みや苦しみの表れに対するものは、子育てのための神経の設計図に従っているからだ。[8]

チンパンジーとボノボは、喧嘩の敗者のような、動揺している仲間を自発的に慰める。彼らは、相手が落ち着くまで、キスをしたり、抱き締めたり、グルーミングしたりしてやる。同様に、犬は泣いている人を舐めたり、その人に優しく鼻先を擦り寄せたり、その人の膝に頭を乗せたりする。ゾウは、突然の音に驚いた群れの仲間がいると、低く重々しい声を出し、鼻を相手の口に差し入れる。動物による共感の表現は、しだいに認められるようになってきている。彼らの神経生物学的特質は、あらゆる種に共有されている。最初に行なわれた神経生物学の研究は、一夫一婦制の小さな齧歯類であるプレーリーハタネズミの慰めの行動を対象としたものだった。ストレスのかかる出来事のあと、ペアの一方はもう一方をグルーミングする。人間は、男も女も鼻の穴にオキシトシンを噴霧されると、共感能力が高まる。それと同じで、ハタネズミがつがいの相手の苦しみを和らげる傾向は、脳の中のオキシトシンに依存していることがわかっている。すべては、共感の最初の形式、すなわち、怖がっている子供や傷ついた子供に哺乳類の母親が与える身体的な慰めにさかのぼるのだ。[9]

　母親が慰めを提供しにくいのは、彼女自身が不快感の源になっているときだけだ。これは、離乳のときには避けられない。類人猿の母親は、子供を自分の乳首から押しのけることで、離乳を始める。子供は四年間、いつでも好きなときに乳を飲むことができたが、今や母親の腕が胸の上にしっかりと組まれている。たしかに、子供が抗議の叫びを上げると、母親は束の間授乳をしてやることはあるが、子供の年齢とともに、拒絶と許容の間隔が長くなる。母親と子供は、それぞれ別の武器をこの闘いに持ち込む。母親は身体的な力が優っている。一方、子供は喉頭がもう十分発達している（チンパンジーの子供は、人間の子供五、六人よりも大きな叫び声を楽々と上げることができる）し、強力な恐喝戦術も身につけている。子供は、むずかったり哀れっぽく鳴いたりして母親を思いどおりに操るし、それが通じなければ、癇癪を起こす。このやかましいディスプレイが頂点に達すると、子供は悲鳴に喉を詰まらせたり、母親の足に向かって嘔吐したりし、母親としてやってきたことが無駄になるぞ、という、究極の脅しを見舞う。ボノボとチンパンジーは授乳期間が長いので、彼らの子供にも、人間の子供が二歳ぐらいに迎える「イヤイヤ期」に相当するものが、四歳頃にある。

　ある野生のチンパンジーの母親は、この芝居がかった反抗に、次のような対抗策をとった。彼女は木のずっと上のほうまで登り、息子を放り出し、間一髪のところで足首をつかんだ。子供は一五秒ほど逆さ吊りになり、猛烈な悲鳴を上げていた。それから母親は、息子を引っ張り上げた。そして、同じことをもう一度やった。その日、息子は二度と癇癪を起こすことはなかった。

私は、もっと面白おかしい妥協策をいくつか目撃したことがある。ある五歳になる子供は、乳を飲む代わりとして、母親の下唇を吸うようになった。別の子供は、頭を母親の乳首に近い、腋の下に突っ込み、皮膚のひだを吸った。もっとも、こうした妥協策は二、三週間しか続かない。しばらくすると、子供は諦め、固形食で生きていくようになる。ただし、長い期間、親指をしゃぶり続けることがよくある。[10]

人間と類人猿の母親は、解剖学的構造がほぼそっくりなので、乳幼児を同じように抱いたり、運んだり、彼らに授乳したりする。だから、動物園はときどき人間の母親を招いて、経験不足の霊長類に授乳の仕方を実演してもらう。また、類人猿が人間の妊娠や新生児に非常に強い好奇心を抱くという話を、私は動物園の飼育員や常連客からたびたび聞かされる。類人猿は、妊娠と子育ての過程を注意深く追う。ある女は、こんな話をしてくれた。彼女は出産後、動物園のゴリラたちを見に行き、放飼場を囲む堀の縁までベビーカーを押して近づいた。すると、よく知っている一頭のゴリラが挨拶してくれた。そのゴリラも自分が産んだばかりの子を抱いていた。最初は立ったままお互いを見つめ合っていたが、やがてそのゴリラは彼女をじっと見ながら、自分の腹を叩いた。女も、それに応えて自分の腹を叩いた。「私たちは母親として、心を通い合わせたのです」とその女は言った。

最後にもう一つ、類似点を挙げておこう。それは、左腕で乳幼児を抱える傾向だ。この無意識の好みを、人間の母親のおよそ五人に四人が示す。左腕を好んで使うのは、乳幼児と人形のときだけで、その他の物を抱えるときには当てはまらない。同じ左腕への偏りが類人猿の母親でも知られているので、これが文化的なものである可能性は低い。それについては、いくつかの説がある。左腕で抱くと、乳幼児が母親の心臓に近くなり、鼓動が聞こえるからだ、というのが一例だ。利き腕である右腕で他のことができるから、という説もある。だが、いちばん支持されているのは、左側の視野に入っているものは、おもに脳の右側で知覚されるから、という考え方だ。これは、視覚情報が視交叉（しこうさ）で左右の逆転を起こすためだ。大脳の右半球は顔に表れる情動を処理することを踏まえると、左腕で赤ん坊を抱けば、情動的なつながりが促される[11]。

もっとも、すべてが親次第というわけではない。赤ん坊は受け身ではなく、その大半が左腕で抱かれて乳を飲むことを好む。この左の乳首への偏りも、人間と類人猿に共通の特徴だ[12]。

類人猿が自分の子供に対応するべく、どれほど精妙に調整されているかに、私が初めて気づいたのは、クロムという名の耳の聞こえないチンパンジーが、子供を失い続けたときだ。類人猿の母親は、赤ん坊が満足や不快感を表現する、ごく小さな声を聞きとって、我が子の状態を把握する。だが、耳が不自由なクロムは、そのような声も大きな呼び声も聞こえなかった。うっかり自分の赤ん坊の上に腰を下ろしてしまっても、抗議の悲鳴にさえ反応しなかった。フィードバックの環（わ）が切れてしまっていたのだ。彼女は、養育がとても得意そうな傾向を持つ立派な母親だったにもかかわらず、子育てに失敗した。私たちは、クロムの末子が、やはり悲しい最期を迎える前に、その子を彼女から引き離した。

ローシェと名づけられたその子は、乳幼児が大好きなのに母乳が十分に出ないチンパンジーのカイフに、養子として与えられた。私たちは以前に、クロムが自分の赤ん坊の鳴き声を無視したときに、カイフも鳴きだすことに気づいていた。私たちは、哺乳瓶でローシェに授乳する方法をカイフに教えることができた。これは、チンパンジーの母性行動が柔軟で、まったく新しいやり方をそれに加えられることを示している。カイフは、ローシェがげっぷをしなければならないときには、哺乳瓶を離すことさえ独習した。それは、私たちが教えていなかったことだというのに。

　母性行動は学習できるという事実は、「本能」という言葉が不十分である理由になっている。自然な授乳でさえ、見た目ほどわかりきったことではない。たとえば、人間の新生児は、あらゆる哺乳動物と同じ探索反射と吸啜（きゅうてつ）反射を生まれつき見せるものの、助けなしではなかなかうまく乳を吸えない。赤ん坊は、胸の匂いに導かれて、乳首に吸いつこうとする。乳首が口蓋に触れると、リズミカルな吸啜のサイクルが始まる。だが、乳首に口が届かないと、この反応は起こりようがない。人間の乳房は比較的大きくて膨れており、乳首は言わばミニチュアのエベレスト山のようなものだ。他の種では、子供は横向きに寝ている母親に歩み寄るだけでいい。あるいは、子供のすぐ頭上に乳房が垂れ下がっている。人間の母親は、赤ん坊を適切な位置に落ち着かせなければならない。そうしないと、授乳できない。そのうえ、乳輪が押されないと母乳が出てこない。だから、赤ん坊は母親の胸の先端よりも広い範囲に吸いつく必要がある。反射が役割を果たしているとはいえ、首尾良く授乳するには、母親と子供の両方が、たっぷり学習しなければならないのだ[13]。

　母親による育児には、他にも複雑な仕事がある。たとえば、赤ん坊をどのように抱えるかや、泣いたらいつどのように対応するか、どのように清潔にしてやるか、動揺しているときにはどうやって安心させるか、さらに、のちには、どんなふうに教え育てるか、などだ。自然は、そのどれ一つとして指示しない。これらの技能は、子供のうちに、有能な母親を観察したり真似たりし、また、母親が赤ん坊の面倒を見るのを助けたりして身につける。母親による子育ての伝統は、こうして世代から世代へと伝えられていく。これは、女／メスが新生児に強く惹かれないかぎり、起こりえないだろう。同様に、カイフがローシェに無関心だったら、私たちはカイフに哺乳瓶の扱い方を教えられたとは思えない。動機がカギなのだ。

子供が大人の写真と乳幼児の写真のどちらを好むかを調べた研究や、本物の赤ん坊に対する反応を調べた研究は、じつにたくさんある。たとえば、ある実験では待合室で、未就学児とそれ以降の子供のもとに赤ん坊を残した。すると、男の子よりも女の子のほうが赤ん坊に興味を示した。赤ん坊に話しかけたり、キスしたり、赤ん坊を抱こうとしたりした。赤ん坊の世話をするように頼まれると、男の子よりも女の子のほうが熱心に取り組んだ。母親がこの違いを助長するかどうかを調べるために、ある研究では、五歳児が妹あるいは弟として生まれた赤ん坊に接する様子を観察した。すると、男の子よりも女の子のほうが、生まれたての妹や弟の面倒をよく見た。だが、その場に居合わせた母親が、娘にそうするように指示したわけではない。母親は、息子と娘の両方に同じように、赤ん坊にかかわる事柄を話していた(14)。

赤ん坊に惹かれる傾向は、人類学者に知られているうちで最古のおもちゃである人形に惹かれる傾向に反映されている。男の子は、しばしば親の反対を無視して、ほとんど何であろうと剣や銃に変えられるのに対して、市販の人形を持っていない女の子は、家庭にある素材を創造的に利用する。アメリカ先住民はトウモロコシの皮を使い、イヌイットは石鹼石と動物の毛皮から、それぞれ人形を作るが、女の子はそのような古代からの伝統に倣って人形を自作する。女の子は、想像力を使って不足を補う。ロシアの発達心理学者レフ・ヴィゴツキーは、次のように指摘している。「遊びの中では、布切れの束、あるいは一つの木片が小さな赤ん坊になる。それらは、赤ん坊を抱いたり、赤ん坊に授乳したりするときと同じ仕草をすることを可能にするからだ[15]」

同じような想像の遊びが、私たちの最近縁種でも観察されている。第一章で説明したように、類人猿はしばしば、命のない物を人形にし、乳幼児のように扱う。チンパンジーのアンバーは箒の穂先の部分を持ち歩いたが、ウガンダの野生のチンパンジーは、森の中で太い木の枝を持ち運んでいることが報告されている。男はそうした枝を遊び道具と見なすのに対して、女は愛情に満ちた世話の対象というふうに見る。彼女たちは、枝を背中に乗せたり、しっかり抱いて寝たり、居心地の好い寝床を作ってやったりする[16]。

メスの子は、幼いうちから赤ん坊やその代わりになるものとの経験を重ねることから得るものが多い。霊長類のオスの子は、乱暴で騒々しいラフ・アンド・タンブル・プレイをして、地位競争に明け暮れる生活の準備をするのに対して、メスの子は子育ての技能をせっせと身につける。これがどれほどステレオタイプの見方に思えるかは承知しているが、「ステレオタイプ」という言葉は、少しばかり不用意に使われ過ぎているようにも感じる。メリアム゠ウェブスターの辞典は、「ステレオタイプの」という言葉を、「固定的あるいは一般的なパターンやタイプに従うさまを示す。とくに、それが過剰に単純化された性質あるいは偏見のある性質を帯びているとき」と定義している。子供の遊びをこの定義に沿って特徴づけると、彼らのすることはみな、何らかの社会の理想に従っていることが示唆される。ところが、両性は子孫の残し方が違い、子供は性別によって異なるこの未来に向けて準備するというのが、生物学的な現実だ。そして、それはあらゆる動物に言える。だから、ヤギのオスの子は一日中ふざけて角を突き合わせ、犬のメスはふわふわしたおもちゃを家の中で子犬のように引きずり回し、ハタオリドリのオスの子は遊びで巣を作り、ラットの子供は遊びでマウンティングし合う。そのすべてが遊びとして行なわれるが、これらの行動は将来、誰が自分の遺伝子を広めることになるかを決める。人間の子供の遊びも、同じルールに従う。

もし、乳幼児や人形に対する女の子の興味が純粋に文化的なものだったとしたら、場所や時代ごとに違っていてしかるべきだ。ところが、そういうことはほぼない。女の子の興味は、少なくとも古代ギリシアやローマ以来、知られている。一〇の異なる文化で観察すると、女の子のほうが愛情に満ちた世話や心遣いを見せ、家事に多くかかわる一方、男の子のほうが頻繁に家の外で遊ぶことがわかった。これらの調査の大半が行なわれたのは一九五〇年代で、西洋のテレビや映画が世界を席巻する前のことであり、場所はケニアやメキシコ、フィリピン、インドといった多様な国々だった。アメリカの心理学者キャロリン・エドワーズは、次のように結論している。「多忙な母親が年長の子供たちに手伝いをさせる、生活が最低水準の社会の多くで、明らかに女児は男児よりも多く乳幼児の世話をし、乳幼児とのかかわりが深い」[17]。男が家庭生活に緊密にかかわっている文化においてさえ、女の子のほうが男の子よりも多く乳幼児に接する。

エドワーズは、自己社会化をその説明として挙げている。社会化は、いつも社会によって強いられるとはかぎらない。子供自身が自発的に行なうこともあるのだ。男の子も女の子も同性といっしょに過ごすことを好むので、女の子のほうが大人の女と過ごす時間が長い。これが、乳幼児に魅了される傾向と相まって、女の子は自動的に子育てにかかわることになる。だが、それだけではない。なぜならエドワーズが気づいたように、女の子は乳幼児に関連した仕事を楽しんでいるのが明らかだからだ。女の子がこの種の仕事に関心を抱くのは、異文化間でとりわけ一貫している性差の一つなのだ。

霊長類のメスの子も、人間の女の子と同じぐらい乳幼児に心を奪われる。一方、乳幼児に対するオスの関心は、養育の傾向よりもむしろ、新奇なものへの好奇心とでも呼べそうな気持ちを反映している。チンパンジーの男の子は、霊長類の赤ん坊がしたがるように体にしがみつかせず、ぎこちないやり方で赤ん坊を抱え上げることが多い。男の子たちが、小さな赤ん坊の手足を思い切り広げたり、太い指を喉に突っ込んだり、仲間の男といっしょに取っ組み合いの対象にしたりするのを目の当たりにして、ぞっとしたことがある。彼らは赤ん坊が声を出して抗議しているのにもおかまいなく、必死に我が子を取り戻そうとする母親をかわす。無理もない話だが、ほとんどの霊長類の母親は、自分の赤ん坊をオスの子が連れ去るのを嫌がる。そのオスが思いやりに満ちていて慎重であることがわかっていれば、話は別だが。そういうオスもたしかにいるが、たいてい、もう少し年上で経験を積んでいる。メスの子の場合には、少なくともその子が赤ん坊を優しく扱い、世話を焼き、授乳の時間には返してくれる保証がある。

この霊長類の性差は半世紀以上前から知られている。あるフィールドワーカーの言葉を借りれば、霊長類のメスの子は「のたくるもの」に触れたがる、ということになる。アメリカの霊長類学者ジェイン・ランカスターによる一九七一年の報告書には、ザンビアの野生のサバンナモンキーのことが記述されている。「乳児は生後六、七週になる頃には、じつは目覚めている時間のかなりの割合を、メスの子たちといっしょに過ごしている。母親はそれを幸いに、しばしば単独でその場を離れて食べ物を摂取する」。ランカスターは、赤ん坊に対するこの反応を、オスたちの反応と対比させている。「年齢に関係なく、オスが生まれたばかりの子供に対して、抱き締めたり、運んだり、グルーミングしたりといった母性行動をとるところは見られなかった[18]」

研究されたサルのほとんどで、未成熟なメスは未成熟なオスの三~五倍、乳幼児とかかわる。このようなメスの行動は、「アロマザリング」と呼ばれる。自立できていない子供を、母親以外が、母親のように世話することだ。これは、子育ての技能を伸ばすのを助ける。霊長類学者のリン・フェアバンクスは、サバンナモンキーを対象とした別の研究でアロマザリングを調べた。彼女は、誕生以来の経歴を知っている初産の母親サルを多数観察した。子供の生存率を確認したかったのだ。子供の頃、他のメスの赤ん坊の世話に何時間も費やしていたら、それが助けになるだろうか？　世話をしたことのある母親の乳児は、そのような経験を以前にしていない母親の乳児に比べて、死亡率が低かった[19]。

乳幼児のいる母親たちとの接触がないまま育ったサルは、初産の子供の育児を放棄する。どうしたらいいのか見当もつかず、抱き上げさえしない。この現象は、母親による育児の伝統がない動物園の類人猿の間でもありふれている。そうした類人猿のためには、しっかりした子育ての経験のある女を連れてきて、やり方を実演してもらうことがきわめて重要だ[20]。多くの哺乳動物でも、先輩の実演が行なわれており、ゾウやイルカやクジラの子供のためにベビーシッター役を果たす「おばさん」は、いたるところで見られる。また、齧歯類の母性行動は生まれつきのものに違いないと考えられがちではあるものの、彼女たちにとっても、先輩の母親による育児が、後輩の母親による育児につながる。

　マウスの巣にカメラを設置することで、経験を積んだ母親がつがいになる前の娘をそばにとどめ置こうとすることがわかった。もし一匹が巣を離れると、母親は追いかけていって連れ戻す。彼女は娘の目の前で、赤ん坊を落とすとすぐにまた捕まえてみせ、その子を巣に運んで帰る方法を教える。あるいは、さあ、拾ってみなさい、と言わんばかりに、赤ん坊を娘の前に置く。このような指導を受けたメスの子は、受けたことのない子供よりも、赤ん坊の扱い方を早く学習する。[21]

　したがって、乳幼児や人形に対する女の子の情熱を「ステレオタイプ」と呼ぶのは、いいかげん、やめにしよう。世界中で見られ、他の多くの哺乳動物と共有している人間の行動は、偏見や性別に基づく期待で説明することはできない。それらがともに影響を与えているかもしれないが。そのような行動は、根がもっと深い。生物学的特質がかかわっていて、それにはもっともな理由がある。子育ての技能はあまりに複雑なので、本能に任せておけないから、その技能を最も必要とする性が母親になるためのトレーニングを必ず受けるように、進化が取り計らったのだ。

　昔ながらの繁殖の方法と機能上結びついている傾向は、ステレオタイプではなく**原型**的なものだ。

それでは、父親が子育てにほとんど、あるいはまったくかかわらない種でも、霊長類のオスが乳幼児におよそ無関心ではないという観察結果に戻ろう。一部の状況下では、オスは乳幼児を抱いたり、その世話をしたりし、見事な子育てのポテンシャルを示す。そのうえ、このポテンシャルは霊長類に限られてはいない。たとえば、ラットのオスは普通、赤ん坊の面倒を見ないと思われているが、赤ん坊たちのもとに、単独で長い時間置き去りにされると、現に面倒を見る。ニワトリも同様で、チャールズ・ダーウィンがすでにそれを日記に書き残している。彼は、去勢されたオンドリが「メンドリと同じぐらい上手に、そしてしばしばメンドリよりも上手に、卵を温める」ことに気づいた。養育への「潜在的な本能」がオンドリの脳の中に潜んでいるのではないか、と彼は推論している。[22]

この本能は、雛を優しく養育して必死に守る多くの鳥の父親がはっきり示しているが、マーモセット〔マーモセット科マーモセット属の小型のサル〕やタマリン〔オマキザル科タマリン属の小型のサル〕など、いくつかの霊長類でも見られる。南アメリカに暮らすタマリンのオスは、メスが産む双子を運んだり養育したりするのに、おおいにかかわっている。アメリカの霊長類学者チャールズ・スノウドンは、学者人生のすべてをワタボウシタマリンの研究に捧げた。私は、ウィスコンシン国立霊長類研究センターから遠くない場所にある彼のコロニーをよく訪ねた。スノウドンは、タマリンの父親たちがじつに有能で思いやりに満ちていることを発見した。子供たちを背中に乗せて運ぶときには、負担が大きいので体重が減るほどだ。母親はおもに、妊娠出産と授乳で貢献する。子供を抱くのは授乳のときだけで、それ以外は父親に任せる。父親はたいてい、双子に固形食を気前良く分け与え、自分で食べ物を探し回れるようにさせるための準備をする。父親は、早くもつがいの相手の妊娠期間中にホルモンの変化を経験する。エストロゲンやオキシトシンのような、絆作りを促す典型的な女性ホルモンの値が増す。また、先に待ち受ける体重減を埋め合わせるために、太る[23]。

とはいえ、これらのサルは私たちからはかなり離れている。だから彼らは、人間の進化にはあまり関係がない。もっと私たちに近いのが、東南アジアの小型類人猿であるテナガザルとフクロテナガザルだ。彼らは、つがいになったペアが地面からはるかに上の木の梢で、息の合った美しい歌声を響かせることで名高い。ペアの歌は、絆を深め、近隣のサルを縄張りから締め出しておくためだ。男と女は子育てを分担し、男は一度に一頭生まれる子供を運んだり、その子と遊んだり食べ物を分け合ったりすることが多い[24]。

南アメリカのリスほどの大きさのサル、ワタボウシタマリン。父親による養育が高度に発達している。このサルに生まれる双子は、母親よりも父親の背に乗って運ばれることのほうが多い。

私たちに最も近い仲間である大型類人猿に目を向けると、最初、男は子育てにかかわっていないように見えるかもしれないが、必ずしもそうではない。たしかに、男が子供を運んだり、子供が食べ物を見つけるのを手伝ったりすることは稀だが、守ってやることは間違いない。たとえばアフリカでゴリラやチンパンジーが道路を横断するときには、大きな男が警官のように道路の真ん中に立ち、田舎道の交通を遮る。彼は、群れの全員がぞろぞろと渡り終えるまで、辛抱強くそこに立っている[25]。ゴリラの男は過保護なので、かつて西洋の猟師たちは、たいてい大人の男の毛皮や頭や手を持ち帰った。

男は、家族に逃げる時間を与えるために、猟師に向かってこけ威しの突進のディスプレイをするので、撃たれてしまうのだった。今では幸いなことに、そのような防衛行動をとっても、男は胸を叩く堂々たる姿をたくさん写真に撮られるだけだ。

私が目撃したうちで、チンパンジーの男が保護のためにとった最も並外れた行動は、バーガース動物園のコロニーにカイフとローシェを戻したときに見られた。哺乳瓶を使った授乳を練習させるために、何週間も二頭をコロニーから隔てている間に、私たちは若いアルファオスのニッキーの敵意に気づいていた。カイフがニッキーの夜間用ケージの前を通りかかると、彼は格子の間から手を伸ばして、カイフにしがみついているローシェをつかもうとした。カイフは鋭い悲鳴を上げて飛びのいた。この一瞬の応酬に、私たちは不安を覚えた。フィールド研究現場から報告されているような、身の毛もよだつ子殺しなど、まっぴらご免だったからだ。ローシェは八つ裂きにされかねない。冷静な観察者でありたいと願っている私ではあるが、何週間も彼女を抱き、カイフが授乳するのを手伝ったり、自ら授乳したりしてきたため、このときはそのような観察者にはほど遠かった。

そういう反応を見せたのはニッキーだけだったので、カイフとローシェをコロニーに戻すときには、段階的に引き合わせることに決め、ニッキーをケージから出すのは最後にした。コロニーのメンバーのほとんどは、外に出ると、カイフを抱き締めて挨拶し、ちらっと赤ん坊を盗み見た。ニッキーが向こう側で出してもらえるのを待っているドアに、誰もが心配そうな目を向け続けているようだった。このチンパンジーは、私たち人間の観察者よりも、お互いが何をしそうかをよほどよく知っている。この騒ぎの中で、最年長の男とその次の男がカイフの脇をけっして離れないことに、私たちは気づいた。

約一時間後に私たちがニッキーを島に出ていかせると、その二頭の男は肩を組んで、カイフと、近づいてくるニッキーの中間あたりに立ちはだかった。これには、思わず目を奪われた。二頭は長年の宿敵どうしだったからだ。その彼らが連携して、若いリーダーに対峙(たいじ)しているのだ――全身の毛を逆立てて、ひどく威圧的な様子で近づいてくるアルファオスに。ニッキーは、その二頭が引き下がりそうにないことを見てとると、怖(お)じ気づいた。カイフの防衛チームは信じ難いほど決然として、ボスである自分を睨みつけているように見えたのだろう。ニッキーは逃げ出した。ずっとあとになって、二頭の男が目を光らせているなかで、彼はカイフに近づいた。だがニッキーは、ただただ優しかった。彼の意図は永遠に謎に包まれたままになるだろうが、飼育員と私はハグして安堵の溜め息を漏らした。

チンパンジーの男は、ときには子供を守る以上のことをする。彼らの養育能力は、フィールド研究現場での非常事態のときにも発揮される。セネガルのフォンゴリで、ティアという野生の女が密猟者に赤ん坊を連れ去られたとき、研究者たちはその子供を取り返して、群れに戻すことができた。すると、血のつながりのない青年期の男のマイク（若過ぎて、その赤ん坊の父親のはずがない）が、研究者たちが置いた場所から赤ん坊を抱き上げた。彼は、赤ん坊の親が誰かを知っていた。なにしろ、真っ直ぐティアのもとへ運んでいったから。密猟者の犬たちに傷つけられたあと、ティアが動き回るのにどれだけ苦労しているかに、マイクは気づいていたに違いない。彼はその後二日間、群れが移動するときは、赤ん坊を運んでやり、ティアは足を引きずりながらあとをついていった。[26]

なおさら目を見張らされるのが、血縁のない子供を完全に養子にする例だ。これ以上の献身はないだろう。クリストフ・ボッシュは、タイの森での三〇年以上に及ぶ研究期間中、野生のチンパンジーの男が養子を育てる例を少なくとも一〇件観察した。いつも、子供の母親が急に死んだり、いなくなったりしたりしたあとのことだった。ディズニーネイチャーは二〇一二年、映画『チンパンジー 小さな勇気の物語』を公開して人気を博した。そこには、コミュニティのアルファオスのフレディがオスカーを庇護するところが捉えられていた。これは、実話に基づくドキュメンタリー映画だ。オスカーの母親が自然死したとき、幼いオスカーの前途は暗いように思えたが、撮影班はそこにとどまった。フレディは、養父になった他の男と同じパターンをたどった。養父たちは、夜は幼い子供を自分の寝床で寝かせてやり、危険から守り、その子が迷子になると一生懸命捜した。石で木の実を割るときには、中身を分けてやった。少なくとも一年は面倒を見る者たちもいたし、ある男は五年以上世話をした。ＤＮＡサンプルを調べると、彼らは養子にした子供と必ずしも血縁関係にあるわけではないことがわかった。オスカーは運が良かったのだ。[27]

ウガンダのキバレ国立公園にある別のフィールド研究の現場では、呼吸器の感染症が流行し、チンパンジーが二五頭も死んだ。その結果、多数の孤児が残された。チンパンジーは最低一〇年は母親に頼り続けるので、幼い孤児はたいてい死ぬ。ところが、四頭は離乳が済んでおり、運良く青年期の兄がいた。霊長類学者のラチュナ・レディは、これらの兄弟ペアを一年以上にわたって追い、兄たちがきわめて用心深く、責任を持って世話をしていることを突き止めた。ペアでいっしょに移動し、頻繁にグルーミングし合い、どちらかがおびえたときには、もう一方が安心させてやった。兄たちは弟や妹を攻撃行動から守り、彼らが迷子になったときには、鳴き声を上げながら捜すこともあった。兄たちは母親のように、先に進むときには必ず、弟や妹がついてきているか確かめるのだった。青年期の男は、男の序列に食い込もうとして苦しい状況に直面し、厳しい社会生活を送っていることを考えると、これほど思いやりのある行動をとることは特筆に値する。

弟や妹は、安心できるような体の接触を求めることが多かった。七歳の男のホランドが、一七歳の兄のバックナーに対してそうする様子を、レディが記録している。「ホランドは頻繁に、自分の肩がバックナーの肩に触れるように座った。そして、バックナーが背筋を伸ばして座っていると、ホランドはしばしば背中をバックナーの胸や肩に押しつけ、ときどき哀れっぽく鳴いた。これは、二頭の母親の死後、少なくとも八か月続いた[28]」

明らかに、チンパンジーの男は進化の過程で、よく発達した父親としてのポテンシャルを持っている。ただし、それが発揮されることはめったにないが。ボノボの男についてわかっていることはもっと少ないけれど、私は彼らが乳幼児や子供と優しく遊ぶのを何度となく目にしてきたので、彼らにもこのポテンシャルがあることに何の疑いも抱いていない。ボノボの養子の事例を、コンゴ民主共和国で日本の霊長類学者、伊谷原一(いだにげんいち)が目撃している。伊谷は、ケマという名の、救出されたボノボの赤ん坊を手ずから育てた。ケマは母親を密猟者に殺されたのだった。伊谷は二か月間、毎日ケマを森の中に連れていき、野生の群れに紹介した。ある日、彼はケマを森に残してきた。翌朝、そのあたりに戻ってみると、ケマは青年期の男の寝床にいた。男が抱き、ケマが男の腹にしがみついていた。ケマは、野生の群れに首尾良く溶け込んだのだった[29]。

ボノボの男は、子供を守る見事な能力を発揮することがある。驚異的な事例が、サンディエゴ動物園で見られた。まだ放飼場が、水を張った堀で囲まれていた頃のことだ。飼育員たちが堀の水を抜き、ブラシで擦って汚れを落とし、再び水を満たすためにキッチンに戻って水道の栓を開けようとした。ところが、開ける暇もないうちに、群れのアルファオスのケイコウェットに荒々しく止められた。彼はキッチンの窓の外に現れ、金切り声を上げながら両腕を振った。じつは、ボノボの子供が何頭か、遊ぶために空の堀に飛び込んだものの、上がってこられなくなっていたのだ。もし水を入れるのを止めていなかったら、彼らは溺れていただろう。

ケイコウェットが躍起になって止めに入ったことから、彼には他者の視点に立つ能力と、他者の状況を理解する能力があることが実証された。だが、さらに実際的な問題として、誰が水の注入の操作をしているかを彼が知っていることが示された。彼の警告を受けた飼育員たちは、梯子を使って堀に下りた。そして、堀の中のボノボたちを出してやった。いちばん年下のボノボだけは、ケイコウェット自身が引き上げた。

人間の男は、他の動物とは違う。彼らは、単なる保護と子育てのポテンシャルを持つだけにとどまらず、実際に家族を扶養するように進化した。彼らは、他の多くの霊長類のオスよりも、はるかに父親らしい。これが、いつどのようにして始まったのかはわからないが、私たちの祖先が森を離れて、森よりも乾燥して開けた土地に入ったときかもしれない。

私たちの祖先が最上位の捕食者としてサバンナを支配していたという、ロバート・アードレイその他による、殺し屋類人猿(キラー・エイプ)の話を信じてはならない。彼らは、被食者だった。彼らは、群れで狩りをするハイエナや、一〇種類のネコ科の大型動物や、他の危険な動物たちを、絶えず恐れながら暮らしていたに違いない。ライオンもハイエナも、当時は今日よりも大きかった。一方、私たちの祖先は、私たちよりも小さかった。比較的安全な森から出ていく過程は、長く、段階的で、ストレスが極度に大きかったはずだ。四四〇万年前に生きていた猿人のアルディピテクスは、依然として、歩くよりも木に登るのに適した足を持っていた。おそらくこの祖先は、夜は地面にとどまりたがらなかっただろう。他の指と向かい合わせにして物をつかむことができる、際立った足の親指を持っていたアルディピテクスは、類人猿の親類たちのように、安全な木の上で眠った。

人間は、男が直接子育てにかかわる家族を形成している点で、ホミニドのなかで唯一無二だ。

このような恐ろしい場所では、子連れの女は無防備だった。捕食者からは逃げきれないから、男に守ってもらえなければ、森から遠くまで出ていくような冒険はできなかっただろう。非常事態のときには、機敏な男の小集団が群れを守り、子供を安全な場所に運ぶのを手伝ったかもしれない。だが、彼らがチンパンジーやボノボの社会システムを維持していたら、けっしてうまくいかなかった可能性がある。乱交型の男には、親としての義務をきちんと果たしてもらうことが見込めない。男にもっと関与してもらい、近くにとどまってもらうには、社会が変わらざるをえなかった。

人間社会の構造は、（1）男の絆、（2）女の絆、（3）核家族という、三要素の独特の組み合わせを特徴とする。（1）はチンパンジーと、（2）はボノボと共通で、（3）は人間ならではのものだ。どこに暮らす人でも恋に落ち、性的な嫉妬を覚え、プライバシーを求め、母親あるいは母親のような人に加えて父親あるいは父親のような人も探し、安定したパートナーシップを重視するのは、偶然ではない。これらすべてから読みとれる男女の親密な関係は、私たちの進化の遺産の一部なのだ。私は、他の何よりもこの一夫一婦制こそが私たちを類人猿と隔てていると思う。

当初、男はおもに子供の庇護者と運び手として振る舞ったかもしれないが、いつかの時点で、過去に交わった女に食べ物を分け与え始めた。男はその見返りとして、自分以外の男と交わらないことを女に要求した可能性もあるが、もっと流動的な関係が保たれたのではないだろうか。今日、私たちは父子関係や遺伝的血縁関係を強く意識しているが、これは比較的新しい知識だ。私たちの祖先がそんなふうには考えていなかったことは、ほぼ確実であり、男は、食べ物と世話の提供を自分の性遍歴と漠然と結びつけていただけなのかもしれない。今日でさえ、アマゾンの文化の過半数では、子供は母親と彼女が寝た男全員との、多数の出会いの産物と考えられている[30]。

父親であることがどのように認識され、性的な関係が厳密にはどのように保たれていたかはともかく、男を家族の生活に引き込むことには途方もない恩恵があった。子供の養育を最終的に母親の能力次第にする代わりに、男は非常に貴重な肉を家族のもとに持ち帰り、子供の養育を手伝い始めた。そのおかげで、私たちの類人猿の親戚たちが五、六年間隔で行なう出産を、現代の狩猟採集民が行なうような三、四年間隔に縮めることができた。人類は繁殖の速度を上げ始めたので、一〇人以上の子供を持つ家族もあっただろう。これは、類人猿には物理的に不可能な数だ。類人猿の母親は、いちばん幼い子供を抱え、年長の子供たちに目を光らせながら木々を移動するので、家族の大きさは厳しく制限される。現在、地球は人口過剰になっていることを考えると、人類が繁殖に成功を収めているのは善し悪しだが、その根底には、父親の関与が増したという事実がある。

私たちの祖先の男が、すべての女と子供に平等に食べ物を与えたとは考えにくい。彼らは、特定の女とその子供に義務を感じたに違いない。二人以上だったかもしれないが、数は少なかったので、一部の子供は男にとって特別な存在になった。人間の男は、他のあらゆる霊長類と同じで、父親としての養育のポテンシャルを持っているため、それらの子供に対する情動的な愛着を形成して、尽くし始めた。どれだけ養育するかは、彼らが置かれた生態学的な状況によってまちまちだったが、そうする傾向と能力は、私たちの系統にしっかりと根づいた。

だからといって、男が女と同じように子供を養育するというわけではない。一つには、共感能力の違いがかかわってくる。ここで人間の共感についての厖大な文献を吟味するわけにはいかないが、最近のある総説論文が、簡潔に言えば、次のように述べている。「共感能力に関しては女性のほうが優れているという結論で、多くの研究が一致している」。ただし、この結論は、おもに共感の情動的な側に当てはまることを、私はつけ加えておかなければならない。共感は普通、二つの層に分解できる。情動的共感は、表情のようなボディランゲージを読みとることと、相手の情動的な状態に影響されることにかかっている。これは、最も古くからある、共感の最も基本的な層で、あらゆる哺乳動物が共有している。第二の層は、もっと認知的で、情動的共感の上に発達する。相手の状況を想像することで、相手の視点に立つ。一般に、女は情動的共感で優位に立っているが、彼女たちの認知的共感は、男の認知的共感と似ており、ひょっとするとまったく同じかもしれない[31]。

これら二つの層はしばしば混同されるので、人間の共感の研究では、明白な性差が常に見つかるとはかぎらない。とはいえ、見つかるときには、共感能力が高いのはいつも女であり、けっして男ではない。他にも問題がある。現代の心理学が質問紙と自己報告に頼る点だ。ここまで読めばもうおわかりだろうが、私は実際の行動を測定することを好む。そのような測定の先駆者の一人が、アメリカの心理学者キャロリン・ザン＝ワクスラーで、彼女のチームは家庭を訪問して家族に悲しいふり（むせび泣く）、痛いふり（「痛い！」と叫ぶ）、苦しむふり（咳をし、むせる）をしてもらい、幼い子供がどう反応するかを調べた。すると、一歳と二歳の間の子供たちもすでに他者を慰めることがわかった。子供の発達におけるこの節目は、言語習得のはるか以前に訪れる。誰か別の人の不快な経験が、優しく叩いたり、キスしたり、痛がっている箇所を撫でたりといった、共感的な気遣いを引き出すのだ。こうした反応は、幼い男の子よりも幼い女の子に典型的だった[32]。

これに相当するようなデータを人間の大人に関して見つけるのは難しいが、オランダで店舗の強盗事件の直後に撮影された監視カメラの映像を調べた最近の研究がある。これは、警察がやって来て付近を調べ、報告書を書いているときのことだ。被害者、とくに店員のなかには、暴力を振るわれた人や武器で脅された人がいた。その全員が動揺していた。画像解析は、手を触れたりハグしたりといった、店内での、相手を慰めるような身体的な接触に的を絞った。近くにいた人のうち、女のほうが男の三倍近く、強盗の被害者を慰める率が高かった。女のほうが身体的な接触をしても許容されやすいというのが一つの説明だが、女のほうが他者の幸福や健康に多く気遣いを見せるというふうにも説明できる。[33]

共感と養育における男と女の違いは、神経画像研究にも裏づけられている。実験の参加者が、胸に迫る画像を見て、他者の状況についての質問に答えるとき、女は自分と相手の情動的な境界を消し去るようであるのに対して、男は知性を使って相手の状況を把握しようとする。女の脳は、扁桃体のような、情動に関連した部位の活動が盛んになり、一方、男は前頭前皮質を働かせるのだ。[34]

子育ても脳内で同じような男女差を見せるが、この分野がもっと平等になることを願っている人なら誰でも興味を惹かれてしかるべきひと捻りがそこには加わる。私が属する第二次世界大戦後のヨーロッパ人世代にとって、父親は情動的に遠い存在で、日々の子育てにはほとんどかかわっていなかった。私たちが道を横切るときには手を引いてくれたり、何か悪さをしたら注意したりするかもしれないが、せいぜいその程度だった。家庭内での男の役割が拡大し続けるなか、科学はそれが男の脳にどのような影響を与えているのか知りたがっている。人間の脳は恐ろしく柔軟で、それを「神経可塑性」という。脳と行動とのつながりは、双方向だ。脳は、私たちに特定の振る舞い方をさせるだけではなく、私たちの状況や行動の結果として自らを配線し直す。たとえば、タクシーの運転手は空間記憶に頼るので、それにかかわる脳の部位である海馬（かいば）が発達しているし、第二言語を学ぶ人や楽器の演奏法を身につける人は、脳の神経細胞が密集している灰白質（かいはくしつ）が増える。脳は、私たちが突きつける要求によって、改変されるのだ。

子育てはその好例だ。イスラエルの神経心理学者ルース・フェルドマンは、親が子供を見ているときには、それぞれの性に特有のかたちで脳が反応することを示した。母親は情動中枢に、父親は問題解決に関連した認知的な部位に、多く頼る。ただし当然ながら、この違いは変更不能ではない。男は、子育ての責任をどれだけ担うか次第で、脳が変化する。妻が稼ぎ手になり、夫がおもに家事を受け持つ夫婦もいる。さらに、養子を迎えたゲイのカップルや、母親がおらず、父親が切り盛りしている家庭もある。これらの家庭では、父親はたいていの男よりも子供たちにはるかに近く、関与の度合いも深い。彼らは我が子のことを毎日心配し、子供が病気になったり、困った状況に陥ったりしたときには、つき添っていなければならない。フェルドマンが調べると、このような父親たちは血液中のオキシトシン値が上がっており、脳の扁桃体が活発で、接続が良くなっていることがわかった。神経学的に言って、彼らの脳は母性的な特徴を備えたのだった。[35]

それでも、大多数の父親の子育てのスタイルは、母親のスタイルとは相変わらず大きく違っている。父親のほうが乱暴な遊びや喧嘩ごっこをしたり、屋外の向こう見ずな冒険に連れ出したりすることが多い。男性性は、男が良い養育者になる邪魔にはならない。それどころか、男が「男らしさ」のステレオタイプの定義（冒険好き、支配志向、競争的）に当てはまれば当てはまるほど、幼い娘や息子に対する男の子育ての態度に、観察者は高い点数をつける。[36]

人間の場合に父親であるとはどういうことかを研究している人類学者のジェイムズ・リリングは、父親は我が子の発達において特別の機能を果たすと考えている。

父親は、家庭の外の暮らしに向けて子供を準備させることに特化する傾向にある。父親は、子供を動揺させる予想外の行動に、より多く携わっており、子供はそれにどう対応するかを学ばなければならない。それは、レジリエンス〔困難な状況を乗り越える力〕を育むのに役立つかもしれない。誰もが母親のように子供を厚遇してくれるわけではないから、レジリエンスは重要な特性だ。[37]

男は、第一子が生まれると、オキシトシン値の増加だけではなく、テストステロン値の減少も経験することを、リリングは発見した。彼らは、若い男のようにリスクを追い求めることや、交際相手となる女を探すことから遠ざかり、家族に対するより深い責任や献身へと転換する。男は養育者になるように生物学的に「準備されて」いないから、良い養育者にはけっしてなれないという神話を、これらのホルモン値の変化は打ち砕いてしかるべきだろう。テレビのコメディ番組は、父親は不器用で何もわかっていないと馬鹿にし、この神話のような見方を強める。それに対して、フェルドマンやリリングが行なったような研究は、人間の父親を、子育てに情動的に関与することが何の問題もなく可能な存在として描き出す。父親による子育ては、私たちの種の生物学的特質の本質的な部分なのだ。[38]

父親であることが人間の男の脳に影響を与えるところは、ワタボウシタマリンのオスを完璧な父親に変えた、進化による変化と重なる。最大の違いは、タマリンの父親はみな子育てをするのに対して、人間の父親の役割は任意である点だ。父親の貢献度は文化によって変わってくる。これは、母親の貢献とは好対照を成す。母親の貢献は、生物学的特質と結びついているおかげで、人類では不変だ。

そのような結びつきがあるものの、女は母親にならなくても、完全に充実した人生を送ることができる。私は経験上、そう言うことができる。妻と私は、子供を持たないことを選んだからだ。私は、子供を持つことを女の義務だとも、宿命だとも思っていない。とはいえ、女がこの世に存在するおもな理由は子供を産むことだ、と考えている人々がおり、過去の男性思想家の大半もそれに含まれる。ときどき言われるように、男は物を生み出すために、女は子孫を生み出すためにここにいる、というわけだ。人類学者のマーガレット・ミードでさえ、出産を「拒否した」女に敵意を示している。ただしそれは、経口避妊薬が登場するずっと以前の、性別による役割分担が依然としてほぼ避けられなかった頃のことだ。平均的な家族の規模が小さくなり始めてようやく、この分担が社会に対する支配力を失い、女が子を持つかどうかを選択肢と見るようになったのだった。(39)

もっとも、母親だけが子育てをしてきたわけではない。私たちの種では、母親とともに子育てする父親に加えて、「巣の中のヘルパー（helpers at the nest）」がいる。「巣の中のヘルパー」というのは生物学の用語で、親以外の子育て支援者を指す。たとえば、巣に残って両親が次の雛たちに食べ物を与えるのを手伝う、青年期の鳥たちがそれだ。サラ・ブラファー・ハーディーは、著書『母親たちと他者たち（*Mothers and Others*）』で人間のことを、大勢のヘルパー（アロペアレント）を持つ「協力的な繁殖者」として描いている。

子供の生存が、母親との接触を保つことや父親による食料提供だけではなく、両親に加わる他の養育者の有無や能力や意図にもかかっていた事実を認識することによって、私たちの祖先の家族生活を考察する新たな道が拓けてきている。アロペアレントなしでは、人類はけっして誕生しなかっただろう[40]。

この種の協力の最初の手掛かりは、他の霊長類に見ることができる。たとえばチンパンジーとボノボの女は、妊娠している女の「助産師」として振る舞うことがある。私は一度、思いがけずチンパンジーの女が真昼に出産するときにそれを目にした。ほとんどの出産は、誰も見ていない夜間に起こるが、ある日、チンパンジーのメイが群れの中で子を産んだ。メイは股を開いて前傾姿勢で立ち、片手を広げて脚の間に差し込み、赤ん坊が出てきたら受け止められるようにした。その隣に親友のアトランタが立ち、まったく同じ恰好をした。アトランタは妊娠していなかったが、メイを真似ていた。彼女も脚の間、自分の脚の間に手を伸ばしていた。その仕草は何の役にも立たないというのに。あるいは、ひょっとすると逆で、アトランタはメイに「ほら、こうするのよ！」と説明していたのかもしれない。出産の様子をじっと見守り、彼女の臀部を手で拭ってきれいにしてやる女たちもいた。同じような「分娩介助」の例は、ボノボでも観察されている[41]。

さらに、マカカ属のサルやヒヒのように、広範なメスの血縁ネットワークがあるサルでは、祖母が大きな役割を果たす。彼女たちは娘の子供たちを猛然と守り、彼らと遊び、群れの誰よりもたっぷりグルーミングをしてやり、母親が息抜きできるようにする。支援してくれる祖母がいる子供たちは、母親から思いきって離れたり、早く自立したりすることが多い[42]。

人間社会でも、最も重要なアロペアレントは祖母、それもとくに母方の祖母だ。「おばあさん仮説」によれば、このために進化は女に閉経を与えたのだという。人間は、女の生存期間が妊娠可能な年月をはるかに超えている唯一の霊長類だ。通常、これはあまり理に適わない。なぜ最後の最後まで、赤ん坊を産み続けないのか？　チンパンジーの女は、私たち人間の観察者が哀れに思う歳になっても、子供をおぶって歩き回る。その重みに耐え、求めに応じて授乳し、癇癪に対応するには、あまりに虚弱になりつつあるというのに。私たちの種では、高齢の女がこのような状況に陥ることはけっしてない。ホルモンが変化し、まだ寿命が何十年も残っているときに、繁殖に終止符が打たれる。この進化の「イノベーション」のおかげで、私たちは成人女性の約三分の一が妊娠可能年齢を超えている、唯一の霊長類となっている。

最近、シャチやシロイルカのような、母系制の長寿のクジラ偶蹄目（ぐうていもく）の一部も、メスが閉経することがわかった。おばあさんクジラは、捕まえたてのサケを幼い孫に与えたり、母クジラが深く潜っている間、海面で孫を守ったりすることで、彼らの生存率を高める。(43)

おばあさん仮説では、閉経は繁殖戦略とされる。この仮説の考案者である人類学者のクリステン・ホークスは、高齢の女が自分の遺伝的遺産の継承を促進する最善の方法は、娘が子を育てるのを助けることだと考えている。そのほうが、自分で子を産み育てようとするよりも優る。ホークスはタンザニアのハヅァ人を調べたときに、「高齢のご婦人たち」が家族のために信じられないほど多くの食べ物を採集することに気づいていた。そして、そこから支援者としての彼女たちの役割についての考えを発展させた。人類学のさまざまな研究が、おばあさん仮説を支持しているし、フィンランドやケベックなどの産業革命以前の社会の歴史記録にしても同様だ。これらの記録は、母親が近くにいる娘は、そうでない娘よりも子育てがうまくできることを示している。[44]

他の霊長類は、これほど広範な支援ネットワークを持っていないかもしれないが、コミュニティ全般が、母親の状況について無関心にはほど遠い。母親業は、誰からも認められ、尊重されている。サルの若いメスが初めて出産すると、地位が上がる。子供時代や青年期には誰からも軽くあしらわれ、食べ物や水から頻繁に追い払われていたのが、新生児を抱えていると、たちまち敬意と寛容の対象となる。少なくともしばらくは、序列が上の者たちのすぐ隣で飲んだり食べたりすることを、急に許される。新米の母親が最高の人気者でもあるかのように、誰もがしきりにいっしょに座ってグルーミングしたがる様子は、注目に値する。やたらにグルーミングされたせいで、皮膚が所々露出してしまったので、すぐそれとわかる新米の母親がいるボノボの群れを、私はいくつも知っている。[45]

母親であることに対する認識は、赤ん坊の死に対する反応にも見てとれる。たとえば、こんなことがあった。ある日バーガース動物園で、一頭のチンパンジーの女が死産をした。すると、彼女と近しくはない者さえも含むコロニーの全員が同情し、子を亡くした母親に頻繁にキスしたり、彼女を抱き締めたりした。変化はその日だけでなく、もっと長く続いた。コロニーのチンパンジーたちは少なくともひと月にわたって、彼女にいつも以上の好意を示したのだった。[46]

人間と同じで、他の霊長類も母親がして当然と思っていることがある。たとえば、メスは自分の子供を養い、守るのが当たり前と考える。霊長類は、子供が苦しんで悲鳴を上げると、誰もがその子の母親のほうを見る。ただちに行動を起こすべきなのは母親、というわけだ。この期待は、オスに対しては存在しない。だから、タイの森に住むチンパンジーの男たちは、彼らのうちの一頭が父親役を引き受けたときに腹を立てたのだ。ボッシュは、アリーという名の孤児を養子にしたブルータスが抵抗を受けたことを書き記している。ブルータスはそのコミュニティ随一のサル・ハンターだったので、しばしば肉を手に入れた。

ブルータスは多くの異なるメスや、オスの一部に、気前良く肉を分け与えたが、大人になっていない個体には与えなかった。彼らに分け与えるのは、たいてい母親だからだ。ところが、アリーを養子にしてからは、ブルータスは彼にも分けてやったので、それが絶え間ない喧嘩の種になった。肉を乞う大人たちは、その子に対する特別待遇をよしとしなかったからだ。だがブルータスは、アリーに肉を分け与え続け、いちばん好まれている部位の一部を手渡すことさえあった。[47]

もし社会的な期待がこれほど重要なら、ジェンダーの概念は類人猿にも当てはめなければならない。彼らも、社会規範には馴染みがあるからだ。受け容れられる行動パターンもあれば、規則に違反するので抗議を招くものもある。子育てをする父親という役割がないに等しい社会で、良い父親のように頼れる存在として振る舞うことで、ブルータスは規範に逆らっていたため、他のチンパンジーたちはそれを彼に思い知らせた。彼らは、典型的な男の行動からはみ出した彼の行動を嫌った。同様に、章の冒頭で紹介したロバート・ゴイのサルの例は、新生児に直面したオスに何が期待されているかを浮き彫りにしている。オスは何の問題もなく抱き上げられるのに、それをメスの仕事と見なしているのだ。

社会的な決まり事は、その背後にある生物学的特質よりも厳格なことがある。いつであれ、生物学的特質を無視するのは浅慮と言えるものの、既存の社会的役割をその特質に帰するのは単純過ぎる。しばしば思われているよりも柔軟な対応の宝庫が存在することを、動物と人間の行動に関する現代の知識は示している。

第12章

同性間のセックス

虹色の旗（レインボーフラッグ）を掲げる動物たち

SAME-SEX SEX
Animals Carrying the Rainbow Flag

日本の京都水族館にいるペンギンたちの恋愛関係はじつに込み入っていて、数多くの破局と新しい出会いであふれているので、追跡するには入り組んだ相関図が必要だ。

その図には各ペンギンの写真と名前が載せられ、二羽の個体が恋愛関係にあることを双方向の矢印によって、片思いであることを一方向の矢印によって示してある。幸せなカップルには赤いハートがついているが、破綻してしまった関係には二つに割れた青いハートがついている。破局はしょっちゅう起こり、当事者の双方が食欲をなくす結果になることも多い。三角関係もあるし、大きく頭を振るような行為で、仲間ではなく特定の職員の気を惹く事例まである。この相関図は水族館のウェブサイトの人気コーナーで、誰でもペンギンの恋愛関係における最新の展開を知ることができる。[1]

カップルの大多数は異性愛(ヘテロセクシャル)だが、なかには同性愛(ホモセクシャル)の関係もある。「ホモセクシャル」という言葉は、人間社会での使われ方のせいで、動物に当てはめると奇妙な医学用語のように聞こえるかもしれないが、ギリシア語の接頭辞「ホモ（同じ）」と「ヘテロ（違う）」の対比は便利なので、ともによく使われる。京都水族館では、年長のオスと年少のオスの間のロマンティックなBL関係（「BL」は和製英語で、「ボーイズラブ」の略）が最初だったが、それも二頭が同じメスに夢中になった時点で終わった。ペンギンの恋愛は、人間の恋愛に劣らず複雑だ。

当然ながら、動物の同性愛行動など口にできない時代もあった。考えるのもショッキングな行為だとされた。とはいえ、それがペンギンで見られることは一世紀以上前から知られていた。最初の報告書は、彼らの行動を「堕落している」と評した。そして、部内者だけで閲覧するにとどめ、一般の目には触れさせないようにした。[2]

このような風潮が変わったのは、二〇〇四年に「ニューヨーク・タイムズ」紙が、ニューヨークのセントラルパーク動物園で二羽のアゴヒモペンギンのオスがいっしょに一個の卵を孵したことを報じて注目されたときだった。ロイとシロという名の二羽は、最初は石を卵のように孵そうとした。これを見た飼育員たちは、別のカップルの受精卵を与えてみることを思いついた。ロイとシロが孵したメスの雛はタンゴと名づけられ、この話を基に『タンタンタンゴはパパふたり』という絵本が出版された。この本は、年齢に不相応という理由でアメリカ中の公共図書館に置くことを禁じられたが、それにもかかわらずベストセラーになった。そしてその後の年月に、ペンギンの性的指向は政治的討論の議題になり、大衆の抗議運動まで起こった。

この「ペンギン問題」は、ドイツのブレーマーハーフェン臨海動物園が絶滅の危機に瀕したフンボルトペンギンを繁殖させようとした二〇〇五年に、頂点に達した。彼らはオスどうしのペアを引き離し、繁殖目的で連れてきたメスとペアにさせようとした。動物園は、オスとオスの絆が「強過ぎ」、繁殖プログラムに支障を来すほどだという声明を発表した。その絆のせいで、オスがメスに近づかないからだという。ＬＧＢＴＱの団体のなかには、その動きを「メスの誘惑を通した組織的で強制的なハラスメント」によってペンギンたちの性的指向を変える試みだとして、異議を唱えるものもあった[3]。

ペンギン版の同性愛に対するＬＧＢＴＱコミュニティの熱狂は理解できる。だが、現在支配的なジェンダー理論を考えると、少々意外な気もする。その理論は、私たちは生物学的特質を超越できると喧伝することが多いからだ。そのような超越が可能だからこそ、私たち人間にはジェンダーがあり、一方、動物には生物学的性しかない、ということになる。ところが私たちは生物学的特質を、ジェンダーに関してはしばしば遠ざけつつも、性的指向やトランスジェンダーのアイデンティティの問題になると積極的に受け容れる。後者の場合には、遺伝的な差異やホルモンと脳の役割について熱心に探究する。アメリカ心理学会は、ジェンダーを社会的構築物と呼んでおきながら、性的指向を「男性、女性、あるいは両性のパートナーに永続的に感じる魅力」と定義する。このように、ごく普通に強調されていた環境の役割が、「永続的に感じる魅力[4]」に置き換えられてしまった。そして、性的指向と性自認は、自己の不変の部分だと考えられている。

この見方には全面的に賛成だが、それならジェンダー関連の問題のすべてに生物学的側面から光を当ててはどうだろう？　この矛盾を孕んだ愛憎関係は、イデオロギーが原動力になっている。男女平等を求める人は、生物学的特質を不都合なものだと考えることが多い。彼らは、平等を手に入れる最も簡単な方法は生まれ持った生物学的な性別による違いを軽視することだ、と信じている。それとは対照的に、同性愛嫌悪とトランスジェンダー嫌悪に対する闘いでは、生物学的特質は力強い味方と見なされている。もし同性愛行動とトランスジェンダーのアイデンティティには生物学的基盤が存在することを証明できれば、それらは「不自然」だとか「異常」だとか主張する者たちを黙らせることができるだろう。動物の同性愛行動は、この種の主張を無力化する。

もっとも私は、逆向きに進展してくれればいいのに、と思っている。イデオロギーを科学に優先させるのではなく、まずジェンダーの科学を整理する必要がある。理想を言えば、この問題はイデオロギーとは関係なく研究したい。念頭にある社会的な目標について心配するのは、それからでいい。研究から学んだことを活用し、その目標の達成に向けて取り組めばいいのだ。ローレンス対テキサス州事件でアメリカの連邦最高裁判所に提出された法廷助言書の一つは、同性愛行動は「多くの異なる人間文化と歴史上のさまざまな時代において、そしてさまざまな動物種において記録されている」ため、人間の性行動の正常な一面である、と主張している。二〇〇三年のこの裁判は、成人どうしの合意による同性間のセックスやアナルセックス

ニューヨークのセントラルパーク動物園のアゴヒモペンギン。この2羽のオスのおかげで、動物の同性愛行動と絆が世間に注目された。ロイとシロは飼育員が巣の中に置いた受精卵から雛を孵した。

やオーラルセックスを禁じた法律の棄却という、画期的な裁定につながった。科学の適用例は他にもある。性自認は脳内で検知できるという発見が、出生証明書やパスポートの性別の変更を求めるトランスジェンダーの人々の論拠として利用されている。[5]

同性愛の進化を理解するには、飼育下の少数のペンギンたちの行動よりも多くの証拠が必要なことは明らかだ。とはいえ、ここでぜひとも指摘しておきたいのだが、私たちが知るかぎり、「ゲイのペンギン」は存在しない。ペンギンたちのなかに、もっぱら同性を指向する者がいる証拠や、おもに同性を指向する者がいる証拠さえない。たとえばシロとロイは、ずっといっしょには暮らさなかった。六年後、シロはロイのもとを去り、カリフォルニア州から来たメスのスクラッピーと仲良くなった。この破局はマンハッタンのＬＧＢＴＱ社会を震撼させた。多くの人ががっかりしたが、なかでも動物園の主任ペンギン飼育員ロブ・グラムゼイの落胆は大きく、彼は二羽のオスは「とてもお似合いだった」と切なそうに回想した。[6]

ペンギンの場合、パートナーやその性別の変動はあまりにありふれているので、ホモセクシャルというより両性愛(バイセクシャル)だと考えるべきだろう。さらに言えば、こういう変動は、動物園の場合、オスとメスの数のバランスがときどき崩れるせいにできるが、動物園に限った現象ではない。南極のケルゲレン諸島で、一〇万組以上のつがいから成るオウサマペンギンのコロニーを対象としたある調査によれば、頻繁なホモセクシャルのディスプレイが見られ、とくにオスどうしに多いという。フランスの動物行動学者グウェナエル・ピンセミーは、両方のペンギンが「空に向かって首を伸ばし、目を閉じて前へ後ろへといっしょに頭を回し、回転の最後に達するとお互いを『ちらっと』見る」と描写している。ディスプレイをするペアのうち、約四分の一がオスどうしだが、絆作りの次の段階に進み、互いの呼び声を認識し合うまでになるペアはほとんどいなかった。声が認識できれば、カップルは離ればなれになってもまたいっしょになれる。大集団の中では、それがきわめて重要だ。同性のペアには、この結合の段階まで進む者がほとんどいなかったものの、肝心なのは、野生の世界にさえ、そこまで進む者がいた点だ。[7]

そうはいっても、ペンギンに魅惑されたり、彼らの性生活を政治問題化したりするのが度を超え、愚かしい深みにはまってしまうこともある。二〇一九年、シーライフ・ロンドン水族館は、ジェンダーまで持ち込んで話をさらにややこしくした。同館は、二羽のレズビアンのジェンツーペンギンがジェンダー・ニュートラルの雛を育てている、と報告したのだ。この雛は、二羽の母鳥を持ち、「オスにもメスにも分類できない」歴史上初のジェンツーペンギンだという。水族館の館長は「ペンギンたちが成鳥になっていくときに、ジェンダーレスのアイデンティティを持つようになるのは、きわめて自然なことです」とまで言っている。これはどんな生物学者にも初耳だった！　雛のジェンダーではなく生物学的性について語るほうが望ましいという事実は脇に置くとしても、水族館は、その雛の生殖器についても、雛が性別をどう自己評価するかについても情報を提供しなかった。自分でその雛を調べたかったが、性別が公表されていないだけのただのペンギンの雛だったというおちになっただろうことは、ほぼ確実に思える。[8]

私がヘンリー・ヴィラス動物園で研究していたアカゲザルの群れは毎年、交尾、妊娠、出産のシーズンを迎えた。このマカカ属のサルたちは頑健で、冬の寒さも平気だが（野生の生息地にはヒマラヤ山脈も含まれている）、性生活は、春の暖かさが始まる頃に赤ん坊が一斉に生まれるように調整されている。そのため、発情期は九月下旬に始まる。その時期、メスたちはいっしょに過ごし、交尾する気があるというシグナルを発する。オスたちの準備が整うにはもう少し時間がかかるようだが、二か月の交尾期のために、メスたちは文字どおり互いの上に飛び乗って、ウォーミングアップをする。

このセックス騒ぎでとりわけ興味をそそられるのは、メスどうしの地位の差が消え去ることだ。アカゲザルは攻撃的で、厳格な序列を守る。それなのに、発情期にはメスは奇妙きわまりない組み合わせで結びつく。序列の差によって生み出される距離を平気で無視する。最も位の低いメスがアルファメスの背中に乗ることもある。普段だったら近寄らないように気をつけているアルファメスに、だ。なんという光景だろう！　マウンティングはさまざまなかたちで行なわれるが、最も典型的なパターンでは、一頭のメスがもう一頭の背中にしがみつくようにして体を預ける。メスはオスのような本格的な交尾パターンはめったに行なわない。オスは両足でパートナーの足首をしっかりつかんでマウンティングする。これは「足留め（フットクラスプ）マウント」と呼ばれ、オスは地面から五〜一〇センチメートルほど足を浮かせて立ち、腰をぐいぐい押しつける。メスにはこのマウンティングのパターンがないからといって、彼女たちが性的刺激を求めていないわけではない。なぜなら、メスがお互いの腰に生殖器を擦りつけることはよくあるからだ。[9]

近縁種であるニホンザルの同性愛行動は、野生の世界で広く記録されている。日本の大阪府箕面（みのお）市の郊外で、科学者たちはオスだけの群れの中に性的なパートナー関係を見出した。オスが二頭、しばらくの間、関係を持ち、頻繁にフットクラスプ・マウントと抱擁やグルーミングを交互に行なったという。[10] このような独身のオスたちはおそらく、やがて散り散りになり、オスとメスからなるもっと大きな群れのどれかに仲間入りをして、メスと交尾するのだろう。圧倒的に同性を好む個体が見つかるのは稀だが、実際に発見されることはある。たとえば、ヤーキーズ国立霊長類研究所のフサオマキザルのコロニーでは、ロニーがあくまで他のオスとセックスしたがったので、私たちは彼をゲイだと考えた。日誌には、ウィケットという同い年の若いオスとのロニーの交流が記録されている。

ロニーとウィケットは互いに求愛行動をとり始め、それからマウンティングに進んだ。二頭はどちらが上になるかを決めかねていたが、とうとう交替で上になった。最後は、ロニーが口を大きく開けて舌をだらりと垂らしながら、ウィケットに近づいた。ウィケットは真っ直ぐに座って後ろにもたれ、ロニーが生殖器に届くようにした。ウィケットは一分間ほどロニーの好きにさせた。そのあと、ロニーを押しのけた。だが、ロニーがしつこくせがんだため、けっきょく、二頭は八回ばかり同じことを繰り返した。

オスどうしのフェラチオは、ザンビアのチムフンシ野生動物孤児保護施設で私たちが実施した調査の一つでも起こった。プロジェクトに参加していたイギリスの大学院生ジェイク・ブルッカーが、攻撃されたチンパンジーの青年期の男を撮影した。やられたこの男は、争いに負けて非常に取り乱し、叫び声を上げながら大人の男に近づいていった。大人の男は口を開けて、若い男の股間をじっと見つめた。すると、若い男は自分のペニスを大人の男の口に挿入し、射精を伴わない形だけのフェラチオが行なわれた。この短時間の生殖器への接触によって、若い男は落ち着きを取り戻した。[11]

霊長類の同性間の性行為はずいぶん前から知られている。一九四九年、アメリカの動物行動学者フランク・A・ビーチは、サルのオスたちがたびたびマウンティングし合い、ときには肛門へのペニス挿入を果たすのに、近くのメスには見向きもしないことに気づいた。私は一度、性行動についてビーチと話し合う機会があった。ビーチは行動内分泌学の父と評されている人物だ。総じて同性愛者に優しく、二世紀以上前から同性愛が合法化されている国の出身の私は、アメリカで同性愛者が迫害され続けていることに当惑していた。地球上のほぼすべての動物が少なくともときおり示す行動が、道徳的圧力によって悪しきものとして扱われていることに対して、ビーチは首を横に振った。彼は、同性愛行動を哺乳類の基本的な行動パターンと考えていた。[12]

ビーチは同性愛に着せられた汚名を雪(すす)ごうと、多方面で闘った。彼はある人類学者といっしょに世界各地で性に関する風習を調査し、多くの文化で多様な慣行が受け容れられていることを明らかにした。そして、一九五一年に二人が出版した『人間と動物の性行動』では、さまざまな文化の調査データや広範に及ぶ霊長類の比較を盛り込んだ、包括的な見方を示した。この本は同性愛を精神疾患だとする精神医学の立場に、初めて科学的見地から致命的な一撃を加えた。もっとも、この「疾患」がアメリカの精神医学界のバイブルである『精神疾患の診断・統計マニュアル』(DSM)から除外されるには、一九八七年まで待たなければならなかった。このように同性愛が精神疾患の分類から外されたことによって、少し前まで行なわれていたおぞましい転向療法や脳にメスを入れるロボトミーや化学的去勢に代わる新しいアプローチがとられるようになった。今日推奨されている措置は、自分の性的指向を肯定的に捉えて受容することを目指す「ＬＧＢＴＱ・アファーマティブ・セラピー」だ。[13]

動物の性行動は、同性愛という、口にするのも憚られた愛を当たり前の存在にするうえで、目覚ましい働きをしてきた。同性愛は自然の法則に反するという主張の誤りを暴くのに役立ったのだ。もし異性愛が自然なら、同性愛は当然、異常である、というのがその主張の理屈だった。まるで、両立する余地がないかのようではないか！　この主張についにとどめを刺したのが、一九九九年に出版されたブルース・ベージミルの『豊かな生物界——動物の同性愛と自然の多様性（*Biological Exuberance: Animal Homosexuality and Natural Diversity*）』だった。カナダの生物学者で言語学者のベージミルは、この大著で、四五〇種に及ぶ動物の同性間での性行動の事例を詳しく取り上げ、考察した。繁殖は性行為の数ある機能のうちの一つでしかない、と彼は論じた。専門家たちは、ベージミルの記述と解釈に一つ残らず同意したわけではなかったが、彼の著書は、同性愛行動が動物界で広く見られることに関する疑念を一掃した。[14]

ベージミルは、自分の主張に耳を傾けてもらうのに苦労した。科学者も素人も、動物の同性愛行動を何か別の、非性的なものとして片づけようとしたからだ。見かけはともかく、同性愛のはずがない、と。この戦術は霊長類学者リンダ・ウルフの目にも留まった。彼女は、動物の同性愛行動に関するフィールド研究現場からの報告をいち早く発表した一人だった。他の研究者たちは彼女の観察結果に疑いを持ち、サルの写真は改竄したもので、話は捏造された、と非難した。ウルフはこう不満を漏らしている。「メスは間違って互いにマウンティングしている、自分たちのしていることをわかっていないのだ、と彼らは言うのです[15]」

これを、「混乱したサル仮説」と呼ぶことにしよう。他にも信じ難い考え方が数多く出てきた。同性愛行動は本当の意味で性的なものではなく、「でっち上げ」のセックス、「まがいもの」のセックス、あるいは「見せかけ」のセックスである、などだ。または、優位性を表明するただの手段にすぎない（メスの役割を務めるほうが服従的）、もしくは、自発的には絶対に起こらない、飼育下での人為的な影響だ、オスかメスが過剰にいる場合にのみ起こる、などなど。これらの主張のなかには、完全には事実無根でないものもある。前述した、オスだけのニホンザルの群れのように、メス抜きでオスが長期間過ごすと、性的衝動のはけ口を同性愛行動に見出すことがよくある。この現象はどちらの性にも当てはまり、私たちの種でも、航海中の船員や女子修道院の修道女の間などで起こる。だが、こういった反論のなかに、ベージミルが考察したきわめて多様な性行動を説明できるものは一つもない。彼は、自分の苛立ちを次のように言い表した。

オスのキリンがメスのキリンの尻の匂いを嗅ぐと、マウンティングや、勃起、膣へのペニスの挿入、射精をしなくても、オスはメスに性的な興味があると説明され、オスの行動は、もっぱらとまでは言わないにせよ、おもに性的なものと分類される。ところが、オスのキリンが別のオスの性器の匂いを嗅いで、ペニスを勃起させながらマウンティングし、射精しても、オスは「攻撃」行動あるいは「支配」行動をとっており、そのオスの行動はせいぜい性的には副次的あるいは表面的だとしか見なされない[16]。

ローマのレストランでのディナーの席で典型的な出来事が起こった。一人の男がガールフレンドの前で別の男、つまり私に挑んできたのだ。私の著作物の要点を知っていたその男は、次のように問いただして私を挑発しようとした。「人間と動物を区別しにくい領域を一つ挙げてくれ！」

私は、じつに美味しいパスタを口にする合間に、とっさに答えた――「性行為」。

彼は少し面食らったが、それもほんの一瞬だった。起源が比較的新しいロマンティック・ラブ、それに付き物の詩やセレナーデなどを挙げ、愛を人間に特有のものとして盛大に擁護し始めた。その一方で、愛にかかわる解剖学的構造を鼻であしらった。そのような解剖学的構造は、人間でもハムスターでもグッピーでも同じであるのに（グッピーのオスにはひれが変形した交尾器、ゴノポディウムがある）。彼はこのような実際的な事柄に、むっとした表情を見せた。

だが、私の同業者である彼のガールフレンドが話に割り込み、動物のセックスの例をさらに挙げ始めると、ディナーでの会話は、霊長類学者は喜ぶがそうでない人のほとんどが気恥ずかしくなるような類の話になった。

人々は常に動物の性行動を純粋に機能的な観点で捉えて、「繁殖行動」と呼ぶ。楽しみも愛情も満足感もなく、バリエーションもない。性行動は成熟したオスと妊娠可能なメスの間でしか起こりえない、という。私たちは、自分たちが営むべきであると考える種類の性生活を動物に投影しているのかもしれない。セックスの目的は一つしかない、それなのになぜ、それを他のことに使うのか、という発想だ。だからこそ多くの性的な罪に、オナニズム、同性愛、アナルセックス、さらには避妊までもが含まれる。私たち人間は、道徳的に容認される道を絶えず踏み外し、ひょっとしたらそれに罪の意識を感じるから、動物については純粋に子作りに専念しているのだ、と断固として主張する。ボノボのように種によっては性行動の四分の三が繁殖とは関係ないことなど、おかまいなしだ。セックスは、まったく繁殖不可能な組み合わせで行なわれることもあれば、精子が卵子に近寄れないかたちをとることもあるというのに。

ボノボは、霊長類界のヒッピーとして知られている。私たちは、多くの大都市で「ボノボ・バー」を目にしたり、「あなたの内なるボノボを解き放つ」と約束するセックス・セラピーの噂を耳にしたりする。この類人猿は、LGBTQのコミュニティのお気に入りになった。だが私は、圧倒的に同性愛中心のボノボにはまだお目にかかったためしがない。人間のカテゴリーはボノボには当てはまらない。完全な異性愛者から完全な同性愛者までを0から6の七段階で示す、有名なアルフレッド・キンゼイの評価尺度では、たいていの人は異性愛者の端（0）になるかもしれないが、すべてのボノボは完全な両性愛者であり、キンゼイの尺度で完璧な3となる。

ボノボの男と女がじつにさまざまな体位でセックスすることはさておき、最も特徴的な性行動のパターンは女どうしが性皮と性皮を擦り合わせるものだ。腹部を密着させるこの体位（一方の女がもう一方を持ち上げ、持ち上げられたほうが、母親にしがみつく乳幼児のように相手にしがみつく）によって、どちらの女も素早い横の動きができるようになる。彼女たちは充血したクリトリスを平均で毎秒二・二回の割合で横に動かして擦り合わせる。男が突くのと同じリズムだ。ボノボの行動の研究者は誰もが、飼育下のボノボであろうと野生のボノボであろうと、このGGラビングを観察したことがある。[17]

ボノボは、受精することなく喜びを得られる体位やパターンを他にも見せる。たとえば、男は臀部を接触させる。パートナーの両方が手足をつき、しばらく尻と陰嚢を擦り合わせるのだ。今までのところコンゴ民主共和国のワンバにおけるフィールド研究の現場でしか見られていないペニスフェンシングは、二頭の男が向き合って枝にぶら下がりながら、剣を交差させるかのようにペニスを擦り合わせるものだ。[18]

よくあるエロティックなパターンは、口を開けたままのキスだ。パートナーの一方が自分の口を相手の口に覆い被せる。舌と舌がしっかりと触れることも多い。そのような「フレンチ・キス」はボノボには典型的だが、チンパンジーや他のほとんどの霊長類には見られない。彼らはもっとプラトニックなキスをする。だから、ボノボに慣れていないある動物園の飼育員は、うっかりそのキスを受け容れてしまったのだろう。彼は、突然自分の口の中に類人猿の舌が差し込まれて、仰天する羽目になった!

男は、互いの生殖器を手で刺激する。背筋を伸ばして足を開いた一頭の男が勃起したペニスを見せ、もう一頭がそのペニスを軽く握り、手を上下に動かして愛撫する。そのマッサージでいつも射精するわけではない。女も互いの生殖器を触ったりつついたりするが、両者の間にもっと性的な興味が湧いてきたら、すぐにGGラビングに切り替える。女は双方が同じかたちでの接触を好むのだ。

セックスのパートナーはすぐ近くで向き合うことが多いため、表情や声によって、行為が情熱的で親密になる。イタリアの霊長類学者エリザベッタ・パラージの詳細な動画分析によって、パートナーどうしが頻繁にアイコンタクトをしたり、動きを連携させたり同期させたりすることがわかっている。女はGGラビングの最中に、大きな金切り声を上げる。パートナーの一方が興奮して歯を剝くと、もう一方もたちまちその表情を真似る。人間の場合と同じように、表情の模倣は共感の表れであり、異性とのセックスのときよりも女どうしのセックスでよく見られる。また、異性とではなく同性とのセックスのあとに女の尿の中のオキシトシンが増加するのを、フィールドワーカーが測定している。そこからは、女は異性よりも同性とのセックスのほうが、感情が高まることが窺える。[19]

このような発見は、異性とのセックスが性行動の頂点であるという考えに反する。女はセックスの相手としてまず女を探し、男ではなく女とのセックスのほうに、よりのめり込むというのは、女の固い連帯によって営まれる社会の構造に合っている。女のボノボは、対立を解決して協力を促進させる必要がある。セックスは彼女たちを社会的に結びつけるのだ。[20]

この簡単な概説によって、ボノボは性欲が非常に強い種であるという印象を与えてしまうといけないから、彼らのエロティックな行動は完全に気楽でくつろいだものだということを、つけ加えなければならない。これは、私たち人間の持つ強迫観念のせいで、理解し難いかもしれない。私たちはやたらに多くのタブーを持ち、体の特定の部位を必死に人目につかないようにしているために、このような精神的な束縛のない自分たちを思い描くことができない。人間は、セックスに関して完全に屈託のない態度はとれない。裸体を検閲し、学校でスカートの丈を測り、性的な考えを抑え、セックスや体の機能にそのまま言及するのを徹底的に避けるために、豊富な婉曲(えんきょく)表現を使う。他人の胸や尻や生殖器をついうっかり体がかすめてしまっただけでも、誤解を招きかねない。性行動は禁断の果実であり、私たちは、他の領域では馬鹿げていると思われるほどの情熱や憤りを持ってそれを守っている。
一方、ボノボにとって、この果実は低い所にぶら下がっているので、彼らはいつでも欲しいときに摘み取る。そもそもボノボはけっして抑圧されていなかったのだから、「解放された」と言うことはできない。彼らは、私たちが持つような抑制や強迫観念とは無縁なのだ。ボノボにとって、セックスはたいしたことではない。ごく自然で自発的な、生活の一部であり、社会的なことと性的なことの境界を見つけるのは難しい。

ボノボの女は頻繁にGGラビングをすることで自分たちの関係を円滑にする。一方の女がもう一方にしがみつき、速いリズムでクリトリスを横方向に擦り合わせる。

ボノボは、「現存する最もセクシーな霊長類」という称号を受けるに値する有力候補だが、彼らが他に何もしないというわけではない。人間と同様で、絶えずではなく、ときどきセックスをする。彼らは一日に何回もセックスを始めるが、一日中しているわけではない。彼らのセックスのほとんど（とくに子供との、あるいは子供どうしの場合）は、性的絶頂まで達しない。パートナーたちは、生殖器に的を絞りながら、ただ触れ合い、愛撫し合うだけだ。大人どうしの平均的なセックスは人間の基準では短く、通常は一五秒に満たない。私たちが目にするのは永遠に続く熱狂ではなく、束の間の性的な喜びがちりばめられた社会生活だ。私たちが握手したり互いの背中を軽く叩いたりするのと同じで、ボノボは「生殖器の握手」をして、関係を築き、善意を伝えるのだ。

一九九〇年代初め、男女の脳の違いについてと、「ゲイの脳」が存在する可能性についての最初の報告があった。オランダでは、このような発見によって、途方もない混乱が起こった。あるゲイのリーダーは、性的指向を脳に結びつけることには、同性愛を医学的問題にすり替えるリスクがある、と主張した。混乱の中心にいた神経科学者のディック・スワーブは、生きている囚人に人体実験をしたナチスのヨーゼフ・メンゲレ医師にたとえられた。社会では根拠のない猜疑心が過度に強まり、スワーブは匿名の殺害予告や爆破予告を受けた[21]。

生物学的な説明への抵抗は、大西洋の両側で社会改革論者たちが抱いていた広範な恐怖の一面だった。彼らは、脳や遺伝子への言及によって、社会を変えるという自らの野望が阻止されるかもしれない、と心配した。「遺伝子は文化を鎖につないでいる」という挑発的な言葉を放ったのは、アメリカの社会生物学者で昆虫学者のE・O・ウィルソンだった。ウィルソンは、鎖は「非常に長い」と言って私たちを安心させようとしたが、そんなことは関係なかった。彼もファシストの烙印を押された[22]。

今日では、私たちは生物学的特質の役割に対して、これまでと違う捉え方をする。たしかに、性自認と性的指向に関してはそうだ。ＬＧＢＴＱのコミュニティが承知しているとおり、彼らの生き方は単に「選択」や「好み」や「ライフスタイル」であるという見方は、そのような生き方をするのは遺伝や神経学的特質やホルモンの要因のせいであるという生物学的な証拠を突きつけられれば破綻する。

その証拠によって、個人の単なる選択と考える余地がなくなるのだ。だが、この分野の研究に対して、以前のような敵意が向けられることはもうないものの、異論が出ない状態にはほど遠い。アメリカの神経科学者サイモン・ルベイがゲイの男を調べ、ある脳の具体的な部位を性的指向の指標として特定したときには、異性愛と同性愛の男をあまりにも二元的に分けている、と厳しく批判された。実生活では、これら二つのグループは重なり合っているのではないか？　彼自身のデータ上でも重なっているのではないか？　異性愛者の場合、視床下部のINAH3という小さな部位は、男では平均して女の二倍の大きさがある。それに対して、ゲイの男の場合は女のINAH3と同じぐらいの大きさだ。ゲイの男は「女のような」男という、中間の性である、とルベイは示唆しているのか？　ルベイは自身がゲイであることを公表しているにもかかわらず、「性的特質をはなはだしく単純化している」、「人間の可能性の幅」を不正確に伝えている、と非難された。[23]

この小さな脳の部位（米粒ほどの大きさ）の中に、すべての答えがあるかどうかは不明だ。その後の研究は、それまでの発見に疑問を投げかけた。さらに、脳が行動を一定の方向に導くのか、行動することで脳が変化するのかという、お決まりのニワトリが先か卵が先かという問題がある。ルベイの研究が指摘している視床下部の違いは、亡くなったその所有者たちがどのような人生を送ったかを反映しているということがありえないだろうか？[24]

スウェーデンのストックホルム脳研究所で、イヴァンカ・サヴィッチとペール・リンドストロームがこの難問を解決するまでに、ほぼ二〇年かかった。二人はルベイと同じ脳の部位を調べる代わりに、脳の左右差のような、特定の行動とは直接関係のない、もっと一般的な神経の特性に注目した。このような脳の特徴は生まれたときに決まり、経験で変わることはない。それにもかかわらず、ジェンダーや性的指向を反映する。ゲイの男の脳は構造的に異性愛の女の脳に似ている。一方、レズビアンの女性の脳は異性愛の男の脳に似ている。サヴィッチは「このような違いは子宮の中にいるとき、あるいは幼少期の初めに構築されたようだ」と結論した。[25]

性的指向はまた、アンドロスタジエノンという化学物質への応答の仕方も決めるようだ。アンドロスタジエノンは男の腋の下の汗腺から分泌されるし、アフターシェーブローションや整髪用ジェルにも入っている。私たちは人間の嗅覚を過小評価しているが、匂いは人を、ロマンスに発展する可能性のある人へと導く。実験でアンドロスタジエノンを吸入しても、異性愛の男にはほとんど影響がないが、異性愛の女と同性愛の男が吸入した場合は、視床下部の反応を引き起こす。実験の参加者は感想を訊かれると、この物質がとくに魅力的だとは思わない、と答えたが、フェロモンにはよくあるように、アンドロスタジエノンは本人が意識していなくても作用する。[26]

この実験には、思いがけないおまけがあった。家畜のヒツジでも同じような違いが見つかったのだ。健康なオスのヒツジのなかには、発情期のメスと交尾しない個体がいる。かつては、そういうオスは「欠陥がある」、「性的欲求がない」、「内気」などと言われていた。だが、アメリカの神経内分泌学者チャールズ・ロゼリが現在考えるところでは、それは事実誤認だという。オスのヒツジのおよそ一二頭に一頭が、同性に対して強い性的指向を持っている。こうした個体は性的欲求がないどころか、同性の相手にマウンティングしようとする。その一方で、近くにいるメスのヒツジには見向きもしない。これは変わることのない、各個体の特性だ。ただしオヴィス・アリエス〔家畜のヒツジの学名〕は、もっぱら同性に対する指向を持つ個体が確認された、人間に次いで二番目の哺乳動物種にすぎない。
野生のビッグホーンシープとドールシープでも、同様の観察結果が報告されている。メスは、オスの性的興味を惹こうとして、若いオスの行動を真似ることさえあるという。オスはペニスを舐め合ったり、擦り合ったり、嚙んだり、鼻を押しつけ合ったりしたあと、肛門への挿入を果たし、腰を強く突き動かし、射精することがある。人間と同じように、ヒツジの性的指向も視床下部に反映されるようだ。異性指向のオスはメスよりも、性的指向とかかわる視床下部の核が大きい。それに対して同性指向のオスの場合は、核の大きさは、異性指向のオスと、メスとの中間ぐらいになる。[27]
つまり、脳を調べても各個体の性的指向について確実な答えは出ないものの、脳には実際いくつかの指標が存在しているようなのだ。性自認と同じように、性的指向は誕生時にすでに存在しているか、誕生後すぐに生じるらしい。したがって、それは自分という人間の本質的な部分だ。これはＬＧＢＴＱの人々だけでなく、すべての人間に（そして、ことによるとヒツジにも）当てはまる。性自認全般と性的指向全般は、誰にとっても、奪うことも変えることもできない側面なのだ。
とはいえ、依然として、状況が単純でないことに変わりはない。一つには、こうした発見からは、性的指向が何に由来するのかが明らかになっていないからだ。遺伝的要因が存在する証拠はあるが、単独の同性愛の遺伝子があるという証拠はなく、少数の遺伝子に絞り込むことすらできていない。関係する遺伝子は多種多様で、分散している。ゲイまたはレズビアンは遺伝することや、一卵性双生児は二卵性双生児や他の兄弟姉妹と比べると、同じ性的指向を持つ場合が多いことは昔から知られていた。だが、これですべて説明がつくはずがない。なにしろ、一卵性双生児でも指向が違っていることもよくあるのだから。同じDNAを持っているにもかかわらず、一人は同性愛でもう一人が異性愛の場合もある、ということだ。現時点で最大規模の双子の研究には、スウェーデンの「双子台帳」に登録されている四〇〇〇組近い双子が参加した。性的指向は、遺伝的な影響と環境的な影響の二つが組み合わさって決まる、というのがこの研究の結論だった。個人のゲノムだけでは、その人の性的指向はわからない[28]。

第二の問題は、ほとんどの研究の根底にある二分法だ。性的指向を二つのカテゴリーだけに分類するのは、あまりにもおおざっぱな単純化のように思える。これでは、人間の行動の現実を見落とす結果になる。女は、異性愛から両性愛、同性愛までの性的指向のスペクトル全体を占めるのに対して、男は両極端に集中していると考えられることが多い。男は自分と同じ性に惹かれるか、違う性に惹かれるかのどちらかで、けっして両方に惹かれることはないのだ、と。両性愛者は、異性愛者からも同性愛者からも同じように差別を受ける。両性愛者はどちらにするか決められないのか？　ひょっとして、あまりに見境がなく、誰とでも関係を持つのではないか？「あなたたちは、三人でのプレイをあれこれと楽しむのか？」とさえ、人々は彼らに尋ねる。科学はじつに長い間、両性愛を変化の一段階や試行錯誤の一形態として片づけていた。

両性愛の懐疑論があまりにも多かったので、アメリカにおける性科学の草分け的存在のキンゼイは、男にも中間のカテゴリーが存在することを示す0から6の七段階の指標を考案した。キンゼイ自身も両性愛を自認していた。以前の研究を再分析した最近の研究では、両性愛だと自己申告している男は、本当に男女の両方に魅力を感じていることが裏づけられている。両性愛は、欺きでも変化の一段階でもない。ペニスの勃起を測定した結果は、エロティックな動画を見て彼らが性的な興奮を覚える際に、動画に映っているのが男であろうと女であろうと関係がないことを示していた。科学はようやく、両性愛者が最初からずっと言い続けてきたことが本当だったと認めるかもしれない。

キンゼイは、人間の振る舞いはこうあってほしいという私たちの願いと実際の人間の性行動の間にある途方もない隔たりを指摘したことで、有名であると同時に悪評も高かった。彼は、同性愛指向と異性愛指向は簡単に区別できるものではない、と述べている。自分はどちらか一方だと表明していながら、じつはどちらにも該当する男は多い。男の過半数は、完全に異性愛指向というよりも、「主として異性愛指向」のようだ[29]。皮肉にも、私たちがヒツジやヤギの性生活について知識を深めるよりも前に、キンゼイは以下のような有名な警告を発している。

男性は、異性愛者と同性愛者という二つの別々の集団から成っているのではない。世界を、ヒツジとヤギの二つに分けることはできない。すべてが黒ではないし、すべてが白でもない。自然界には、完全に区別されたカテゴリーが存在することはまずないというのが、分類学の基本だ。人の心だけがカテゴリーを生み出し、事実を強引に個別の整理棚に分類しようとする。生物界はいかなる面においても連続体であり、明確に分けることはできない。人間の性行動に関してこのことを早く学べばそれだけ、性の現実についての正しい理解への到達は早まるだろう[30]。

人の心についてキンゼイの言っていることは正しかった。私たちは象徴を用いる種であり、それはつまり、あらゆるものをそれぞれ表す言葉を持っているということだ。言語によって人間は否応なく世界を細かく分割し、きれいに分かれたカテゴリーに分類する。その一方で、混在の可能性に対してはそれがどんなものであれ目をつぶる。自然の営みとは正反対だ。アメリカの生殖生物学者ミルトン・ダイアモンドが好んで言うように、「自然は多様性を好む。残念ながら、社会はそれを嫌う[31]」。

私はこの問題を、人種の文脈でしばしば考えてきた。私たちは人類を黒人、白人、褐色人種、黄色人種に分類するが、そうした表面的な肌の色の下にある非常に多様な遺伝的変異性や重複する広範な部分は無視する。遺伝子の観点から人種を区別するのは困難で、誰もが、遠く離れた場所やずっと昔に由来する遺伝子の組み合わせを抱えている。私たちはすべての人をどれか一つのカテゴリーに無理やり押し込もうとするが、この世界に純血の人間など存在しない[32]。私たちは一つひとつの人種にレッテルを貼り、ときには彼らの陰口を叩いたり、一方がもう一方よりも優れているかのような振る舞いをしたりする。だが私は、他の動物の間でほんのわずかでも似たような現象が起こるのに気づいたことは一度もない。多くの種に普通は色のバリエーションがあるにもかかわらず、そうなのだ。もし、生まれた赤ん坊がアルビノ〔先天的にメラニン色素が欠乏する遺伝子疾患を持つ個体〕だとか、病による奇形があるなど、個体の外見が他と著しく異なる場合は、動物たちも警戒心や敵対心を抱くことがあるかもしれない。だが、それほど顕著でない差異に対しては、ほとんど反応を示さない。一例を挙げよう。ほぼすべてのチンパンジーやボノボは黒い色をしている。それにもかかわらず、珍しい薄茶色の個体が生まれたときでさえ、良い意味でも悪い意味でも特別扱いするのを目にすることはない。

ブラウンケナガクモザルも良い例だ。この霊長類は、ほぼ黒に近い濃い茶色から黄褐色や淡褐色まで、体の色のバリエーションの多さから、英語では「ヴェアリゲイティッド・スパイダーモンキー」ともいう〔「ヴェアリゲイティッド」とは「色とりどりの」の意〕。私は、さまざまな色の個体が飼育下で交ざり合って平和に暮らしているのを目にしたことがある。だが、サルたちには他に選択の余地がなかったことを考えると、これはそう驚くことではないのかもしれない。そこで私は、コロンビアの研究者仲間アンドレ・リンクにこれについて訊いてみた。リンクは、色の違う個体がやはり交ざり合った状態で暮らす野生のクモザルを研究している。彼の話では、色が薄かったり濃かったりする個体に対する行動バイアスを目にしたことは一度もないし、彼の調査対象の個体群で二頭の白変種が誕生したあとでさえ、何も変わらなかった、という。その白変種のサルはアルビノではないが、数個の斑点と黒い瞳以外は真っ白なのだ。リンクの言葉によると、「この二頭は、群れの他のメンバーとの交流でも、まったく問題がない」とのことだった。

人間はそうはいかない。私たちは、人種に対してと同様に、ジェンダーの特徴と性欲に対しても過剰なまでに多くのレッテルを持っている。私たちは、これらのレッテルを使って、承認か否認かを伝えることが多い。心底嘆かわしく極端な例として挙げられるのが、ナチスが囚人として収容所に送り込んだゲイの人々につけさせたピンクの逆三角形のワッペンだ。ナチスは彼らをことさら残虐に扱った。こうした暗黒の歴史的背景があるにもかかわらず、この三角形のワッペンは、最近は性的マイノリティの人権を訴える催しで名誉の印として登場している。さらに一般的には、私たちは言葉の上で、人間の幅広い性行動を、キンゼイが言う「ヒツジとヤギ」に分割し、本質的には連続しているものを、たった二つか三つのカテゴリーに切り分けるのだ。私は、レッテルを貼る行為がトランスジェンダー嫌悪や同性愛嫌悪の源だ、と言っているのではない。本来、レッテルは、もっと寛容なかたちでも貼ることができるからだ。多くの言語は第三のジェンダーに対する言葉を持ち、社会にはそれを認める余地がある。それでも、嫌悪感を持っている人々にレッテルが強力な武器を渡すことになるというのは、やはり真実だ。説明であるはずのレッテルが、いとも簡単に、相手を傷つけたり侮辱したりする手段に変わる。象徴を用いる種であることには、良い面があると同時に、ひどく悪い面もあるのだ。

極度の恐れ、あるいは不合理な恐れを意味する「嫌悪（フォビア）」という言葉が、人間の性的な偏見を表すのに適切な言葉かどうか、私にはよくわからない。恐れや不安や抑圧された性的衝動がその不寛容の裏に潜んでいる可能性はおおいにあるが、その一方で、より敵対的な別の情動も同様に作用しているように思える。だがその敵対的な情動は、どんなものであるにしても、他の霊長類には見られない。人間と動物の性行動は目を見張るほど類似しているが、絶対に報告されない一面がある。それは、人間だけが性的指向あるいは性表現に基づいて拒絶することだ。ジェンダー・ノンコンフォーミングのチンパンジーのドナが、すっかり群れに溶け込んでいたことを思い出してほしい。「ゲイ」のオマキザルのロニーもそうだった。霊長類の間で私が拒絶を想像できるのは、平和を乱したり、何か他の行動で他者の生活の邪魔をしたりする個体に対する場合だけであり、同性愛の傾向がそのようなかたちで表現されることはめったにない。それどころか、普通は逆ではないかと思うだろう。進化の観点に立つと、ゲイに向けられた異性愛の男の嫌悪は「まったく理解できない」とルベイは述べている。異性愛の男は、性的に異なる好みを持つ男を拒絶するのではなく、彼らが女を巡る争いに加わる代わりに、自分の精子を互いに無駄使いするのを見て大喜びすべきだ、と。[33]

だが、たとえ私たちには、異性愛か同性愛か選ぶように人（とくに男）に強いるような、ありとあらゆる種類のレッテルや社会的な圧力があるとしても、これがごく新しい現象だと認識するのは良いことだ。「同性愛者（ホモセクシャル）」という言葉は、一九世紀までは存在していなかった。それ以前は、同性愛の行為は山のようにあったが、同性愛者のアイデンティティはなかった。男の間では、同性間のセックスはたいてい年齢による決まり事があった。戦争に出かける前、勇気を鼓舞する古代ギリシアの兵士のように、年上の男が若い男にペニスを挿入した。男性間の性行為がほとんど普遍的に行なわれていた時代があった。一方、レズビアンの関係は多くが秘密裡（ひみつり）にされていたが、おそらく同様に一般的だったのだろう。一八六九年に、ドイツ系ハンガリー人の作家カール＝マリア・ケートベニーが、自分の嫌悪する軽蔑的なレッテルに代わる、「ホモセクシャル」と「ヘテロセクシャル」という一対の言葉を造り出した。それ以来少なくとも西洋では、以前は知られていなかった同性愛と異性愛という二分法が、言語によって助長されだした。かつて、同性愛の行為は異性愛の行為を補足するものだったので、既婚で子供のいる異性愛者でもあった男どうし、女どうしによってしばしば行なわれていた。現在でもなお、そうかもしれないが、私たちが同性愛者と異性愛者を区別することに慣れてしまったせいで、今では目につかなくなっている。[34]

性的指向は非排他的であり、同性愛か異性愛のどちらか一方でしかありえないわけではない点は重要だ。なぜなら、生物学者は同性愛がどのようにして生まれえたのか、という問題を徹底的に議論してきたからだ。それを進化の謎と呼ぶ人もいる。あってはならない、と言う人もいる。例を挙げると、マルコム・ポッツとロジャー・ショートは『アダムとイヴ以来――人間の性行動の進化（*Ever Since Adam and Eve: The Evolution of Human Sexuality*）』で、「同性愛行動は繁殖の成功へのアンチテーゼだ[35]」と言いきっている。

これは論理的に聞こえるかもしれないが、そもそも排他的な性的指向がごく稀なものだとしたら論理的とは言えない。同性とのセックスを求める人がいたとしても、繁殖が危機的状況に陥るとはとても言えない。自分をレズビアンとかゲイとか呼ぶ人の多くが、一生のうちにこの世に子供をもたらしてきた。同性愛指向が個体群に簡単に生じうることが、遺伝形質の数学的モデリングによって示されている。これらのモデルによると、同性愛指向は非常に一般的なはずであり、現にそうなのかもしれない[36]。

そこで、先ほどの疑問を言い換えさせてほしい。同性愛はどのようにして進化しえたのか、と問うのは間違ったアプローチだ。このアプローチは、遺伝現象や実際の人間の行動について知られていることに裏づけられていない、怪しげな二分法を受け容れることになる。私にしてみれば、人間と他の動物が、繁殖に結びつくはずもない性行動を頻繁にとること自体を私たちは意外に思うべきなのかどうか、と問うほうが理に適っている。進化論は性の可能性にそのような門戸開放を許すだろうか？

もちろんだ。動物界は、ある理由で進化したものの、それとは別の理由のためにも利用される特性であふれている。有蹄類（ゆうてい）の蹄（ひづめ）は固い地面の上を走るのに適応しているが、追跡者に痛烈な蹴りを入れる手段にもなる。霊長類の手は枝をつかむために進化したが、それによって乳幼児は母親にしがみつくこともできる。これは、高い木の上では賢い行為だ。魚の口は食物を摂取するためのものだが、口内保育をするシクリッドにとっては幼魚を入れておく囲いの役目も果たす。果物を採集する私たちの祖先の霊長類が、果物がどれだけ熟しているかを判断するのに必要だったため、色覚は生まれたと考えられている。だが、私たちは色を認識するようになると、この能力によって地図を読んだり、誰かの赤面に気づいたり、ブラウスに合う靴を選んだりできるようになった[37]。

身体や感覚がしばしば多目的であるなら、同じことが行動にも当てはまる。本来の機能からは、それが日常生活でどのように使われるようになるかが、いつもわかるわけではない。行動は「動機の自律性」の恩恵に浴するからだ。

行動の裏の動機に、その行動が進化した目的が含まれることは珍しい。こうした目的は、進化のヴェールの陰に隠れたままになっている。たとえば、私たちは血のつながった子供を育てるために、愛情に満ちた養育をする傾向を進化させたのだが、かわいらしい子犬もこうした傾向を私たちに発揮させる。進化の観点に立つと、子孫を残すことが養育の目的ではあるが、それは養育の動機に含まれてはいない。

霊長類では、母親が死んだあと、離乳が済んでいる子供の世話を他の大人がすることがよくある。人間も、多数の養子を取る。しばしば面倒極まりないお役所手続きを経て、子供を自分の家族に加える。ケニアのデイヴィッド・シェルドリック野生動物基金で保護されているダチョウのピーがしたような、異種間の養子縁組という、なおさら変わった事例もある。ピーは同基金の孤児ゾウたち全員に愛され、ジョットという名の赤ん坊ゾウの面倒をとくによく見た。ジョットはいつもピーのそばにいて、彼女の柔らかい羽に覆われた体に頭を乗せて眠った。母性本能というものは驚くほど寛大なのだ。[38]

生物学の純粋主義者のなかには、そのような行動を「誤り」と呼ぶ人もいる。もし適応上の目的を基準としたなら、ピーは大きな間違いを犯していた。ところが、生物学から心理学に切り替えると途端に、物の見え方が変化する。脆弱な子供の世話をしたいという私たちの衝動は、家族以外に向かうものでさえ、現実に存在し、抗い難い。同様に、ボランティアの人々が岸に打ち上げられたクジラを海に押し戻すとき、彼らを突き動かしている共感的な衝動が、海洋哺乳動物の世話をするために進化したのではないことは断言できる。人間の共感は、家族や友人のために生まれた。だが、能力というものは、いったん生まれると、独り歩きを始めるものだ。私たちは、クジラを救うことを誤りと呼ぶのではなく、進化が意図していたものによって共感が束縛されていないことを喜ぶべきだ。私たちの行動がこれほど豊かなのは、そのおかげなのだから。

この考え方は、セックスにも当てはめることができる。たとえ私たちの生殖器と性衝動が受精を実現させるために登場したのだとしても、私たちのほとんどは、もたらされうる結果に、たいして注意を払わずにセックスをする。セックスを促すおもな動機は快楽に違いないと私は常に考えてきたが、アメリカの心理学者のシンディ・メストンとデイヴィッド・バスが行なった調査では、人々はセックスをする理由を呆れるほど多く挙げた。「ボーイフレンドを喜ばせたかった」というものから「他にすることがなかった」や「彼女がベッドではどんな様子なのか興味があった」というものまでさまざまだった。人間が愛を交わしている間、たいてい受精について考えていないのだとしたら、動物は受精と交尾の関係を知らないのだから、交尾の最中に受精のことなど、なおさら頭にないはずだ。少なくとも、私は動物が受精のことを考えているという証拠にはお目にかかったことがない。動物がセックスをするのは、互いに惹かれるから、あるいは快楽が得られることを学んだからであって、子供が欲しいからではない。知りもしないことなど、望みようがないではないか[39]。

動機の自律性があるおかげで、子供を作れる性別の組み合わせ以外に性的欲求を向けることができる。性的欲求は、社会生活の別の現実——同性間の絆作り——とも自由に手を組めるのだ。すべての霊長類で、オスの子はオスを、メスの子はメスを、遊び相手として探し求める。こうして、オスとメスが別の社会的領域を作り出し、それが大人になっても続く。これらの領域は大きな満足と喜びを提供し、それがときには性行動にも波及する。人間社会における社会的領域と性的領域の間の明確な境界は、人工的なものだ。それは文化が作り上げたものであり、道徳や宗教が奨励しているとはいえ、穴だらけだ。

このように考えると、同性愛行動には異常なところなどない。生物学者のジョーン・ラフガーデンは同性愛の進化についての既存の説を再考察し、同性愛行動は哺乳動物の身体的な親密さによる欲求充足である、という結論に至った。哺乳類は「快楽を感じるニューロンに満ちあふれた生殖器をたまたま持っており、異性間の交尾で卵子と精子を結合させる以外に、シグナル伝達や社会的な目的のためにも生殖器をたまたま使うのだ」。これは同性間のセックスを眺めるうえで、今なお最善の方法かもしれない。つまり、特別の目的を持って進化し、異性愛行動と際立った対照を成す特性として同性愛行動を見るのではなく、強力な性衝動と快楽を求める傾向が、同性に惹かれる傾向と混じり合った結果として見るのだ[40]。

人間と他の動物の同性間のセックスには多くの類似点があるけれど、大きな違いは、人間には性行動も性的指向も分割してレッテルを貼る傾向がある点だ。レッテルを貼ることで、私たちは不寛容へと向かう。私は他の霊長類が、大多数の基準に順応しているかどうかに引っかからずに、すべての個体をあるがままに受け容れるところが大好きだ。

第13章

二元論の問題点

心と脳と体は一つ

THE TROUBLE WITH DUALISM

Mind, Brain, and Body Are One

第二子が生まれると、我が子を自分の思いどおりに育てられるという幻想はすっかり消え去る。親は第一子を、どんなふうにも成型できる粘土のようなものだと考えていたかもしれない。だが、第二子も同じように育てようとしたところで、どうしても異なる結果が出てしまう。メアリー・ミッジリーはこれについて、著書『獣と人間（*Beast and Man*）』の献辞で述べている。「息子たちへ。人間の子供は白紙状態で生まれるのではないことを、これほど明白にしてくれて、本当にありがとう[1]」

息子の次に娘が、あるいは娘の次に息子が生まれると、親のこの認識はさらに強まる。今度は一人ひとりの気質の問題だけでは済まされない。性別がかかわってくるのだ。こうした経験のあとで、それでも生まれよりも育ちだ、と言い続ける両親はめったにいない。

ところが学術的な論説では、まだ多くの場合、育ちだけが語られている。私はこれに納得がいかないので、人類の近縁種に見られるオスとメスの行動の違いを説明して、この立場を突き崩そうとしてきた。まだ明白そのものの結論が出ているとは言えないが、少なくとも、知識が限られていた時代に押しつけられた、サルのオスの専制支配といった陳腐な見方よりもずっとましになっている。そして、人間の性差は霊長類の性差とたっぷり共通性があるので、人類が進化の力を振り切れなかったことは明らかだ。

しかも私は、ホルモンと脳の役割については、まだろくに触れさえしていない。十分に触れていれば、まったく別の生物学的な側面が加わったことだろう。私はこうした分野の専門家ではないので、発言するのは気が引けるが、これまでずっと、専門家である同僚たちに囲まれてきた。彼らの研究を目にしてきたのでわかるのだが、何であれ、事は単純ではない。テストステロンは暴力を助長するといった、ありきたりに聞こえる意見でさえ、鵜呑みにはできない。このホルモンは男らしさの源だと見なされていて、生意気な男はテストステロンであふれているに違いない、と言われる。だが、彼の荒ぶるホルモンに、すべての責任を押しつけるべきではない。まず、女も男より値は低いものの、テストステロンを分泌する。そして、攻撃的な行動はテストステロンを必要とする（だから、去勢すれば攻撃的な行動を減らせる）とはいえ、そこには単純な一対一の関係はない。サルのオスたちがいっしょに飼育されるときにはいつも、どのサルが最も攻撃的になるかをテストステロン値から予測することはできない。むしろその逆で、それぞれのサルが示す攻撃性から、その後のテストステロン値を予測することはできる。ホルモンと行動は影響し合うのだ[2]。

脳に関しても同様の問題にぶつかる。男女の脳は誕生時から違うのか、それとも、異なる社会的圧力によって違いが出てくるのか？　イギリスの神経科学者ジーナ・リッポンは、著書『ジェンダー化された脳（*The Gendered Brain*）』で後者の立場を擁護し、脳の性差は人生の経験によるものだとしている。そして、人間の脳は肝臓や心臓と同じように、もともとは男女の違いがない、と主張する[3]。ところが実際には、肝臓にも心臓にも男女差がある。そして、脳は子宮内でホルモンの影響を受けて男性化もしくは女性化する、と主張する神経科学者もいる。リッポンの本は、よく知られた脳の差異を軽視している、と批判をされてきた。たとえば、イギリスの心理学者サイモン・バロン＝コーエンは、自閉スペクトラム症（男の子が女の子よりも三、四倍多い）は典型的な男性脳の極端な表れだと考えている[4]。

論争は複雑で激しくなっている。それはとりわけ、「神経性差別（ニューロセクシズム）」（男女の脳の構造が違うため、男女で行動や思考が異なるという考え方）への批判が飛び交っているためでもある。論争の両陣営が同意するのは、男女の脳は異なる点よりも似ている点のほうが多いということだけだ。

動物は、この論争で重大な役割を担う。彼らの脳は、人間の文化的環境の影響を受けずに発達するからだ。動物の脳が性によって異なるのなら――現に異なるのだが――人間の脳にも性差があってしかるべきではないか？　たとえば、オマキザルに関する近年のある研究は、オスとメスの脳の著しい違いを報告している。高次の機能にかかわる皮質領域があり、こうした領域はオスよりもメスのほうが精緻になっているのだ。だがここでも、オスとメスのオマキザルの生活がどれほど違うかを考えれば、経験による脳の変化を排除できない[5]。

こうした論争からは、脳の性差について二万を超える科学論文が生み出されてきた。脳の性差がどれほどのものかを判断するのは、専門家に喜んで任せることにする。本書での目的は、脳の性差を突き止めることではなく、人間の行動と他の霊長類の行動とを比較することなのだから。

　多くの人が、動物とは距離を置きたがっていることは、私も承知している。リッポンが言うように、「あんな忌々（いまいま）しいサルはもう御免！」と。科学界の外では、そしてときとして科学界の中でも、以下のような通説があるらしい。すなわち、人間の体は進化の産物だが、心は人間だけのものだとする説だ。動物とは違って人間は自然の法則の対象にはならず、私たちは思考や感情を自由に選ぶので、自分なりに考えたり感じたりする、というわけだ。私はこの立場を、「新（ネオ）特殊創造説」の一形態と考えている。それは進化を否定してもいなければ、完全に受け容れてもいない。あたかも進化が、人間の（そして人間だけの）頭の手前にまで達したときに急停止して、人間の高尚な頭脳だけは好きにさせたかのようだ！

　なんという虚栄心だろう。私たちの種は、言語と他の少々の知的利点に恵まれているものの、社会・情動的にはあくまで霊長類だ。私たちはサルの大きな脳と、その脳に伴う心理を持っており、（おもに）二つの性から成る世界を生き抜く術も、その心理に含まれている。その二つの性を「ジェンダー」と呼んでも、それほど違いはない。私たちのレトリックがどれほど洗練されようと、「ジェンダー」という文化的カテゴリーを、「性」や性に伴う体・生殖器・脳・ホルモンという生物学的カテゴリーから、完全に引き剝がすことはできない。中世の貴族が、自分たちを「ブルー・ブラッド」〔白い肌に血管が青く透けて見えたことから〕と呼んでいたのと同じようなものだ。そんな彼らも、槍が刺されればやはり赤い血を流すことを、私たちはみな知っている。人間の根本的な生物学的特質は隠しようがない。

とはいえ、私たちが生まれつき男女の違いを持っているからといって、ジェンダーという概念の価値が下がるわけではない。ジェンダーの概念は、文化的なメッキと、学習された役割と、社会がそれぞれの性に押しつける期待に注意を惹きつけるかぎり、男女差の考察が非常に深まる。ジェンダーと性を対置させると、私たちの行動のいっさいに、生物学的特質と環境の二つが影響を与えていることが明確になる。男女差を議論するには両方の影響を考慮しなければならない。本書の核を成す三者――人間とチンパンジーとボノボ――の枠組みの中で性差を探究するのが有益な理由もまた、そこにある。人間を他の霊長類と比較すると、進化の役割がつけ加えられるからだ。

ところが、そこから浮かび上がってくる構図はおよそ明快ではない。問題（それを問題と呼ぶならば、だが）は、これら三種類のホミニドの差異だ。私たちに最も近い二つの種は、性質が大きく異なる。チンパンジーはボノボよりもずっと好戦的で、男と女の関係性が根本的に違う。この事実を見ただけでも、単純な進化の筋書きを排除できる。一部の科学者は、ボノボを片隅に押しやり、私たち三種のうちの持て余し物として退けることによって、単純な筋書きに到達しようとするが。私は根っからの観察者なので、ボノボが議論で取り上げられるといつでも、同業者たちがしばしば居心地悪そうに座り直したり、当惑したように作り笑いを浮かべたり、頭を掻いたりし、たいていは不快な様子を示すのに気づく。ボノボは、狩りや戦いといった男の得意分野を中心に据えて進化の物語を構築する人たちにとって、なんとも不都合なのだ。チンパンジーのほうが、この進化の物語にはるかにうまく収まる。だが、遺伝学と解剖学に関する現在の知見からは、私たち三種の共通祖先のモデルとして、ボノボよりもチンパンジーのほうがふさわしいとする理由は、一つとして出てこない。

それでも、これら三種のホミニドの違いを寄せ集めたところで、いくつかの共通の特徴は隠せない。男のほうが地位への志向性が強く、女はか弱い子供への志向性が強い。男は（常に社会的に優位とはかぎらなくとも）身体的に優位で、公然と対決したり暴力に訴えたりする嫌いがある。一方、女のほうが養育に熱心で、子供に尽くす。こうした傾向は幼い時期に現れる。たとえば、男の子はエネルギーレベルが高く、喧嘩ごっこに興じるし、女の子は人形や赤ん坊に惹かれ、赤ん坊の世話をしたがる。この典型的な性差は、ラットから犬まで、ゾウからクジラまで、ほとんどの哺乳類の特徴だ。そしてそれは、両性が遺伝子を次世代に伝える、それぞれ別個の方法のおかげで進化した。

だが、この明らかな性差でさえ絶対的ではない。よくある二モード分布を示し、重なる領域と例外の余地が出てくる。それぞれの種の中でも、男がすべて同じではないし、女がすべて同じというわけでもなく、私たちが認識している差は、実態を表しているのであって、こうあるべきだということではない。男はこのように、女はあのように行動しなければならない、などとは誰も言っていない。それぞれの性は通常それぞれの行動指針に従い、それによって互いに異なる行動をするように導かれるだけのことだ。

あると言われていた男女差のうちには、裏づけるのが難しいことがわかったものもある。たとえば、男のほうが階層的で良いリーダーになり、女のほうが平和を愛する、とよく言われる。女は男よりも社交的で、乱交型ではない、とも言われている。私の調査では、こうした領域のすべてで、ほんのわずかな差しかないか、まったく差がないことが判明している。女の間の競争は、身体的な度合いが低いとはいえ、よく見られるし、激しい。女の性生活はあらゆる点で、男の性生活と同じほど大胆なように思える。そして、男も女も社会的階層制を定めて身を落ち着かせるし、長きにわたる友情も育む。たとえ細かな点は異なるとしても。

その一方で例外もあり、私たちの行動にも仲間のホミニドたちの行動にも柔軟性があることが窺える。たとえば、類人猿の男が素晴らしく愛情に満ちた養育をすることや、類人猿の女が優れたリーダーになることもある。後者は、ボノボのように女が優位な種だけでなく、チンパンジーのように男が優位な種にさえ当てはまる。もし、男の身体的な力の優位性以外にも目を向けて、誰が群れのさまざまな活動を決定するかに注目すれば、男と女の両方が、権力を振るい、リーダーシップを発揮することがわかる。

他の霊長類と比べて、人間の最も例外的な社会的特徴は、男女を固く結びつける家族構成だ。結果的に、私たちに最も近い種よりも私たちのほうが、両性の相互依存性が高い。両性の統合は、現代社会ではさらに進んでいる。家庭内だけでなく、職場でもいっしょに働くよう求められているからだ。これは、小規模な人間社会の役割分担とは大きく異なっている。とはいえ、女を公的な場に迎え入れ、本格的に参画してもらうには、家族の領域での義務の再編成が必要になる。男は、両性の仕事量を元どおりに均衡させるために、家庭にもっと関与しなければならなくなる。私たちの霊長類としての背景を考えると、この転換はすんなり進まないかもしれないが、それ以上の妨げとなるのは、私たちの経済構造かもしれない。伝統的に、男は家庭の外で働いて賃金や給料を得ていた一方で、女は家庭内で働いてもその対価を得られなかった。生物学的特質を引き合いに出して、このおかしな取り決めが正当化されてきたものの、実際は、男の性質に、子育てを引き受けることを妨げるものは何もなく、ましてや他の家事にあたれない要因など皆無であることは言うまでもない。

私たちの生物学的特質には、世間で思われている以上の柔軟性がある。人間の仲間のホミニドも、同じ柔軟性を特徴としている。これは意外に思えるかもしれない。なにしろ私たちは、動物とはあらかじめプログラムされたマシンだと捉えるよう、徹底して教え込まれてきたのだから。人間の行動は文化的な産物と見なされているのに対して、動物の行動は相変わらず本能に起因するとされることが多い。過去数十年間に、動物の認知能力と行動についてわかったことを踏まえれば、この二分法は時代後れだ。少なくとも四年にわたって授乳し、成熟するのに私たちとほぼ同じぐらい時間がかかる動物に関しては、とりわけ奇妙だ。

生存に必要不可欠でないかぎり、繁殖を遅らせる種はないはずだ。類人猿の成長に時間がかかることを説明できる、妥当な理由は一つしかない。類人猿の子供は、一人前の大人に成長するために、学習や教育に多くの年月を必要とする、というのがそれだ。人類は未成熟な状態が長期に及ぶこともこれで説明できるし、ゆっくりと成長する他のさまざまな種にもそれが当てはまる。彼らの社会は複雑で、成功を収めるためには多くの知識と技能が求められる。したがって、類人猿は本能に頼る度合いが私たちとわずかでも違うと考える理由はない。

類人猿も、環境の産物だ。彼らは、周りにいる仲間の習慣を手本とし、模倣し、取り入れる。私のチームは、類人猿はどのようにして互いに学ぶのかに関する研究を数多く行なってきた。そのうえで、これだけは言える。英語の動詞の「ape（猿真似をする）」や、それに相当する他言語の動詞は、じつに当を得ている。類人猿には、観察して学ぶ才能がある。類人猿の子供は、人間の子供のように、同性の大人の手本を求める。女は通常、母親を真似、男は高位の男に倣う。その結果、それぞれの性に特有の行動の一部は、男も女もそれぞれの年長者から学ぶことになる。[6]

これによっても、類人猿にジェンダーの差が表れる。

西洋の宗教や哲学は伝統的に、私たちを、自然に即したものではなく対峙するもの、と定義してきた。私たちは自らを獣より上位で、天使に近い所に置きたいので、自分の肉体に憤りさえ感じるほどだ。肉体は、卑しい出自を耐え難いほど思い出させて、制御不能の情欲や欲求、病気、感情で、日々私たちを困らせる。人間の高貴な精神が、そのような欠陥だらけの肉体という器に閉じ込められる羽目になったのは、いったいどういうわけか？「トマスによる福音書」は、次のように嘆く。「この素晴らしい富が、この不毛なものに宿ろうとは、まったくもって不可解だ」[7]

精神は神聖だが、肉体はそれほどでもない。この二元論はいかにも男性的なもので、人間の心というより、男性の心に関係している。自分たちの知性は生物学的な機能よりも高い次元に浮かんでいる、と自らに言い聞かせようとしてきたのは、いつも男だった。この立場は、もし肉体がホルモン周期を経験しない場合は維持しやすい。さらに、女の肉体は出血をし、それを男性は従来、おぞましい、「不浄」のこととして描いている。遠い昔から、男は、肉体（弱いもの）や感情（不合理なもの）、女（幼稚なもの）、動物（愚かなもの）から距離を置こうとしてきた。

男も女や動物とまったく同じように自らの体と密接に結びついていることを考えると、男女のそのような著しい差異はまったくの幻想だ。それは男の想像の産物にすぎない。心と脳と体は一つだ。非物質的な心は存在しない。「体がなければ、心も存在しない」と、ポルトガル系アメリカ人の神経科学者アントニオ・ダマシオは書いている。「心は、体によってじつに緊密に形作られており、体に仕えるよう運命づけられているため、体には一つの心しか生じえない」[8]

不可解千万なのは、現代のフェミニズムがこの昔ながらの二元論を受け容れ、お馴染みの、肉体の否定を特徴としていることだ。この観点に立つと、以下のようになる。人間の赤ん坊は、ジェンダーのない状態で生まれて、ジェンダー・ニュートラルの脳は、環境からの指示を待っている。私たちは、自分がなりたいものになる。あるいは、少なくとも社会が私たちにそうなってもらいたがっているものになるのであり、私たちを運ぶ肉体という器からのインプットはあまりない。この器は、歩き、話し、食べ、用を足し、子孫を残し、その他、生き延びるための日常の課題をこなすが、そのジェンダーは心次第だ。

心と体の二元論は、哲学の永遠のテーマであり、それについて私にはとうてい読みきれないほど多くの書物が書かれてきた。私が常々最も関心を持っているのは、それを動物に当てはめる考え方であり、動物には魂がないというデカルトの侮辱的な考えだが、手短に（そして、表面的にならざるをえないが）、ジェンダーとの関連で二元論に触れておきたい。二元論の考え方は、少なくともプラトンや、おそらくさらに昔にさかのぼることができる。プラトンの『国家』は、よく知られているように男女平等を認めているけれど、彼の対話篇には男性優越的な見解がちりばめられている。肉体は、迷惑な障害物だと見なされている。墓や牢獄にたとえられ、肉体に注意を払い過ぎる者は、魂にしっかりと向き合うことができない。女は、この不均衡を体現している。自らの肉体に近づき過ぎ、肉体が呼び起こす情動によって自制心を失うからだ。女は、自らの肉体に魂を損なうことを許しているため、完璧な知恵を得る能力に欠ける、といった具合だ。プラトンは男に、「女性のような生活」を送ることを避けるよう、強く勧めている。(9)

中世の隠遁者（いんとんしゃ）——圧倒的多数が男——が、肉体を否定しようとした理由も、この肉体蔑視から説明できる。彼らは、肉体の誘惑をすべて避けるために、砂漠や近くの洞窟に引きこもったものの、けっきょくは、豪華な食事や豊満な女の幻影に苛まれるだけだった。裕福な人々——この場合も、ほぼ例外なく男——が我も我もと、自分の脳を、死後に極低温で冷凍させることにするのも同じ理由からだ。彼らは、心は体がなくても大丈夫だと確信しているので、将来、デジタルのかたちで不死になるために大金を注ぎ込む。その不死は、現在彼らの頭の中にあるものが何もかも、マシンに「アップロード」されたときに達成される。(10)

肉体よりも心を優先させる考え方がようやく女の間にも広まったのは、第二次世界大戦後に第二波フェミニズムが訪れてからだった。体が中傷の原因となるのなら、体など関係ない、両脚の間にあるものを除けば、女の体も男の体と同一だと明言しよう、と彼女たちは結論したようだった。体を回避して、代わりに心を強調するこの傾向は、長年の間には強まったり弱まったりしたかもしれず、フェミニスト運動の参加者全員に共通というわけではないが、今日でも依然として見てとれる。

アメリカの哲学者エリザベス・スペルマンは、「体としての女性」という題の洞察力に富む論文で、次のように警鐘を鳴らした。「一部のフェミニストは、魂か肉体かという区別と、魂と肉体に付与された相対的価値の両方を、喜んで受け容れた。ところがそうすることで、より意識的なレベルで自らが賛同していることに反する立場をとっているかもしれない」[11]

スペルマンは、身体的な活動よりも精神的な活動を上に位置づけたシモーヌ・ド・ボーヴォワールやベティ・フリーダンら、当時の有名なフェミニストの意見を詳しく調べた。するとわかったのだが、女は、超越の領域で男の仲間入りができるように、「より高度な」知的創造性を身につけることを迫られていた。出産にまつわるもののような、女の身体的機能は、忌むべきで野蛮だとして退けられた。母性は、強みとして挙げられていなかった。それどころか、あるフェミニストは、妊娠を「醜い変形」と呼び、女がいつかそれから逃れられたらいいだろうに、という考えを示した。スペルマンは、「女性の解放とは、究極的には、私たちの体からの解放を意味する」と結論した。[12]

すべてのフェミニストが、男の模倣を平等への道と見なすわけではない。今日では、多くのフェミニストが、女の体や、生殖におけるその特有の役割、それによってもたらされる喜びとエンパワーメントを受け容れて讃美している。それでもなお、よくあることだが、生物学的な性差が軽視されたり問題視されたりするたびに、二元論はきまって話に忍び込む。ジェンダーは社会的構築物であるという概念が極端になるほど、体が入り込む余地は少なくなる。

私は、ジェンダーのない世界にも生物学的な性別のない世界にも暮らしたいとはけっして思わない。そんな世界はとてつもなく退屈な場所だろう。誰もが私のようだとしたら、つまり年老いた白髪の白人男性だけが何百万人もいるとしたら、どうなるかを想像してほしい。たとえ年齢と人種は限定しないことにしても、男ばかりでは、人類社会は依然としてひどく貧弱なままだろう。私は男に何ら反感を持っているわけではないし、なかには親友もいるとはいえ、人生が面白くて刺激的で心満たされるものとなるのは、さまざまな人と巡り会っていっしょに仕事をしたり生活を共にしたりするからであり、人によって話す言葉や属する民族が違い、年齢やジェンダーも異なるからだ。ホモ・サピエンスの男女は互いを補う。そして、ほとんどの人にとって、性的魅力には性別やジェンダーの違いが色濃く反映されている。

少なくとも、こうして多様な背景を持つ男女、大人や子供が交ざっているから、人生は興味深くなる。それればかりか、こうして交ざり合っているから大きな楽しみが得られるのだ、とも私は考えている。だから、男女の違いがない社会、つまり生物学的な性別がどうでもいいような社会を求める声には、いつも困惑してしまう。性別がなくなれば、あるいは少なくとも性別があまり注目されなくなれば、世界は良くなるだろうという発想がその背景にある。だが、この目標は非現実的であるばかりか、見当違いでもある。そういう社会を求めるときに、性やジェンダーが存在すると不都合な理由が明かされることがめったにないという事実が、多くを物語っている。問題なのは、性やジェンダーの存在ではなくて、それにまつわる偏見や不公平であり、従来の二分法に限界があることだ。その二分法によって除外される人もいる。社会の中では、あらゆるジェンダーの在り方が認知されているわけでも、あらゆる性的指向が受け容れられているわけでも、それぞれのジェンダーが平等に扱われているわけでもない。こうした問題はひどく厄介で、否定しえないものであり、その解決に向けて努力が求められることは私も認める。ただし、昔ながらの性別による区分そのものを非難するのではなく、社会的なバイアスや不公平というもっと根深い問題に対処するべきだ。

そのようなバイアスや不公平を変えたい人なら誰にとっても、心身二元論から離れることが素晴らしい出発点となるだろう。大勢の男性思想家が、女も含めた自分以外の万物の上に自らの魂を位置づけるために、二〇〇〇年にわたって支持してきた見解は、性別による偏見を取り去るのに役立ちそうもない。そのうえ、心身二元論は、現代の心理学や神経科学から私たちが学んできた事柄のいっさいからかけ離れている。肉体は脳も含めて、私たちの存在や人格の核を成す。肉体から逃れようとするのは、自分自身を捨てることにほかならない。

肉体が私たちにどれほど影響を与えるのかは、最新の研究成果から明らかだ。性自認と性的指向がどれほど変化しにくいかを踏まえ、それらは人間の脳にしっかりと根差している、とほとんどの神経科学者が考えている。私たちはこれを、ＬＧＢＴＱの子供たち、つまり自認や指向が社会の期待にそぐわない子供たちから学んだ。社会は気の済むまでこうした子供たちを失望させ、酷(むご)い目に遭わせるかもしれないが、彼らが内に抱える信念を抑え込めはしない。その信念は体の中から湧き上がるのであって、外に由来するのではない。同じことは大多数を占める異性愛の人にも当てはまる。異性愛の性的指向や性自認もまた、本人の個性であり、変えられない部分だ。ジョン・マネーが試みたように、男の子に対し、女性的な社会化を何年にもわたって強いたところで、女の子には変えられない。

社会環境ですべてが決まるわけではないのは明らかだ。社会化に限界があるのは、世界中に性差が見られることからも明白だ。文化の普遍的特性は、私たちの種の生物学的背景を反映している。同じような差異が霊長類の仲間たちの特徴にもなっているなら、この主張はさらに強固になる。類人猿の男と女がかかわり合うのを眺めれば、彼らと私たち自身の行動との類似は見逃しようがない。

もっとも、生まれはときに育ちに優るという証拠があるとはいえ、私たちはどちらか一方を選ばなくてはならないわけではない。最も実り多いアプローチは、両方を考慮に入れることだ。私たちの行動はすべて、遺伝子と環境の相互作用を反映している。生物学的特質は、この相互作用の片方の要因でしかないのだから、変化はいつでも手の届く所にある。あらかじめ厳密にプログラムされている人間の行動はほとんどない。私は生物学の専門家ではあるが、人間の文化の力も固く信じている。男女間の関係が国によってどれほど異なるのかを、実体験から知っている。男女間の関係はある程度まで、教育や社会的な圧力、習慣、手本の影響を受ける。そして、変化を拒み、変えられそうもない男女それぞれの側面がわずかにあるとはいえ、それさえも、一方の性から、もう一方の性と同じ権利や機会を奪い取る口実にしてはならない。男女間での知的優越性や生得的優位性という概念には、私は我慢がならず、それらを私たちが過去のものにできれば、と願っている。

いっさいはけっきょく、互いを愛し、尊重し、人間は平等であるために必ずしも同じでなくてもいいという事実を理解することに尽きるのだ。

謝辞

私は一般向けの講演を行なううちに、人々がジェンダーの生物学的側面についての知識にどれほど飢えているかを知った。どんなにさりげなく、あるいは手短に霊長類の性差をほのめかしただけでも、聴衆の関心はそれに集中する。そうした性差が人間社会にとってどのような意味を持つのかを、人は聞きたがるのだ。私がそれに応じると、彼らは同意してうなずいたり、驚いて笑ったり、疑うように眉をひそめたりこそすれ、興味をそそられない人はいない。

ジェンダーは依然として、とりわけ扱いが難しく、議論の的となるテーマであり続けている。ジェンダーはイデオロギーが絡む地雷原であり、そこでは誰でも失言したり誤解されたりしやすい。この話題に関して発言を求められると、たいていの人がためらい、口ごもるのも不思議ではない。だから、それをテーマにして本をまる一冊書くなど、私にとって今まででもとりわけ愚かな決断だったかもしれない。

本書執筆にあたり、専門分野からなるべく逸脱しないように努めた。私が専門とするのは類人猿の社会的行動、そして、それと私たちの種の社会的行動との比較だ。利用するべき発表済みの研究成果には事欠かなかった。そのうえ、多くの霊長類の個体に自ら親しく接してきたし、ありがたくも、彼らにはずいぶんと教えられた。本書では、彼らの性格や行動を取り上げ、この話題に現実味や迫真性を加えた。私たちの仲間である霊長類にまつわる誤った考え方を払拭する一方で、ジェンダーを巡る進行中の議論に対して霊長類の行動がどのような意味を持つのかについて私見を示している。

　原稿の一部を読んだり、価値ある情報を提供したりしてくれた仲間のフィードバックには、おおいに助けられた。そのなかには、同業の霊長類学者や共同研究者だけではなく、人間の心理や生物学全般の専門家もいる。女も大勢いたので、私がどうしても持ち込んでしまう男のバイアスを回避する助けとなっただろう。とはいえ、本書で示された主張と意見のどれについても、最終的な責任はすべて私にあることは明記しておきたい。

　原稿を読んでくれた人や執筆の手助けをしてくれた人を、以下に紹介しておこう。アンドレス・リンク・オスピナ、アンソニー・ペレグリーニ、バーバラ・スマッツ★、クリスティーン・ウェブ★、クローディーヌ・アンドレ、ダービー・プロクター★、デヴィン・カーター★、ディック・スワーブ★、ドナ・メイニー、エリザベッタ・パラージ、フィリッポ・アウレーリ、ジョーン・ラフガーデン★、ジョン・ミタニ、ジョイス・ベネンソン、キム・ウォレン、ローラ・ジョーンズ、リーズベス・フェイケマ、リン・フェアバンクス、マリスカ・クレット、マシュー・キャンベル、メラニー・キレン、パトリシア・ゴワティ、ロバート・マーティン、ロバート・M・サポルスキー、ルース・フェルドマン、サラ・ブロスナン★、サラ・ブラファー・ハーディー★、山本真也、古市剛史、ティム・エプリー、ヴィクトリア・ホーナー、ザナ・クレイ（★は複数の章を読んでくれた人を表す）。さらに、原稿全体に対して、ベラ・レイシーと、ミレニアル世代の二人の素人読者シドニー・エイハーンとローク・ドゥ・ヴァールから得たフィードバックにも、おおいに学ぶところがあった。これらの人々全員に、心の底から感謝している。

王立バーガース動物園、ヤーキーズ国立霊長類研究センター、ウィスコンシン国立霊長類研究センター、サンディエゴ動物園、コンゴ民主共和国のロラ・ヤ・ボノボ・サンクチュアリの協力のもと、私は研究を行なう機会に恵まれた。お礼を申し上げたい。タンザニアのマハレ山塊国立公園に招いてくれた西田利貞や、この種の研究に取り組める学術環境とインフラを提供してくれたエモリー大学とユトレヒト大学にも感謝している。写真の掲載を許可してくれた横山拓真（よこやまたくま）、クリスティーヌ・ドーステイー、ヴィクトリア・ホーナー、デズモンド・モリス、ケヴィン・リーにお礼申し上げる。ミシェル・テスラーがエージェントとして、ジョン・グルスマンがノートン社の編集者としてついてくれたのは素晴らしい幸運だった。二人とも、常に私を信じ、揃って熱心に私を励まし、この執筆プロジェクトを支援してくれた。

二〇二〇年には、COVID－19による危機的状況を受けて私は自主隔離に踏み切り、かけがえのないパートナーであるカトリーヌ・マランとともに、居心地の好いジョージア州の家で思いがけない隠遁の執筆生活を送ることとなった。二人とも長らく学術関連の仕事に従事してきたが、現在は引退生活を満喫している。ウイルスにはなんとか感染せずに済み、また我が州がきわめて重要な役割を担った大統領選挙の波乱も乗り切り、その間にも近くのストーン・マウンテン公園にしばしばハイキングに出かけて楽しんだ。カトリーヌは私が日々書き上げる原稿に、批判的姿勢で誰よりも先に目を通し、文章の体裁を整えるのに多大な力を貸してくれた。いっしょになって五〇年がたつが、その間ずっと彼女の愛と支えのおかげで、すべてが見違えるほど素晴らしくなった。それは、これからも変わらない。彼女がもたらしてくれた違いは、それほど大きいのだ。

訳者あとがき

本書は、アメリカの動物行動学者フランス・ドゥ・ヴァールの*Different: Gender through the Eyes of a Primatologist*の全訳だ。本文冒頭に書いたとおり、用語について著者から要望があったので、それについて、まず触れておきたい。これまでの作品ではなかったことだが、本書が各国語に翻訳されるにあたって、次の三つの指示が出た。

第一に、類人猿とサルを厳密に区別すること。類人猿は尾のない大型の霊長類であり、チンパンジー、ボノボ、ゴリラ、オランウータンと、テナガザル科の動物が該当する。一方、サルは尾のある小型の霊長類であり、本書に出てくるヒヒやサバンナモンキー、アカゲザル、オマキザル、マンドリルなどが含まれる。純粋に生物学的な分類については、これまでの作品でもすでにそのように訳してきたので、今回もそのままその方針を踏襲してある。

第二に、類人猿を指すときには、「which」や「it」に相当する語ではなく、「who」や「he」や「she」に相当する語に訳すこと。これまた、これまでの作品でもすでにそのように訳してきたので、今回もそれに倣っている。

第三に、類人猿と人間の性別を表すときに同じ単語を使うこと。英語で性別を表す「male／female」は動物にも人間にも使えるが、日本語のように通常は別の単語を使う言語があるのは著者も承知のうえであり、たとえ不自然になってもそうするように、とのことだった。普通は人間の性別に使う「男／女」と、動物の性別に使う「オス／メス」のどちらを選ぶかについて確認すると、「オス」や「メス」を使うと侮辱的に感じる人が出てくるだろうから、人間に用いる言葉を使うように、という返答をいただいた。そこで本文中では、人間の性別に「男／女」を使うだけでなく（ただし、熟語や著者以外の言葉では「男性／女性」も使っている）類人猿のオスも「男」、メスも「女」と呼んでいる。一方、その他の生き物を指す場合や、類人猿も含めて霊長類や動物全般を指す場合、著者以外が引用中などで類人猿を指す場合には、「オス／メス」を使っている。

さて、前二作では それぞれ動物の知能と情動を取り上げた著者が、本書のテーマに選んだのが、ジェンダーだ。ここでもまた、用語について述べておく必要がある。「ジェンダー」という言葉はさまざまな意味で使われるが、邦訳では六三ページの用語一覧にある「社会の中で文化的に定められた、それぞれの性の役割と立場」という定義や、「言わば学習によって身につけたメッキであり、生物学的な意味での女を社会・文化的な意味での女に、生物学的な意味での男を社会・文化的な意味での男に変える」という著者の記述、「社会的に構築された、女性、男性、女児、男児の特徴」という世界保健機関の定義に基づいてこの言葉を使い、生物学的な性とは区別する。したがって、人間の胎児にはジェンダーはないし、たいていの場合、動物にもジェンダーはなく、人間が場所や時代に関係なく示す特性や、動物と共有している特性は、ジェンダーよりも生物学的な性に由来する可能性が高いという立場をとる。

本書の内容は多岐にわたり、詳細は本文に譲るが、とくに注目に値するのが、人間社会でのジェンダー不平等と、男性優位は自然の秩序であるという旧来の見方だ。ここで動物行動学者である著者の経験と知見がおおいに役立つ。なぜなら動物、とくに私たちに近い霊長類は、人間の真の姿を映す鏡の役割を果たすからだ。その鏡を虚心に覗けば、私たちが見落としていたものや目を背けてきたものがそこに見てとれる――二重の意味で。

一つには、人間も動物であること。霊長類、わけても類人猿を眺めれば、人間との類似性を思い知らされる。私たちはややもすると人間を特別視するとともに、心身二元論に陥って心や魂を讃美し、肉体を卑しく汚らわしいものとしがちだ。だが、現実は生物学的特質を抜きにしては語れない。

そして、私たちの持つ先入観や偏見も明らかになる。人間が自ら作り出した価値観や規範に縛られていることが見えてくる。ジェンダー・ロールの捉え方や、それと密接に結びついている考え方、たとえば、権力は身体的優位性に基づくとか、人間の歴史は争いに尽き、暴力による支配が自然の掟であるといった考え方がその好例だ。

霊長類ばかりか、その他の哺乳類や鳥類にさえも見られるものと類似した行動を人間もとっていれば、それは人間固有の特性や文化の産物とは言い難い。逆に、普段は当然視していることも、そのような類似がいっさい見つからなければ、人間に特有の要因が働いている可能性が高い。動物という鏡には、私たちが自らの生物学的な性やジェンダーによる違いなどを見直す手掛かりが豊富に映っているのだ。

霊長類学という学問分野そのものが、先入観や偏見に満ちた社会の縮図になっていたことも興味深い。この分野も、以前は強い男尊女卑の風潮があり、それを反映してオス優位の考え方が浸透していて、オスによる力任せの支配や争いばかりに目を向けがちだった。その霊長類学が、今では動物たちの協力や和解、メスの政治的権力などにも注目するばかりか、真に機会均等な数少ない科学分野の一つとなっているというのも示唆に富む。それは、この分野が女性にも開かれていて、部内者が自らを映す鏡を日頃から覗き込んでいることとけっして無縁ではないように思える。

ご存じの方も多いだろうが、著者は今年(二〇二四年)の三月一四日に七五歳で亡くなった。胃癌だったそうだ。著者の作品を訳すときにはいつもするように、昨秋、語句の意味や解釈などについての質問をした。そのときにはもう、具合が悪かったのかもしれないが、そんなことはおくびにも出さず、いつもの淡々とした調子で親切に答えてくださったので、訃報に接したときには、まさに寝耳に水の感があった。

著者が自らを便器の中のカエルになぞらえていた時代(第四章参照)が過去のものになったのは幸いだし、著者はこの変化に自分も貢献したという誇りと自負を抱いていたことだろう。それでも、長年の連れ合いである最愛のカトリーヌさんや動物たちともっともっと時間を過ごしたかったに違いない。動物たちを鏡として映し出すテーマは尽きず、執筆材料にはまだまだ事欠かなかったはずでもある。心から追悼の意を表したい。

最後に、お礼をひと言。今回も版権交渉をまとめ、翻訳を任せてくださった紀伊國屋書店出版部の和泉仁士さん、編集全般を受け持ってくださった同出版部の塩野綾子さん、デザイナーの芦澤泰偉さん、五十嵐徹さんをはじめ、刊行までにお世話になった大勢の方々に深く感謝申し上げる。

二〇二四年一二月

柴田裕之

Wrangham, R. W., and D. Peterson. 1996. *Demonic Males: Apes and the Evolution of Human Aggression*. Boston: Houghton Mifflin. [『男の凶暴性はどこからきたか』山下篤子訳、三田出版会、1998]

Yamamichi, M., J. Gojobori, and H. Innan. 2012. An autosomal analysis gives no genetic evidence for complex speciation of humans and chimpanzees. *Molecular Biology and Evolution* 29:145–56.

Yamamoto, S., T. Humle, and M. Tanaka. 2009. Chimpanzees help each other upon request. *PLoS One* 4:e7416.

Yancey, G., and M. O. Emerson. 2016. Does height matter? An examination of height preferences in romantic coupling. *Journal of Family Issues* 37:53–73.

Yerkes, R. M. 1925. *Almost Human*. New York: Century.

———. 1941. Conjugal contrasts among chimpanzees. *Journal of Abnormal and Social Psychology* 36:175–99.

Yong, E. 2019. Bonobo mothers are very concerned about their sons' sex lives. *Atlantic*, May 20, 2019.

Young, L., and B. Alexander. 2012. *The Chemistry Between Us: Love, Sex, and the Science of Attraction*. New York: Current.

Zahn-Waxler, C., et al. 1992. Development of concern for others. *Developmental Psychology* 28:126–36.

Zhou, J.-N., M. Hofman, L. Gooren, and D. F. Swaab. 1995. A sex difference in the human brain and its relation to transsexuality. *Nature* 378:68–70.

Zhou, W., et al. 2014. Chemosensory communication of gender through two human steroids in a sexually dimorphic manner. *Current Biology* 24:1091–95.

Zihlman, A. L., et al. 1978. Pygmy chimpanzee as a possible prototype for the common ancestor of humans, chimpanzees, and gorillas. *Nature* 275:744–46.

Zimmer, C. 2018. *She Has Her Mother's Laugh: The Powers, Perversions, and Potential of Heredity*. New York: Dutton.

Zuckerman, S. 1932. *The Social Life of Monkeys and Apes*. London: Routledge and Kegan Paul.

———. 1991. Apes are not us. *New York Review of Books*, May 30, 1991, pp. 43–49.

evolution. *Journal of Social, Evolutionary, and Cultural Psychology* 3:305–14.
von Rohr, C. R., et al. 2012. Impartial third-party interventions in captive chimpanzees: A reflection of community concern. *PLoS ONE* 7:e32494.
Voskuhl, R., and S. Klein. 2019. Sex is a biological variable — in the brain too. *Nature* 568:171.
Watts, D. P., F. Colmenares, and K. Arnold. 2000. Redirection, consolation, and male policing. In *Natural Conflict Resolution*, ed. F. Aureli, and F. B. M. de Waal, pp. 281–301. Berkeley: University of California Press.
Watts, D. P., et al. 2006. Lethal intergroup aggression by chimpanzees in Kibale National Park, Uganda. *American Journal of Primatology* 68:161–80.
Wayne, S. 2021. *Alpha Male Bible: Charisma, Psychology of Attraction, Charm*. Hemel Hempstead, UK: Perdens.
Weatherford, J. 2004. *Genghis Khan and the Making of the Modern World*. New York: Broadway Books. [『パックス・モンゴリカ――チンギス・ハンがつくった新世界』星川淳監訳、横堀冨佐子訳、日本放送出版協会、2006、他]
Weidman, N. 2019. Cultural relativism and biological determinism: A problem in historical explanation. *Isis* 110:328–31.
Weisbard, C., and R. W. Goy. 1976. Effect of parturition and group composition on competitive drinking order in stumptail macaques. *Folia primatologica* 25:95–121.
Westneat, D. F., and R. K. Stewart. 2003. Extra-pair paternity in birds: Causes, correlates, and conflict. *Annual Review of Ecology, Evolution, and Systematics* 34:365–96.
Westover, T. 2018. *Educated: A Memoir*. New York: Random House. [『エデュケーション――大学は私の人生を変えた』村井理子訳、ハヤカワ文庫NF、2023、他]
White, E. 2002. *Fast Girls: Teenage Tribes and the Myth of the Slut*. New York: Scribner.
Wickler, W. 1969. Socio-sexual signals and their intra-specific imitation among primates. In *Primate Ethology*, ed. D. Morris, pp. 89–189. Garden City, NY: Anchor Books.
Wiederman, M. W. 1997. The truth must be in here somewhere: Examining the gender discrepancy in self-reported lifetime number of sex partners. *Journal of Sex Research* 34:375–86.
Williams, C. L., and K. E. Pleil. 2008. Toy story: Why do monkey and human males prefer trucks? Hormones and *Behavior* 54:355–58.
Wilson, E. A. 1998. *Neural Geographies: Feminism and the Microstructure of Cognition*. New York: Routledge.
———. 2000. Neurological preference: LeVay's study of sexual orientation. *SubStance* 29:23–38.
Wilson, E. O. 1978. *On Human Nature*. Cambridge, MA: Harvard University Press. [『人間の本性について』岸由二訳、ちくま学芸文庫、1997]
Wilson, M. L., et al. 2014. Lethal aggression in Pan is better explained by adaptive strategies than human impacts. *Nature* 513:414–17.
Wiseman, R. 2016. *Queen Bees and Wannabes: Helping Your Daughter Survive Cliques, Gossip, Boys, and the New Realities of Girl World*. New York: Harmony. [『女の子って、どうして傷つけあうの?――娘を守るために親ができること』小林紀子／難波美帆訳、日本評論社、2005]
Wittig, R. M., and C. Boesch. 2005. How to repair relationships: Reconciliation in wild chimpanzees. *Ethology* 111:736–63.
Wolfe, L. 1979. Behavioral patterns of estrous females of the Arashiyama West troop of Japanese macaques. *Primates* 20:525–34.
Wrangham, R. W. 2019. *The Goodness Paradox: The Strange Relationship Between Virtue and Violence in Human Evolution*. New York: Pantheon. [『善と悪のパラドックス――ヒトの進化と〈自己家畜化〉の歴史 』依田卓巳訳、NTT出版、2020]

regression, and meta-analysis. *Infant and Child Development* 27:e2064.
Tokuyama, N., and T. Furuichi. 2017. Do friends help each other? Patterns of female coalition formation in wild bonobos at Wamba. *Animal Behaviour* 119:27–35.
Tokuyama, N., T. Sakamaki, and T. Furuichi. 2019. Inter-group aggressive interaction patterns indicate male mate defense and female cooperation across bonobo groups at Wamba, Democratic Republic of the Congo. *American Journal of Physical Anthropology* 170:535–50.
Townsend, S. W., T. Deschner, and K. Zuberbühler. 2008. Female chimpanzees use copulation calls flexibly to prevent social competition. *PLoS ONE* 3:e2431.
Tratz, E. P., and H. Heck. 1954. Der afrikanische Anthropoide "Bonobo," eine neue Menschenaffengattung. *Säugetierkundliche Mitteilungen* 2:97–101(German).
Travis, C. B. 2003. *Evolution, Gender, and Rape*. Cambridge, MA: MIT Press.
Trivers, R. L. 1972. Parental investment and sexual selection. In *Sexual Selection and the Descent of Man*, ed. B. Campbell, pp. 136–79. Chicago: Aldine.
Troje, N. F. 2002. Decomposing biological motion: A framework for analysis and synthesis of human gait patterns. *Journal of Vision* 2:371– 87.
Trost, S. G., et al. 2002. Age and gender differences in objectively measured physical activity in youth. *Medicine and Science in Sports and Exercise* 34:350–55.
Turner, P. J., and J. Gervai. 1995. A multidimensional study of gender typing in preschool children and their parents: Personality, attitudes, preferences, behavior, and cultural differences. *Developmental Psychology* 31:759–72.
Tutin, C. E. G. 1979. Mating patterns and reproductive strategies in a community of wild chimpanzees. *Behavioral Ecology and Sociobiology* 6:29–38.
Utami Atmoko, S. S. 2000. *Bimaturism in orang-utan males: Reproductive and ecological strategies.* Ph.D. thesis, University of Utrecht.
Vacharkulksemsuka, T., et al. 2016. Dominant, open nonverbal displays are attractive at zero-acquaintance. *Proceedings of the National Academy of Sciences USA* 113:4009–14.
Vaden-Kierman, N., et al. 1995. Household family structure and children's aggressive behavior: A longitudinal study of urban elementary school children. *Journal of Abnormal Child Psychology* 23:553–68.
van Hooff, J.A.R.A.M. 2019. *Gebiologeerd: Wat een Leven Lang Apen Kijken Mij Leerde over de Mensheid.* Amsterdam: Spectrum (Dutch).
van Leeuwen, E., K. A. Cronin, and D. Haun. 2014. A group-specific arbitrary tradition in chimpanzees (*Pan troglodytes*). *Animal Cognition* 17:1421–25.
van Schaik, C. 2004. *Among Orangutans: Red Apes and the Rise of Human Culture.* Cambridge, MA: Belknap Press.
van Woerkom, W., and M. E. Kret. 2015. Getting to the bottom of processing behinds. *Amsterdam Brain and Cognition Journal* 2:37–52.
Vasey, P. L. 1995. Homosexual behavior in primates: A review of evidence and theory. *International Journal of Primatology* 16:173–204.
Vauclair, J., and K. Bard. 1983. Development of manipulations with objects in ape and human infants. *Journal of Human Evolution* 12:631–45.
Verloigne, M., et al. 2012. Levels of physical activity and sedentary time among 10- to 12-year-old boys and girls across 5 European countries using accelerometers: An observational study within the ENERGY-project. *International Journal of Behavioral Nutrition and Physical Activity* 9:34.
Vines, G. 1999. Queer creatures. *New Scientist*, August 7, 1999.
Volk, A. A. 2009. Human breastfeeding is not automatic: Why that's so and what it means for human

Quarterly Review of Biology 76:141–68.

Staes, N., et al. 2017. FOXP2 variation in great ape populations offers insight into the evolution of communication skills. *Scientific Reports* 7:16866.

Stanford, C. B. 1998. The social behavior of chimpanzees and bonobos. *Current Anthropology* 39:399–407.

Stavro, E. 1999. The use and abuse of Simone de Beauvoir: Re-evaluating the French poststructuralist critique. *European Journal of Women's Studies* 6:263–80.

Stern, B. R., and D. G. Smith. 1984. Sexual behaviour and paternity in three captive groups of rhesus monkeys. *Animal Behaviour* 32:23–32.

Stöckl, H., et al. 2013. The global prevalence of intimate partner homicide: A systematic review. *Lancet* 382:859–65.

Strum, S. C. 2012. Darwin's monkey: Why baboons can't become human. *Yearbook of Physical Anthropology* 55:3–23.

Stulp, G., A. P. Buunk, and T. V. Pollet. 2013. Women want taller men more than men want shorter women. *Personality and Individual Differences* 54:877–83.

Stumpf, R. M., and C. Boesch. 2010. Male aggression and sexual coercion in wild West African chimpanzees, *Pan troglodytes verus*. *Animal Behaviour* 79:333–42.

Stutchbury, B. J. M., et al. 1997. Correlates of extra-pair fertilization success in hooded warblers. *Behavioral Ecology and Sociobiology* 40:119–26.

Sugiyama, Y. 1967. Social organization of Hanuman langurs. In *Social Communication among Primates*, ed. S. A. Altmann, pp. 221–53. Chicago: University of Chicago Press.

Surbeck, M., and G. Hohmann. 2013. Intersexual dominance relationships and the influence of leverage on the outcome of conflicts in wild bonobos. *Behavioral Ecology and Sociobiology* 67:1767–80.

Surbeck, M., et al. 2017. Sex-specific association patterns in bonobos and chimpanzees reflect species differences in cooperation. *Royal Society Open Science* 4:161081.

———. 2019. Males with a mother living in their group have higher paternity success in bonobos but not chimpanzees. *Current Biology* 29:R341–57.

Swaab, D. F. 2010. *Wij Zijn Ons Brein*. Amsterdam: Contact (Dutch).

Swaab, D. F., and M. A. Hofman. 1990. An enlarged suprachiasmatic nucleus in homosexual men. *Brain Research* 537:141–48.

Taylor, S. 2002. *The Tending Instinct: How Nurturing Is Essential for Who We Are and How We Live*. New York: Henry Holt. [『思いやりの本能が明日を救う』山田茂人監訳、二瓶社、2011]

Thornhill, R., and C. T. Palmer. 2000. *A Natural History of Rape: Biological Bases of Sexual Coercion*. Cambridge, MA: MIT Press. [『人はなぜレイプするのか——進化生物学が解き明かす』望月弘子訳、青灯社、2006]

Tiger, L. 1969. *Men in Groups*. New York: Random House. [『男性社会——人間進化と男の集団』赤阪賢訳、創元社、1976]

Titze, I. R., and D. W. Martin. 1998. Principles of voice production. *Journal of the Acoustical Society of America* 104:1148.

Tjaden, P., and N. Thoennes. 2000. *Full report of the prevalence, incidence, and consequences of violence against women*. U.S. Department of Justice, Office of Justice Programs.

Todd, B. K., and R. A. Banerjee. 2018. Lateralisation of infant holding by mothers: A longitudinal evaluation of variations over the first 12 weeks. *Laterality: Asymmetries of Brain, Body and Cognition* 21:12–33.

Todd, B. K., et al. 2018. Sex differences in children's toy preferences: A systematic review, meta-

families: Contributions of traditional masculinity, father nurturing role beliefs, and maternal gate closing. *Psychology of Men and Masculinities*, advance online at doi.org/10.1037/men0000336.
Schulte-Rüther, M., et al. 2008. Gender differences in brain networks supporting empathy. *NeuroImage* 42:393–403.
Schwartz, S. H., and T. Rubel. 2005. Sex differences in value priorities: Cross-cultural and multimethod studies. *Journal of Personality and Social Psychology* 89:1010–28.
Sell, A., A. W. Lukazsweski, and M. Townsley. 2017. Cues of upper body strength account for most of the variance in men's bodily attractiveness. *Proceedings of the Royal Society B* 284:20171819.
Seyfarth, R. M., and D. L. Cheney. 2012. The evolutionary origins of friendship. *Annual Review of Psychology* 63:153–77.
Shaw, G. B. 1894. The religion of the pianoforte. *Fortnightly Review* 55 (326): 255–66.
Shell, J. 2019. *Giants of the Monsoon Forest: Living and Working with Elephants*. New York: Norton.
Silber, G. K. 1986. The relationship of social vocalizations to surface behavior and aggression in the Hawaiian humpback whale (*Megaptera novaeangliae*). *Canadian Journal of Zoology* 64:2075–80.
Silk, J. B. 1999. Why are infants so attractive to others? The form and function of infant handling in bonnet macaques. *Animal Behaviour* 57:1021–32.
Simmons, R. 2002. *Odd Girl Out: The Hidden Culture of Aggression in Girls*. New York: Harcourt. [『女の子どうしって、ややこしい!』鈴木淑美訳、草思社、2003]
Simpkin, T. 2020. Mixed feelings: How to deal with emotions at work. Totaljobs.com, January 8, 2020.
Slaby, R. G., and K. S. Frey. 1975. Development of gender constancy and selective attention to same-sex models. *Child Development* 46:849–56.
Slotow, R., et al. 2000. Older bull elephants control young males. *Nature* 408:425–26.
Small, M. F. 1989. Female choice in nonhuman primates. *Yearbook of Physical Anthropology* 32:103–27.
Smith, E. A., M. B. Mulder, and K. Hill. 2001. Controversies in the evolutionary social sciences: A guide for the perplexed. *Trends in Ecology and Evolution* 16:128–35.
Smith, T. M., et al. 2017. Cyclical nursing patterns in wild orangutans. *Science Advances* 3:e1601517.
Smith, T. W. 1991. Adult sexual behavior in 1989: Number of partners, frequency of intercourse and risk of AIDS. *Family Planning Perspectives* 23:102–7.
Smuts, B. B. 1985. *Sex and Friendship in Baboons*. New York: Aldine.
———. 1987. Gender, aggression, and influence. In *Primate Societies*, ed. B. Smuts et al., pp. 400–12. Chicago: University of Chicago Press.
———. 1992. Male aggression against women: An evolutionary perspective. *Human Nature* 3:1–44.
———. 2001. Encounters with animal minds. *Journal of Consciousness Studies* 8:293–309.
Smuts, B. B., and R. W. Smuts. 1993. Male aggression and sexual coercion of females in nonhuman primates and other mammals: Evidence and theoretical implications. *Advances in the Study of Behavior* 22:1–63.
Snowdon, C. T., and T. E. Ziegler. 2007. Growing up cooperatively: Family processes and infant care in marmosets and tamarins. *Journal of Developmental Processes* 2:40–66.
Sommers, C. H. 2012. You can give a boy a doll, but you can't make him play with it. *Atlantic*, December 6, 2012.
Spear, B. A. 2002. Adolescent growth and development. *Journal of the American Dietetic Association* 102:S23–29.
Spelman, E. V. 1982. Woman as body: Ancient and contemporary views. *Feminist Studies* 8:109–31.
Spinka, M., R. C. Newberry, and M. Bekoff. 2001. Mammalian play: Training for the unexpected.

Rowell, T. E. 1974. *The Social Behavior of Monkeys*. New York: Penguin.
Rubin, Z. 1980. *Children's Friendships*. Cambridge, MA: Harvard University Press.
Rueckert, L., et al. 2011. Are gender differences in empathy due to differences in emotional reactivity? *Psychology* 2:574–78.
Rupp, H. A., and K. Wallen. 2008. Sex differences in response to visual sexual stimuli: A review. *Archives of Sexual Behavior* 37:206–18.
Russell, D. G. D., et al. 2012. Dr. George Murray Levick (1876–1956): Unpublished notes on the sexual habits of the Adélie penguin. *Polar Record* 48:387–93.
Russell, N. 2019. The Nazi's pursuit for a "humane" method of killing. In *Understanding Willing Participants*, vol. 2. Cham, Switzerland: Palgrave Macmillan.
Russell, R. 2009. A sex difference in facial contrast and its exaggeration by cosmetics. *Perception* 38:1211–19.
Rutherford, A. 2018. *Humanimal: How* Homo sapiens *Became Nature's Most Paradoxical Creature*. New York: Experiment.
Rutherford, A. 2020. *How to Argue with a Racist: What Our Genes Do (and Don't) Say About Human Difference*. New York: Experiment.［『遺伝学者、レイシストに反論する――差別と偏見を止めるために知っておきたい人種のこと』小林由香利訳、フィルムアート社、2022］
Safdar, S., et al. 2009. Variations of emotional display rules within and across cultures: A comparison between Canada, USA, and Japan. *Canadian Journal of Behavioural Science* 41:1–10.
Salerno, J., and L. C. Peter-Hagene. 2015. One angry woman: Anger expression increases influence for men, but decreases influence for women, during group deliberation. *Law and Human Behavior* 39:581–92.
Sandel, A. A., K. E. Langergraber, and J. C. Mitani. 2020. Adolescent male chimpanzees (*Pan troglodytes*) form social bonds with their brothers and others during the transition to adulthood. *American Journal of Primatology* 82:e23091.
Sapolsky, R. M. 1994. *Why Zebras Don't Get Ulcers: A Guide to Stress, Stress-Related Diseases and Coping*. New York: W. H. Freeman.
———. 1997. *The Trouble with Testosterone*. New York: Scribner.［『ヒトはなぜのぞきたがるのか――行動生物学者が見た人間世界』中村桂子訳、白揚社、1999］
Sauver, J. L. S., et al. 2004. Early life risk factors for Attention-Deficit/Hyperactivity Disorder: A population-based cohort study. *Mayo Clinic Proceedings* 79:1124–31.
Savage-Rumbaugh, S., and B. Wilkerson. 1978. Socio-sexual behavior in *Pan paniscus* and *Pan troglodytes*: A comparative study. *Journal of Human Evolution* 7:327–44.
Savic, I., and P. Lindström. 2008. PET and MRI show differences in cerebral asymmetry and functional connectivity between homo- and heterosexual subjects. *Proceedings of the National Academy of Sciences USA* 105:9403–8.
Savic, I., H. Berglund, and P. Lindström. 2005. Brain response to putative pheromones in homosexual men. *Proceedings of the National Academy of Sciences USA* 102:7356–61.
Savin-Williams, R. C., and Z. Vrangalova. 2013. Mostly heterosexual as a distinct sexual orientation group: A systematic review of the empirical evidence. *Developmental Review* 33:58–88.
Schenkel, R. 1947. Ausdrucks-Studien an Wölfen: Gefangenschafts-Beobachtungen. *Behaviour* 1:81–129 (German).
Schmitt, D. P. 2015. Are women more emotional than men? *Psychology Today*, April 10, 2015.
Schneiderman, I., et al. 2012. Oxytocin during the initial stages of romantic attachment: Relations to couples' interactive reciprocity. *Psychoneuroendocrinology* 37:1277–85.
Schoppe-Sullivan, S. J., et al. 2021. Fathers' parenting and coparenting behavior in dual-earner

Puppo, V. 2013. Anatomy and physiology of the clitoris, vestibular bulbs, and labia minora with a review of the female orgasm and the prevention of female sexual dysfunction. *Clinical Anatomy* 26:134–52.

Pusey, A. E. 1980. Inbreeding avoidance in chimpanzees. *Animal Behaviour* 28:543–52.

Puts, D. A., C. R. Hodges, R. A. Cárdenas, and S. J. C. Gaulin. 2007. Men's voices as dominance signals: Vocal fundamental and formant frequencies influence dominance attributions among men. *Evolution and Human Behavior* 28:340–44.

Reddy, R. B., and J. C. Mitani. 2019. Social relationships and caregiving behavior between recently orphaned chimpanzee siblings. *Primates* 60:389–400.

Reeve, E. 2013. Male pundits fear the natural selection of Fox's female breadwinners. *Atlantic*, May 30, 2013.

Regan, B. C., et al. 2001. Fruits, foliage and the evolution of primate colour vision. *Philosophical Transactions of the Royal Society B* 356:229–83.

Regitz-Zagrosek, V. 2012. Sex and gender differences in health. *EMBO Reports* 13:596–603.

Reinhardt, V., et al. 1986. Altruistic interference shown by the alpha-female of a captive troop of rhesus monkeys. *Folia primatologica* 46:44–50.

Reynolds, V. 1967. *The Apes*. New York: Dutton.

Riley, C. 2019. How to play Patriarchy Chicken: Why I refuse to move out of the way for men. *New Statesman*, February 22, 2019.

Rilling, J. K., and J. S. Mascaro. 2017. The neurobiology of fatherhood. *Current Opinion in Psychology* 15:26–32.

Rippon, G. 2019. *The Gendered Brain: The New Neuroscience that Shatters the Myth of the Female Brain*. New York: Random House.

Robarchek, C. A. 1997. A community of interests: Semai conflict resolution. In *Cultural Variation in Conflict Resolution: Alternatives to Violence*, ed. D. P. Fry and K. Björkqvist, pp. 51–58. Mahwah, NJ: Erlbaum.

Roberts, W. P., and M. Krause. 2002. Pretending culture: Social and cognitive features of pretense in apes and humans. In *Pretending and Imagination in Animals and Children*, ed. R. W. Mitchell, pp. 269–79. Cambridge, UK: Cambridge University Press.

Romans, S., et al. 2003. Age of menarche: The role of some psychosocial factors. *Psychological Medicine* 33:933–39.

Romero, M. T., M. A. Castellanos, and F. B. M. de Waal. 2010. Consolation as possible expression of sympathetic concern among chimpanzees. *Proceedings of the National Academy of Sciences USA* 107:12110–15.

Rosati, A. G., et al. 2020. Social selectivity in aging wild chimpanzees. *Science* 370:473–76.

Rose, A. J., and K. D. Rudolph. 2006. A review of sex differences in peer relationship processes: Potential trade-offs for the emotional and behavioral development of girls and boys. *Psychological Bulletin* 132:98–131.

Roselli, C. E., et al. 2004. The volume of a sexually dimorphic nucleus in the ovine medial preoptic area/anterior hypothalamus varies with sexual partner preference. *Endocrinology* 145:478–83.

Roseth, C. 2018. Children's peacekeeping and peacemaking. In *Peace Ethology: Behavioral Processes and Systems of Peace*, ed. P. Verbeek and B. A. Peters,p.113–32. Hoboken, NJ: Wiley.

Roughgarden, J. 2004. Review of "Evolution, Gender, and Rape." *Ethology* 110:76.

———. 2017. Homosexuality and evolution: A critical appraisal. In *On Human Nature: Biology, Psychology, Ethics, Politics, and Religion*, ed. M. Tibayrenc and F. J. Ayala, pp. 495–516. New York: Academic Press.

guidelines has died down. What have we learned? *Psychology Today*, March 10, 2019.
Parish, A. R. 1993. Sex and food control in the "uncommon chimpanzee": How bonobo females overcome a phylogenetic legacy of male dominance. *Ethology and Sociobiology* 15:157–79.
Parish, A. R., and F. B. M. de Waal. 2000. The other "closest living relative": How bonobos (*Pan paniscus*) challenge traditional assumptions about females, dominance, intra- and inter-sexual interactions, and hominid evolution. *Annals of the New York Academy of Sciences* 907:97–113.
Patterson, N., et al. 2006. Genetic evidence for complex speciation of humans and chimpanzees. *Nature* 441:1103–8.
Pauls, R. N. 2015. Anatomy of the clitoris and the female sexual response. *Clinical Anatomy* 28:376–84.
Peirce, L. P. 1993. *The Imperial Harem: Women and Sovereignty in the Ottoman Empire*. Oxford: Oxford University Press.
Pellegrini, A. D. 1989. Elementary school children's rough-and-tumble play. *Early Childhood Research Quarterly* 4:245–60.
Pellegrini, A. D. 2010. The role of physical activity in the development and function of human juveniles' sex segregation. *Behaviour* 147:1633–56.
Pellegrini, A. D., and P. K. Smith. 1998. Physical activity play: The nature and function of a neglected aspect of play. *Child Development* 69:577–98.
Perry, S. 2008. *Manipulative Monkeys: The Capuchins of Lomas Barbudal*. Cambridge, MA: Harvard University Press.
———. 2009. Conformism in the food processing techniques of white-faced capuchin monkeys (*Cebus capucinus*). *Animal Cognition* 12:705–16.
Petr, M., S. Pääbo, J. Kelso, and B. Vernot. 2019. Limits of long-term selection against Neanderthal introgression. *Proceedings of the National Academy of Sciences USA* 116:1639–44.
Pincemy, G., F. S. Dobson, and P. Jouventin. 2010. Homosexual mating displays in penguins. *Ethology* 116:1210–16.
Pinker, S. 2011. *The Better Angels of Our Nature: Why Violence Has Declined*. New York: Viking. [『暴力の人類史』上下巻　幾島幸子／塩原通緒訳、青土社、2015]
Ploog, D. W., and P. D. MacLean. 1963. Display of penile erection in squirrel monkey (*Saimiri sciureus*). *Animal Behaviour* 32:33–39.
Potts, M., and R. Short. 1999. *Ever Since Adam and Eve: The Evolution of Human Sexuality*. Cambridge, UK: Cambridge University Press.
Prause, N., et al. 2016. Clitorally stimulated orgasms are associated with better control of sexual desire, and not associated with depression or anxiety, compared with vaginally stimulated orgasms. *Journal of Sexual Medicine* 13:1676–85.
Price, D. 2018. Gender socialization is real (complex). *Devon Price*, November 5, 2018 medium.com/@devonprice/gender-socialization-is-real-complex-348f56146925.
Pruetz, J. D. 2011. Targeted helping by a wild adolescent male chimpanzee (*Pan troglodytes verus*): Evidence for empathy? *Journal of Ethology* 29:365–68.
Prüfer, K., et al. 2012. The bonobo genome compared with the chimpanzee and human genomes. *Nature* 486:527–31.
Prum, R. O. 2015. The role of sexual autonomy in evolution by mate choice. In *Current Perspectives on Sexual Selection: What's Left after Darwin?* ed. T. Hoquet, pp. 237–62. Dordrecht: Springer.
Prum, R. O. 2017. *The Evolution of Beauty: How Darwin's Forgotten Theory of Mate Choice Shapes the Animal World*. New York: Doubleday. [『美の進化——性選択は人間と動物をどう変えたか』黒沢令子訳、白揚社、2020]

Nadler, R. D., et al. 1985. Serum levels of gonadotropins and gonadal steroids, including testosterone, during the menstrual cycle of the chimpanzee. *American Journal of Primatology* 9:273–84.

Nash, R., et al. 2006. Cosmetics: They influence more than Caucasian female facial attractiveness. *Journal of Applied Social Psychology* 36:493–504.

Nelson, A. 2005. Children's toy collections in Sweden: A less gender-typed country? *Sex Roles* 52:93–102.

Nguyen, N., R. C. van Horn, S. C. Alberts, and J. Altmann. 2009. "Friendships" between new mothers and adult males: Adaptive benefits and determinants in wild baboons (*Papio cynocephalus*). *Behavioral Ecology and Sociobiology* 63:1331–44.

Nicholls, H. 2014. In conversation with Jane Goodall. *Mosaic Science*, March 31, 2014, mosaicscience.com/story/conversation-with-jane-goodall.

Nieuwenhuijsen, K. 1985. *Geslachtshormonen en Gedrag bij de Beermakaak*. Ph.D. thesis, Erasmus University, Rotterdam (Dutch).

Nishida, T. 1996. The death of Ntologi: The unparalleled leader of M Group. *Pan Africa News* 3:4.

Nishida, T. 2012. *Chimpanzees of the Lakeshore. Cambridge*, UK: Cambridge University Press.

Nishida, T., and K. Hosaka. 1996. Coalition strategies among adult male chimpanzees of the Mahale Mountains, Tanzania. In *Great Ape Societies*, ed. W. C. McGrew et al., pp. 114–34. Cambridge, UK: Cambridge University Press.

Nolen-Hoeksema, S., B. E. Wisco, and S. Lyubomirsky. 2008. Rethinking rumination. *Perspectives on Psychological Science* 3:400–24.

Nussbaum, M. 2001. *Upheavals of Thought: The Intelligence of Emotions*. Cambridge, UK: Cambridge University Press.

O'Connell, C. 2015. *Elephant Don: The Politics of a Pachyderm Posse*. Chicago: University of Chicago Press.

O'Connell, H. E., K. V. Sanjeevan, and J. M. Hutson. 2005. Anatomy of the clitoris. *Journal of Urology* 174:1189–95.

O'Connell, M. 2017. *To Be a Machine*. London: Granta. [『トランスヒューマニズム――人間強化の欲望から不死の夢まで』松浦俊輔訳、作品社、2018]

O'Toole, A. J., et al. 1998. The perception of face gender: The role of stimulus structure in recognition and classification. *Memory and Cognition* 26:146– 60.

O'Toole, A. J., J. Peterson, and K. A. Deffenbacher. 1996. An "other-race effect" for classifying faces by gender. *Perception* 25:669–76.

Oakley, K. 1950. *Man the Tool Maker*. London: Trustees of the British Museum. [『石器時代の技術』国分直一／木村伸義訳、ニュー・サイエンス社、1971]

Orbach, D., and P. Brennan. 2019. Functional morphology of the dolphin clitoris. Presented at Experimental Biology Conference, Orlando, FL.

Ortiz, A. 2020. Diego, the tortoise whose high sex drive helped save his species, retires. *New York Times*, January 12, 2020.

Palagi, E., and E. Demuru. 2017. *Pan paniscus or Pan ludens? Bonobos*, playful attitude and social tolerance. In *Bonobos: Unique in Mind and Behavior*, ed. B. Hare and S. Yamamoto, pp. 65–77. Oxford: Oxford University Press.

Palagi, E., et al. 2020. Mirror replication of sexual facial expressions increases the success of sexual contacts in bonobos. *Scientific Reports* 10:18979.

Palagi, E., T. Paoli, and S. Borgognini. 2004. Reconciliation and consolation in captive bonobos (*Pan paniscus*). *American Journal of Primatology* 62:15–30.

Paresky, P. B. 2019. What's the problem with "traditional masculinity"? The frenzy about the APA

laevis Daudin. *Journal of Comparative Physiology B* 159:473–80.
Meston, C. M., and D. M. Buss. 2007. Why humans have sex. *Archives of Sexual Behavior* 36:477–507.
Meyer-Bahlburg, H. F. L. 2005. Gender identity outcome in female-raised 46, XY persons with penile agenesis, cloacal exstrophy of the bladder, or penile ablation. *Archives of Sexual Behavior* 34:423–38.
Michele, A., and T. Fisher. 2003. Truth and consequences: Using the bogus pipeline to examine sex differences in self-reported sexuality. *Journal of Sex Research* 40:27–35.
Midgley, M. 1995. *Beast and Man: The Roots of Human Nature*. London: Routledge.
———. 2010. *The Solitary Self: Darwin and the Selfish Gene*. Durham, UK: Acumen.
Mitani, J. C., and T. Nishida. 1993. Contexts and social correlates of long-distance calling by male chimpanzees. *Animal Behaviour* 45:735–46.
Mitchell, R. W., ed. 2002. *Pretending and Imagination in Animals and Children*. Cambridge, UK: Cambridge University Press.
Money, J., J. G. Hampson, and J. Hampson. 1955. An examination of some basic sexual concepts: The evidence of human hermaphroditism. *Bulletin of Johns Hopkins Hospital* 97:301–19.
Montagu, M. F. A. 1962. *The Natural Superiority of Women*. New York: Macmillan. [『女はすぐれている』中山善之訳、平凡社、1975]
———, ed. 1973. *Man and Aggression*. New York: Oxford University Press.
Morgan, M. H., and D. R. Carrier. 2013. Protective buttressing of the human fist and the evolution of hominin hands. *Journal of Experimental Biology* 216:236–44.
Morris, D. 1977. *Manwatching: A Field Guide to Human Behavior*. London: Jonathan Cape. [『マンウォッチング』藤田統訳、小学館文庫、2007、他]
———. 2017 (orig. 1967). *The Naked Ape: A Zoologist's Study of the Human Animal*. London: Penguin. [『裸のサル――動物学的人間像』改訂版　日髙敏隆訳、角川文庫、1999、他]
Morris, J. 1974. *Conundrum*. New York: New York Review of Books. [『苦悩――ある性転換者の告白』竹内泰之訳、立風書房、1976]
Morrison, T. 2019. Goodness. *New York Times Book Review*, September 8, 2019, pp. 16–17.
Moscovice, L. R., et al. 2019. The cooperative sex: Sexual interactions among female bonobos are linked to increases in oxytocin, proximity, and coalitions. *Hormones and Behavior* 116:104581.
Moye, D. 2019. Speech coach has a theory on Theranos CEO Elizabeth Holmes and her deep voice. *Huffington Post*, April 11, 2019.
Muller, M. N., et al. 2011. Sexual coercion by male chimpanzees shows that female choice may be more apparent than real. *Behavioral Ecology and Sociobiology* 65:921–33.
Muller, M. N., S. M. Kahlenberg, and R. W. Wrangham. 2009. Male Aggression against females and sexual coercion in chimpanzees. In *Sexual Coercion in Primates and Humans: An Evolutionary Perspective on Male Aggression Against Females*, ed. M. N. Muller and R. W. Wrangham, pp. 184–217. Cambridge, MA: Harvard University Press.
Murphy, S. M. 1992. *A Delicate Dance: Sexuality, Celibacy, and Relationships Among Catholic Clergy and Religious*. New York: Crossroad.
Murray, C. M., E. Wroblewski, and A. E. Pusey. 2007. New case of intragroup infanticide in the chimpanzees of Gombe National Park. *International Journal of Primatology* 28:23–37.
Musgrave, S., et al. 2016. Tool transfers are a form of teaching among chimpanzees. *Scientific Reports* 6:34783.
Musgrave, S., et al. 2020. Teaching varies with task complexity in wild chimpanzees. *Proceedings of the National Academy of Sciences USA* 117:969–76.

Maggioncalda, A. N., N. M. Czekala, and R. M. Sapolsky. 2002. Male orangutan subadulthood: A new twist on the relationship between chronic stress and developmental arrest. *American Journal of Physical Anthropology* 118:25–32.
Maglaty, J. 2011. When did girls start wearing pink? *Smithsonian*, April 7, 2011.
Mann, D. 2017. *Become the Alpha Male: How to Be an Alpha Male, Dominate in Both the Boardroom and Bedroom, and Live the Life of a Complete Badass*. Independently published.
Maple, T. 1980. *Orangutan Behavior*. New York: Van Nostrand Reinhold.
Marshall, P., A. Bartolacci, and D. Burke. 2020. Human face tilt is a dynamic social signal that affects perceptions of dimorphism, attractiveness, and dominance. *Evolutionary Psychology* 18:1–15.
Martin, C. L., and R. A. Fabes. 2001. The stability and consequences of young children's same-sex peer interactions. *Developmental Psychology* 37:431–46.
Martin, R. D. 2019. No substitute for sex: "Gender" and "sex" have very different meanings. *Psychology Today*, August 20, 2019.
Maslow, A. 1936. The role of dominance in the social and sexual behavior of infra-human primates. *Journal of Genetic Psychology* 48:261–338 and 49:161–98.
Massen, J. J. M., et al. 2010. Generous leaders and selfish underdogs: Prosociality in despotic macaques. *PLoS ONE* 5:e9734.
Mast, M. S. 2002. Female dominance hierarchies: Are they any different from males'? *Personality and Social Psychology Bulletin* 28:29–39.
———. 2004. Men are hierarchical, women are egalitarian: An implicit gender stereotype. *Swiss Journal of Psychology* 62:107–11.
Matevia, M. L., F. G. P. Patterson, and W. A. Hillix. 2002. Pretend play in a signing gorilla. In *Pretending and Imagination in Animals and Children*, ed. R. W. Mitchell, pp. 285–306. Cambridge, UK: Cambridge University Press.
Matsuzawa, T. 1997. The death of an infant chimpanzee at Bossou, Guinea. *Pan Africa News* 4:4–6.
Mayhew, R. 2004. *The Female in Aristotle's Biology: Reason or Rationalization*. Chicago: University of Chicago Press.
Mayr, E. 1982. *The Growth of Biological Thought*. Cambridge, MA: Harvard University Press.
McAlone, N. 2015. Here's how Janet Jackson's infamous "nipplegate" inspired the creation of YouTube. *Business Insider*, October 3, 2015.
McBee, T. P. 2016. Until I was a man, I had no idea how good men had it at work. *Quartz*, May 13, 2016.
McCann, S. J. H. 2001. Height, social threat, and victory margin in presidential elections (1894–1992). *Psychological Reports* 88:741–42.
McCarthy, M. M. 2016. Multifaceted origins of sex differences in the brain. *Philosophical Transactions of the Royal Society B* 371:20150106.
McCloskey, D. N. 1999. *Crossing: A Memoir*. Chicago: University of Chicago Press.［『性転換——53歳で女性になった大学教授』野中邦子訳、文春文庫、2001］
McElwain, G. S. 2020. *Mary Midgley: An Introduction*. London: Bloomsbury.
McGrew, W. C. 1992. *Chimpanzee Material Culture*. Cambridge, UK: Cambridge University Press.［『文化の起源をさぐる——チンパンジーの物質文化』足立薫／鈴木滋訳、中山書店、1996］
McGrew, W. C., and L. F. Marchant. 1998. Chimpanzee wears a knotted skin "necklace." *Pan African News* 5:8–9.
Mead, M. 2001 (orig. 1949). *Male and Female*. New York: Perennial.［『男性と女性——移りゆく世界における両性の研究』上下巻　田中寿美子／加藤秀俊訳、東京創元社、1961］
Merkle, S. 1989. Sexual differences as adaptation to the different gender roles in the frog Xenopus

Lemaître, J.-F., et al. 2020. Sex differences in adult lifespan and aging rates of mortality across wild mammals. *Proceedings of the National Academy of Sciences USA* 117:8546–53.
Lerner, R. M. 1978. Nature, nurture, and dynamic interactionism. *Human Development* 21:1–20.
Lethmate, J., and G. Dücker. 1973. Untersuchungen zum Selbsterkennen im Spiegel bei Orang-Utans und einigen anderen Affenarten. *Zeitschrift für Tierpsychologie* 33:248–69 (German).
LeVay, S. 1991. A difference in hypothalamic structure between homosexual and heterosexual men. *Science* 253:1034–37.
———. 1996. *Queer Science: The Use and Abuse of Research into Homosexuality*. Cambridge, MA: MIT Press. [『クィア・サイエンス——同性愛をめぐる科学言説の変遷』伏見憲明監修、玉野真路/岡田太郎訳、勁草書房、2002]
Lever, J. 1976. Sex differences in the games children play. *Social Problems* 23:478–87.
Lévi-Strauss, C. 1969 (orig. 1949). *The Elementary Structures of Kinship*. Boston: Beacon Press.
Lewis, R. J. 2018. Female power in primates and the phenomenon of female dominance. *Annual Review of Anthropology* 47:533–51.
Leyk, D., et al. 2007. Hand-grip strength of young men, women and highly trained female athletes. *European Journal of Applied Physiology* 99:415–21.
Lindegaard, M. R., et al. 2017. Consolation in the aftermath of robberies resembles post-aggression consolation in chimpanzees. *PLoS ONE* 12:e0177725.
Linden, E. 2002. The wife beaters of Kibale. *Time* 160:56–57.
Lindenfors, P., J. L. Gittleman, and K. E. Jones. 2007. Sexual size dimorphism in mammals. In *Evolutionary Studies of Sexual Size Dimorphism*, ed. D. J. Fairbairn, W. U. Blanckenhorn, and T. Szekely, pp. 16–26. Oxford: Oxford University Press.
Lloyd, E. A. 2005. *The Case of the Female Orgasm: Bias in the Science of Evolution*. Cambridge, MA: Harvard University Press.
Lonsdorf, E. V., L. E. Eberly, and A. E. Pusey. 2004. Sex differences in learning in chimpanzees. *Nature* 428:715–16.
Lonstein, J. S., and G. J. de Vries. 2000. Sex differences in the parental behavior of rodents. *Neuroscience and Biobehavioral Reviews* 24:669–86.
Losin, E. A., et al. 2012. Own-gender imitation activates the brain's reward circuitry. *Social Cognitive and Affective Neuroscience* 7:804–10.
Ludwig, A. M. 2002. *King of the Mountain: The Nature of Political Leadership*. Lexington: University Press of Kentucky.
Luef, E. M., T. Breuer, and S. Pika. 2016. Food-associated calling in gorillas (*Gorilla g. gorilla*) in the wild. *PLoS ONE* 11:e0144197.
Lundström, J. N., et al. 2013. Maternal status regulates cortical responses to the body odor of newborns. *Frontiers in Psychology* 4:597.
Lutchmaya, S., and S. Baron-Cohen. 2002. Human sex differences in social and non-social looking preferences, at 12 months of age. *Infant Behavior and Development* 25:319–25.
Maccoby, E. E. 1998. *The Two Sexes: Growing up Apart, Coming Together*. Cambridge, MA: Belknap Press.
MacDonald, K., and R. D. Parke. 1986. Parent-child physical play: The effects of sex and age of children and parents. *Sex Roles* 15:367–78.
Maerker, A. 2005. Scenes from the museum: The hermaphrodite monkey and stage management at La Specola. *Endeavour* 29:104–8.
Maestripieri, D., and S. Pelka. 2002. Sex differences in interest in infants across the lifespan: A biological adaptation for parenting? *Human Nature* 13:327–44.

Philadelphia: Saunders. [『人間に於ける男性の性行為』上下巻　永井潜／安藤画一訳、コスモポリタン社、1950]

Kirkpatrick, M. 1987. Clinical implications of lesbian mother studies. *Journal of Homosexuality* 14:201–11.

Klofstad, C. A., R. C. Anderson, and S. Peters. 2012. Sounds like a winner: Voice pitch influences perception of leadership capacity in both men and women. *Proceedings of the Royal Society B* 279:2698–704.

Knott, C. D., and S. Kahlenberg. 2007. Orangutans in perspective: Forced copulations and female mating resistance. In *Primates in Perspective*, ed. S. Bearder et al., pp. 290–305. New York: Oxford University Press.

Köhler, W. 1925. *The Mentality of Apes*. New York: Vintage.

Konner, M. J. 1976. Maternal care, infant behavior, and development among the !Kung. In *Kalahari Hunter Gatherers*, ed. R. B. Lee and I. DeVore, pp. 218–45. Cambridge, MA: Harvard University Press.

Konner, M. J. 2015. *Women After All: Sex, Evolution, and the End of Male Supremacy*. New York: Norton.

Koski, S. E., K. Koops, and E. H. M. Sterck. 2007. Reconciliation, relationship quality, and postconflict anxiety: Testing the integrated hypothesis in captive chimpanzees. *American Journal of Primatology* 69:158–72.

Kret, M. E., and M. Tomonaga. 2016. Getting to the bottom of face processing: Species-specific inversion effects for faces and behinds in humans and chimpanzees (*Pan troglodytes*). *PLoS ONE* 11:e0165357.

Krupenye, C., et al. 2016. Great apes anticipate that other individuals will act according to false beliefs. *Science* 354:110–14.

Kummer, H. 1971. *Primate Societies: Group Techniques of Ecological Adaptation*. Chicago: Aldine. [『霊長類の社会 ――サルの集団生活と生態的適応』水原洋城訳、現代教養文庫、1978年]

———. 1995. *In Quest of the Sacred Baboon: A Scientist's Journey*. Princeton, NJ: Princeton University Press.

Lafreniere, P. 2011. Evolutionary functions of social play: Life histories, sex differences, and emotion regulation. *American Journal of Play* 3:464–88.

Lagerspetz, K. M., et al. 1988. Is indirect aggression typical of females? *Aggressive Behavior* 14:403–14.

Lamb, M. E., and D. Oppenheim. 1989. Fatherhood and father-child relationships: Five years of research. In *Fathers and Their Families*, ed. S. H. Cath et al., pp. 11–26. Hillsdale, NJ: Analytic Press.

Lancaster, J. B. 1971. Play-mothering: The relations between juvenile females and young infants among free-ranging vervet monkeys (*Cercopithecus aethiops*). *Folia primatologica* 15:161–82.

Långström, N., et al. 2010. Genetic and environmental effects on same-sex sexual behavior: A population study of twins in Sweden. *Archives of Sexual Behavior* 39:75–80.

Lappan, S. 2008. Male care of infants in a siamang population including socially monogamous and polyandrous groups. *Behavioral Ecology and Sociobiology* 62:1307–17.

Laqueur, T. W. 1990. *Making Sex: Body and Gender from the Greeks to Freud*. Cambridge, MA: Harvard University Press. [『セックスの発明――性差の観念史と解剖学のアポリア』高井宏子／細谷等訳、工作舎、1998]

Leavitt, H. J. 2003. Why hierarchies thrive. *Harvard Business Review*, March 2003.

Leca, J.-B., N. Gunst, and P. L. Vasey. 2014. Male homosexual behavior in a free-ranging all-male group of Japanese macaques at Minoo, Japan. *Archives of Sexual Behavior* 43:853–61.

Evolution 10:10325–42.
Horner, V., and F. B. M. de Waal. 2009. Controlled studies of chimpanzee cultural transmission. *Progress in Brain Research* 178:3–15.
Horner, V., D. J. Carter, M. Suchak, and F. B. M. de Waal. 2011. Spontaneous prosocial choice by chimpanzees. *Proceedings of the Academy of Sciences USA* 108:13847–51.
Horner, V., et al. 2010. Prestige affects cultural learning in chimpanzees. *PLoS ONE* 5:e10625.
Hrdy, S. B. 1977. *The Langurs of Abu: Female and Male Strategies of Reproduction*. Cambridge, MA: Harvard University Press.
———. 1981. *The Woman That Never Evolved*. Cambridge, MA: Harvard University Press. [『女性の進化論』加藤泰建／松本亮三訳、思索社、1989、他]
———. 1999. *Mother Nature: A History of Mothers, Infants, and Natural Selection*. New York: Pantheon. [『マザー・ネイチャー——「母親」はいかにヒトを進化させたか』上下巻　塩原通緒訳、早川書房、2005]
———. 2000. The optimal number of fathers: Evolution, demography, and history in the shaping of female mate preferences. *Annals of the New York Academy of Sciences* 907:75–96.
———. 2009. *Mothers and Others: The Evolutionary Origins of Mutual Understanding*. Cambridge, MA: Belknap Press.
Hyde, J. S., and J. DeLamater. 1997. *Understanding Human Sexuality*. New York: McGraw-Hill.
Hyde, J. S., et al. 2008. Gender similarities characterize math performance. *Science* 321:494–95.
Idani, G. 1990. Relations between unit-groups of bonobos at Wamba, Zaire: Encounters and temporary fusions. *African Study Monographs* 11:153– 86.
———. 1993. A bonobo orphan who became a member of the wild group. *Primate Research* 9:97–105.
Jabbour, J., et al. 2020. Robust evidence for bisexual orientation among men. *Proceedings of the National Academy of Sciences USA* 117:18369–77.
Jadva, V., M. Hines, and S. Golombok. 2010. Infants' preferences for toys, colors, and shapes: Sex differences and similarities. *Archives of Sexual Behavior* 39:1261–73.
Jannini, E. A., O. Buisson, and A. Rubio-Casillas. 2014. Beyond the G-spot: Clitourethrovaginal complex anatomy in female orgasm. *Nature Reviews Urology* 11:531–38.
Jolly, A. 1999. *Lucy's Legacy: Sex and Intelligence in Human Evolution*. Cambridge, MA: Harvard University Press.
Jones, A. 2002. Gender and genocide in Rwanda. *Journal of Genocide Research* 4:65–94.
Jones, L. K., B. M. Jennings, M. Higgins, and F. B. M. de Waal. 2018. Ethological observations of social behavior in the operating room. *Proceedings of the National Academy of Sciences USA* 115:7575–80.
Jordan-Young, R. M., and K. Karkazis. 2019. *Testosterone: An Unauthorized Biography*. Cambridge, MA: Harvard University Press.
Kahlenberg, S. M., and R. W. Wrangham. 2010. Sex differences in chimpanzees' use of sticks as play objects resemble those of children. *Current Biology* 20:R1067–68.
Kahneman, D. 2013. *Thinking, Fast and Slow*. New York: Farrar, Straus and Giroux. [『ファスト&スロー——あなたの意思はどのように決まるか?』上下巻　村井章子訳、ハヤカワ文庫NF、2014、他]
Kano, T. 1992. *The Last Ape: Pygmy Chimpanzee Behavior and Ecology*. Stanford, CA: Stanford University Press. [『最後の類人猿——ピグミーチンパンジーの行動と生態』加納隆至、どうぶつ社、1986年]
———. 1998. Comments on C. B. Stanford. *Current Anthropology* 39:410–11.
Killen, M., and E. Turiel. 1991. Conflict resolution in preschool social interactions. *Early Education and Development* 2:240–55.
Kinsey, A. C., W. R. Pomeroy, and C. E. Martin. 1948. *Sexual Behavior in the Human Male*.

Hallal, P. C., et al. 2012. Global physical activity levels: Surveillance progress, pitfalls, and prospects. *Lancet* 380:247–57.

Halley, J. E. 1994. Sexual orientation and the politics of biology: A critique of the argument from immutability. *Stanford Law Review* 46:503–68.

Haraway, D. 1989. *Primate Visions: Gender, Race, and Nature in the World of Modern Science*. New York: Routledge.

Harlan, R. 1827. Description of a hermaphrodite orang outang. *Proceedings of the Academy of Natural Sciences Philadelphia* 5:229–36.

Harris, J. R. 1998. *The Nurture Assumption: Why Children Turn Out the Way They Do*. London: Bloomsbury. [『子育ての大誤解――子どもの性格を決定するものは何か』石田理恵訳、早川書房、2000年]

Harrison, J., et al. 2011. Belzec, Sobibor, Treblinka: Holocaust Denial and Operation Reinhard. *Holocaust Controversies*, http://holocaustcontroversies.blogspot.com/2011/12/belzec-sobibor-treblinka-holocaust.html.

Haselton, M. G., et al. 2007. Ovulatory shifts in human female ornamentation: Near ovulation, women dress to impress. *Hormones and Behavior* 51:40–45.

Hassett, J. M., E. R. Siebert, and K. Wallen. 2008. Sex differences in rhesus monkey toy preferences parallel those of children. *Hormones and Behavior* 54:359–64.

Hawkes, K., and J. E. Coxworth. 2013. Grandmothers and the evolution of human longevity: A review of findings and future directions. *Evolutionary Anthropology* 22:294–302.

Hayes, C. 1951. *The Ape in Our House*. New York: Harper. [『密林から来た養女――チンパンジーを育てる』新装版、林寿郎訳、法政大学出版局、1971、他]

Hecht, E. E., et al. 2021. Sex differences in the brains of capuchin monkeys. *Journal of Comparative Neurology* 2:327–39.

Henrich, J., and F. J. Gil-White. 2001. The evolution of prestige: Freely conferred deference as a mechanism for enhancing the benefits of cultural transmission. *Evolution and Human Behavior* 22:165–96.

Herman, R. A., M. A. Measday, and K. Wallen. 2003. Sex differences in interest in infants in juvenile rhesus monkeys: Relationship to prenatal androgen. *Hormones and Behavior* 43:573–83.

Herschberger, R. 1948. *Adam's Rib*. New York: Harper and Row.

Hesse, M. 2019. Elizabeth Holmes's weird, possibly fake baritone is actually her least baffling quality. *Washington Post*, March 21, 2019.

Hill, S. E., R. P. Proffitt Levya, and D. J. DelPriore. 2016. Absent fathers and sexual strategies. *Psychologist* 29:436–39.

Hines, M. 2011. Gender development and the human brain. *Annual Review of Neuroscience* 34:69–88.

Hockings, K. J., J. R. Anderson, and T. Matsuzawa. 2006. Road crossing in chimpanzees: A risky business. *Current Biology* 16:668–70.

Hockings, K. J., et al. 2007. Chimpanzees share forbidden fruit. *PLoS ONE* 9:e886.

Hohmann, G., and B. Fruth. 2011. Is blood thicker than water? In *Among African Apes*, ed. M. M. Robbins and C. Boesch, pp. 61–76. Berkeley: University of California Press.

Hopkins, W. D. 2004. Laterality in maternal cradling and infant positional biases: Implications for the development and evolution of hand preferences in nonhuman primates. *International Journal of Primatology* 25:1243–65.

Hopkins, W. D., and M. de Lathouwers. 2006. Left nipple preferences in infant *Pan paniscus* and *P. troglodytes*. *International Journal of Primatology* 27:1653–62.

Hoquet, T., et al. 2020. Bateman's data: Inconsistent with "Bateman's Principles." *Ecology and*

谷川寿一訳、新曜社、1999]
Ganna, A., et al. 2019. Large-scale GWAS reveals insights into the genetic architecture of same-sex sexual behavior. *Science* 365:eaat7693.
Garcia-Falgueras, A., and D. F. Swaab. 2008. A sex difference in the hypothalamic uncinate nucleus: Relationship to gender identity. *Brain* 131:3132–46.
Gavrilets, S., and W. R. Rice. 2006. Genetic models of homosexuality: Generating testable predictions. *Proceedings of the Royal Society B* 273:3031–38.
Ghiselin, M. 1974. *The Economy of Nature and the Evolution of Sex*. Berkeley: University of California Press.
Goldfoot, D. A., et al. 1980. Behavioral and physiological evidence of sexual climax in the female stump-tailed macaque. *Science* 208:1477–79.
Goldhagen, D. J. 1996. *Hitler's Willing Executioners: Ordinary Germans and the Holocaust*. New York: Knopf. [『普通のドイツ人とホロコースト——ヒトラーの自発的死刑執行人たち』望田幸男監訳、北村浩／土井浩／高橋博子／本田稔訳、ミネルヴァ書房、2007]
Goldsborough, Z., et al. 2020. Do chimpanzees console a bereaved mother? *Primates* 61:93–102.
Goldstein, J. S. 2001. *War and Gender: How Gender Shapes the War System and Vice Versa*. Cambridge, UK: Cambridge University Press.
Goodall, J. 1979. Life and death at Gombe. *National Geographic* 155:592–621.
———. 1986. *The Chimpanzees of Gombe: Patterns of Behavior*. Cambridge, MA: Belknap Press. [『野生チンパンジーの世界』新装版、杉山幸丸／松沢哲郎監訳、ミネルヴァ書房、2017、他]
Gould, S. J. 1977. *Ontogeny and Phylogeny*. Cambridge, MA: Belknap Press. [『個体発生と系統発生——進化の観念史と発生学の最前線』仁木帝都／渡辺政隆訳、工作舎、1987]
———. 1993. Male nipples and clitoral ripples. *Columbia: Journal of Literature and Art* 20:80–96.
Gowaty, P. A. 1997. Introduction: Darwinian Feminists and Feminist Evolutionists. In *Feminism and Evolutionary Biology*, ed. P. A. Gowaty, pp. 1–17. New York: Chapman and Hall.
Gowaty, P. A., Y.-K. Kim, and W. W. Anderson. 2012. No evidence of sexual selection in a repetition of Bateman's classic study of *Drosophila melanogaster*. *Proceedings of the National Aacademy of Sciences USA* 109:11740–45.
Grammer, K., L. Renninger, and B. Fischer. 2005. Disco clothing, female sexual motivation, and relationship status: Is she dressed to impress? *Journal of Sex Research* 41:66–74.
Grawunder, S., et al. 2018. Higher fundamental frequency in bonobos is explained by larynx morphology. *Current Biology* 28:R1188–89.
Gray, J. 1992. *Men Are from Mars, Women Are from Venus: A Practical Guide for Improving Communication and Getting What You Want in Your Relationships*. New York: HarperCollins. [『ベスト・パートナーになるために——男は火星から、女は金星からやってきた』大島渚訳、三笠書房、2013、他]
Greenberg, D. 1988. *The Construction of Homosexuality*. Chicago: University of Chicago Press.
Gülgöz, S., et al. 2019. Similarity in transgender and cisgender children's gender development. *Proceedings of the National Academy of Sciences USA* 116:24480–85.
Gutmann, M. C. 1997. Trafficking in men: The anthropology of masculinity. *Annual Review of Anthropology* 26:385–409.
Haig, D. 2004. The inexorable rise of gender and the decline of sex: Social change in academic titles, 1945–2001. *Archives of Sexual Behavior* 33:87–96.
Hall, J. A. 2011. Sex differences in friendship expectations: A meta-analysis. *Journal of Social and Personal Relationships* 28:723–47.
Hall, K. R. L., and I. DeVore. 1965. Baboon social behavior. In *Primate Behavior: Field Studies of Monkeys and Apes*, ed. I. DeVore, pp. 53–110. New York: Holt, Rinehart and Winston.

Press.
Fausto-Sterling, A. 1993. The five sexes: Why male and female are not enough. *The Sciences* 33:20–24.
Fedigan, L. M. 1982. *Primate Paradigms: Sex Roles and Social Bonds*. Montreal: Eden Press.
———. 1994. Science and the successful female: Why there are so many women primatologists. *American Anthropologist* 96:529–40.
Feldblum, J. T., et al. 2014. Sexually coercive male chimpanzees sire more offspring. *Current Biology* 24:2855–60.
Feldman, R., K. Braun, and F. A. Champagne. 2019. The neural mechanisms and consequences of paternal caregiving. *Nature Reviews Neuroscience* 20:205–24.
FeldmanHall, O., et al. 2016. Moral chivalry: Gender and harm sensitivity predict costly altruism. *Social Psychological and Personality Science* 7:542–51.
Finch, C. 2016. Compassionate ostrich offers comfort to baby elephants at orphaned animal sanctuary. *My Modern Met*, October 8, 2016.
Flack, J. C., D. C. Krakauer, and F. B. M. de Waal. 2005. Robustness mechanisms in primate societies: A perturbation study. *Proceedings of the Royal Society London B* 272:1091–99.
Flanagan, J. 1989. Hierarchy in simple "egalitarian" societies. *Annual Review of Anthropology* 18:245–66.
Flemming, A. S., et al. 2002. Mothering begets mothering: The transmission of behavior and its neurobiology across generations. *Pharmacology, Biochemistry and Behavior* 73:61–75.
Flores, A. R., et al. 2016. *How Many Adults Identify as Transgender in the United States?* Los Angeles: UCLA Williams Institute.
Foerster, S., et al. 2016. Chimpanzee females queue but males compete for social status. *Scientific Reports* 6:35404.
Ford, C. S., and F. A. Beach. 1951. *Patterns of Sexual Behavior*. New York: Harper and Brothers. [『人間と動物の性行動——比較心理学的研究』小原秀雄訳、新思潮社、1967]
Forman, J., et al. 2019. Automobile injury trends in the contemporary fleet: Belted occupants in frontal collisions. *Traffic Injury Prevention* 20:607–12.
Forrester, G. S., et al. 2019. The left cradling bias: An evolutionary facilitator of social cognition? *Cortex* 118:116–31.
Foster, M. W., et al. 2009. Alpha male chimpanzee grooming patterns: Implications for dominance "style." *American Journal of Primatology* 71:136–44.
Fraser, O. N., and F. Aureli. 2008. Reconciliation, consolation and postconflict behavioral specificity in chimpanzees. *American Journal of Primatology* 70:1114–23.
French, M. 1985. *Beyond Power: On Women, Men, and Morals*. New York: Ballantine Books.
Frumin, I., et al. 2015. A social chemosignaling function for human handshaking. *eLife* 4:e05154.
Fry, D. P. 2006. *The Human Potential for Peace*. New York: Oxford University Press.
———. 2013. *War, Peace, and Human Nature: The Convergence of Evolutionary and Cultural Views*. Oxford: Oxford University Press.
Fujita, S., and E. Inoue. 2015. Sexual behavior and mating strategies. In *Mahale Chimpanzees: 50 Years of Research*, ed. M. Nakamura et al. Cambridge, UK: Cambridge University Press.
Furuichi, T. 2019. *Bonobo and Chimpanzee: The Lessons of Social Coexistence*. Singapore: Springer Nature.
Furuichi, T., et al. 2014. Why do wild bonobos not use tools like chimpanzees do? *Behaviour* 152:425–60.
Galdikas, B. M. F. 1995. *Reflections of Eden: My Years with the Orangutans of Borneo*. Boston: Little, Brown. [『オランウータンとともに——失われゆくエデンの園から』上下巻　杉浦秀樹／斉藤千映美／長

The significance of parental absence versus parental gender. *Journal of Research in Crime and Delinquency* 41:58–81.

Denworth, L. 2020. *Friendship: The Evolution, Biology, and Extraordinary Power of Life's Fundamental Bond*. New York: Norton.

Derks, B., et al. 2018. De keuze van vrouwen voor deeltijd is minder vrij dan we denken. *Sociale Vraagstukken*, November 23, 2018 (Dutch).

Derntl, B., et al. 2010. Multidimensional assessment of empathic abilities: Neural correlates and gender differences. *Psychoneuroendocrinology* 35:67–82.

Despret, V. 2009. Culture and gender do not dissolve into how scientists "read" nature: Thelma Rowell's heterodoxy. In *Rebels of Life: Iconoclastic Biologists in the Twentieth Century*, ed. O. Harman and M. Friedrich, pp. 340–55. New Haven, CT: Yale University Press.

Diamond, J. 1992. *The Third Chimpanzee: The Evolution and Future of the Human Animal*. New York: HarperCollins. [『第三のチンパンジー——人類進化の栄光と翳り』上下巻　長谷川眞理子／長谷川寿一訳、日経ビジネス人文庫、2022、他]

Diamond, M., and H. K. Sigmundson. 1997. Sex reassignment at birth: Long-term review and clinical implications. *Archives of Pediatrics and Adolescent Medicine* 151:298–304.

Dienske, H., W. van Vreeswijk, and H. Koning. 1980. Adequate mothering by partially isolated rhesus monkeys after observation of maternal care. *Journal of Abnormal Psychology* 89:489–92.

Diogo, R., J. L. Molnar, and B. Wood. 2017. Bonobo anatomy reveals stasis and mosaicism in chimpanzee evolution, and supports bonobos as the most appropriate extant model for the common ancestor of chimpanzees and humans. *Scientific Reports* 7:608.

DiPietro, J. A. 1981. Rough and tumble play: A function of gender. *Developmental Psychology*, 17:50–58.

Dixon, A. 2010. Homosexual behaviour in primates. In *Animal Homosexuality: A Biosocial Perspective*, ed. A. Poiani, pp. 381–99. Cambridge, UK: Cambridge University Press.

Eckes, T., and H. M. Trautner, eds. 2000. *The Developmental Social Psychology of Gender*. New York: Psychology Press.

Edwards, C. P. 1993. Behavioral sex differences in children of diverse cultures: The case of nurturance to infants. In *Juvenile Primates: Life History, Development, and Behavior*, ed. M. E. Pereira and L. A. Fairbanks, pp. 327–38. New York: Oxford University Press.

Edwards, C. P. 2005. Children's play in cross-cultural perspective: A new look at the six cultures study. *Cross-Cultural Research* 34:318–38.

Ehmann, B., et al. 2021. Sex-specific social learning biases and learning outcomes in wild orangutans. *PLOS* 19: e3001173.

Ellis, B. J., et al. 2003. Does father absence place daughters at special risk for early sexual activity and teenage pregnancy? *Child Development* 74:801–21.

Fagen, R. 1993. Primate juveniles and primate play. In *Primate Juveniles: Life History, Development, and Behavior*, ed. M. E. Pereira and J. A. Fairbanks, pp. 182–96. New York: Oxford University Press.

Fairbanks, L. A. 1990. Reciprocal benefits of allomothering for female vervet monkeys. *Animal Behaviour* 40:553–62.

———. 1993. Juvenile vervet monkeys: Establishing relationships and practicing skills for the future. In *Juvenile Primates: Life History, Development, and Behavior*, ed. M. E. Pereira and L. A. Fairbanks, pp. 211–27. New York: Oxford University Press.

———. 2000. Maternal investment throughout the life span in Old World monkeys. In *Old World Monkeys*, ed. P. F. Whitehead and C. J. Jolly, pp. 341–67. Cambridge, UK: Cambridge University

———. 1997. *Bonobo: The Forgotten Ape*. Berkeley: University of California Press. [『ヒトに最も近い類人猿ボノボ』藤井留美訳、TBSブリタニカ、2000]
———. 1999. The end of nature versus nurture. *Scientific American* 281:94–99.
———. 2000. Primates: A natural heritage of conflict resolution. *Science* 289:586–90.
———. 2000. Survival of the Rapist. *New York Times*, April 2, 2000.
———. 2001. *The Ape and the Sushi Master: Cultural Reflections by a Primatologist.* New York: Basic Books. [『サルとすし職人——〈文化〉と動物の行動学』西田利貞／藤井留美訳、原書房、2002]
———. 2006. *Primates and Philosophers: How Morality Evolved*, ed. S. Macedo and J. Ober. Princeton, NJ: Princeton University Press.
———. 2007 (orig. 1982). *Chimpanzee Politics: Power and Sex among Apes*. Baltimore, MD: Johns Hopkins University Press. [『チンパンジーの政治学——猿の権力と性』西田利貞訳、産経新聞出版、2006、他]
———. 2008. Putting the altruism back into altruism: The evolution of empathy. *Annual Review of Psychology* 59:279–300.
———. 2009. *The Age of Empathy: Nature's Lessons for a Kinder Society*. New York: Harmony. [『共感の時代へ——動物行動学が教えてくれること』柴田裕之訳、紀伊國屋書店、2010]
———. 2013. *The Bonobo and the Atheist: In Search of Humanism among the Primates*. New York: Norton. [『道徳性の起源——ボノボが教えてくれること』柴田裕之訳、紀伊國屋書店、2014]
———. 2016. *Are We Smart Enough to Know How Smart Animals Are?* New York: Norton. [『動物の賢さがわかるほど人間は賢いのか』松沢哲郎監訳、柴田裕之訳、紀伊國屋書店、2017]
———. 2019. *Mama's Last Hug: Animal Emotions and What They Tell Us About Ourselves*. New York: Norton. [『ママ、最後の抱擁——わたしたちに動物の情動がわかるのか』柴田裕之訳、紀伊國屋書店、2020]
de Waal, F. B. M., and K. E. Bonnie. 2009. In tune with others: The social side of primate culture. In *The Question of Animal Culture*, ed. K. Laland and G. Galef, pp. 19–39. Cambridge, MA: Harvard University Press.
de Waal, F. B. M., K. Leimgruber, and A. R. Greenberg. 2008. Giving is self-rewarding for monkeys. *Proceedings of the National Academy of Sciences USA* 105:13685–89.
de Waal, F. B. M., and L. M. Luttrell. 1985. The formal hierarchy of rhesus monkeys: An investigation of the bared-teeth display. *American Journal of Primatology* 9:73–85.
de Waal, F. B. M., and J. J. Pokorny. 2008. Faces and behinds: Chimpanzee sex perception. *Advanced Science Letters* 1:99–103.
de Waal, F. B. M., and S. D. Preston. 2017. Mammalian empathy: Behavioral manifestations and neural basis. *Nature Reviews: Neuroscience* 18:498–509.
de Waal, F. B. M., and A. van Roosmalen. 1979. Reconciliation and consolation among chimpanzees. *Behavioral Ecology and Sociobiology* 5:55–66.
Deaner, R. O., S. M. Balish, and M. P. Lombardo. 2015. Sex differences in sports interest and motivation: An evolutionary perspective. *Evolutionary Behavioral Sciences* 10:73–97.
Deardorff, J., et al. 2010. Father absence, body mass index, and pubertal timing in girls: Differential effects by family income and ethnicity. *Journal of Adolescent Health* 48:441–47.
Demuru, E., et al. 2020. Foraging postures are a potential communicative signal in female bonobos. *Scientific Reports* 10:15431.
Demuru, E., P. F. Ferrari, and E. Palagi. 2018. Is birth attendance a uniquely human feature? New evidence suggests that bonobo females protect and support the parturient. *Evolution and Human Behavior* 39:502–10.
Demuth, S., and S. L. Brown. 2004. Family structure, family processes, and adolescent delinquency:

massacre-at-monkey-hill.
Churchland, P. S. 2019. *Conscience: The Origins of Moral Intuition*. New York: Norton.
Clay, Z., and F. B. M. de Waal. 2013. Development of socio-emotional competence in bonobos. *Proceedings of the National Academy of Sciences USA* 110:18121–26.
———. 2015. Sex and strife: Post-conflict sexual contacts in bonobos. *Behaviour* 152:313–34.
Coghlan, A. 2008. Gay brains structured like those of the opposite sex. *New Scientist*, June 16, 2008.
Colapinto, J. 2000. *As Nature Made Him: The Boy Who Was Raised as a Girl*. New York: Harper. [『ブレンダと呼ばれた少年——性が歪められた時、何が起きたのか』村井智之訳、扶桑社、2005、他]
Collins, S. A. 2000. Men's voices and women's choices. *Animal Behaviour* 60:773–80.
Connellan, J., et al. 2000. Sex differences in human neonatal social perception. *Infant Behavior and Development* 23:113–18.
Connor, S. 1995. Reflection: Why bishops are like apes. *Independent*, May 18, 1995.
Constable, J. L., et al. 2001. Noninvasive paternity assignment in Gombe chimpanzees. *Molecular Ecology* 10:1279–300.
Coolidge, H. J. 1933. *Pan paniscus*: Pygmy chimpanzee from south of the Congo River. *American Journal of Physical Anthropology* 18:1–57.
Croft, D. P., et al. 2017. Reproductive conflict and the evolution of menopause in killer whales. *Current Biology* 27:298–304.
Cullen, D. 1997. Maslow, monkeys, and motivation theory. *Organization* 4:355–73.
Curie-Cohen, M., et al. 1983. The effects of dominance on mating behavior and paternity in a captive troop of rhesus monkeys. *American Journal of Primatology* 5:127–38.
Daly, M., and M. Wilson. 1988. *Homicide*. Hawthorne, NY: Aldine de Gruyter. [『人が人を殺すとき——進化でその謎をとく』長谷川眞理子/長谷川寿一訳、新思索社、1999]
Damasio, A. R. 1999. *The Feeling of What Happens: Body and Emotion in the Making of Consciousness*. New York: Harcourt. [『意識と自己』田中三彦訳、講談社学術文庫、2018、他]
Davies, N. B. 1992. *Dunnock Behaviour and Social Evolution*. Oxford: Oxford University Press.
Dawkins, R. 1976. *The Selfish Gene*. Oxford: Oxford University Press. [『利己的な遺伝子』40周年記念版　日髙敏隆/岸由二/羽田節子/垂水雄二訳、紀伊國屋書店、2018、他]
de Beauvoir, S. 1973 (orig. 1949). *The Second Sex*. New York: Vintage Books. [『決定版　第二の性』I・II　『第二の性』を原文で読み直す会訳、河出書房新社、2023、他]
de Waal, F. B. M. 1984. Sex differences in the formation of coalitions among chimpanzees. *Ethology and Sociobiology* 5:239–55.
———. 1986. Integration of dominance and social bonding in primates. *Quarterly Review of Biology* 61:459–79.
———. 1987. Tension regulation and nonreproductive functions of sex in captive bonobos. *National Geographic Research* 3:318–35.
———. 1989. *Peacemaking among Primates*, Cambridge, MA: Harvard University Press. [『仲直り戦術——霊長類は平和な暮らしをどのように実現しているか』西田利貞/榎本知郎訳、どうぶつ社、1993]
———. 1993. Sex differences in chimpanzee (and human) behavior: A matter of social values? In *The Origin of Values*, ed. M. Hechter et al., pp. 285–303. New York: Aldine de Gruyter.
———. 1995. Bonobo sex and society. *Scientific American* 272:82–88.
———. 1996a. *Good Natured: The Origins of Right and Wrong in Humans and Other Animals*. Cambridge, MA: Harvard University Press. [『利己的なサル、他人を思いやるサル——モラルはなぜ生まれたのか』西田利貞/藤井留美訳、草思社、1998]
———. 1996b. Conflict as negotiation. In *Great Ape Societies*, ed. W. C. McGrew, et al., pp. 159–72. Cambridge, UK: Cambridge University Press.

Oxford University Press.
Burkett, J. P., et al. 2016. Oxytocin-dependent consolation behavior in rodents. *Science* 351:375–78.
Burton, N. 2015. When homosexuality stopped being a mental disorder. *Psychology Today*, September 18, 2015.
Busse, C. 1980. Leopard and lion predation upon chacma baboons living in the Moremi Wildlife Reserve. *Botswana Notes and Records* 12:15–21.
Butler, J. 1986. Sex and gender in Simone de Beauvoir's *Second Sex*. *Yale French Studies* 72:35–49.
———. 1988. Performative acts and gender constitution: An essay in phenomenology and feminist theory. *Theatre Journal* 40:519–31.
Byne, W., et al. 2001. The interstitial nuclei of the human anterior hypothalamus: An investigation of variation within sex, sexual orientation and HIV status. *Hormones and Behavior* 40:86–92.
Calvert, B. 1975. Plato and the equality of women. *Phoenix* 29:231–43.
Campbell, A. 2004. Female competition: Causes, constraints, content, and contexts. *Journal of Sex Research* 41:16–26.
Carcea, I., et al. 2020. Oxytocin neurons enable social transmission of maternal behavior. *BioRxiv*, www.biorxiv.org/content/10.1101/845495v1.
Carlin, J. 1995. How Newt aped his way to the top. *Independent*, May 30, 1995.
Carosi, M., and E. Visalberghi. 2002. Analysis of tufted capuchin courtship and sexual behavior repertoire: Changes throughout the female cycle and female interindividual differences. *American Journal of Physical Anthropology* 118:11–24.
Carson, R. 1962. *Silent Spring*. New York: Houghton Mifflin.
Carter, A. J., et al. 2018. Women's visibility in academic seminars: Women ask fewer questions than men. *PLoS ONE* 13:e0202743.
Cartmill, M. 1991. Review of *Primate Visions*, by Donna Haraway. *International Journal of Primatology* 12:67–75.
———. 1993. *A View to a Death in the Morning*. Cambridge, MA: Harvard University Press. [『人はなぜ殺すか——狩猟仮説と動物観の文明史』内田亮子訳、新曜社、1995]
Case, T. I., B. M. Repacholi, and R. J. Stevenson. 2006. My baby doesn't smell as bad as yours: The plasticity of disgust. *Evolution and Human Behavior* 27:357– 65.
Cashdan, E. 1998. Are men more competitive than women? *British Journal of Social Psychology* 37:213–29.
Cellerino, A., D. Borghetti, and F. Sartucci. 2004. Sex differences in face gender recognition in humans. *Brain Research Bulletin* 63:443–49.
Chagnon, N. A. 1968. *Yanomamö: The Fierce People*. New York: Holt, Rinehart and Winston.
Chakrabarti, B., and S. Baron-Cohen. 2006. Empathizing: Neurocognitive developmental mechanisms and individual differences. *Progress in Brain Research* 156:403–17.
Chapman, S. N., et al. 2019. Limits to fitness benefits of prolonged post-reproductive lifespan in women. *Current Biology* 29:645–50.
Chernaya, A. 2014. Girls' plays with dolls and doll-houses in various cultures. In *Proceedings from the 21st Congress of the International Association for Cross-Cultural Psychology*, ed. L. T. B. Jackson et al.
Chesler, P. 2002. *Woman's Inhumanity to Woman*. New York: Nation Books.
Chisholm, J. S., et al. 2005. Early stress predicts age at menarche and first birth, adult attachment, and expected lifespan. *Human Nature* 16:233–65.
Christie, A. *1933*. *The Hound of Death and Other Stories*. London: Odhams Press. [『検察側の証人』厚木淳訳、東京創元社、1992]
Christopher, B. 2016. The massacre at Monkey Hill. *Priceonomics*, n.d., priceonomics.com/the-

———. 1998. The influence of gender and parental attitudes on preschool children's interest in babies: Observations in natural settings. *Sex Roles* 38:73–94.

Blaker, N. M., et al. 2013. The height leadership advantage in men and women: Testing evolutionary psychology predictions about the perceptions of tall leaders. *Group Processes and Intergroup Relations* 16:17–27.

Boehm, C. 1993. Egalitarian behavior and reverse dominance hierarchy. *Current Anthropology* 34:227–54.

———. 1994. Pacifying interventions at Arnhem Zoo and Gombe. In *Chimpanzee Cultures*, ed. R. W. Wrangham et al., pp. 211–26. Cambridge, MA: Harvard University Press.

———. 1999. *Hierarchy in the Forest: The Evolution of Egalitarian Behavior*. Cambridge, MA: Harvard University Press.

Boesch, C. 2009. *The Real Chimpanzee: Sex Strategies in the Forest*. Cambridge, UK: Cambridge University Press.

Boesch, C., and H. Boesch-Achermann. 2000. *The Chimpanzees of the Taï Forest: Behavioural Ecology and Evolution*. Oxford: Oxford University Press.

Boesch, C., et al. 2010. Altruism in forest chimpanzees: The case of adoption. *PLoS ONE* 5:e8901.

Bogaert, A. F. 2005. Age at puberty and father absence in a national probability sample. *Journal of Adolescence* 28:541–46.

Bono, A. E. J., et al. 2018. Payoff- and sex-biased social learning interact in a wild primate population. *Current Biology* 28:2800–5.

Boodman, S. G. 2013. Anger management courses are a new tool for dealing with out-of-control doctors. *Washington Post*, March 4, 2013.

Borgmann, K. 2019. The forgotten female: How a generation of women scientists changed our view of evolution. *All About Birds*, June 17, 2019.

Boserup, B., et al. 2020. Alarming trends in US domestic violence during the COVID-19 pandemic. *American Journal of Emergency Medicine* 38:2753–55.

Bouazzouni, N. 2017. *Faiminisme: Quand le sexisme passe à table*. Paris: Nouriturfu (French).

Bowles, S. 2009. Did warfare among ancestral hunter-gatherers affect the evolution of human social behaviors? *Science* 324:1293–98.

Bowles, S., and H. Gintis. 2003. The origins of human cooperation. In *The Genetic and Cultural Origins of Cooperation*, ed. P. Hammerstein, pp. 429–44. Cambridge, MA: MIT Press.

Brainerd, E. 2016. *The Lasting Effect of Sex Ratio Imbalance on Marriage and Family: Evidence from World War II in Russia*. IZA Discussion Paper no. 10130.

Bray, O. E., J. J. Kennelly, and J. L. Guarino. 1975. Fertility of eggs produced on territories of vasectomized red-winged blackbirds. *Wilson Bulletin* 87:187–95.

Bregman, R. 2019. *De Meeste Mensen Deugen: Een Nieuwe Geschiedenis van de Mens*. Amsterdam: De Correspondent (Dutch).

Brewer, G., and S. Howarth. 2012. Sport, attractiveness, and aggression. *Personality and Individual Differences* 53:640–43.

Brewer, N., P. Mitchell, and N. Weber. 2002. Gender role, organizational status, and conflict management styles. *International Journal of Conflict Management* 13:78–94.

Brooker, J. S., C. E. Webb, and Z. Clay. 2021. Fellatio among male sanctuary-living chimpanzees during a period of social tension. *Behaviour* 158:77– 87.

Brownmiller, S. 1975. *Against Our Will: Men, Women and Rape*. New York: Simon and Schuster. [『レイプ・踏みにじられた意思』幾島幸子訳、勁草書房、2000]

Bruce, V., and A. Young 1998. *In the Eye of the Beholder: The Science of Face Perception*. Oxford:

Balliet, D., et al. 2011. Sex differences in cooperation: A meta-analytic review of social dilemmas. *Psychological Bulletin* 137:881–909.

Bao, A.-M., and D. F. Swaab. 2011. Sexual differentiation of the human brain: Relation to gender identity, sexual orientation and neuropsychiatric disorders. *Frontiers in Neuroendocrinology* 32:214–26.

Barrett, L. F., L. Robin, and P. R. Pietromonaco. 1998. Are women the more emotional sex? Evidence from emotional experiences in social context. *Cognition and Emotion* 12:555–78.

Bartal, I. B-A., J. Decety, and P. Mason. 2011. Empathy and pro-social behavior in rats. *Science* 334:1427–30.

Bateman, A. J. 1948. Intra-sexual selection in Drosophila. *Heredity* 2:349–68.

Baumeister, R. F. 2010. The reality of the male sex drive. *Psychology Today*, December 10, 2018.

Baumeister, R. F., K. R. Catanese, and K. D. Vohs. 2001. Is there a gender difference in strength of sex drive? Theoretical views, conceptual distinctions, and a review of relevant evidence. *Personality and Social Psychology Review* 5:242–73.

Baumeister, R. F., K. D. Vohs, and D. C. Funder. 2007. Psychology as the science of self-reports and finger movements: Whatever happened to actual behavior? *Perspectives on Psychological* Science 2:396–403.

Beach, F. A. 1949. A cross-species survey of mammalian sexual behavior. In *Psychosexual Development in Health and Disease*, ed. P. H. Hoch and J. Zubin, pp. 52–78. New York: Grune and Stratton.

Bear, J. B., L. R. Weingart, and G. Todorova. 2014. Gender and the emotional experience of relationship conflict: The differential effectiveness of avoidant conflict management. *Negotiation and Conflict Management Research* 7:213–31.

Beck, B. B. 2019. *Unwitting Travelers: A History of Primate Reintroduction*. Berlin, MD: Salt Water Media.

Beckerman, S., et al. 1998. The Barí Partible Paternity Project: Preliminary results. *Current Anthropology* 39:164–68.

Bednarik, R. G. 2011. *The Human Condition*. New York: Springer.

Benenson, J. F., and A. Christakos. 2003. The greater fragility of females' versus males' closest same-sex friendships. *Child Development* 74:1123–29.

Benenson, J. F., and R. W. Wrangham. 2016. Differences in post-conflict affiliation following sports matches. *Current Biology* 26:2208–12.

Benenson, J. F., et al. 2018. Competition elicits more physical affiliation between male than female friends. *Scientific Reports* 8:8380.

Berard, J. D., P. Nurnberg, J. T. Epplen, and J. Schmidtke. 1994. Alternative reproductive tactics and reproductive success in male rhesus macaques. *Behaviour* 129:177–200.

Berman, E. 1982. *The Compleat Chauvinist: A Survival Guide for the Bedeviled Male*. New York: Macmillan.

Biba, E. 2019. In real life, Simba's mom would be running the pride. *National Geographic*, July 8, 2019.

Birkhead, T. R., and J. D. Biggins. 1987. Reproductive synchrony and extra-pair copulation in birds. *Ethology* 74:320–34.

Björkqvist, K., et al. 1992. Do girls manipulate and boys fight? Developmental trends in regard to direct and indirect aggression. *Aggressive Behavior* 18:117–27.

Black, J. M. 1996. *Partnerships in Birds: The Study of Monogamy*. Oxford: Oxford University Press.

Blakemore, J. E. O. 1990. Children's nurturant interactions with their infant siblings: An exploration of gender differences and maternal socialization. *Sex Roles* 22:43–57.

参考文献

Adriaens, P. R., and A. de Block. 2006. The evolution of a social construction: The case of male homosexuality. *Perspectives in Biology and Medicine* 49:570–85.

Alberts, S. C., J. C. Buchan, and J. Altmann. 2006. Sexual selection in wild baboons: From mating opportunities to paternity success. *Animal Behaviour* 72:1177–96.

Alexander, G. M., and M. Hines. 2002. Sex differences in response to children's toys in nonhuman primates. *Evolution and Human Behavior* 23:467–79.

Algoe, S. B., L. E. Kurtz, and K. Grewen. 2017. Oxytocin and social bonds: The role of oxytocin in perceptions of romantic partners' bonding behavior. *Psychological Science* 28:1763–72.

Alsop, R., A. Fitzsimons, and K. Lennon. 2002. The social construction of gender. In *Theorizing Gender*, ed. R. Alsop, A. Fitzsimons and K. Lennon, pp. 64–93. Malden, MA: Blackwell.

Alter, C. 2020. "Cultural sexism in the world is very real when you've lived on both sides of the coin." Time, n.d., time.com/transgender-men-sexism.

Altmann, J. 1974. Observational study of behavior. *Behaviour* 49:227–65.

André, C. 2006. *Une Tendresse Sauvage*. Paris: Calmann-Lévy (French).

Angier, N. 1997. Bonobo society: Amicable, amorous and run by females. *New York Times*, April 11, 1997, p. C4.

———. 2000. *Woman: An Intimate Geography*. New York: Anchor Books. [『女性のからだの不思議』上下巻　中村桂子／桃井緑美子訳、綜合社、2005]

Ardrey, R. 2014 (orig. 1961). *African Genesis: A Personal Investigation into the Animal Origins and Nature of Man*. N.p.: StoryDesign. [『アフリカ創世記——殺戮と闘争の人類史』徳田喜三郎／森本佳樹／伊沢紘生訳、筑摩書房、1973]

Arendt, H. 1984. *Eichmann in Jerusalem: A Report on the Banality of Evil*. New York: Penguin. [『エルサレムのアイヒマン——悪の陳腐さについての報告』大久保和郎訳、みすず書房、2017、他]

Arnold, K., and A. Whiten. 2001. Post-conflict behaviour of wild chimpanzee in the Budongo Forest, Uganda. *Behaviour* 138:649–90.

Arslan, R. C., et al. 2018. Using 26,000 diary entries to show ovulatory changes in sexual desire and behavior. *Journal of Personality and Social Psychology*. Advance online publication.

Atwood, M. E. 1989. *Cat's Eye*. New York: Doubleday. [『キャッツ・アイ』松田雅子／松田寿一／柴田千秋訳、開文社出版、2016]

Atzil, S., et al. 2012. Synchrony and specificity in the maternal and the paternal brain: Relations to oxytocin and vasopressin. *Journal of the American Academy of Child and Adolescent Psychiatry* 51:798–811.

Aureli, F., and F. B. M. de Waal. 2000. *Natural Conflict Resolution*. Berkeley: University of California Press.

Bachmann, C., and H. Kummer. 1980. Male assessment of female choice in hamadryas baboons. *Behavioral Ecology and Sociobiology* 6:315–21.

Bădescu, J., et al. 2015. Female parity, maternal kinship, infant age and sex influence natal attraction and infant handling in a wild colobine. *American Journal of Primatology* 77:376–87.

Bagemihl, B. 1999. *Biological Exuberance: Animal Homosexuality and Natural Diversity*. New York: St. Martin's.

Bahrampour, T. 2018. Crossing the divide. *Washington Post*, July 20, 2018.

www.youtube.com/watch?v=6MvNisJ7FoQ.
32. Adam Rutherford (2020).
33. Simon LeVay (1996), p. 209.
34. David Greenberg (1988); Pieter Adriaens and Andreas de Block (2006).
35. Malcolm Potts and Roger Short (1999), p. 74.
36. Sergey Gavrilets and William Rice (2006).
37. Benedict Regan et al. (2001).
38. Frans de Waal (2009); Cammie Finch (2016).
39. Cindy Meston and David Buss (2007).
40. Joan Roughgarden (2017), p. 512.

第13章　二元論の問題点

1. Mary Midgley (1995).
2. Robert Sapolsky (1997); Rebecca Jordan-Young and Katrina Karkazis (2019).
3. Gina Rippon (2019).
4. Simon Baron-Cohen in The gendered brain debate (podcast), How To Academy, n.d., howtoacademy.com/podcasts/the-gendered-brain-debate.
5. Margaret McCarthy (2016); Erin Hecht et al. (2020).
6. Frans de Waal (2001); Victoria Horner and Frans de Waal (2009).
7. The gospel of Thomas, Sacred-Texts.com, www.sacred-texts.com/chr/thomas.htm.
8. Antonio Damasio (1999), p. 143.
9. Brian Calvert (1975); Elizabeth Spelman (1982).
10. Mark O'Connell (2017).
11. Elizabeth Spelman (1982), p. 120.
12. Elizabeth Wilson (1998).

46. Zoë Goldsborough et al. (2020).
47. Christophe Boesch (2009), p. 48.

第12章　同性間のセックス

1. Maggie Hiufu Wong, Incest and affairs of Japan's scandalous penguins, CNN, December 5, 2019, www.cnn.com/travel/article/aquarium-penguins-japan.
2. Douglas Russell et al. (2012).
3. Pinguin-Damen sollen schwule Artgenossen bezirzen, *Kölner Stadt-Anzeiger*, August 1, 2005 (German).
4. *APA Dictionary of Psychology*, 2nd ed. (Washington, DC: American Psycho-logical Association, 2015).
5. *Lawrence v. Texas*, 539 U.S. 558, 2003; Dick Swaab (2010).
6. Jonathan Miller, New love breaks up a 6-year relationship at the zoo, *New York Times*, September 24, 2005.
7. Gwénaëlle Pincemy et al. (2010), p. 1211.
8. Quinn Gawronski, Gay penguins at London aquarium are raising "genderless" chick, September 10, 2019, https://tinyurl.com/car3ce8x.
9. Paul Vasey (1995).
10. Jean-Baptiste Leca et al. (2014).
11. Jake Brooker et al. (2021).
12. Frank Beach (1949).
13. Clellan Ford and Frank Beach (1951); Neel Burton (2015).
14. Bruce Bagemihl (1999); Alan Dixon (2010).
15. Linda Wolfe (1979); Gail Vines (1999).
16. Bruce Bagemihl (1999), p. 117.
17. Frans de Waal (1987) (1997).
18. Takayoshi Kano (1992).
19. Liza Moscovice et al. (2019); Elisabetta Palagi et al. (2020).
20. Zanna Clay and Frans de Waal (2015).
21. Dick Swaab and Michel Hofman (1990); Dick Swaab (2010).
22. E. O. Wilson (1978), p. 167.
23. Simon LeVay (1991); Janet Halley (1994); Elizabeth Wilson (2000).
24. William Byne et al. (2001).
25. Ivanka Savic and Per Lindström (2008); Andy Coghlan (2008).
26. Ivanka Savic et al. (2005); Wen Zhou et al. (2014).
27. Bruce Bagemihl (1999); Charles Roselli et al. (2004).
28. Niklas Långström et al. (2010); Andrea Ganna et al. (2019).
29. Ritch Savin-Williams and Zhana Vrangalova (2013); Jeremy Jabbour et al. (2020).
30. Alfred Kinsey et al. (1948), p. 639.
31. Milton Diamond, Nature loves variety, society hates it, interview, December 24, 2013,

10. Frans de Waal (1996b).
11. William Hopkins (2004); Brenda Todd and Robin Banerjee (2018); Gillian Forrester et al. (2019).
12. William Hopkins and Mieke de Lathouwers (2006).
13. Anthony Volk (2009).
14. Judith Blakemore (1990) and (1998); Dario Maestripieri and Suzanne Pelka (2002).
15. Anna Chernaya (2014), p. 186 での Lev Vygotsky (1935) の引用。
16. 第1章と、Sonya Kahlenberg and Richard Wrangham (2010).
17. Melvin Konner (1976); Carolyn Edwards (1993), p. 331, and (2005).
18. Jane Lancaster (1971), p. 170.
19. Lynn A. Fairbanks (1990) and (1993); Joan Silk (1999); Rebecca Hermann et al. (2003); Ulia Bădescu et al. (2015).
20. Herman Dienske et al. (1980).
21. Alison Flemming et al. (2002); Ioana Carcea et al. (2020).
22. Charles Darwin, Notebook D (1838), https://tinyurl.com/2xbmfjsd, p. 154; Joseph Lonstein and Geert de Vries (2000).
23. Charles Snowdon and Toni Ziegler (2007).
24. Susan Lappan (2008).
25. Kimberley Hockings et al. (2006).
26. Jill Pruetz (2011).
27. Christophe Boesch et al. (2010).
28. Rachna Reddy and John Mitani (2019).
29. Gen'ichi Idani (1993).
30. 分割父性については、第7章を参照のこと。
31. Bhismadev Chakrabarti and Simon Baron-Cohen (2006), p. 408; Linda Rueckert et al. (2011); Frans de Waal and Stephanie Preston (2017).
32. Carolyn Zahn-Waxler et al. (1992).
33. Marie Lindegaard et al. (2017).
34. Martin Schulte-Rüther et al. (2008); Birgit Derntl et al. (2010).
35. Shir Atzil et al. (2012); Ruth Feldman et al. (2019).
36. Sarah Schoppe-Sullivan et al. (2021).
37. Carol Clark, Five surprising facts about fathers, Emory University, http:/news.emory.edu/features/2019/06/five-facts-fathers.
38. James Rilling and Jennifer Mascaro (2017).
39. Margaret Mead (1949), p. 145.
40. Sarah Blaffer Hrdy (2009), p. 109.
41. Frans de Waal (2013), p. 139; Elisa Demuru et al. (2018).
42. Lynn A. Fairbanks (2000).
43. Darren Croft et al. (2017).
44. Kristen Hawkes and James Coxworth (2013); Simon Chapman et al.(2019).
45. Charles Weisbard and Robert Goy (1976).

16. Joshua Goldstein (2001); Dieter Leyk et al. (2007).
17. Alexandra Rosati et al. (2020).
18. Sarah Blaffer Hrdy (1981), p. 129.
19. Anne Campbell (2004).
20. Kirsti Lagerspetz et al. (1988).
21. Rachel Simmons (2002); Emily White (2002); Rosalind Wiseman (2016).
22. Margaret Atwood (1989), p. 166.
23. Kai Björkqvist et al. (1992).
24. Janet Lever (1976); Zick Rubin (1980); Joyce Benenson and Athena Christakos (2003).
25. Joyce Benenson and Richard Wrangham (2016); Joyce Benenson et al. (2018).
26. Frans de Waal and Angeline van Roosmalen (1979).
27. Filippo Aureli and Frans de Waal (2000); Frans de Waal (2000); Kate Arnold and Andrew Whiten (2001); Roman Wittig and Christophe Boesch (2005).
28. Frans de Waal (1993); Sonja Koski et al. (2007).
29. Orlaith Fraser and Filippo Aureli (2008).
30. Filippo Aureli and Frans de Waal (2000).
31. Elisabetta Palagi et al. (2004); Zanna Clay and Frans de Waal (2015).
32. Susan Nolen-Hoeksema et al. (2008).
33. Neil Brewer et al. (2002); Julia Bear et al. (2014).
34. Sarah Blaffer Hrdy (2009).
35. Sandra Boodman (2013).
36. Laura Jones et al. (2018).
37. Ingo Titze and Daniel Martin (1998).
38. Monica Hesse (2019); David Moye (2019).
39. Charlotte Riley (2019).
40. Deirdre McCloskey (1999); Tara Bahrampour (2018); Charlotte Alter (2020).
41. Thomas Page McBee (2016).
42. Sarah Collins (2000); David Andrew Puts et al. (2007); Casey Klofstad et al. (2012).
43. Alecia Carter et al. (2018).

第11章　養育

1. Patricia Churchland (2019), p. 22.
2. Trevor Case et al. (2006); Johan Lundström et al. (2013).
3. Inna Schneiderman et al. (2012); Sara Algoe et al. (2017).
4. Christopher Krupenye et al. (2016).
5. Frans de Waal (1996a); Shinya Yamamoto et al. (2009).
6. Stephanie Musgrave et al. (2016).
7. Christophe Boesch and Hedwige Boesch-Achermann (2000); Frans de Waal (2009).
8. Frans de Waal (2008).
9. James Burkett et al. (2016); Frans de Waal and Stephanie Preston (2017).

26. Aaron Sandel et al. (2020).
27. Nancy Vaden-Kierman et al. (1995); Stephen Demuth and Susan Brown (2004); Sarah Hill et al. (2016); The proof is in: Father absence harms children, National Fatherhood Initiative, n.d., www.fatherhood.org/father-absence-statistic.28. Martha Kirkpatrick (1987).
29. Terry Maple (1980); S. Utami Atmoko (2000); Anne Maggioncalda et al. (2002); Carel van Schaik (2004).
30. Sarah Romans et al. (2003); Bruce Ellis et al. (2003); Anthony Bogaert (2005); James Chisholm et al. (2005); Julianna Deardorff et al. (2010).
31. Christophe Boesch (2009).
32. Takeshi Furuichi (1997).
33. Martin Surbeck et al. (2019); Ed Yong (2019).
34. Leslie Peirce (1993).
35. Stewart McCann (2001); Nancy Blaker et al. (2013).
36. Nicholas Kristof, What the pandemic reveals about the male ego, *New York Times*, June 13, 2020.
37. Viktor Reinhardt et al. (1986).
38. Marianne Schmid Mast (2002) and (2004).
39. Christopher Boehm (1993) and (1999); Harold Leavitt (2003).
40. Barbara Smuts (1987); Rebecca Lewis (2018).

第10章　平和の維持

1. Alessandro Cellerino et al. (2004).
2. Cal State Northridge professor charged with peeing on colleague's door, Associated Press, January 27, 2011, https://www.scpr.org/news/2011/01/27/23415/cal-state-northridge-professor-charged-peeing-coll/.
3. Elizabeth Cashdan (1998).
4. Idan Frumin et al. (2015).
5. Shelley Taylor (2002); Lydia Denworth (2020), p.157.
6. Amanda Rose and Karen Rudolph (2006).
7. Jeffrey Hall (2011); Lydia Denworth (2020).
8. Marilyn French (1985), p. 271.
9. Phyllis Chesler (2002).
10. Matthew Gutmann (1997), p. 385; Samuel Bowles (2009).
11. Lionel Tiger (1969), p. 259.
12. Daniel Balliet et al. (2011).
13. *Steve Martin and Martin Short: An Evening You Will Forget for the Rest of Your Life* (Netflix, 2018).
14. Gregory Silber (1986); Caitlin O'Connell (2015).
15. Peter Marshall et al. (2020).

33. Cheryl Brown Travis (2003); Joan Roughgarden (2004).
34. Frans de Waal (2000).
35. Eric Smith et al. (2001).
36. Gert Stulp et al. (2013); George Yancey and Michael Emerson (2016).
37. Aaron Sell et al. (2017).
38. Gayle Brewer and Sharon Howarth (2012); Robert Deaner et al. (2015).
39. Siobhan Heanue, Indian women form a gang and roam their village, punishing men for their bad behaviour, ABC News, August 3, 2019, www.abc.net.au/news/2019-08-04/indian-women-ge -together-to-punish-men-who-wrong-them/11369326.
40. Barbara Smuts (1992); Barbara Smuts and Robert Smuts (1993).
41. Marianne Schnall, Interview with Gloria Steinem on equality, her new memoir, and more, Feminist.com, c. 2016, www.feminist.com/resources/artspeech/interviews/gloriasteineminterview.

第9章　アルファオスとアルファメス

1. Rudolf Schenkel (1947).
2. Elspeth Reeve (2013).
3. ソリー・ズッカーマンについては、第4章を参照のこと。Robert Ardrey (1961), p. 144.
4. Quincy Wright (1965), p. 100.
5. Samuel Bowles and Herbert Gintis (2003); Michael Morgan and David Carrier (2013).
6. Napoleon Chagnon (1968); Richard Wrangham and Dale Peterson (1996).
7. Doug Fry (2013).
8. Mark Foster et al. (2009).
9. アカゲザルのスピクルズとオレンジについては、第7章を参照のこと。
10. Linda Fedigan (1982), p. 91 での Kinji Imanishi (1960) の引用。
11. Christina Cloutier Barbour, 未発表のデータ。
12. Steffen Foerster et al. (2016).
13. Frans de Waal (1986).
14. Toshisada Nishida and Kazuhiko Hosaka (1996).
15. Joseph Henrich and Francisco Gil-White (2001).
16. Victoria Horner et al. (2010).
17. Sean Wayne (2021).
18. Jane Goodall (1990).
19. Teresa Romero et al. (2010).
20. Robert Sapolsky (1994).
21. David Watts et al. (2000).
22. Christopher Boehm (1999), p. 27.
23. Frans de Waal (1984); Christopher Boehm (1994); Claudia von Rohr et al. (2012).
24. Jessica Flack et al. (2005).
25. Rob Slotow et al. (2000); Caitlin O'Connell (2015).

第8章　暴力

1. Patricia Tjaden and Nancy Thoennes (2000).
2. David Watts et al. (2006).
3. Toshisada Nishida (1996) and (2012).
4. Jane Goodall (1979); Richard Wrangham and Dale Peterson (1996); Warren Manger, Jane Goodall: I thought chimps were like us only nicer, but we inherited our dark evil side from them, *Mirror* (UK), March 12, 2018, www.mirror.co.uk/news/world-news/jane-goodall-chimpanzees-evil-apes-12170154.
5. Michael Wilson et al. (2014).
6. 国連薬物犯罪事務所による2015年の報告書「殺人とジェンダー」所収の、2012年の世界データ。https://heuni.fi/documents/47074104/49490570/Homicide_and_Gender.pdf.
7. ピンク・フロイドの1987年のアルバム「鬱」。
8. Joshua Goldstein (2001); Adam Jones (2002).
9. Oriel FeldmanHall et al. (2016).
10. Hannah Arendt (1984); Daniel Goldhagen (1996); Jonathan Harrison(2011); Nestar Russell (2019).
11. Elizabeth Brainerd (2016).
12. Barbara Smuts (2001), p. 298.
13. Eugene Linden (2002).
14. Martin Muller et al. (2009) and (2011); Joseph Feldblum et al. (2014).
15. Rape addendum, FBI's Uniform Crime Reporting (2013), https://ucr.fbi.gov/crime-in-the-u.s/2013/crime-in-the-u.s.-2013/rape-addendum/rape_addendum_final.
16. Jane Goodall (1986).
17. Shiho Fujita and Eiji Inoue (2015), p. 487.
18. Julie Constable et al. (2001).
19. John Mitani and Toshisada Nishida (1993).
20. Christophe Boesch (2009).
21. Christophe Boesch and Hedwige Boesch-Achermann (2000); Rebecca Stumpf and Christophe Boesch (2010).
22. Patricia Tjaden and Nancy Thoennes (2000).
23. Brad Boserup et al. (2020).
24. Biruté Galdikas (1995).
25. Carel van Schaik (2004), p. 76.
26. Cheryl Knott and Sonya Kahlenberg (2007).
27. Jack Weatherford (2004), p. 111.
28. Heidi Stöckl et al. (2013).
29. Preventing sexual violence, Centers for Disease Control and Prevention, n.d., www.cdc.gov/violenceprevention/sexualviolence/fastfact.html.
30. Susan Brownmiller (1975), p. 14.
31. Randy Thornhill and Craig Palmer (2000).
32. Patricia Tjaden and Nancy Thoennes (2000).

3. Martin Curie- Cohen et al. (1983); Bonnie Stern and David Glenn Smith (1984); John Berard et al. (1994); Susan Alberts et al. (2006).
4. Simon Townsend et al. (2008).
5. St. George Mivart (1871), in Richard Prum (2015).
6. Claude Lévi-Strauss (1949).
7. Olin Bray et al. (1975).
8. Tim Birkhead and John Biggins (1987); Bridget Stutchbury et al. (1997); David Westneat and Ian Stewart (2003); Kathi Borgmann (2019).
9. Nicholas Davies (1992); Steve Connor (1995).
10. Steven Verseput, New Kim, de duif die voor 1,6 miljoen euro naar China ging, NRC, November 20, 2020 (Dutch).
11. Patricia Gowaty (1997).
12. 生物学では、直接の動機は行動の「至近要因」、進化的な理由は「究極要因」とそれぞれ呼ばれる。Ernst Mayr (1982).
13. 1865年に最初に発表されたグレゴール・メンデルの研究結果は、1900年に再発見された。
14. Malcolm Potts and Roger Short (1999), p. 319.
15. Heather Rupp and Kim Wallen (2008); Ruben Arslan et al. (2018).
16. Caroline Tutin (1979); Kees Nieuwenhuijsen (1985).
17. Janet Hyde and John DeLamater (1997).
18. Roy Baumeister et al. (2001).
19. Sheila Murphy (1992); Roy Baumeister (2010).
20. Tom Smith (1991); Michael Wiederman (1997).
21. Michele Alexander and Terri Fisher (2003).
22. Angus Bateman (1948); Robert Trivers (1972).
23. E. O. Wilson (1978), p. 125.
24. Patricia Gowaty et al. (2012); Thierry Hoquet et al. (2020).
25. Monica Carosi and Elisabetta Visalberghi (2002).
26. Susan Perry (2008), p. 166.
27. Sarah Blaffer Hrdy (1977).
28. Yukimaru Sugiyama (1967).
29. Frans de Waal (1982); Jane Goodall (1986).
30. Sarah Blaffer Hrdy (2000).
31. Carson Murray et al. (2007).
32. Takayoshi Kano (1992), p. 208.
33. Frans de Waal (1997); Amy Parish and Frans de Waal (2000).
34. Martin Daly and Margo Wilson (1988).
35. Stephen Beckerman et al. (1998).
36. Meredith Small (1989); Sarah Blaffer Hrdy (1999), p. 251.
37. Aimee Ortiz (2020).

2. Detlev Ploog and Paul MacLean (1963).
3. Wolfgang Wickler (1969); Desmond Morris (1977).
4. Tanya Vacharkulksemsuka et al. (2016).
5. 女／メスの選択について、さらに詳しくは第7章を参照のこと。
6. Edgar Berman (1982).
7. Richard Harlan (1827); Anna Maerker (2005).
8. Emmanuele Jannini et al. (2014); Rachel Pauls (2015); Nicole Prause et al. (2016).
9. Thomas Laqueur (1990), p. 236.
10. Natalie Angier (2000).
11. Elisabeth Lloyd (2005); The ideas interview: Elisabeth Lloyd, *Guardian*, September 26, 2005, www.theguardian.com/science/2005/sep/26/genderissues.technology.
12. Steven Jay Gould (1993).
13. Helen O'Connell et al. (2005); Vincenzo Puppo (2013).
14. Dara Orbach and Patricia Brennan (2021).
15. David Goldfoot et al. (1980).
16. Sue Savage-Rumbaugh and Beverly Wilkerson (1978); Frans de Waal (1987).
17. Anne Pusey (1980); Elisa Demuru et al. (2020).
18. Frans de Waal and Jennifer Pokorny (2008).
19. Willemijn van Woerkom and Mariska Kret (2015); Mariska Kret and Masaki Tomonaga (2016).
20. Richard Prum (2017).
21. Elizabeth Cashdan (1998); Rebecca Nash et al. (2006).
22. Karl Grammer et al. (2005); Martie Haselton et al. (2007).
23. Wolfgang Köhler (1925), p. 84.
24. Robert Yerkes (1925), p. 67.
25. Edwin van Leeuwen et al. (2014).
26. Warren Roberts and Mark Krause (2002).
27. 著者による、Jürgen Lethmate and Gerti Dücker (1973), p. 254 の訳。
28. Vernon Reynolds (1967).
29. William McGrew and Linda Marchant (1998).
30. Robert Yerkes (1941).
31. Ruth Herschberger (1948), p. 10.
32. Jane Goodall (1986), p. 483.
33. Kimberly Hockings et al. (2007).
34. Vicky Bruce and Andrew Young (1998); Alessandro Cellerino et al. (2004); Richard Russell (2009).

第7章　求愛ゲーム

1. Abraham Maslow (1936); Dallas Cullen (1997).
2. Frans de Waal and Lesleigh Luttrell (1985).

4. ミミの紹介については、以下を参照のこと。L'ange des bonobos, August 13, 2019, youtube.com/watch?v=VedUkzx7YOk.
5. Eva Maria Luef et al. (2016).
6. Robert Yerkes (1925), p. 244.
7. Adrienne Zihlman et al. (1978).
8. Jacques Vauclair and Kim Bard (1983).
9. Stephen Jay Gould (1977); Robert Bednarik (2011).
10. Frans de Waal (1989).
11. Elisabetta Palagi and Elisa Demuru (2017).
12. Sven Grawunder et al. (2018).
13. Eduard Tratz and Heinz Heck (1954), p. 99（ドイツ語からの翻訳）.
14. Kay Prüfer et al. (2012).
15. Nick Patterson et al. (2006); だが、以下を参照のこと。Masato Yamamichi et al. (2012).
16. Harold Coolidge (1933), p. 56; Rui Diogo et al. (2017).
17. Takayoshi Kano (1992); Frans de Waal (1987).
18. Zanna Clay and Frans de Waal (2013).
19. Robert Ardrey (1961).
20. Matt Cartmill (1993).
21. Gen'ichi Idani (1990); Takayoshi Kano (1992).
22. Steven Pinker (2011), p. 39; Richard Wrangham (2019), p. 98.
23. Adam Rutherford (2018), p. 105; Craig Stanford (1998).
24. Frans de Waal (1997), Frans Lanting の写真掲載。
25. Amy Parish (1993).
26. Takayoshi Kano (1998), p. 410.
27. Takeshi Furuichi (2019).
28. Martin Surbeck and Gottfried Hohmann (2013).
29. Takeshi Furuichi et al. (2014).
30. Frans de Waal (2016).
31. Natalie Angier (1997).
32. Martin Surbeck et al. (2017).
33. Gottfried Hohmann and Barbara Fruth (2011); Nahoko Tokuyama and Takeshi Furuichi (2017); Tokuyama et al. (2019).
34. Takeshi Furuichi (2019), p. 62.
35. Benjamin Beck (2019).
36. Sydney Richards, Primate heroes: PASA's amazing women leaders, Pan African Sanctuary Alliance, n.d., pasa.org/awareness/primate-heroes-pasas-amazing-women-leaders.

第6章　性的なシグナル

1. Desmond Morris (1967), p. 5.

28. John Gray (1992).

第4章　間違ったメタファー

1. Frans de Waal (1989); Ben Christopher (2016).
2. Solly Zuckerman (1932), p. 303.
3. Kenneth Oakley (1950).
4. Jan van Hooff (2019), p. 77.
5. Lord Zuckerman (1991).
6. Richard Dawkins (1976), p. 3.
7. Frans de Waal (2013).
8. Mary Midgley (1995) and (2010); Gregory McElwain (2020).
9. Frans de Waal (2006).
10. Inbal Ben-Ami Bartal et al. (2011).
11. Melanie Killen and Elliot Turiel (1991); Cary Roseth (2018).
12. Rutger Bregman (2019).
13. Toni Morrisson (2019).
14. Henry Nicholls (2014).
15. Hans Kummer (1995), p. xviii.
16. Hans Kummer (1995), p. 193; Christian Bachmann and Hans Kummer (1980).
17. Jared Diamond (1992).
18. K.R.L. Hall and Irven DeVore (1965).
19. Thelma Rowell (1974), p. 44.
20. Curt Busse (1980).
21. Vinciane Despret (2009).
22. Barbara Smuts (1985).
23. Robert Seyfarth and Dorothy Cheney (2012); Lydia Denworth (2019).
24. Nga Nguyen et al. (2009).
25. Donna Haraway (1989), pp. 150, 154.
26. Matt Cartmill (1991).
27. Jeanne Altmann (1974).
28. Alison Jolly (1999), p. 146.
29. Linda Marie Fedigan (1994).
30. Shirley Strum (2012).

第5章　ボノボの女の連帯

1. ロラ・ヤ・ボノボのウェブサイトは、www.bonobos.org.
2. Nahoko Tokuyama et al. (2019).
3. Claudine André (2006), pp.167–74.

36. Ai-Min Bao and Dick Swaab (2011); Melissa Hines (2011).
37. Joan Roughgarden (2017), p. 502.

第3章　六人の男の子

1. José Carreras, インタビュー (2016), smarttalks.co/jose-carreras-pavarotti-was-a-good-friend-and-a-great-poker-player.
2. Tara Westover (2018), p. 43.
3. Martin Petr et al. (2019).
4. Nora Bouazzouni (2017).
5. Bonnie Spear (2002).
6. Nikolaus Troje (2002); video of human locomotion at Bio Motion Lab, n.d., www.biomotionlab.ca/Demos/BMLwalker.html.
7. Jeffrey Black (1996).
8. Ashley Montagu (1962); Melvin Konner (2015), p. 8.
9. Frans de Waal (2019).
10. Martha Nussbaum (2001).
11. Lisa Feldman Barrett et al. (1998); David Schmitt (2015); Terri Simpkin (2020).
12. Saba Safdar et al. (2009); Jessica Salerno and Liana Peter-Hagene (2015).
13. George Bernard Shaw (1894); Antonio Damasio (1999); Daniel Kahneman(2013).
14. Simone de Beauvoir (1973), p. 301; Judith Butler (1986); Elaine Stavro (1999).
15. Adolescent pregnancy and its outcomes across countries (fact sheet), Guttmacher Institute, August 2015, www.guttmacher.org/fact-sheet/adolescent-pregnancy-and-its-outcomes-across-countries.
16. オランダの性教育については、以下を参照のこと。Saskia de Melker, The case for starting sex education in kindergarten, PBS, May 27, 2015, www.pbs.org/newshour/health/spring-fever.
17. Belle Derks et al. (2018); World Bank open data, data.worldbank.org
18. Nathan McAlone (2015).
19. A Disney dress code chafes in the land of haute couture, *New York Times*, December 25, 1991.
20. Dutchman Ruud Lubbers in 2004; Frenchman Dominique Strauss-Kahn in 2011.
21. Public opinions about breastfeeding, Centers for Disease Control and Prevention, December 28, 2019, www.cdc.gov/breastfeeding/data/healthstyles_survey.
22. Tanya Smith et al. (2017).
23. James Flanagan (1989), p. 261.
24. Frans de Waal (1982); John Carlin (1995).
25. Dominic Mann (2017).
26. Frans de Waal, The surprising science of alpha males, TEDMED 2017, ted.com/talks/frans_de_waal_the_surprising_science_of_alpha_males.
27. Frans de Waal et al. (2008); Jorg Massen et al. (2010); Victoria Horner et al. (2011).

2. The sexes: biological imperatives, *Time,* January 8, 1973, p. 34.
3. Milton Diamond and Keith Sigmundson (1997); John Colapinto (2000).
4. Heino Meyer-Bahlburg (2005).
5. Siegbert Merkle (1989); David Haig (2004); Robert Martin (2019); Caroline Barton, How to identify a puppy's gender, TheNest.com, n.d., pets.thenest.com/identify-puppys-gender-5254.html.
6. Gender and health, World Health Organization, www.who.int/health-topics/gender.
7. Elizabeth Wilson (1998).
8. Alice O'Toole et al. (1996) and (1998); Alessandro Cellerino et al. (2004).
9. Clayton Robarchek (1997); Douglas Fry (2006).
10. Nicky Staes et al. (2017).
11. Elizabeth Reynolds Losin et al. (2012).
12. Ronald Slaby and Karin Frey (1975), p. 854.
13. Carolyn Edwards (1993), p. 327.
14. William McGrew (1992); Elizabeth Lonsdorf et al. (2004); Stephanie Musgrave et al. (2020).
15. Beatrice Ehmann et al. (2021).
16. Suzan Perry (2009).
17. Frans de Waal (2001); Frans de Waal and Kristin Bonnie (2009).
18. Axelle Bono et al. (2018).
19. Aaron Sandel et al. (2020).
20. Ashley Montagu (1962) and (1973); Nadine Weidman (2019).
21. Melvin Konner (2015), p. 206.
22. Richard Lerner (1978).
23. Hans Kummer (1971), pp. 11–12.
24. Frans de Waal (1999); Carl Zimmer (2018).
25. Ronald Nadler et al. (1985).
26. Robert Martin (2019).
27. Anne Fausto-Sterling (1993).
28. Expert Q&A: Gender dysphoria, American Psychiatric Association, n.d., www.psychiatry.org/patients-families/gender-dysphoria/expert-q-and-a.
29. Rachel Alsop, Annette Fitzsimons, and Kathleen Lennon (2002), p. 86.
30. Andrew Flores et al. (2016).
31. Jan Morris (1974), p. 3.
32. Devon Price (2018).
33. Selin Gülgöz et al. (2019).
34. Selin Gülgöz et al. (2019), p. 24484.
35. Jiang-Ning Zhou et al. (1995); Alicia Garcia-Falgueras and Dick Swaab(2008); Swaab (2010); Between the (gender) lines: the science of transgender identity, *Science in the News*, October 25, 2016, sitn.hms.harvard.edu/flash/2016/gender-lines-science-transgender-identity.

3. Judith Harris (1998), p. 219.
4. Gerianne Alexander and Melissa Hines (2002).
5. Janice Hassett et al. (2008).
6. Christina Williams and Kristen Pleil (2008).
7. Christina Hof Sommers (2012).
8. Patricia Turner and Judith Gervai (1995); Anders Nelson (2005).
9. Deborah Blum (1997), p. 145.
10. Sonya Kahlenberg and Richard Wrangham (2010). Melissa Hogenboom and Pierangelo Pirak, The young chimpanzees that play with dolls, BBC, April 7, 2019, www.bbc.com/reel/playlist/a-fairer-world?vpid=p03rw3rw でのランガムとのインタビューも参照のこと。
11. Tetsuro Matsuzawa (1997).
12. Carolyn Edwards (1993); 第11章。
13. Margaret Mead (2001, orig. 1949), pp. 97, 145–48.
14. Shalom Schwartz and Tammy Rubel (2005).
15. Margaret Mead (2001, orig. 1949), p. xxxi.
16. Jennifer Connellan et al. (2000); Svetlana Luchmaya and Simon Baron-Cohen (2002).
17. Brenda Todd et al. (2018).
18. Vasanti Jadva et al. (2010); Jeanne Maglaty (2011).
19. Anthony Pellegrini (1989); Robert Fagen (1993); Pellegrini and Peter Smith (1998).
20. Jennifer Sauver et al. (2004).
21. Janet DiPietro (1981); Peter Lafreniere (2011).
22. Stewart Trost et al. (2002).
23. Maïté Verloigne et al. (2012).
24. Pedro Hallal et al. (2012).
25. Anthony Pellegrini (2010).
26. Eleanor Maccoby (1998).
27. Carol Martin and Richard Fabes (2001), p. 443.
28. U.S. Government Accountability Office, GAO-18-258, March 2018.
29. Marek Spinka et al. (2001).
30. Dieter Leyk et al. (2007).
31. Kevin MacDonald and Ross Parke (1986); Michael Lamb and David Oppenheim (1989), p. 13.
32. *Toledo Blade*, November 13, 1987; Anthony Volk (2009).
33. Rebecca Herman et al. (2003).
34. Lynn A. Fairbanks (1990).
35. Elizabeth Warren, April 25, 2019, twitter.com/ewarren.
36. Cathy Hayes (1951); Robert Mitchell (2002).

第2章　ジェンダー

1. John Money et al. (1955).

原注

序

1. Jacob Shell (2019).
2. 「列王記」上第3章16~18節; Agatha Christie (1933).
3. *APA Guidelines for Psychological Practice with Boys and Men* (American Psychological Association, 2018), p. 3; Pamela Paresky (2019).
4. Hegel, "The Family," in *Philosophy of Right* (1821), www.marxists.org/reference/archive/hegel/works/pr/prfamily.htm.
5. Mary Midgley in Gregory McElwain (2020), p. 108.
6. Charles Darwin to C. A. Kennard, January 9, 1882, Darwin Correspondence Project, darwinproject.ac.uk/letter/DCP-LETT-13607.xml.
7. Janet Shibley Hyde et al. (2008).
8. ソリー・ズッカーマンのヒヒ研究については、第4章を参照のこと。
9. Arnold Ludwig (2002), p. 9.
10. Patrik Lindenfors et al. (2007).
11. Erin Biba (2019) に引用されたパッカーの言葉。
12. Frans de Waal (2019); 第9章。
13. Christophe Boesch et al. (2010); 第11章。
14. C. Shoard, Meryl Streep: "We hurt our boys by calling something 'toxic masculinity,' " *Guardian*, May 31, 2019.
15. Frans de Waal (1995).
16. David Attenborough narrates a night out in Banff, May 15, 2015, www.youtube.com/watch?v=HbxYvYxSSDA.
17. Judith Butler (1988), p. 522.
18. Vera Regitz-Zagrosek (2012); Larry Cahill, ed., An issue whose time has come: Sex/gender influences on nervous system function, *Journal of Neuroscience Research*, 95, nos. 1–2 (2017).
19. Robert Mayhew (2004), p. 56.
20. Jason Forman et al. (2019).
21. *NIH Policy on Sex as a Biological Variable*, n.d., https://orwh.od.nih.gov/sex-gender/nih-policy-sex-biological-variable; Rhonda Voskuhl and Sabra Klein (2019); Jean-François Lemaître et al. (2020).
22. Roy Baumeister et al. (2007).

第1章　おもちゃが私たちについて語ること

1. Marilyn Matevia et al. (2002).
2. Roger Fouts (1997).

[ラ行]

[ワ行]

[マ行]

[ヤ行]

[ナ行]

[ハ行]

［タ行］

[サ行]

[カ行]

索引

著者

フランス・ドゥ・ヴァール Frans de Waal

1948年オランダ生まれ。米国科学アカデミー会員。エモリー大学心理学部教授、ヤーキーズ国立霊長類研究センターのリヴィング・リンクス・センター所長、ユトレヒト大学特別教授を歴任。霊長類の社会的知能研究を牽引した世界的科学者であり、その著書は20以上の言語に翻訳されている。2007年に米「タイム」誌の「世界で最も影響力のある100人」、2019年に英「プロスペクト」誌の「世界のトップ思想家50人」の一人に選ばれた。邦訳された著書に『ママ、最後の抱擁』『動物の賢さがわかるほど人間は賢いのか』『道徳性の起源』『共感の時代へ』(以上、紀伊國屋書店)、『チンパンジーの政治学』(産經新聞出版)、『あなたのなかのサル』(早川書房)、『サルとすし職人』(原書房)、『利己的なサル、他人を思いやるサル』(草思社)ほかがある。2024年3月逝去。

訳者

柴田裕之(しばた・やすし)

1959年生まれ。翻訳家。早稲田大学理工学部、アーラム大学卒。訳書にドゥ・ヴァール『ママ、最後の抱擁』『動物の賢さがわかるほど人間は賢いのか』『道徳性の起源』『共感の時代へ』、ベジャン『流れとかたち』、ヴァン・デア・コーク『身体はトラウマを記録する』(以上、紀伊國屋書店)、ハラリ『NEXUS　情報の人類史』『21Lessons』『ホモ・デウス』『サピエンス全史』(以上、河出書房新社)、クラース『なぜ悪人が上に立つのか』(東洋経済新報社)、シュミル『世界の本当の仕組み』(草思社)ほか多数。

サルとジェンダー

動物から考える人間の〈性差〉

2025年 3月21日　第1刷発行

発行所…………株式会社 紀伊國屋書店
東京都新宿区新宿3-17-7
出版部(編集) 03(6910)0508
ホールセール部(営業) 03(6910)0519
〒153-8504　東京都目黒区下目黒3-7-10

装幀……………五十嵐 徹(芦澤泰偉事務所)
校正協力………円水社
印刷・製本………シナノパブリッシングプレス

ISBN 978-4-314-01213-3 C0045　Printed in Japan by Kinokuniya Company Ltd.
定価は外装に表示してあります

共感の時代へ

動物行動学が教えてくれること

柴田裕之 訳　西田利貞 解説

動物行動学の世界的第一人者が、
動物たちにも見られる「共感」を基礎とした信頼と
「生きる価値」を重視する新しい時代を提唱する。

四六判／368頁／定価 2,420円（10%税込）／2010年刊

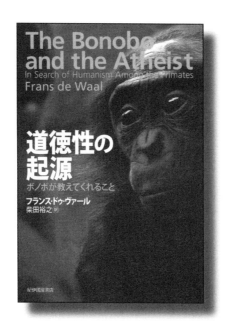

ママ、最後の抱擁

わたしたちに動物の情動がわかるのか

柴田裕之 訳

死を嘆くカラス、恩を忘れないチンパンジー……
動物の心の動きは、はたして人間と同じだろうか？
科学界が目を背けてきたテーマを綴る。

四六判／408頁＋口絵12頁／定価 2,640円（10%税込）／2020年刊